電験三種
まずはここから！
基礎力養成
計算ドリル

岡部 浩之 [著]

Ohmsha

電験列車　ご乗車のご案内

　2021年4月，電験のこれまでの常識を覆す衝撃的なニュースが舞い込んできました．年2回への受験機会の増加，CBT方式の採用，受験日時の選択制度の導入．これらはすべて，将来的な人材不足が懸念される電気保安業界を救うべく，有資格者を「質を落とさずに」確保するための施策です．要するに，科目合格の有効期間延長などによって安易に合格率を上げるのではなく，受験のチャンスを増やすことによって受験者数を増やして質を維持するという狙いなのです．これにより，電験の間口はさらに広がるため，これまで以上に文系出身・他の専門分野出身の受験者が増えることでしょう．

　しかし，そういった方々が，まず手始めに過去問を見て，全く意味が理解できず挫折してしまうのはとてももったいないことです．事実，(株)ミズノワが運営する電気技術者が集う喫茶店「カフェジカ」に足を運び，「問題や解説を読んでも基礎力が不足していて意味が全く分からない」，「自分に合ったレベルの参考書がなくて苦労している」，「何度も挫折しかけた」という，初学者の生の声を数多く耳にしました．確かに，巷にあふれる参考書の多くは過去問を流用しているため，文系・他分野出身の初学者には理解できない難解なものが多いのが実態です．

　そんな方々を救うべく，本書の企画が立ち上がりました．これ1冊で合格できるだけの力はつかないかもしれませんが，過去問は解けなくても問題や解説の意味は理解できて，自力で学習を進められるだけの基礎力を養成するための，電験三種の受験を決めたら最初に手に取るべき1冊目のドリルを目指しました．

　本書という切符を片手に，「合格」という目的地に向けた各駅停車の旅に出てみませんか．皆さまの旅のご無事をお祈りしています．

著者　岡部 浩之

■著者

岡部 浩之（おかべ　ひろゆき）

2010年	東京大学大学院工学系研究科電気系工学専攻修士課程修了
2015年	第一種電気主任技術者試験合格
著　書	『電験「理論」を極める！』

過去問解説をスムーズに読める基礎力を養成 !!!

本書の読み方

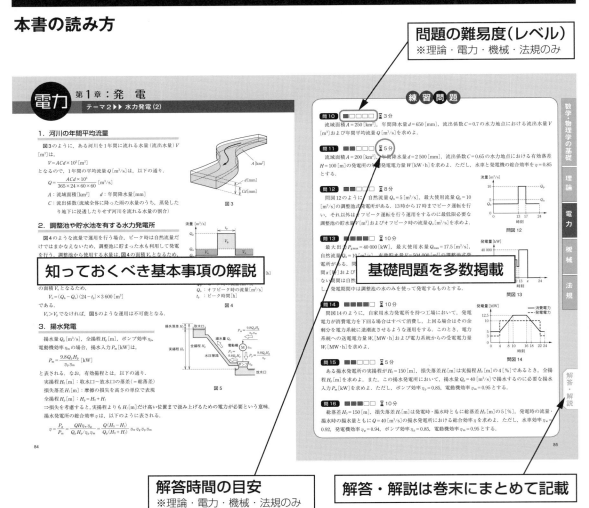

問題の難易度（レベル）
※理論・電力・機械・法規のみ

知っておくべき基本事項の解説

基礎問題を多数掲載

解答時間の目安
※理論・電力・機械・法規のみ

解答・解説は巻末にまとめて記載

目　　次

【数学・物理学の基礎】

第1章　数学の基礎 ……………………………………………………… 8
　テーマ1　基本的な計算 ………………………………………… 8
　テーマ2　分数の計算 …………………………………………… 10
　テーマ3　指数と平方根 ………………………………………… 12
　テーマ4　一次方程式と連立方程式 …………………………… 14
　テーマ5　一次関数とグラフ …………………………………… 16
　テーマ6　対数関数とグラフ …………………………………… 18
　テーマ7　様々な図形 …………………………………………… 20
　テーマ8　三角比 ………………………………………………… 24
　テーマ9　ベクトルと複素数 …………………………………… 26

第2章　物理学の基礎 …………………………………………………… 30
　テーマ1　接頭語と単位 ………………………………………… 30
　テーマ2　力学の基礎 …………………………………………… 32
　テーマ3　電気工学の基礎 ……………………………………… 36

【理論】

第1章　電磁気学 ………………………………………………………… 40
　テーマ1　クーロンの法則と電界 ……………………………… 40
　テーマ2　電位 …………………………………………………… 42
　テーマ3　コンデンサ …………………………………………… 44
　テーマ4　電流・磁界・電磁力 ………………………………… 48
　テーマ5　電磁誘導とインダクタンス ………………………… 50

第2章　電気回路 ………………………………………………………… 54
　テーマ1　直流回路の基礎 ……………………………………… 54
　テーマ2　単相交流回路の基礎 ………………………………… 56
　テーマ3　電力と力率 …………………………………………… 60
　テーマ4　複雑な回路の解析手法(1) ………………………… 62
　テーマ5　複雑な回路の解析手法(2) ………………………… 64
　テーマ6　三相交流回路 ………………………………………… 66
　テーマ7　過渡現象 ……………………………………………… 70
　テーマ8　電圧計・電流計・ブリッジ回路 …………………… 72

第3章　電子理論 ··· 74

　テーマ1　電子の運動 ·· 74

　テーマ2　トランジスタ増幅回路(1)－動作点の決定 ················ 76

　テーマ3　トランジスタ増幅回路(2)－小信号等価回路 ·············· 78

　テーマ4　オペアンプ回路 ·· 80

【電力】

第1章　発電 ··· 82

　テーマ1　水力発電(1) ·· 82

　テーマ2　水力発電(2) ·· 84

　テーマ3　火力発電(1) ·· 86

　テーマ4　火力発電(2) ·· 88

　テーマ5　その他の発電方式 ·· 90

第2章　送配電 ··· 92

　テーマ1　三相3線式送電線路 ·· 92

　テーマ2　単相2線式・3線式配電線路 ································ 94

　テーマ3　その他の送配電線路 ·· 96

　テーマ4　%Zと故障電流 ·· 98

　テーマ5　充電電流と誘電体損 ······································· 102

　テーマ6　電力用コンデンサによる力率改善 ························· 104

　テーマ7　電線の電気的・機械的特性 ································· 106

【機械】

第1章　電気機器 ·· 108

　テーマ1　電気機器の基礎 ·· 108

　テーマ2　直流機 ·· 110

　テーマ3　同期機 ·· 114

　テーマ4　変圧器(1) ··· 118

　テーマ5　変圧器(2) ··· 122

　テーマ6　誘導機 ·· 124

第2章　パワエレ・制御 ·· 128

　テーマ1　スイッチング素子と整流回路 ······························ 128

　テーマ2　直流チョッパ回路 ·· 132

　テーマ3　自動制御 ·· 134

第3章　電気エネルギーの利用 ……………………………………………………………… 136

　　テーマ1　電動機応用 ……………………………… 136

　　テーマ2　照明 ……………………………………… 138

　　テーマ3　電気加熱 ………………………………… 140

第4章　情報処理 ……………………………………………………………………………… 142

　　テーマ1　2進数と基数変換 ……………………… 142

　　テーマ2　論理式と真理値表 ……………………… 144

　　テーマ3　論理回路とカルノー図 ………………… 146

　　テーマ4　フローチャート ………………………… 148

【法規】

電気施設管理 ………………………………………………………………………………… 150

　　テーマ1　需要率・負荷率・不等率 ……………… 150

　　テーマ2　接地工事と対地電圧 …………………… 152

　　テーマ3　絶縁耐力試験 …………………………… 154

　　テーマ4　電線の風圧荷重と支線 ………………… 156

解答・解説

数学・物理学の基礎 ………………………………………………………………………… 160

理　　論 ……………………………………………………………………………………… 180

電　　力 ……………………………………………………………………………………… 221

機　　械 ……………………………………………………………………………………… 240

法　　規 ……………………………………………………………………………………… 271

1. 四則混合計算

ルール①：×と÷を優先的に計算し，その後，＋と－を計算する．

（例）×→ $2+3×5=5×5=25$ ○→ $2+3×5=2+15=17$

ルール②：（　）内の計算を優先的に行う．

（例）×→ $(5+2×4)×3=(5+8)×3=5+24=29$

○→ $(5+2×4)×3=(5+8)×3=13×3=39$

2. 式の展開

表1

$1^2=1$	$11^2=121$
$2^2=4$	$12^2=144$
$3^2=9$	$13^2=169$
$4^2=16$	$14^2=196$
$5^2=25$	$15^2=225$
$6^2=36$	$16^2=256$
$7^2=49$	$17^2=289$
$8^2=64$	$18^2=324$
$9^2=81$	$19^2=361$
$10^2=100$	$20^2=400$

【分配法則】

以下のように，（　）の外にある数を（　）内の各項にそれぞれ掛けて分配すること．

$$a(b+c)=ab+ac \qquad (a+b)c=ac+bc$$

【式の展開】

分配法則を用いて（　）を外すこと．以下の式の展開は暗記しよう．

$$(x+a)(x+b)=x^2+(a+b)x+ab$$
$$(x+a)^2=x^2+2ax+a^2$$
$$(x-a)^2=x^2-2ax+a^2$$
$$(x+a)(x-a)=x^2-a^2$$
$$(ax+b)(cx+d)=acx^2+(ad+bc)x+bd$$

なお，x^2 や a^2 は，x や a をそれぞれ2回掛けることを表し，x や a の2乗（じょう）と読む．2乗の値は，表1に示す 1^2 から 20^2 までを暗記しておくと対数や平方根を求める際に非常に役立つ．

3. 比・割合

【比】

$x:y=1:2$ という表記は，x の大きさが1だとすると，y の大きさは2になることを表し，これを比という．比の式は，外側同士と内側同士を掛けたものが等しい，つまり，以下の式が成り立つ．

$$a:b=c:d \;\rightarrow\; ad=bc$$

比 $a:b$ は，$\dfrac{a}{b}$ という分数で表すことができ，これを比の値という．

【割合】

全体を10としたときの比 $n:10$ を n 割，全体を100としたときの比 $n:100$ を n ［％］と表す．

（例）120の8割→ $120×\dfrac{8}{10}=96$　　　（例）120の95［％］→ $120×\dfrac{95}{100}=114$

練習問題

問1

次の(1)～(9)の式の四則混合計算をせよ.

(1) $6+3\times8$ (2) $10-3\times2$ (3) $7+12\div3$ (4) $19-20\div5$ (5) $4\times(2+3)$

(6) $20\div(1+4)$ (7) $2\times(6+4\times3)$ (8) $20\div(8-3\times2)$ (9) $(3+7)\times(2+5)$

問2

次の(1)～(8)の式を展開せよ.

(1) $5(a+2b)$ (2) $(2x+3)y$ (3) $(2a+3)(b-2)$ (4) $(x+2)(x+3)$

(5) $(x+5)^2$ (6) $(y-3)^2$ (7) $(x+6)(x-6)$ (8) $(2x+3)(3x+5)$

問3

次の(1)～(6)の比の値を小数で求めよ.

(1) $5:2$ (2) $2.4:4$ (3) $37:100$ (4) $3:10$ (5) $2.5:50$ (6) $20:1.6$

問4

次の(1)～(7)の比が成り立つとき,xの値を求めよ.

(1) $x:5=6:2$ (2) $6:x=3:7$ (3) $5:10=x:6$ (4) $2:4=6:x$

(5) $1:x=50:2$ (6) $20:1.6=5x:4$ (7) $5:7=8:4x$

問5

次の(1)～(9)において,xの値を求めよ.

(1) $A=200$,xはAの$80\,[\%]$ (2) $A=90$,xはAの$95\,[\%]$

(3) $A=50$,xはAの$120\,[\%]$ (4) $A=60$,xはAの$200\,[\%]$

(5) $A=800$,xはAの3割   (6) $A=380$,xはAの7割

(7) $A=200$,BはAの$98\,[\%]$,xはBの$95\,[\%]$

(8) $A=460$,xの$92\,[\%]$はA

(9) $A=180$,AはBの$90\,[\%]$,Bはxの$80\,[\%]$

コラム1

電卓の使い方:パーセントの計算

パーセントの計算は %キーを使用すれば,以下の手順で簡略化可能である.

(例)230の95%

《従来》 2 3 0 × 9 5 ÷ 1 0 0 =

または,

2 3 0 × 0 . 9 5 =

《簡略化》 2 3 0 × 9 5 % =

パーセントの計算

1. 約分と通分

分数には，分母（下）と分子（上）に同じ数を掛けたり割ったりしても答えは変わらないという性質がある．その性質を利用した分数の操作として「約分」と「通分」がある．

約分：それ以上割れなくなるまで，分母と分子を繰り返し割って分母を小さくすること．

（例）$\dfrac{8}{20} = \dfrac{4}{10} = \dfrac{2}{5}$

通分：2つの分数を比較するために，分母と分子にある数を掛けて分母を揃えること．

（例）$\dfrac{3}{5}$ と $\dfrac{2}{3}$ $\Rightarrow$ $\dfrac{3 \times 3}{5 \times 3} = \dfrac{9}{15}$ と $\dfrac{2 \times 5}{3 \times 5} = \dfrac{10}{15}$

2. 分数と小数の変換

分数は，$\dfrac{b}{a} = b \div a$ と表されるので，小数に変換する場合は，$b \div a$ を計算すればよい．

（例）$\dfrac{3}{10} = 3 \div 10 = 0.3$

逆に小数から分数に変換する場合は，以下のようにすればよい．

（例）$0.3 = 0.3 \div 1 = \dfrac{0.3}{1} = \dfrac{0.3 \times 10}{1 \times 10} = \dfrac{3}{10}$

3. 分数同士の四則計算

和・差（足し算・引き算）：通分してから分子同士を計算する

（例）$\dfrac{2}{3} \pm \dfrac{1}{2} = \dfrac{4}{6} \pm \dfrac{3}{6} = \dfrac{4 \pm 3}{6} = \dfrac{7}{6}$（和），$\dfrac{1}{6}$（差）

積（掛け算）：分母同士，分子同士をそれぞれ掛け合わせる

商（割り算）：後ろの分数（割る数）の分母と分子を入れ替えて積を求める

（積の例）$\dfrac{3}{5} \times \dfrac{3}{4} = \dfrac{3 \times 3}{5 \times 4} = \dfrac{9}{20}$　　（商の例）$\dfrac{2}{3} \div \dfrac{3}{4} = \dfrac{2}{3} \times \dfrac{4}{3} = \dfrac{2 \times 4}{3 \times 3} = \dfrac{8}{9}$

4. 繁分数や小数を含む分数の整理

分数の中にさらに分数を含む繁分数や小数を含む分数は，分母と分子に同じ数を掛けて整理する．

（例）$\dfrac{\frac{1}{4}}{\frac{2}{3}} = \dfrac{\frac{1}{4} \times 12}{\frac{2}{3} \times 12} = \dfrac{1 \times 3}{2 \times 4} = \dfrac{3}{8}$　　（例）$\dfrac{0.4}{1.5} = \dfrac{0.4 \times 10}{1.5 \times 10} = \dfrac{4}{15}$

問6

次の(1)〜(5)の分数を約分せよ.

(1) $\dfrac{6}{8}$　(2) $\dfrac{6}{15}$　(3) $\dfrac{12}{32}$　(4) $\dfrac{18}{24}$　(5) $\dfrac{49}{70}$

問7

次の(1)〜(5)の2つの分数を通分し，大小を比較せよ.

(1) $\dfrac{1}{3}$ と $\dfrac{1}{4}$　(2) $\dfrac{3}{5}$ と $\dfrac{2}{3}$　(3) $\dfrac{3}{4}$ と $\dfrac{5}{6}$　(4) $\dfrac{5}{8}$ と $\dfrac{3}{5}$　(5) $\dfrac{5}{9}$ と $\dfrac{7}{12}$

問8

次の(1)〜(6)の分数を小数に，小数を分数に変換せよ.

(1) $\dfrac{6}{5}$　(2) $\dfrac{3}{4}$　(3) $\dfrac{5}{8}$　(4) 0.7　(5) 0.25　(6) 2.4

問9

次の(1)〜(16)の分数の四則計算をせよ. ただし，答えは分数とすること.

(1) $\dfrac{2}{3}+\dfrac{5}{4}$　(2) $\dfrac{3}{4}+\dfrac{5}{6}$　(3) $\dfrac{2}{5}+2$　(4) $\dfrac{5}{2}+1.4$　(5) $\dfrac{5}{2}-\dfrac{4}{5}$　(6) $\dfrac{5}{6}-\dfrac{1}{15}$

(7) $3-\dfrac{21}{8}$　(8) $\dfrac{6}{7}-0.6$　(9) $4\times\dfrac{2}{9}$　(10) $\dfrac{2}{3}\times\dfrac{4}{5}$　(11) $\dfrac{4}{3}\times\dfrac{5}{7}$　(12) $\dfrac{3}{8}\times\dfrac{4}{7}$

(13) $\dfrac{5}{6}\div4$　(14) $5\div\dfrac{6}{7}$　(15) $\dfrac{2}{3}\div\dfrac{5}{2}$　(16) $\dfrac{4}{3}\div\dfrac{8}{9}$

問10

次の(1)〜(5)の繁分数，小数を含む分数を整理せよ.

(1) $\dfrac{3}{\frac{2}{3}}$　(2) $\dfrac{\frac{1}{6}}{\frac{3}{4}}$　(3) $\dfrac{\frac{1}{3}}{2+\frac{3}{5}}$　(4) $\dfrac{1.3}{0.2}$　(5) $\dfrac{1.5}{0.6}$

問11

次の(1)〜(6)の分数の四則混合計算をせよ.

(1) $\dfrac{7}{8}+\dfrac{3}{5}\times\dfrac{5}{8}$　(2) $\dfrac{5}{6}-\dfrac{1}{12}\times\dfrac{3}{2}$　(3) $\dfrac{8}{9}+\dfrac{5}{18}\div\dfrac{1}{6}$　(4) $\dfrac{3}{4}-\dfrac{4}{5}\div\dfrac{3}{10}$

(5) $\dfrac{8}{3}\times\left(\dfrac{2}{5}+\dfrac{5}{3}\right)$　(6) $\dfrac{30}{7}\times\left(\dfrac{1}{5}+\dfrac{5}{6}\right)$

1. べき乗と指数

同じ数の積を複数回繰り返すとき，繰り返し掛ける数の右肩に繰り返す回数を表示することで記載を省略できる．これをべき乗といい，以下の例の場合は，「3の5乗（じょう）」と読む．このとき，繰り返し掛ける数（例では3）を底（てい）といい，繰り返す回数（例では5）を指数という．

（例）$3 \times 3 \times 3 \times 3 \times 3 = 3^5$

指数の計算（べき乗の計算）においては，**表2**の法則が成り立つ．

表2

$a^m \times a^n = a^{(m+n)}$
$a^m \div a^n = a^{(m-n)}$
$(a^m)^n = a^{m \times n}$
$(a \times b)^n = a^n \times b^n$
$\left(\dfrac{b}{a}\right)^n = \dfrac{b^n}{a^n}$
$a^{-n} = \dfrac{1}{a^n}$
$a^0 = 1$

2. 平方根とは？

2乗するとAとなる数をAの平方根といい，正の平方根と負の平方根の2つが存在する．正の平方根は，$\sqrt{A}$（ルートA）と表し，$\sqrt{}$は根号という．また，負の平方根は$-\sqrt{A}$と表す．

（例）$\sqrt{16} = \sqrt{4^2} = 4$

つまり，$\sqrt{16}$の答えは4であるが，16の平方根を問われた場合は正の平方根4だけでなく，負の平方根-4も答えとなるので，注意すること．

平方根の計算においては，**表3**の法則が成り立つ．また，分数の分母に根号（$\sqrt{}$）を含む場合，分数における通分のように分母と分子に同じものを掛けて，分母から根号を消すことを有理化という．

表3

$(\sqrt{A})^2 = A$
$m\sqrt{A} \pm n\sqrt{A} = (m \pm n)\sqrt{A}$
$\sqrt{A} \times \sqrt{B} = \sqrt{A \times B}$
$\sqrt{A} \div \sqrt{B} = \dfrac{\sqrt{A}}{\sqrt{B}} = \sqrt{\dfrac{A}{B}}$
$\sqrt{A^2 \times B} = A\sqrt{B}$

（例）$\dfrac{3}{\sqrt{2}} = \dfrac{3 \times \sqrt{2}}{\sqrt{2} \times \sqrt{2}} = \dfrac{3\sqrt{2}}{2}$

（例）$\dfrac{1}{\sqrt{3}+\sqrt{2}} = \dfrac{1 \times (\sqrt{3}-\sqrt{2})}{(\sqrt{3}+\sqrt{2}) \times (\sqrt{3}-\sqrt{2})} = \dfrac{\sqrt{3}-\sqrt{2}}{(\sqrt{3})^2 - (\sqrt{2})^2} = \dfrac{\sqrt{3}-\sqrt{2}}{3-2} = \sqrt{3}-\sqrt{2}$

コラム2

電卓の使い方：べき乗の計算

2乗，3乗，4乗などのべき乗の計算も簡略化可能である．$\boxed{\times}$ $\boxed{=}$で2乗となり，その後続けて$\boxed{=}$を複数回押せば，押した回数だけ3乗，4乗…となるので，指数が大きければ大きいほどキー入力の手数を減らすことができる．

（例）25の2乗

《従来》$\boxed{2}\,\boxed{5}\,\boxed{\times}\,\boxed{2}\,\boxed{5}\,\boxed{=}$

《簡略化》$\boxed{2}\,\boxed{5}\,\underbrace{\boxed{\times}\,\boxed{=}}_{2乗}$

（例）25の4乗

《従来》$\boxed{2}\,\boxed{5}\,\boxed{\times}\,\boxed{2}\,\boxed{5}\,\boxed{\times}\,\boxed{2}\,\boxed{5}\,\boxed{\times}\,\boxed{2}\,\boxed{5}\,\boxed{=}$

《簡略化》$\boxed{2}\,\boxed{5}\,\underbrace{\boxed{\times}\,\boxed{=}}_{2乗}\,\underbrace{\boxed{=}}_{3乗}\,\underbrace{\boxed{=}}_{4乗}$

問 12

指数(べき乗表示)を用いて，次の(1)〜(7)の計算式をまとめよ．

(1) $2 \times 2 \times 2$　(2) $5 \times 5 \times 5 \times 5$　(3) $7 \times 7 \times 7 \times 7 \times 7 \times 7 \times 7$　(4) $13 \times 13 \times 13 \times 13 \times 13$

(5) $a \times a \times a \times a$　(6) $x \times x \times y \times y \times y \times y$　(7) $a \times a \times b \times b \times b \times c \times c \times c \times c \times c$

問 13

次の(1)〜(5)の指数の計算をせよ．

(1) $2^2 \times 2^6$　(2) $5^6 \div 5^4$　(3) $(3^2)^3$　(4) $49^4 \div 7^6$　(5) 5^{-2}

問 14

次の(1)〜(5)の数の平方根を求めよ．

(1) 25　(2) 324　(3) 8　(4) 108　(5) $1\,445$

問 15

次の(1)〜(7)の根号を含む計算式をまとめよ．

(1) $5\sqrt{2} + 2\sqrt{2}$　(2) $8\sqrt{5} - 2\sqrt{5}$　(3) $2\sqrt{3} + 2\sqrt{27}$　(4) $3\sqrt{125} - \sqrt{320}$

(5) $\sqrt{\dfrac{27}{4}} - \dfrac{\sqrt{3}}{2}$　(6) $(\sqrt{5} + \sqrt{2})^2 - \sqrt{49}$　(7) $(\sqrt{3} - \sqrt{2})^2 + \sqrt{24}$

問 16

次の(1)〜(5)の数を $\sqrt{a}$ の形式で表せ．

(1) $3\sqrt{2}$　(2) $5\sqrt{3}$　(3) $4\sqrt{5}$　(4) $2\sqrt{3} + 2\sqrt{12}$　(5) $\sqrt{75} - 3\sqrt{3}$

問 17

次の(1)〜(5)の分数の分母を有理化せよ．

(1) $\dfrac{2}{\sqrt{3}}$　(2) $\dfrac{8\sqrt{3}}{\sqrt{2}}$　(3) $\dfrac{8\sqrt{5}}{\sqrt{6}}$　(4) $\dfrac{2}{\sqrt{5} + 1}$　(5) $\dfrac{\sqrt{5}}{\sqrt{5} - \sqrt{3}}$

コラム 3

電卓の使い方：逆数の計算

　逆数は，$\div$ $=$ を押すことによって容易に計算可能である．従来方法では，$5 - 2.3$ の値をいったんメモしておく必要があるが，この簡略化された逆数の計算方法を使えばメモを取る必要はなくなり，非常に効率的である．

(例) $\dfrac{1}{5 - 2.3}$

《従　来》 [5] [−] [2] [.] [3] ⇒値をメモ⇒ [1] [÷] ⇒メモした値を入力⇒ [=]

《簡略化》 [5] [−] [2] [.] [3] [÷] [=]

　　　　　　　　　　 逆数

1. 一次方程式とは？

　文字で表されたある変数（例えば，xとする）について，このxが，ある値のときのみ等号が成り立つような式を方程式という．特に，xの2乗や3乗などのべき乗を含まない方程式を一次方程式という．

　（例）$3x+1=2$，$5y-2=3$，$4R=10$など

2. 方程式の性質

　方程式には，**表4**に示すように，ある方程式$A=B$が成り立つとき，その方程式の左辺と右辺に同じ数（表4ではC）を足しても引いても掛けても割ってもよく，また逆数も等しくなるという性質がある．これを活用して，方程式を$x=\cdots$という形に変形してxの値を特定することを「方程式を解く」という．例えば，$x+2=5$という一次方程式を解くと，

表4

$A \pm C = B \pm C$
$A \times C = B \times C$
$A \div C = B \div C$
$\left(\dfrac{A}{C}=\dfrac{B}{C}\right)$
$\dfrac{1}{A}=\dfrac{1}{B}$

$$\text{移項}\begin{cases} x+2=5 \\ x+2-2=5-2 \quad \text{両辺から2を引く} \\ x=5-2 \end{cases}$$

$$x=3$$

というように，xの値を求めることができる．

　ここで1行目と3行目に着目すると，左辺の2を，符号を反転させて右辺に移したようにとらえることができる．この操作を移項という．移項は，数字だけでなく文字でも使えるので，移項を活用していっぺんに1行目から3行目へと変形させると，計算のスピードが格段に上がる．

3. 連立方程式

　方程式を解くには，文字の数だけ方程式を用意しなければならない．つまり，$x+2y=4$のように2つの文字が含まれる方程式は，この式1つだけでは解くことができず，もう1つ式がなければならない．

　連立方程式を解く方法としては，代入による方法と加算・減算による方法の2つが主である．

① 代入による方法

$$\begin{cases} x+2y=5 \quad (1) \\ x+y=1 \quad (2) \end{cases}$$

(2)式を$y=1-x$と変形し，(1)式に代入．

$$x+2\times(1-x)=5$$
$$\therefore x+2-2x=5$$
$$\therefore -x=5-2=3$$
$$\therefore x=\underline{-3}$$

これを(2)式に代入すると，

$$-3+y=1$$
$$\therefore y=1+3=\underline{4}$$

② 加算・減算による方法

$$\begin{cases} x+2y=5 \quad (1) \\ x+y=1 \quad (2) \end{cases}$$

(1)式から(2)式を引くと，

$$\begin{array}{r} x+2y=5 \\ -)\quad x+\ y=1 \\ \hline y=\underline{4} \end{array}$$

これを(2)式に代入すると，

$$x+4=1$$
$$\therefore x=\underline{-3}$$

練習問題

問18

次の(1)～(4)の方程式を解け.

(1) $x + 3 = 8$　　(2) $3x - 1 = 2$　　(3) $5y + 2 = 17$　　(4) $5y + 2 = 3y + 10$

問19

次の(1)～(4)の連立方程式を代入による方法で解け.

(1) $\begin{cases} 2x + y = 3 \\ 3x + 2y = 2 \end{cases}$　　(2) $\begin{cases} 5x + 7y = 3 \\ 2x + 3y = 1 \end{cases}$　　(3) $\begin{cases} y = 3x - 1 \\ 3x + 2y = 16 \end{cases}$　　(4) $\begin{cases} 2x - 3y = 1 \\ 3x + 2y = 8 \end{cases}$

問20

次の(1)～(4)の連立方程式を加算・減算による方法で解け.

(1) $\begin{cases} 2x + y = 3 \\ 3x + 2y = 2 \end{cases}$　　(2) $\begin{cases} 5x + 7y = 3 \\ 2x + 3y = 1 \end{cases}$　　(3) $\begin{cases} y = 3x - 1 \\ 3x + 2y = 16 \end{cases}$　　(4) $\begin{cases} 2x - 3y = 1 \\ 3x + 2y = 8 \end{cases}$

問21

次の(1)～(3)の連立方程式を解け.

(1) $\begin{cases} 3x + 4y - 6z = 4 \\ x - 3y + 4z = 2 \\ 2x - y + 2z = 6 \end{cases}$　　(2) $\begin{cases} x + y + z = 1 \\ 4x + 4y + 2z = -2 \\ 5x - y + 2z = 2 \end{cases}$　　(3) $\begin{cases} 8x + 5y - 6z = -6 \\ 2x - 3y + 2z = 4 \\ 10x + 2y + 3z = 26 \end{cases}$

コラム4

電卓の使い方：メモリ機能の活用

　メモリ機能を活用すれば，計算結果を一次的にメモリ領域に保存しておくことが可能となり，従来は紙などにメモを残す必要のあった計算もそれが不要となり，計算効率が飛躍的に向上する.

$\boxed{M+}$：メモリ領域に現在の表示値を加算　　　$\boxed{M-}$：メモリ領域から現在の表示値を減算

$\boxed{RM}$：メモリ領域に保存された値を呼び出し　　$\boxed{CM}$：メモリ領域に保存された値を消去

(例) $5 \times 6 + 3 \times 4 - 4 \times 5$

《従　来》　$\boxed{5}\ \boxed{\times}\ \boxed{6}$ ⇒値①をメモ⇒ $\boxed{3}\ \boxed{\times}\ \boxed{4}$ ⇒値②をメモ⇒ $\boxed{4}\ \boxed{\times}\ \boxed{5}$

　　　　　　⇒値③をメモ⇒メモした値①＋②－③を入力⇒ $\boxed{=}$

《簡略化》　$\boxed{5}\ \boxed{\times}\ \boxed{6}\ \boxed{M+}\ \boxed{3}\ \boxed{\times}\ \boxed{4}\ \boxed{M+}$

　　　　　　　5×6 をメモリに加える　3×4 をメモリに加える

　　　　　　$\boxed{4}\ \boxed{\times}\ \boxed{5}\ \boxed{M-}$　　$\boxed{RM}$

　　　　4×5 をメモリから引く　メモリの内容を呼び出し

1. 関数とは？

関数とは，ある値を入力すると，それに対応した値が出力されるブラックボックスのようなものである（**図1**）．

例えば，最も簡単な一次関数は，入力をx，出力をyとすると，

$$y = ax + b$$

と表され，yはxの関数であるという．

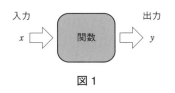

図1

2. 一次関数のグラフ

関数は，2つの変数（図1の場合は，xとy）の関係を表すため，一方が決まればもう一方も自ずと決まる．つまり，xの数直線とyの数直線を直交させて，xの変化に伴ってyが変化する様子を連続的にプロットすれば，xとyの関係は視覚的に見えるようになる．これをグラフといい，一次関数$y = 2x$は，**図2**に示すような，原点$(0, 0)$を通過する直線のグラフとなる．

一次関数のグラフの傾きは，xの変化量Δxに対するyの変化量Δyで表される．$y = 2x$の場合，原点$(0, 0)$かつ点$\mathrm{P}(4, 8)$を通るので，

$$a = \frac{\Delta y}{\Delta x} = \frac{8-0}{4-0} = 2$$

となる．つまり，より一般化すると，原点を通る直線は，

$$y = ax$$

と表すことができる．傾き$a < 0$の場合，グラフは右肩下がりとなる．

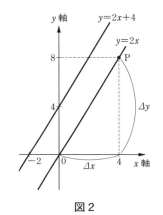

図2

次に，図2に示すように，$y = 2x$と傾きが等しく，原点は通らずに$y = 4$を横切るようなグラフについては，$y = 2x + 4$で表すことが可能である．より一般化すると，

$$y = ax + b$$

となり，この式に$x = 0$を代入すれば$y = b$となることから，bはグラフがy軸を横切るときのyの値を示す．これを切片という．

【グラフの交点】

グラフ上の2つの関数が交差する点を交点という．交点はグラフ上から読み取ることも可能だが，2つの関数を連立させて解くことにより得られるxとyの値が，交点のx座標，y座標となる．

問22

次の(1)～(8)に示す条件を満たす一次関数を求めよ．また，それをグラフに表せ．

(1) 原点を通り，傾きが $a = 3$ となる一次関数

(2) 原点を通り，傾きが $a = -2$ となる一次関数

(3) 原点および点A(4, 2)を通る一次関数

(4) 傾きが $a = -1$ で切片が $b = 5$ となる一次関数

(5) 点A(2, 1)を通り，傾きが $a = 2$ となる一次関数

(6) 点A(2, -2)を通り，切片が $b = 4$ となる一次関数

(7) 点A(3, -2)および点B(6, 0)を通る一次関数

(8) 点A(2, 2)および点B(8, -1)を通る一次関数

問23

問図23の(1)～(3)に示すグラフにおいて，直線を表す一次関数を求めよ．

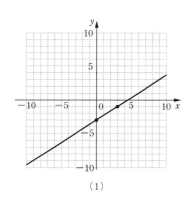

(1)

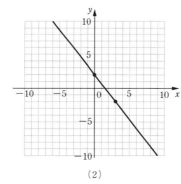

(2)

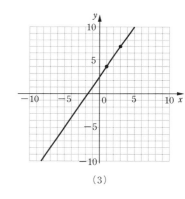

(3)

問図23

問24

問図24の(1)～(3)に示すグラフ上の直線と一次関数 $y = -x + 9$ との交点Pの座標 (x_0, y_0) を求めよ．

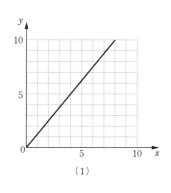

(1)

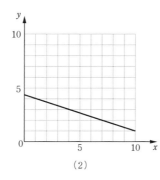

(2)

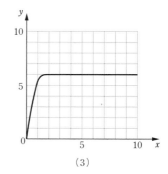

(3)

問図24

1. 対数とは？

べき乗を用いた $a^n = A$ という式は，「a を n 乗した答えは何か」を求めるときに使用される形だが，これを変形して，「a を何乗すれば A になるか」を表す形式を対数といい，以下の式で表される．

対数の計算においては，**表5**の法則が成り立つ．

表5

$\log_a (A \times B) = \log_a A + \log_a B$
$\log_a \dfrac{A}{B} = \log_a A - \log_a B$
$\log_a A^k = k \log_a A$
$\log_a a = 1$
$\log_a 1 = 0$

2. 対数関数のグラフ

【対数目盛】

図3（a）のように一定距離ごとに10ずつ増えていく通常の目盛に対し，（b）のように一定距離ごとに10倍となっていく目盛を対数目盛という．

x の変化に対して y の変化が非常に緩やかな関数（例：$y = \log_{10} x$）を通常のグラフに表すと，y の変化が読み取りにくくなる．そこで，x 軸に対数目盛を用いる片対数グラフが使用される．

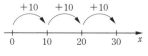

（a）通常の目盛

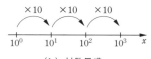

（b）対数目盛

図3

【対数関数のグラフ】

$y = 2 \log_{10} x$ という対数関数の片対数グラフは**図4**のように，$x = 10^0 = 1$ を通る直線となる（**表6**より）．

より一般的に，

$$y = a \log_{10} x + b$$

という対数関数のグラフを考えると，**図5**のようになる．$y = a \log_{10} x$ は，$x = 10^1 = 10$ のときに $y = a$ となる直線であり，それをさらに y 方向に b だけ平行移動させたものが，$y = a \log_{10} x + b$ のグラフである．

表6

$2 \log_{10} 10^{-1} = -2$
$2 \log_{10} 10^0 = 0$
$2 \log_{10} 10^1 = 2$
$2 \log_{10} 10^2 = 4$

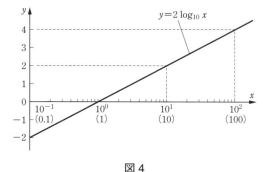

図4

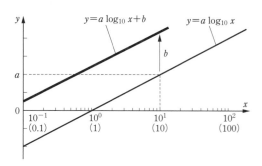

図5

練 習 問 題

問25

次の(1)～(6)の対数の計算をせよ．ただし，$\log_{10} 2 = 0.301$，$\log_{10} 3 = 0.477$ を用いてよい．

(1) $\log_{10} 6$　　(2) $\log_{10} 5$　　(3) $\log_{10} 81$　　(4) $\log_{10} 72$　　(5) $\log_{10} 0.5$　　(6) $\log_{10} 0.08$

問26

次の(1)～(4)に示す対数関数を片対数グラフに表せ．

(1) $y = 3\log_{10} x^2$　　(2) $y = -2\log_{10}\sqrt{x}$　　(3) $y = 4 + \log_{10} x^3$　　(4) $y = \log_{10}\dfrac{x^3}{100}$

問27

問図27の(1)～(3)のグラフに示された直線を表す対数関数を求めよ．

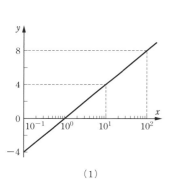
(1)

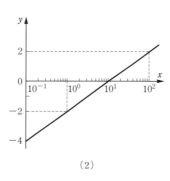
(2)

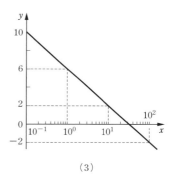
(3)

問図27

コラム 5

電卓の使い方：まとめ

以下のような計算は電験で頻出だが，これまでのテクニックを活用すれば容易に計算できる．

(例) $I = \dfrac{V}{\sqrt{R^2 + (2\pi fL)^2}} = \dfrac{100}{\sqrt{2.5^2 + (2\pi \times 50 \times 0.03)^2}} = \dfrac{100}{\sqrt{2.5^2 + (3\pi)^2}}$

《従　来》 $\boxed{2}\,\boxed{.}\,\boxed{5}\,\boxed{\times}\,\boxed{2}\,\boxed{.}\,\boxed{5}\,\boxed{=}$ ⇒値①をメモ(2.5^2)

⇒$\boxed{3}\,\boxed{\times}\,\boxed{3}\,\boxed{.}\,\boxed{1}\,\boxed{4}\,\boxed{\times}\,\boxed{3}\,\boxed{\times}\,\boxed{3}\,\boxed{.}\,\boxed{1}\,\boxed{4}\,\boxed{=}$

⇒値②をメモ($(3\pi)^2$)⇒メモした値①＋②を入力($2.5^2 + (3\pi)^2$)

⇒$\boxed{\sqrt{}}$ ⇒値③をメモ($\sqrt{2.5^2 + (3\pi)^2}$)

⇒$\boxed{1}\,\boxed{0}\,\boxed{0}\,\boxed{\div}$ ⇒メモした値③を入力$\left(\dfrac{100}{\sqrt{2.5^2 + (3\pi)^2}}\right)$⇒$\boxed{=}$

《簡略化》 $\boxed{2}\,\boxed{.}\,\boxed{5}\,\boxed{\times}\,\boxed{=}\,\boxed{M+}$　　$\boxed{3}\,\boxed{\times}\,\boxed{3}\,\boxed{.}\,\boxed{1}\,\boxed{4}\,\boxed{\times}\,\boxed{=}\,\boxed{M+}$

2.5^2を計算しメモリに加算(2.5^2)　　$(3\pi)^2$を計算しメモリに加算($2.5^2 + (3\pi)^2$)

$\underset{\sqrt{2.5^2 + (3\pi)^2}}{\boxed{RM}\,\boxed{\sqrt{}}}$　　$\underset{\dfrac{1}{\sqrt{2.5^2 + (3\pi)^2}}}{\boxed{\div}\,\boxed{=}}$　　$\underset{\dfrac{100}{\sqrt{2.5^2 + (3\pi)^2}}}{\boxed{\times}\,\boxed{1}\,\boxed{0}\,\boxed{0}}$

数学・物理学の基礎

第1章：数学の基礎

テーマ7 ▶▶ 様々な図形

1．2つの角度の表現方法

小学校では，角度を［°］という単位で表す方法を学んだが，**表7**に示すように，円周率πを用いたラジアンと呼ばれる角度の表現方法も存在する．

表7

度［°］	0	30	45	60	90	180	360	θ
ラジアン［rad］	0	$\dfrac{\pi}{6}$	$\dfrac{\pi}{4}$	$\dfrac{\pi}{3}$	$\dfrac{\pi}{2}$	π	2π	$\dfrac{\pi}{180}\theta$

2．ピタゴラスの定理（三平方の定理）とは？

図6のような直角三角形について，辺の長さa，b，cには，

$$a^2 = b^2 + c^2$$

という関係が成り立つ．これをピタゴラスの定理（三平方の定理）という．

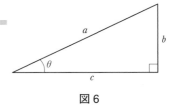

図6

3．平面図形

【三角形】

主な三角形の種類およびその面積は，**表8**の通り．

表8

名称	三角形（鋭角・鈍角）		直角三角形
図形			
面積	$S = \dfrac{1}{2}ah$		

【四角形】

主な四角形の種類およびその面積は，**表9**の通り．

表9

名称	正方形	長方形	平行四辺形	台形
図形				
面積	$S = a^2$	$S = ab$	$S = ah$	$S = \dfrac{(a+b)h}{2}$

【円・円弧】

　円・円弧の長さおよび面積は，**表10**の通り．※円弧の角度θは，ラジアン表記（[rad]）

　弧の長さlは，同一半径の円周の長さとの比を用いて導出できる．つまり，

$$2\pi r : l = 2\pi : \theta$$

$$\therefore l = \frac{2\pi r\theta}{2\pi} = r\theta$$

となる．同様に，面積Sについては，

$$\pi r^2 : S = 2\pi : \theta$$

$$\therefore S = \frac{\pi r^2 \theta}{2\pi} = \frac{r^2\theta}{2}$$

となる．

　※角度が[rad]ではなく[°]表記の場合は，以下の通り．

$$2\pi r : l = 360 : \theta \qquad \therefore l = \frac{2\pi r\theta}{360} = \frac{\pi r\theta}{180}$$

$$\pi r^2 : S = 360 : \theta \qquad \therefore S = \frac{\pi r^2\theta}{360}$$

表 10

名称	円	円弧
図形		
長さ	$l = 2\pi r = \pi d$	$l = r\theta$
面積	$S = \pi r^2 = \dfrac{\pi d^2}{4}$	$S = \dfrac{r^2\theta}{2}$

4. 立体図形

　主な立体図形の種類および体積は，**表11**の通り．

表 11

名称	円柱	三角柱	四角柱	球
図形				
体積	$V = Sh$			$V = \dfrac{4}{3}\pi r^3$

【球の表面積】

　球については，表面積を利用する問題が出題されることがある．球の表面積Sは，

$$S = 4\pi r^2$$

で表される．

問28

次の(1)〜(8)に示す角度を，度[°]はラジアン[rad]に，ラジアン[rad]は度[°]に変換せよ．

(1) $30°$　(2) $15°$　(3) $120°$　(4) $300°$　(5) $\dfrac{\pi}{3}$[rad]　(6) $\dfrac{5}{6}\pi$[rad]　(7) $\dfrac{3}{2}\pi$[rad]　(8) $\dfrac{3}{4}\pi$[rad]

問29

問図29の(1)〜(4)に示す直角三角形のxを，ピタゴラスの定理を用いて求めよ．

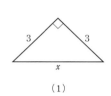
(1)

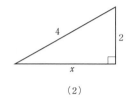
(2)

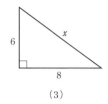
(3)

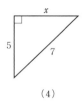
(4)

問図 29

問30

問図30の(1)〜(4)に示す三角形の面積Sを求めよ．

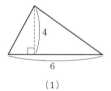
(1)

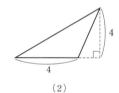
(2)

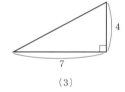
(3)

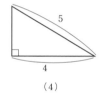
(4)

問図 30

問31

問図31の(1)〜(4)に示す四角形の面積Sを求めよ．

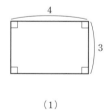
(1)

(2)

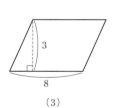
(3)

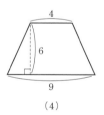
(4)

問図 31

問32

問図32の(1)〜(4)に示す円について，円周の長さlおよび面積Sを求めよ．

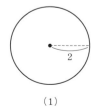
(1)

(2)

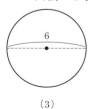
(3)

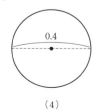
(4)

問図 32

問33

問図33の(1)～(4)に示す円弧について、弧の長さ l および面積 S を求めよ.

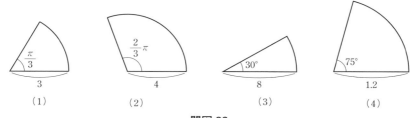

（1） （2） （3） （4）

問図33

問34

問図34の(1)～(4)に示す立体図形について、体積 V を求めよ.また、(4)については表面積 S も求めよ.

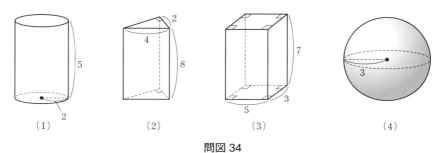

（1） （2） （3） （4）

問図34

問35

問図35の(1)～(3)に示す様々な図形について、灰色の部分の面積 S を求めよ.

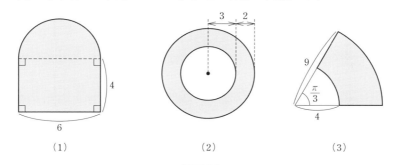

（1） （2） （3）

問図35

問36

問図36に示すグラフについて、以下の問に答えよ.

（1） 面積 S_1 を求めよ.

（2） 面積 S_2 を求めよ.

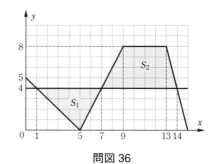

問図36

1. 三角比とは？

直角三角形の角度が決まれば，各辺の長さの比率も決まる．つまり，角度とどれか1つの辺の長さが分かれば，残りの2つの辺の長さも計算で求めることができるのである．中でも，

$$\sin \theta = \frac{b}{a}, \quad \cos \theta = \frac{c}{a}, \quad \tan \theta = \frac{b}{c}$$

という比率はよく使われる．これらを三角比といい，読み方はsin（サイン），cos（コサイン），tan（タンジェント）である．

図7のように，それぞれの頭文字の筆記体で覚える方法が一般的だが，例えば，図7の直角三角形を鏡写しにした場合，アルファベットも逆になってしまうため，汎用性に欠ける．

そこで，「（角度θに対して）逃げて，回って，跳ね上がる」という覚え方（図8）を推奨する．意味はよく分からないが，筆者が高校時代に教わった暗記法であり，あらゆる形の直角三角形に対応しており，オススメである．

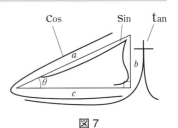

図7

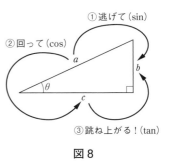

① 逃げて（sin）
② 回って（cos）
③ 跳ね上がる！（tan）

図8

2. 代表的な三角比

電験三種で頻出である，暗記すべき代表的な三角比の値を図9に示す．

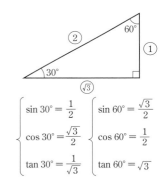

$$\begin{cases} \sin 45° = \dfrac{1}{\sqrt{2}} \\[2mm] \cos 45° = \dfrac{1}{\sqrt{2}} \\[2mm] \tan 45° = 1 \end{cases}$$

$$\begin{cases} \sin 30° = \dfrac{1}{2} \\[2mm] \cos 30° = \dfrac{\sqrt{3}}{2} \\[2mm] \tan 30° = \dfrac{1}{\sqrt{3}} \end{cases} \begin{cases} \sin 60° = \dfrac{\sqrt{3}}{2} \\[2mm] \cos 60° = \dfrac{1}{2} \\[2mm] \tan 60° = \sqrt{3} \end{cases}$$

3. 三角比の関係式

三角比の間に成り立つ関係式は，以下の通りである．これらはすべて暗記しよう．

$$\sin^2 \theta + \cos^2 \theta = 1$$

$$\tan \theta = \frac{\sin \theta}{\cos \theta}$$

$$1 + \tan^2 \theta = 1 + \frac{\sin^2 \theta}{\cos^2 \theta} = \frac{\cos^2 \theta + \sin^2 \theta}{\cos^2 \theta} = \frac{1}{\cos^2 \theta}$$

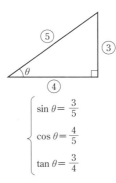

$$\begin{cases} \sin \theta = \dfrac{3}{5} \\[2mm] \cos \theta = \dfrac{4}{5} \\[2mm] \tan \theta = \dfrac{3}{4} \end{cases}$$

図9

問37

問図37の(1)〜(4)に示す直角三角形の $\sin\theta$, $\cos\theta$, $\tan\theta$ をそれぞれ求めよ.

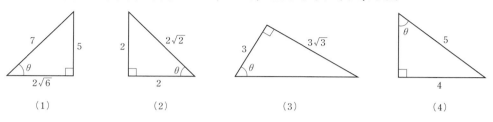

(1)　　　　(2)　　　　(3)　　　　(4)

問図37

問38

問図38の(1)〜(4)に示す直角三角形の x, y を，三角比を用いて求めよ.

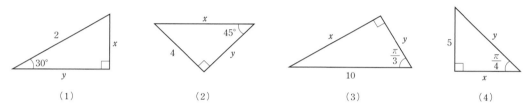

(1)　　　　(2)　　　　(3)　　　　(4)

問図38

問39

問図39の(1)〜(3)の図形の面積 S を求めよ.

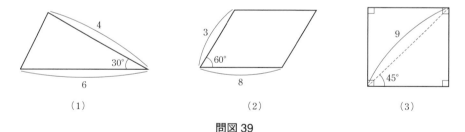

(1)　　　　(2)　　　　(3)

問図39

問40

　次の(1)〜(3)について，三角比の関係式を用いて答えよ.

(1) $\sin\theta = 0.6$ のとき，$\cos\theta$ を求めよ. ただし，$\cos\theta$ は正の値とする.

(2) $\sin\theta = 0.5$ のとき，$\tan\theta$ を求めよ. ただし，$\cos\theta$ は正の値とする.

(3) $\cos\theta = 0.8$ のとき，$\tan\theta$ を求めよ. ただし，$\tan\theta$ は負の値とする.

1. ベクトルとは？

【スカラーとベクトル】

　これまで扱ってきたような「大きさ」の情報だけを持つ量をスカラー量という．一方，「大きさ」に加え，「向き」の2つの情報を持つ量をベクトル量という．

　　スカラー量の例：長さ，温度，時間 など

　　ベクトル量の例：速度，力，電界 など

【ベクトルの和・差】

　和：・ベクトル$\dot{A}$と$\dot{B}$の始点を一致させてできる平行四辺形の対角線（**図10**(a)）

　　　・$\dot{B}$を$\dot{A}$の終点まで平行移動させ，$\dot{A}$の始点から$\dot{B}$の終点まで矢印を引く（図10(b)）

　差：$-\dot{B}$は$\dot{B}$と大きさが同じで逆向きなので，$\dot{A}-\dot{B}=\dot{A}+(-\dot{B})$と考えて和を求める（**図11**）

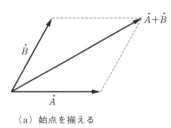

（a）始点を揃える　　　　　　（b）ベクトルをつなげる

図10

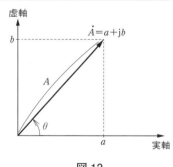

図11

2. 複素数と複素数平面

【複素数と複素数平面】

　複素数：ベクトルをグラフ上で表す手段の1つ

　複素数平面：複素数をグラフ上で表したもの（**図12**）

　⇒図12のようなベクトルは，以下のように表される．

　　$\dot{A}=a+\mathrm{j}b$

a，bは実数であり，aを実部，$\mathrm{j}b$を虚部という．また，複素数平面上で実部を示す軸（横軸）を実軸，虚部を示す軸（縦軸）を虚軸という．

　また，虚数単位jは以下のように定義される．

　　$\mathrm{j}=\sqrt{-1}\quad\therefore\mathrm{j}^2=-1$

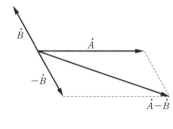

図12

【複素数の大きさ】

　複素数$\dot{A}=a+\mathrm{j}b$は，複素数平面上で直角三角形の斜辺を表す．したがって，複素数$\dot{A}$の大きさ$|\dot{A}|$$=A$は，三平方の定理より，以下のように表される．

　　$|\dot{A}|=A=\sqrt{a^2+b^2}$

【極座標表示】

　$\dot{A}$は，大きさAおよび実軸との角度θを用いて，以下に示す極座標表示でも表すことができる．

　　$\dot{A}=A\mathrm{e}^{\mathrm{j}\theta}=A\angle\theta=A\cos\theta+\mathrm{j}A\sin\theta$

3. 複素数の四則演算

複素数の四則演算は，通常の文字式と同様に計算したうえで，最後に$j^2 = -1$を代入すればよい.

複素数の和・差：
$$(a + jb) \pm (c + jd) = (a \pm c) + j(b \pm d)$$

複素数の積：
$$(a + jb) \times (c + jd) = ac + jad + jbc + j^2 bd = ac - bd + j(ad + bc)$$

複素数の商：
$$\frac{a + jb}{c + jd} = \frac{(a + jb) \times (c - jd)}{(c + jd) \times (c - jd)} = \frac{ac + jbc - jad - j^2 bd}{c^2 - j^2 d^2} = \frac{(ac + bd) + j(bc - ad)}{c^2 + d^2}$$

4. 複素数（ベクトル）の回転

図13に示すように，ある複素数$\dot{A}$に対して，
$$\dot{k} = k e^{j\theta} = k \angle \theta = k \cos \theta + jk \sin \theta$$
を掛けると，角度θだけ左回転し，長さがk倍される.

【90°回転】（図14）
$$e^{j\frac{\pi}{2}} = \cos \frac{\pi}{2} + j \sin \frac{\pi}{2} = j$$
より，jを掛ければ90°左回転，jで割れば90°右回転する.

【120°回転（ベクトルオペレータ）】（図15）

三相交流回路において，ベクトルを120°回転させる場合，以下の
ベクトルオペレータ，
$$a = e^{j\frac{2\pi}{3}} = \cos \frac{2\pi}{3} + j \sin \frac{2\pi}{3} = -\frac{1}{2} + j\frac{\sqrt{3}}{2}$$
がよく用いられる. aを掛ければ120°左回転，aで割れば120°右回転する.

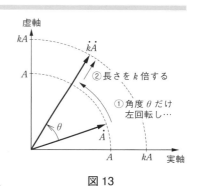

図13

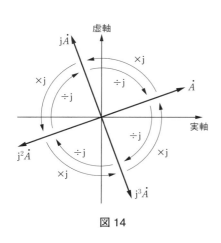

図14

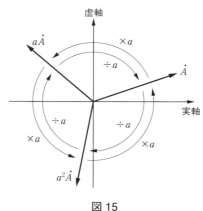

図15

練 習 問 題

問 41

問図 41 の (1)~(3) に示すベクトル $\dot{A}$, $\dot{B}$ の和 $\dot{C}=\dot{A}+\dot{B}$ を描け．また，ベクトル $\dot{C}$ の大きさ C を求めよ．

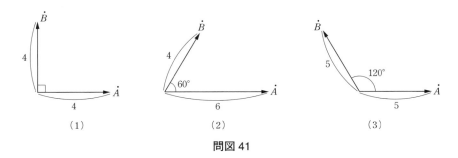

問図 41

問 42

問図 42 の (1)~(3) に示すベクトル $\dot{A}$, $\dot{B}$ の差 $\dot{C}=\dot{A}-\dot{B}$ を描け．また，ベクトル $\dot{C}$ の大きさ C を求めよ．

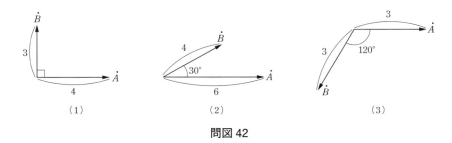

問図 42

問 43

次の (1)~(4) に示す複素数 $\dot{Z}$ を複素数平面上に表せ．また，複素数 $\dot{Z}$ の大きさ Z を求めよ．
(1) $\dot{Z}=3+\mathrm{j}4$ (2) $\dot{Z}=2-\mathrm{j}3$ (3) $\dot{Z}=-5+\mathrm{j}2$ (4) $\dot{Z}=-4-\mathrm{j}4$

問 44

次の (1)~(4) に示す極座標で表示された複素数 $\dot{Z}$ を複素数平面上に表せ．また，極座標表示された複素数 $\dot{Z}$ を，$\dot{Z}=a+\mathrm{j}b$ の形式に変換せよ．

(1) $\dot{Z}=3\angle45°$ (2) $\dot{Z}=4\angle\dfrac{2}{3}\pi$ (3) $\dot{Z}=5\angle210°$ (4) $\dot{Z}=4\angle-\dfrac{\pi}{4}$

問 45

次の (1)~(20) に示す複素数の四則計算をせよ．
(1) $\mathrm{j}3+\mathrm{j}2$ (2) $\mathrm{j}5-\mathrm{j}3$ (3) $-\mathrm{j}4+\mathrm{j}3$ (4) $-\mathrm{j}8-\mathrm{j}$ (5) $5\times\mathrm{j}3$
(6) $\mathrm{j}6\times3$ (7) $\mathrm{j}2\times\mathrm{j}4$ (8) $-\mathrm{j}5\times\mathrm{j}4$ (9) $\mathrm{j}3\times(-\mathrm{j}7)$ (10) $-\mathrm{j}2\times(-\mathrm{j}6)$
(11) $\mathrm{j}6\div3$ (12) $8\div\mathrm{j}2$ (13) $\mathrm{j}10\div\mathrm{j}4$ (14) $-\mathrm{j}12\div(-\mathrm{j}3)$ (15) $10\div(-\mathrm{j}5)$
(16) $\mathrm{j}9\div(-\mathrm{j}3)$ (17) $\mathrm{j}5+\mathrm{j}2-\mathrm{j}9$ (18) $-\mathrm{j}3+\mathrm{j}6\times\mathrm{j}2$ (19) $\mathrm{j}6\div2+\mathrm{j}2$ (20) $(\mathrm{j}3-\mathrm{j}2)\times(2+\mathrm{j}4)$

問46

次の(1)～(4)に示す複素数$\dot{A}$および$\dot{B}$について，$\dot{A}+\dot{B}$，$\dot{A}-\dot{B}$，$\dot{A}\times\dot{B}$，$\dot{A}\div\dot{B}$をそれぞれ求めよ．

(1) $\dot{A}=5+\mathrm{j}10$，$\dot{B}=\mathrm{j}5$　(2) $\dot{A}=100$，$\dot{B}=10-\mathrm{j}20$　(3) $\dot{A}=2+\mathrm{j}5$，$\dot{B}=2-\mathrm{j}5$　(4) $\dot{A}=4+\mathrm{j}3$，$\dot{B}=3+\mathrm{j}4$

問47

次の(1)～(3)に示す極座標表示された複素数$\dot{A}$および$\dot{B}$について，$\dot{C}=\dot{A}+m\dot{B}+\mathrm{j}n\dot{B}$としたとき，複素数$\dot{C}$の大きさ$C$を求めよ．ただし，$m=2$，$n=3$とする．

(1) $\dot{A}=100\angle0°$，$\dot{B}=10\angle0°$　(2) $\dot{A}=200\angle0°$，$\dot{B}=10\angle60°$　(3) $\dot{A}=400\angle0°$，$\dot{B}=20\angle-\dfrac{\pi}{6}$

コラム6

三角関数

　三角比は，図(a)に示すような半径$r=1$の単位円と呼ばれる円を用いて，原点から角度θの方向に引いた直線と単位円との交点を$\mathrm{P}(x_0,\ y_0)$とすると，

$$\sin\theta=\frac{y_0}{r}=y_0,\quad \cos\theta=\frac{x_0}{r}=x_0,\quad \tan\theta=\frac{\sin\theta}{\cos\theta}=\frac{y_0}{x_0}$$

と表すことができる．この単位円を用いれば，これまで考えていた$0<\theta<\dfrac{\pi}{2}$の範囲外の場合についても，同様に$\sin$，$\cos$，$\tan$を求められる．これを三角関数という．

　図(b)　$\sin(-\theta)=-\sin\theta$，$\cos(-\theta)=\cos\theta$，$\tan(-\theta)=-\tan\theta$

　図(c)　$\sin\left(\theta+\dfrac{\pi}{2}\right)=\cos\theta$，$\cos\left(\theta+\dfrac{\pi}{2}\right)=-\sin\theta$，$\tan\left(\theta+\dfrac{\pi}{2}\right)=-\dfrac{\cos\theta}{\sin\theta}$

　図(d)　$\sin\left(\dfrac{\pi}{2}-\theta\right)=\cos\theta$，$\cos\left(\dfrac{\pi}{2}-\theta\right)=\sin\theta$，$\tan\left(\dfrac{\pi}{2}-\theta\right)=\dfrac{\cos\theta}{\sin\theta}$

　図(e)　$\sin(\theta+\pi)=-\sin\theta$，$\cos(\theta+\pi)=-\cos\theta$，$\tan(\theta+\pi)=\tan\theta$

　図(f)　$\sin(\pi-\theta)=\sin\theta$，$\cos(\pi-\theta)=-\cos\theta$，$\tan(\pi-\theta)=-\tan\theta$

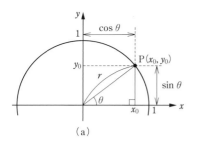

(a)

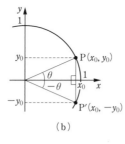

(b)

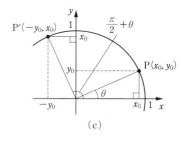

(c)

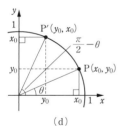

(d)

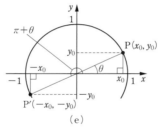

(e)

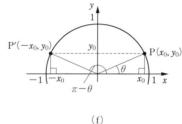

(f)

1. 接頭語

　桁数が非常に大きく，または小さくなる場合に，表1に示すような接頭語を用いて記載を簡略化することがよく行われる．この表1の接頭語は頻出なので，暗記すること．

　（例1）125 000 000 W → 125 MW　　　（例2）0.00004 A → 40 μA

表1

接頭語	n	μ	m	c	k	M	G
読み方	ナノ	マイクロ	ミリ	センチ	キロ	メガ	ギガ
意味	10^{-9}	10^{-6}	10^{-3}	10^{-2}	10^3	10^6	10^9

　※c（センチ）は，長さの単位[m]にくっついて[cm]として使われる以外，ほぼ使用しない．

接頭語あり⇒なしへ変換
　単位に含まれる接頭語をそのまま表1に示す10のべき乗に置き換えればよい．
　（例）$20\text{ MW} = 20 \times 10^6\text{ W} = 20\ 000\ 000\text{ W}$
接頭語なし⇒ありへ変換
　単位に接頭語を付ける代わりに，その接頭語に対応する10のべき乗で割ればよい．
　（例）$275\ 000\text{ V} = 275\ 000 \times \dfrac{1}{10^3} \times 10^3\text{ V} = 275\ 000 \times \dfrac{1}{10^3}\text{ kV} = 275\text{ kV}$

2. 覚えておくべき単位

質量：[t]（トン）・[kg]（キログラム）
　質量の単位として[t]がよく用いられる．[kg]と[t]の間には，以下の関係が成り立つ．
　　　$1\text{[t]} = 1\ 000\text{[kg]}$

体積：[m³]（立方メートル）・[l]（リットル）
　$1\text{[m}^3\text{]}$：1[m]四方の立方体の体積
　$1\text{[}l\text{]}$：10[cm]四方の立方体の体積
　これらの間には，以下の関係が成り立つ．
　　　$1\text{[m}^3\text{]} = 1\ 000\text{[}l\text{]}$

時間：[h]・[min]・[s(sec)]
　1秒間：1[s]（[sec]）
　1分間：1[min] = 60[s]（[sec]）
　1時間：1[h] = 60[min] = 3 600[s]（[sec]）
　また，
　1日 = 24[h]
　1年 = 365日
となることも覚えておこう．

温度：[℃]（度）・[K]（ケルビン）
　1[℃]：水が氷になる温度を基準（0[℃]）
　1[K]：理論上，原子や分子の運動が停止する温度（絶対零度）を基準（0[K]）
　セルシウス温度T_c[℃]と絶対温度T_k[K]の間には，以下の関係が成り立つ．
　　　$T_c\text{[℃]} = T_k\text{[K]} - 273$
　※基準温度が異なるだけで目盛幅は等しいため，温度差は等しい（$\Delta T_c = \Delta T_k$）．

練習問題

問1

次の(1)～(4)の物理量を，接頭語を用いずに表せ．

(1) 200 μA (2) 50 GW (3) 400 mT (4) 0.8 kV

問2

次の(1)～(4)の物理量を，【 】内に示した接頭語を用いて表せ．

(1) 5 200 000 W【M】 (2) 0.00000002 F【n】 (3) 2.2 m【c】 (4) 66 000 V【k】

問3

ある燃料を $20\,[\mathrm{kg/s}]$ のペースで消費するとき，$10\,[\mathrm{min}]$ の間に消費する燃料の質量 $M\,[\mathrm{t}]$ を求めよ．

問4

水の密度が $\rho = 1.0\,[\mathrm{g/cm^3}]$ のとき，体積 $V = 20\,[l]$ の水の質量 $M\,[\mathrm{kg}]$ を求めよ．

問5

セルシウス温度 $T_c = 27\,[℃]$ を絶対温度に換算した $T_k\,[\mathrm{K}]$ を求めよ．

問6

ある物質を10分間加熱することによって，温度が $\Delta T_c = 120\,[℃]$ だけ上昇した．絶対温度で表した温度上昇 $\Delta T_k\,[\mathrm{K}]$ を求めよ．

コラム7

仕事とエネルギー

「仕事」と「エネルギー」はいずれも[J]（ジュール）という単位で表されるが，物理的な意味合いは異なり，初学者のつまずきやすいポイントでもあるため，ここで解説する．

物体Aが物体Bに力 $F\,[\mathrm{N}]$ を加え，その力の方向に物体Bを $d\,[\mathrm{m}]$ だけ動かしたとき，物体Aは物体Bに対して $E = Fd\,[\mathrm{J}]$ の「仕事をした」という．

しかし，仕事は何もないところからは生まれない．そこで例えば，物体が速度を持って運動していたり重力に逆らって高い位置にいたりすると，その物体は仕事をなし得る状態にあるため，「エネルギーを持っている」という．

仕事とエネルギーは，いうなれば「支払い」と「支払い能力」の関係に似ている．財布の中に10 000円入っているとき，支払い能力（支払える最大金額）は10 000円であり，これがエネルギーに対応する．そこから2 000円支払って何らかの効果を得ることは「仕事をする」（エネルギーは減少するが，他の物体を動かすなどの効果が得られる）ことに対応する．

第2章：物理学の基礎

テーマ2▶▶ 力学の基礎

1．直線運動

【等速直線運動】（図1）

一定の速度v_0[m/s]で，直線的に進む運動．t[s]後の速度v[m/s]および位置x[m]は，以下の式で求められる．

$$v = v_0 \,[\mathrm{m/s}]$$

$$x = v_0 t \,[\mathrm{m}]$$

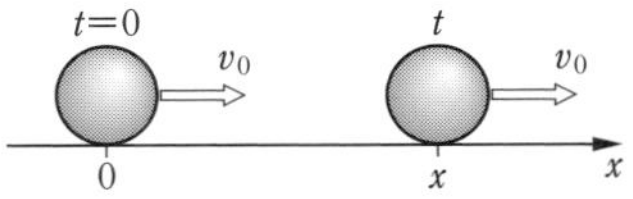

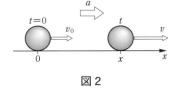

図1

【等加速度直線運動】（図2）

初速度v_0[m/s]でスタートし，一定の加速度a[m/s^2]で加速（$a<0$の場合は減速）しながら直線的に進む運動．t[s]後の速度v[m/s]および位置x[m]は，以下の式で求められる．

$$v = v_0 + at \,[\mathrm{m/s}]$$

$$x = v_0 t + \frac{1}{2}at^2 \,[\mathrm{m}]$$

図2

なお，加速度a[m/s^2]は，時刻t_1[s]からt_2[s]までの$\Delta t = t_2 - t_1$[s]の間に，速度がv_1[m/s]からv_2[m/s]まで$\Delta v = v_2 - v_1$[m/s]だけ変化した場合，以下の式で求められる．

$$a = \frac{\Delta v}{\Delta t} = \frac{v_2 - v_1}{t_2 - t_1} \,[\mathrm{m/s^2}]$$

2．力と運動

【慣性の法則】

物体に外から力（外力）が加わっていなければ，静止状態の物体は静止し続け，動いている物体は等速直線運動を続けるという法則．

【ニュートンの運動方程式】（図3）

逆に，物体に外力F[N]が加わると，それと同じ方向に加速度a[m/s^2]が生じる．物体の質量がm[kg]とすると，

$$F = ma \,[\mathrm{N}]$$

が成り立ち，これをニュートンの運動方程式という．

※外力の向きと進行方向が一致 ⇒ 等加速度直線運動

　外力の向きと進行方向が直角 ⇒ 等速円運動（次ページ参照）

図3

【作用・反作用の法則】

物体Bが物体Aに力を作用させると，物体Aは物体Bから大きさが等しく逆向きの力を受けるという法則．

例えば，図4のように，人から見ればバットでボールに力F[N]を加えているが，ボールからすれば，ボールがバットに力F'[N]を加えていて，その大きさは等しく向きは逆である．

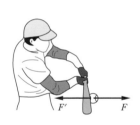

図4

3. 等速円運動

進行方向に対して常に直角に外力（加速度）が加わることによって，一定の速さで回転する運動（図5）．角速度を w [rad/s] とすると，速度 v [m/s] と加速度 a [m/s²] は，以下の通り．

$$v = rw \text{ [m/s]}$$

$$a = rw^2 = \frac{v^2}{r} \text{ [m/s²]}$$

したがって，常に円の中心に向かって働く力 F [N] は，

$$F = ma = \frac{mv^2}{r} \text{ [N]}$$

となり，これを向心力という．

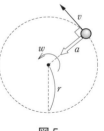

図5

4. 力の釣り合い

【重力】

質量 m [kg] の物質は，地球から $F = mg$ [N] という大きさの重力を受ける．ここで，g は重力加速度といい，$g = 9.8$ [m/s²] である．重力の向きは地球の中心に向かう向きである．

【力の釣り合い】

慣性の法則より，物体が静止しているとき，物質には外力が働いていない．

しかし厳密には，図6のように，地球から重力（外力）を受けているが，それと同じ大きさで逆向きの外力を糸からも受けているため，物質に働く外力は釣り合って0となっている．つまり，

$$T = mg \text{ [N]}$$

が成り立つ．また，図7のように，力が水平成分と垂直成分を持つ場合については，それぞれの成分に分解し，成分ごとに力の釣り合いの式を立てればよい．つまり，以下が成り立つ．

（水平方向）$F = T \sin \theta$ [N]

（垂直方向）$mg = T \cos \theta$ [N]

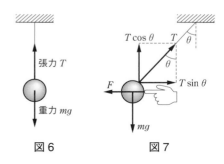

図6　　　　図7

5. 力のモーメント

【剛体】

大きさや長さを考慮する必要のある物体のこと．長さを持つため，力は釣り合っていても回転してしまう場合がある．つまり，剛体の場合は力の釣り合い以外にも，力のモーメントの釣り合いも考える必要がある．

【力のモーメント】

回転軸の周りに剛体を回転させようとする能力を表す指標．図8において，力 F_1 [N] によって地際を軸に剛体を回転させようとする力のモーメントは $M_1 = F_1 h_1$ [N·m] となる．

逆向きの力 F_2 [N] により，剛体が回転せずに静止する場合，以下の釣り合いの式が成り立つ．

$$F_1 h_1 = F_2 h_2$$

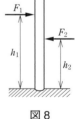

図8

問7

速度 $v_0 = 5$ [m/s] で等速直線運動をする物体が，$t = 4$ [s] の間に進む距離 x [m] を求めよ．

問8

速度 v_0 [m/s] で等速直線運動をする物体が，$t = 10$ [s] の間に距離 $x = 45$ [m] だけ進むとき，速度 v_0 [m/s] を求めよ．

問9

初速度 $v_0 = 4$ [m/s]，加速度 $a = 3$ [m/s^2] で等加速度直線運動をする物体がある．$t = 6$ [s] 経過したときの速度 v [m/s] および進んだ距離 x [m] を求めよ．

問10

初速度 $v_0 = 8$ [m/s]，加速度 $a = -2$ [m/s^2] で等加速度直線運動をする物体について，以下の問に答えよ．
(1) 物体は徐々に減速して，やがて瞬間的に停止する．停止する瞬間の時刻 t_1 [s] を求めよ．
(2) 物体は停止後，元の位置に向かって運動を始める．元の位置に到達する時刻 t_2 [s] を求めよ．

問11

問図 11 の (1)～(3) に示すような速度 v [m/s] と時間 t [s] のグラフにしたがって，ある物体が運動している．この物体の加速度 a [m/s^2] を表すグラフを描け．

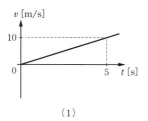

(1)

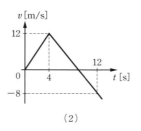

(2)

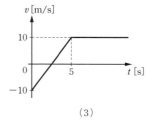

(3)

問図 11

問12

問図 12 に示すように，質量 $m = 4$ [kg] の小球が，高さ $h = 20$ [m] の建物の上を x 軸方向に速度 $v_x = 5$ [m/s] で進んでいる．重力加速度を $g = 9.8$ [m/s^2] として，以下の問に答えよ．
(1) $x = 0$ に到達したときを $t = 0$ [s] として，その後，小球が地上に到達するまでに要する時間 t_1 [s] を求めよ．
(2) 小球が地上に到達したときの水平距離 d [m] を求めよ．

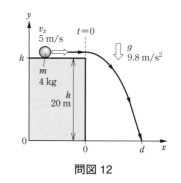

問図 12

問 13

角速度 $w = 5\,[\mathrm{rad/s}]$ で半径 $r = 3\,[\mathrm{m}]$ の等速円運動をする物体がある．この物体の速度 $v\,[\mathrm{m/s}]$ および加速度 $a\,[\mathrm{m/s^2}]$ を求めよ．また，そのときの周期 $T\,[\mathrm{s}]$（1周するのに要する時間）を求めよ．

問 14

速度 $v = 4\,[\mathrm{m/s}]$ で等速円運動をする質量 $m = 5\,[\mathrm{kg}]$ の物体がある．この物体に働く向心力が $F = 25\,[\mathrm{N}]$ のとき，円運動の回転半径 $r\,[\mathrm{m}]$ を求めよ．また，そのときの周期 $T\,[\mathrm{s}]$ を求めよ．

問 15

質量 $m\,[\mathrm{kg}]$ の物質を天井から紐で吊るしたとき，紐に生じる張力は $T = 29.4\,[\mathrm{N}]$ だった．この物質の質量 $m\,[\mathrm{kg}]$ を求めよ．ただし，重力加速度は $g = 9.8\,[\mathrm{m/s^2}]$ とする．

問 16

問図16のように，天井から2本の紐で質量 $m = 4\,[\mathrm{kg}]$ の物体が吊るされている．2本の紐の張力 $T_1\,[\mathrm{N}]$，$T_2\,[\mathrm{N}]$ を求めよ．ただし，重力加速度は $g = 9.8\,[\mathrm{m/s^2}]$ とする．

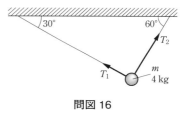

問図 16

問 17

問図17のように，壁と天井から2本の紐で吊るされた質量 $m = 4$ $[\mathrm{kg}]$ の物質がある．天井側の紐の張力が $T_2 = 49\,[\mathrm{N}]$ のとき，壁側の紐の張力 $T_1\,[\mathrm{N}]$ を求めよ．ただし，重力加速度は $g = 9.8\,[\mathrm{m/s^2}]$ とする．

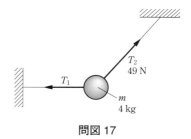

問図 17

問 18

問図18の (1)～(3) について，剛体が回転しないために必要な力 $F\,[\mathrm{N}]$ を求めよ．

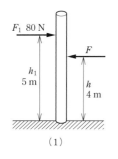

(1)

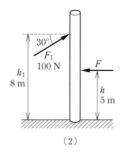

(2)

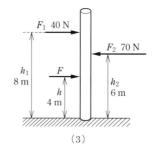

(3)

問図 18

1. 電気の基礎

【電荷と電子】

電荷：電気現象や磁気現象の元となる根源的なもの．電荷の大きさは電荷量で表され，正電荷と負電荷が存在する．

原子：すべての物質は原子で構成されており，その構造は**図9**のように，陽子と中性子から成る原子核と，その周囲を回る電子で構成されている．

陽子：正の電荷を持つ粒子

電子：負の電荷を持つ粒子．金属は自由に動ける自由電子を多く含むため電気が流れやすい．

電気素量：電荷量の最小単位で，$e = 1.602 \times 10^{-19}$ [C] である．陽子は，$+e$ [C]，電子は $-e$ [C]．

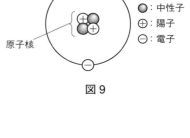

○：中性子
⊕：陽子
⊖：電子

原子核

図 9

【電圧と電流】

電位：電荷にとっての電気的な位置エネルギーのこと．正電荷は電位の高いところから低いところへと流れて電流となる．

電圧：回路に電流を流そうとする圧力のこと．回路に電位差（電位の差）を与えることを「電圧を印加する」という．

電流：単位時間に単位面積を通過する電荷量．その向きは正電荷の流れる方向と等しい．

【直流と交流】（**図10**）

電圧や電流には，直流と交流の2種類が存在する．

直流：大きさが常に一定の波形のこと

交流：大きさが正負交互に入れ替わる波形のこと

※より広義には，直流は平均値が正または負となる波形（大きさは一定でなくてもよい）であり，交流は平均値がゼロとなる波形である．

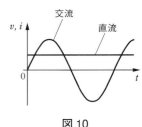

交流

直流

v, i

0

t

図 10

2. 様々な回路素子

【電源】

直流電圧源：回路に直流の電圧を供給する電源（**図11**(a)）

⇒電位の低い方から高い方に向かって矢印を記載する．

直流電流源：回路に直流の電流を供給する電源（同図(b)）

⇒電流の流れる方向に矢印を記載する．

※交流の場合にも電圧源と電流源が存在する．

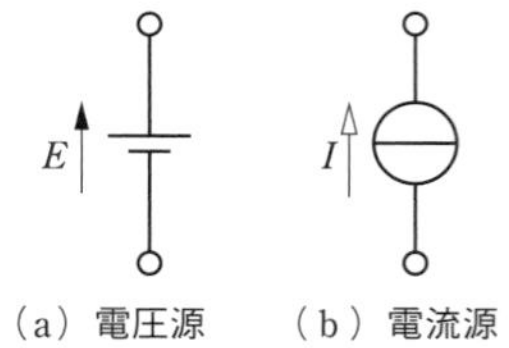

E

I

（a）電圧源　（b）電流源

図 11

【抵抗素子】

　　抵抗素子：電流の流れを妨げる素子(**図12**)．その程度を表す指標として「抵抗」と
　　　　　　　「コンダクタンス」の2種類が存在．

　・抵抗 $R\,[\Omega]$：電流の流れにくさを表し，大きいほど電流を流しにくい

　・コンダクタンス $G\,[\mathrm{S}]$：電流の流れやすさを表し，抵抗の逆数となる

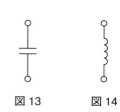

図12

$$G = \frac{1}{R}\,[\mathrm{S}]$$

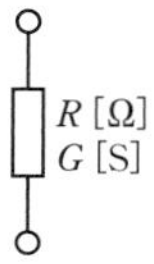

【コンデンサ・コイル】

　　コンデンサ：電荷を貯め込む素子(**図13**)
　　　　　　　　　電圧を一定に保とうとする性質を持つ．
　　⇒直流：限界まで電荷を貯め込んだら電流が流れなくなる
　　　交流：電流の流れを妨げる(位相は電圧より進む)
　　コイル：電流を流し続けようとする素子(**図14**)
　　⇒直流：限界まで電流を流したら端子間電圧が0になる
　　　交流：電流の流れを妨げる(位相は電圧より遅れる)

図13　　　図14

3. オームの法則と電圧降下

【オームの法則】

　　電圧・電流・抵抗の関係を表す法則．抵抗 $R\,[\Omega]$（コンダクタンス $G\,[\mathrm{S}]$）に電圧源を接続して $E\,[\mathrm{V}]$ の電圧を印加する**図15**の回路について，回路に流れる電流 $I\,[\mathrm{A}]$ は，以下のオームの法則から求められる．

$$E = RI$$

　　オームの法則を，コンダクタンス $G\,[\mathrm{S}]$ を用いて表すと，以下の通り．

$$E = \frac{I}{G} \quad \therefore I = GE$$

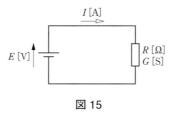

図15

【電圧降下】

　　抵抗素子に電流が流れると電圧が降下すること (**図16**)．電圧降下の大きさもオームの法則の式を用いて求められる．

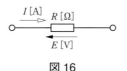

図16

問19

ある原子は電子を4個失うことによって正電荷を帯びて陽イオンとなる．この陽イオンが持つ電気量 q [C] を求めよ．また，この陽イオンがある面を単位時間当たり $N = 5.0 \times 10^{19}$ 個通過した．このときに流れる電流 I [A] を求めよ．

問20

ある抵抗素子の抵抗値が $R = 100$ [Ω] であるとき，この素子のコンダクタンス G [mS] を求めよ．また，この素子に電圧 $E = 20$ [V] を印加したときに流れる電流 I [A] を求めよ．

問21

ある抵抗素子に電圧 $E = 100$ [V] を印加したところ，$I = 2$ [A] の電流が流れた．この抵抗素子の抵抗 R [Ω] を求めよ．

問22

電位が $V_A = 50$ [V] のA点と電位が $V_B = 30$ [V] のB点がある．コンダクタンス $G = 200$ [mS] を持つ抵抗素子の両端の端子をA点とB点にそれぞれ接続したところ電流が流れた．この電流 I [A] を求めよ．

問23

抵抗値が $R = 5$ [Ω] ある抵抗素子に電流 $I = 4$ [A] を流したとき，抵抗素子における電圧降下 V [V] を求めよ．

コラム8

電気回路と水路

電気回路は，図に示すような水路と対比させると理解しやすい．水の流れを水流というのに対し，電気（電荷）の流れを電流という．

また，水は高いところから低いところへと流れるため，より多くの水流を得るためには，ポンプで高いところまで汲み上げて高低差を持たせればよい．一方，電気（電荷）は電位の高いところから低いところに流れるため，大きな電流を得るためには，電源によって電位の高いところまで電荷を持ち上げて電位差を持たせればよい．

さらに，負荷は水車と対比される．重い水車ほど水が流れにくくなるが，それと同様，大きな負荷であるほど電流が流れにくくなる．

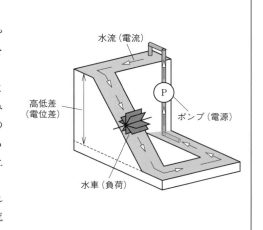

水流（電流）

高低差
（電位差）

P

ポンプ（電源）

水車（負荷）

> コラム9

電気エネルギーの流れ

発電所で発生された電気エネルギーは，変電所や送配電線を経由しながら需要家で消費される．

① 発電所(水力・火力・原子力，その他(太陽光・風力など))

⇒水や蒸気のエネルギーを利用して発電機を回すことによって，電気エネルギーを発生させる．

電験では・・・発電所：電力(発電)，発電機：機械(電気機器)

② 変電所・柱上変圧器

⇒変圧器を用いて電気エネルギーの輸送に最適な電圧の大きさに変換する場所．

電験では・・・変圧器：機械(電気機器)，変電所のその他機器など：電力(変電)

③ 送電線

⇒発電所~変電所間や変電所~変電所間をつないで電気エネルギーを輸送する電線．

電験では・・・送電線：電力(送電)

④ 配電線

⇒配電用変電所~各需要家間をつないで電気エネルギーを配る電線．送電線と比べると電圧が低く電流が大きいため，抵抗成分も考慮する場合が多い．

電験では・・・配電線：電力(配電)

⑤ 負荷

⇒各需要家で使用する機器類．電動機(モータ)負荷や照明負荷など

電験では・・・電動機：機械(電気機器，パワエレ)，照明：機械(照明)

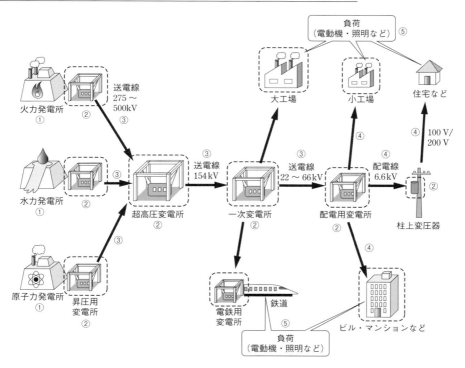

※これらの施設・設備の仕組みや動作原理などは理論科目で学ぶ「電磁気学」や「電気回路」などに基づいており，法規科目で学ぶ「電気設備技術基準」などを遵守して構築されている．

1. クーロンの法則とは？

2つの点電荷間にはクーロン力と呼ばれる静電気力が働き，クーロン力 F [N] と2つの点電荷の電荷量 Q [C]，q [C] との間には，以下に示すクーロンの法則に示す関係が成り立つ（**図1**）．

$$F = \frac{Qq}{4\pi\varepsilon r^2} = \frac{Qq}{4\pi\varepsilon_r\varepsilon_0 r^2} = 9\times10^9 \times \frac{Qq}{\varepsilon_r r^2} \ [\text{N}]$$

r：2つの電荷間の距離 [m]

f：空間を満たしている誘電体の誘電率 [F/m]（$=\varepsilon_r\varepsilon_0$）

ε_0：真空の誘電率（$=8.85\times10^{-12}$ [F/m]）

ε_r：誘電体の比誘電率（ε_0 に対する比率，真空／空気中では1）

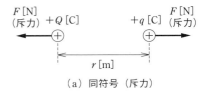

（a）同符号（斥力）

（b）異符号（引力）

図1

2. 点電荷による電界

電界とは，電荷を帯びた物体の周囲に形成される静電気力を及ぼす空間を表す．電荷量 $+Q$ [C] の点電荷が形成する電界の中に $+1$ [C] の電荷を置いたときに受けるクーロン力が，その点における電界の強さ E [V/m] と定義されている．

$$E = \frac{Q}{4\pi\varepsilon r^2} = \frac{Q}{4\pi\varepsilon_r\varepsilon_0 r^2} = 9\times10^9 \times \frac{Q}{\varepsilon_r r^2} \ [\text{V/m}]$$

クーロン力と電界との間には，以下の式が成り立つ．

$$F = \frac{Qq}{4\pi\varepsilon r^2} = q \cdot \frac{Q}{4\pi\varepsilon r^2} = qE \ [\text{N}]$$

磁荷

電界を発生させる電荷と同様，磁界を発生させる磁荷という物理量を考えると，磁気的な物理現象を電気現象との対比で説明できる．磁荷量 Q_m [Wb]，q_m [Wb] の2つの点磁荷の間には，

$$F_m = \frac{Q_m q_m}{4\pi\mu r^2} = \frac{Q_m q_m}{4\pi\mu_r\mu_0 r^2} \ [\text{N}]$$

の磁気力が働き，これを磁気に関するクーロンの法則という．力の向きは，2つの磁荷が同符号なら斥力，異符号なら引力となる．また，磁荷量 $+Q_m$ [Wb] の点磁荷まわりの磁界の強さ H [A/m] は，

$$H = \frac{Q_m}{4\pi\mu r^2} = \frac{Q_m}{4\pi\mu_r\mu_0 r^2} \ [\text{A/m}]$$

となる．したがって，磁気におけるクーロン力と磁界の間には，以下の関係が成り立つ．

$$F_m = q_m H \ [\text{N}]$$

しかし実際には，磁石を分断しても新たな2つの磁石ができることから分かる（**図**）ように，正磁荷・負磁荷は単独で存在することはなく，常にペアで存在し，どちらか一方のみを取り出すことは不可能である．

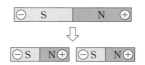

練 習 問 題

問1 ■□□□□ ⏳3分

真空中に Q[C]の点電荷が2つ，距離 $r=10$[cm]だけ離れて存在する場合について考える．2つの電荷間に $F=9\times10^{-5}$[N]の斥力が働く場合，電荷量 Q[C]を求めよ．

問2 ■□□□□ ⏳5分

問図2のように，真空中において，直線上に点電荷が3つ並んでいるとき，中央の点電荷に働くクーロン力の大きさ F[N]と向きを求めよ．

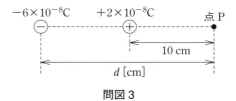

問図2

問3 ■■□□□ ⏳5分

問図3のように，真空中において，直線上に点電荷が3つ並んでいるとき，右側の点Pにおける電界が0となった．このとき，点Pから左側の点電荷までの距離 d[cm]を求めよ．

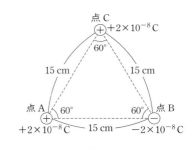

問図3

問4 ■■□□□ ⏳5分

問図4のように，真空中において，正三角形の各頂点に3つの点電荷を配置したとき，点Cの電荷に働くクーロン力 F[N]を求めよ．

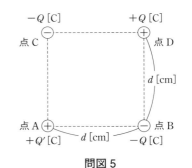

問図4

問5 ■■□□□ ⏳5分

問図5のように，真空中において，正方形の各頂点に4つの点電荷を配置したとき，点Dに働くクーロン力が0[N]となった．このとき，Q'[C]を Q[C]を用いて表せ．

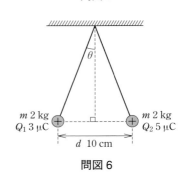

問図5

問6 ■■■□□ ⏳5分

問図6のように，質量 $m=2$[kg]の2つの導体球にそれぞれ電荷 $Q_1=3$[μC]，$Q_2=5$[μC]を帯電させ，絶縁性の紐で天井から吊るしたところ，2つの導体球は距離 $d=10$[cm]だけ離れたところで静止した．このときの $\tan\theta$ の値を求めよ．ただし，重力加速度を $g=9.8$[m/s²]とする．

問図6

1. 電位とは？

電位とは，「電」気的な「位」置エネルギーを示す（**図2**）.

> 位置エネルギー：質量 m [kg]の物質を，重力 mg [N]に逆らって，
> 基準位置より h [m]だけ持ち上げるのに要する仕事 $W = mgh$ [J]
>
> 電位：$+1$ [C]に帯電した物質を，電界による静電気力 E [N]に逆らって，
> 基準位置より h [m]だけ持ち上げるのに要する仕事 $V = Eh$ [J/C]（$=$ [V]）

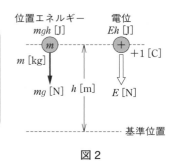

図2

したがって，$+q$ [C]の電荷が持つ電気的位置エネルギー U [J]は，以下の通り.

$$U = qV = qEh \text{ [J]}$$

なお，電位は単位電荷当たりのエネルギーなので，方向を持たないスカラー量である. また，ある2点間の電位の差分を電位差という.

2. 様々な電位

【点電荷の電位】

電荷量 $+Q$ [C]の点電荷の周りには，無限遠点を基準（0 [V]）としたとき，

$$V = \frac{Q}{4\pi\varepsilon_0 r} \text{ [V]}$$

という電位が生じる（**図3**）. ただし，r [m]は点電荷からの距離を表す.

等電位面：点電荷を中心とした同心球

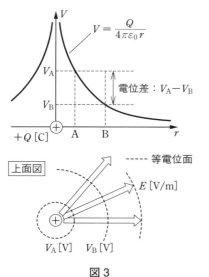

図3

【一様な電界中の電位】

一様な電界 E [V/m]において，電界に垂直なある面を基準（0 [V]）としたとき，

$$V = Ex \text{ [V]}$$

という電位が生じる（**図4**）. ただし，x [m]は基準面からの距離を表す.

等電位面：電界に垂直な平面

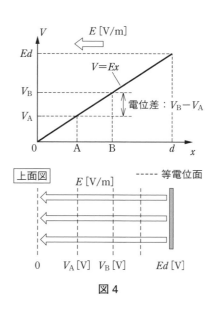

図4

練習問題

問7 ■□□□□ ⏳5分

問図7のように，真空中において，点Pからr_1[m]だけ離れた位置に正電荷$+Q_1$[C]を，点Pからr_2[m]だけ離れた位置に負電荷$-Q_2$[C]を置いたとき，無限遠を基準とした点Pの電位V[V]を求めよ．

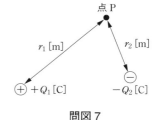

問図7

問8 ■□□□□ ⏳5分

問図8(1)〜(3)について，点A・B間に生じる電位差V_{AB}[V]を求めよ．また，点電荷q[C]を点Aから点Bまでゆっくりと移動させるのに必要な仕事W[J]を求めよ．

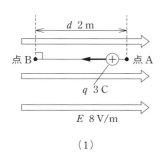

(1)

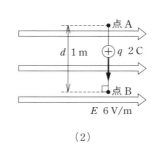

(2)

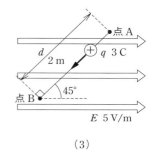

(3)

問図8

問9 ■■■□□ ⏳10分

一様な電界E[V/m]中において，点電荷$q = 2$[C]を点A→B→C→Dの経路でゆっくりと移動させるのに要した外力による仕事は，$W = 40$[J]であった．電界の強さE[V/m]を求めよ．ただし，点A・B間距離を$d_{AB} = 6$[m]，点B・C間距離を$d_{BC} = 2\sqrt{3}$[m]，点C・D間距離を$d_{CD} = 2$[m]とする．

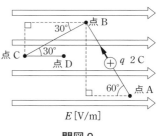

問図9

問10 ■■□□□ ⏳5分

問図10(1)〜(3)について，真空中の点電荷Q[C]によって点A・B間に生じる電位差V_{AB}[kV]を求めよ．また，点電荷q[C]を点Aから点Bまでゆっくりと移動させるのに必要な仕事W[J]を求めよ．

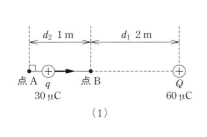

(1)

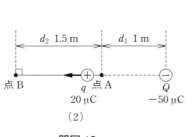

(2)

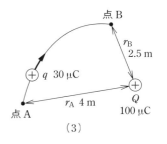

(3)

問図10

1．コンデンサの静電容量

2つの導体にそれぞれ $+Q$ [C]，$-Q$ [C]を与えたとき，導体間の電位差が V [V]になったとすると，

$$Q = CV \, [\text{C}]$$

という関係が成り立つ．この比例定数 C [F]を静電容量という．

【平行板コンデンサ】

図5のようなコンデンサを平行板コンデンサといい，静電容量は以下のようになる．

$$C = \varepsilon \frac{S}{d} = \varepsilon_r \varepsilon_0 \frac{S}{d} \, [\text{F}]$$

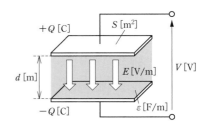

Q：電荷[C]
S：極板の面積[m²]
d：極板間の距離[m]
E：電界の強さ[V/m]
V：極板間電圧[V]
ε：誘電体の誘電率[F/m]
　　$(= \varepsilon_r \varepsilon_0)$
ε_r：誘電体の比誘電率

図5

2．コンデンサに蓄えらえる静電エネルギー

コンデンサに蓄えられる静電エネルギー U [J]は，以下の通り．

$$U = \frac{1}{2} CV^2 = \frac{Q^2}{2C} = \frac{1}{2} QV \, [\text{J}]$$

3．コンデンサの直並列接続

【直列接続】（図6）

$$V = V_1 + V_2 + \cdots + V_n = \frac{Q}{C_1} + \frac{Q}{C_2} + \cdots + \frac{Q}{C_n}$$

$$= \left(\frac{1}{C_1} + \frac{1}{C_2} + \cdots + \frac{1}{C_n} \right) Q$$

$$\therefore \frac{1}{C} = \frac{V}{Q} = \frac{1}{C_1} + \frac{1}{C_2} + \cdots + \frac{1}{C_n}$$

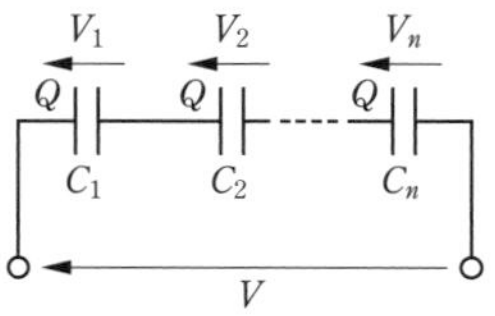

【並列接続】（図7）

$$Q = Q_1 + Q_2 + \cdots + Q_n$$

$$= C_1 V + C_2 V + \cdots + C_n V$$

$$= (C_1 + C_2 + \cdots + C_n) V$$

$$\therefore C = \frac{Q}{V} = C_1 + C_2 + \cdots + C_n$$

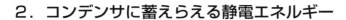

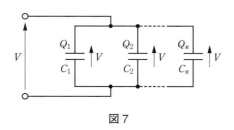

図6

図7

4．電荷保存則

図8に示すように，スイッチの切り替えなどにより，回路中の電流・電圧分布などが変化したとしても，回路上の孤立部分（図8において，もやのかかった部分）における電荷の総和は変わらない．これを

電荷保存則という．

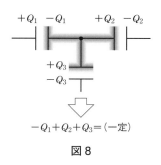

$$-Q_1 + Q_2 + Q_3 = (\text{一定})$$

図8

5．誘電体や金属を含む平行板コンデンサ

図9の(a)〜(c)のように，平行板コンデンサに誘電体を含む場合，誘電体部分と空気部分でコンデンサを分割して考えることができる．

縦に配置 ⇒ 直列接続（図9(a)）　　横に配置 ⇒ 並列接続（同図(b)）

内部に存在 ⇒ 端部に寄せて直並列接続（同図(c)）

また，同図(d)のように金属板を含む場合は，その部分を無視して考えることができる．

（a）誘電体を縦に配置する場合

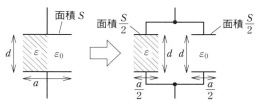

（b）誘電体を横に配置する場合

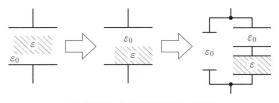

（c）誘電体を内部に配置する場合

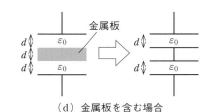

（d）金属板を含む場合

図9

6．電気力線と電束

誘電率 ε[F/m]の誘電体中の電荷 $+Q$[C]から Q/ε[本]の電気力線と呼ばれる仮想の線が出ていると考えると，その電気力線の密度が電界 E[V/m]と等しくなる．

しかし，図10の上図のように，真空から誘電体に入ると線が途切れてしまい，視覚的な分かりやすさが損なわれる．

そこで，電荷 $+Q$[C]から Q[本]生じるような線を導入すれば，空気と誘電体の境目でも途切れない（図10の下図）．これを電束という．単位面積当たりの電束の本数は，

$$D = \frac{Q}{S}\ [\text{C/m}^2]$$

と表され，これを電束密度 D[C/m²]という．電束密度と電界 E[V/m]との間には，

$$D = \varepsilon E\ [\text{C/m}^2]$$

の関係が成り立つ．

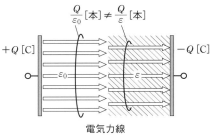

電気力線

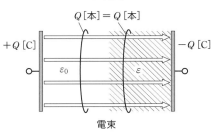

電束

図10

問 11 ■□□□□ ⌛5分

極板面積 $S = 300 [\mathrm{cm}^2]$，極板間距離 $d = 10 [\mathrm{mm}]$ の平行板コンデンサについて，極板間を比誘電率 $\varepsilon_r = 4$ の誘電体で満たしたとき，以下の問に答えよ．

(1) 静電容量 $C [\mathrm{pF}]$ の値を求めよ．

(2) $V = 300 [\mathrm{kV}]$ を印加したときの電荷 $Q [\mu\mathrm{C}]$ および静電エネルギー $U [\mathrm{J}]$ の値を求めよ．

(3) さらに電圧を上げていくと，$V' [\mathrm{kV}]$ に達したときに誘電体が絶縁破壊した．誘電体の絶縁破壊電界を $E = 50 [\mathrm{kV/mm}]$ としたとき，$V' [\mathrm{kV}]$ の値を求めよ．

問 12 ■■□□□ ⌛5分

直流電圧 $V = 1\,000 [\mathrm{V}]$ で充電された静電容量 $C = 100 [\mu\mathrm{F}]$ の平行板コンデンサについて，以下の問に答えよ．

(1) コンデンサに蓄えられている電荷 $Q [\mathrm{mC}]$ および静電エネルギー $U [\mathrm{J}]$ の値を求めよ．

(2) 電源を切り離して電荷を保持したまま極板間距離を半分にしたときの静電容量 $C' [\mu\mathrm{F}]$，極板間電圧 $V' [\mathrm{V}]$，静電エネルギー $U' [\mathrm{J}]$ の値を求めよ．

(3) 電源を接続したまま極板間距離を半分にしたときの電荷 $Q'' [\mathrm{mC}]$ および静電エネルギー $U'' [\mathrm{J}]$ の値を求めよ．

問 13 ■□□□□ ⌛10分

問図13(1)〜(4)について，端子1・2間の合成静電容量 $C [\mathrm{F}]$ を求めよ．

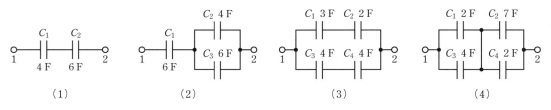

(1)   (2)   (3)   (4)

問図 13

問 14 ■■□□□ ⌛10分

問図14のように，3つのコンデンサ C_1, C_2, C_3 を直列接続して電圧 $V = 110 [\mathrm{kV}]$ を印加したとき，各コンデンサに生じる電界 $E_1 [\mathrm{kV/mm}]$，$E_2 [\mathrm{kV/mm}]$，$E_3 [\mathrm{kV/mm}]$ をそれぞれ求めよ．ただし，各コンデンサの極板面積は等しく，極板間距離は，それぞれ $d_1 = 2 [\mathrm{mm}]$，$d_2 = 5 [\mathrm{mm}]$，$d_3 = 4 [\mathrm{mm}]$ とし，極板間は比誘電率 $\varepsilon_r = 4$ の誘電体で満たされているものとする．

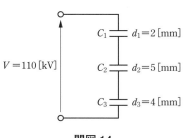

問図 14

問15 ■■■□□ ⏳10分

問図15(1)〜(3)の回路について，Sw1を閉じて十分に時間が経過してから，Sw1を開いたうえでSw2を閉じた．その後，さらに十分に時間が経過したときにおける，各コンデンサの電荷を求めよ．

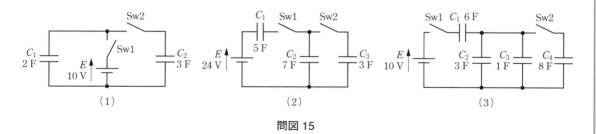

問図15

問16 ■■□□□ ⏳20分

問図16(1)〜(8)の平行板コンデンサについて，静電容量C[F]を求めよ．ただし，極板は一片の長さがa[m]の正方形であり，極板間隔d[m]に対して極めて大きいものとする．ただし，■■は誘電体を，■■は導体を表す．

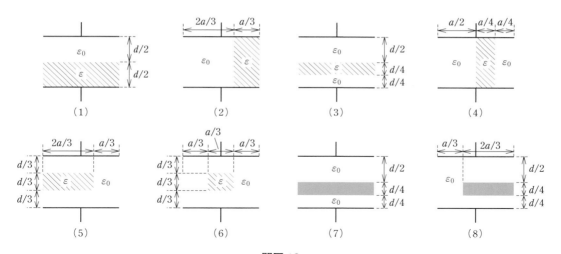

問図16

問17 ■■□□□ ⏳5分

問図17のように誘電率ε_1，ε_2の2つの誘電体を挿入した平行板コンデンサに，電荷Q[C]を帯電させた．平行板コンデンサの極板面積S[m²]，極板間距離d[m]，うち空気層が$d/2$[m]，2つの誘電体層がそれぞれ$d/4$[m]ずつであるとき，各層における電界E_0[V/m]，E_1[V/m]，E_2[V/m]および各境界における電位V_1[V]，V_2[V]を求めよ．ただし，負側の電極は接地されているものとする．

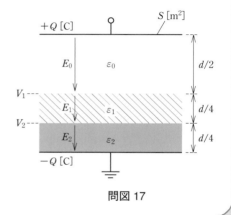

問図17

第1章：電磁気学

テーマ4 ▶▶ 電流・磁界・電磁力

1．無限長直線電流による磁界

電荷の周りに電界が形成されるように，電流の周りには磁界が形成される．**図11**のような直線状の電流の周りに生じる磁界の強さ H [A/m]は，

$$H = \frac{I}{2\pi r} \text{ [A/m]}$$

となる．磁界の向きは，ねじが進む方向を電流の向きとしたときのねじを回す方向（右ねじの法則）である．他にも，図11の右図のように，右手を用いて覚える方法もある．

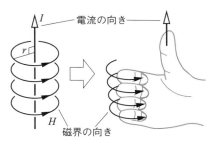

図11

2．円電流による磁界

円状の電流の周りには，**図12**のような磁界が形成され，

$$H = \frac{I}{2r} \text{ [A/m]}$$

という式で，円の中心における磁界の強さを求めることができる．

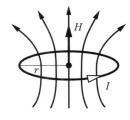

図12

3．磁界の強さと磁束密度

磁界の強さ H [A/m]と磁束密度 B [T]の間には，以下の関係が成り立つ．

$$B = \mu H = \mu_r \mu_0 H \text{ [T]}$$

磁束密度：単位面積を貫く磁束の本数　　　μ：磁性体の透磁率[H/m]（$= \mu_r \mu_0$）
μ_r：磁性体の比透磁率（μ_0に対する比率）　　μ_0：真空の透磁率（$= 4\pi \times 10^{-7}$ [H/m]）

4．フレミングの左手の法則

電流は磁界から電磁力を受ける．電磁力の大きさ F [N]は以下の通りであり，力の方向は磁束密度と電流ともに直角であり，**図13**(c)に示すフレミングの左手の法則に従う．

$$F = BIl \sin \theta \text{ [N]}$$

F：電磁力[N]　　B：磁束密度[T]　　I：電流[A]　　l：磁界中の導体の長さ[m]
θ：磁束密度Bと電流Iのなす角[rad]

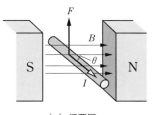

（a）概要図

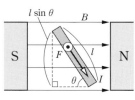

（b）上面図

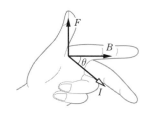

（c）フレミングの左手の法則

図13

練習問題

問 18 ■■□□□ ⏳10分

問図18(1)～(7)について，点Oにおける磁界の強さH[A/m]を求めよ．ただし，紙面の裏から表に向かう向きを正とする．

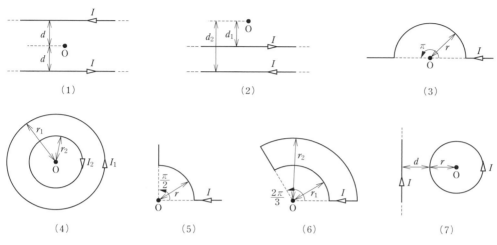

問図 18

問 19 ■■□□□ ⏳10分

問図19(1)～(5)について，導体Bに働く単位長さ当たりの電磁力の大きさf[N/m]および向きを求めよ．

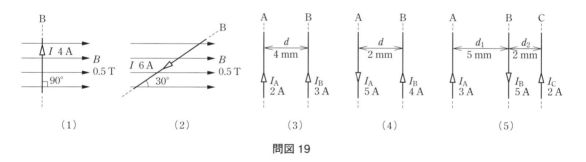

問図 19

問 20 ■■■□□ ⏳10分

問図20(1)および(2)について，導体Aに働く電磁力の大きさF[N]および向きを求めよ．また，(3)について，導体Aに働くトルクT[N·m]を求めよ．ただし，導体Aの巻数は$N=10$とする．

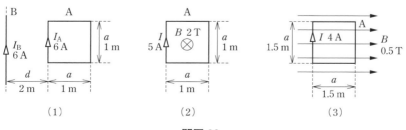

問図 20

1．磁気回路とは？

コイルを磁気の通る回路と捉えれば，**図14**のように電気回路と同様に取り扱うことができる．これを磁気回路という．

電気回路における起電力V，電流I，抵抗Rは，磁気回路においては，

（起磁力）$V_\mathrm{m} = NI$ [A]

（磁束）$\phi = BS$ [Wb]

（磁気抵抗）$R_\mathrm{m} = \dfrac{l}{\mu S}$ [A/Wb]

と呼ばれ，これらの間には，

$$V_\mathrm{m} = R_\mathrm{m}\phi \qquad (1)$$

という関係が成り立つ．これを磁気回路におけるオームの法則という（**表1**）.

表1

電気回路	磁気回路
起電力 V [V]	起磁力 $V_\mathrm{m} = NI$ [A]
電流 I [A]	磁束 $\phi = BS$ [Wb]
抵抗 R [Ω]	磁気抵抗 $R_\mathrm{m} = \dfrac{l}{\mu S}$ [A/Wb]
オームの法則： $V = RI$	オームの法則： $V_\mathrm{m} = R_\mathrm{m}\phi$

N：コイルの巻数
I：コイルに流す電流[A]
B：磁束密度[T]
S：磁路の断面積[m²]
μ：鉄心の透磁率[H/m]
l：磁路長[m]

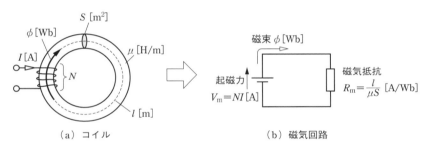

（a）コイル　　　　　（b）磁気回路

図14

2．電磁誘導

磁界を切るように導体が移動すると，その導体には誘導起電力が生じる．誘導起電力の大きさe[V]は以下の通りであり，その方向は，**図15**(c)に示すフレミングの右手の法則に従う．

$$e = Blv \sin \theta \text{ [V]}$$

e：誘導起電力[V]　　　B：磁束密度[T]　　　l：磁界中の導体の長さ[m]

v：導体の移動速度[m/s]　　　θ：磁束密度Bと電流Iのなす角[rad]

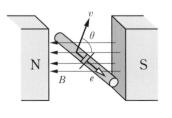

（a）概要図

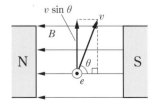

（b）側面図

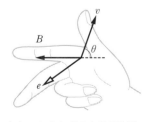

（c）フレミングの右手の法則

図15

3．自己誘導と自己インダクタンス

コイルに交流電流 I_1[A]を流すと誘導起電力 e_1[V]が生じる（**図16**）．これを自己誘導といい，Δ は微小な変化を表すとすると，

$$e_1 = N_1 \frac{\Delta \phi_1}{\Delta t} = L_1 \frac{\Delta I_1}{\Delta t} \ [\mathrm{V}]$$

となり，L_1[H]を自己インダクタンスという．上式より，

$$\Psi = N_1 \phi_1 = L_1 I_1 \quad \therefore L_1 = \frac{N_1 \phi_1}{I_1} = \frac{N_1}{I_1} \cdot \frac{V_{m1}}{R_{m1}} = \frac{\mu S N_1^2}{l} \ [\mathrm{H}]$$

という式で求められる．ここで，Ψ を磁束鎖交数という．

なお，コイルに蓄えられる磁気エネルギーU[J]は，以下の通り．

$$U = \frac{1}{2} L I^2 = \frac{\Psi^2}{2L} = \frac{1}{2} \Psi I \ [\mathrm{J}]$$

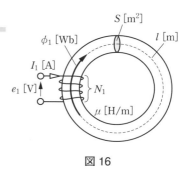

図16

4．相互誘導と相互インダクタンス

一次コイルによる磁束のうち，ϕ_{21}[Wb]だけコイル2を貫くと，コイル2に誘導起電力 e_{21}[V]が生じる（**図17**）．

$$e_{21} = N_2 \frac{\Delta \phi_{21}}{\Delta t} = M \frac{\Delta I_1}{\Delta t} \ [\mathrm{V}]$$

これを相互誘導といい，M[H]を相互インダクタンスという．

$$N_2 \phi_{21} = M I_1 \quad \therefore M = \frac{N_2 \phi_{21}}{I_1} = \frac{N_2}{I_1} \cdot \frac{V_{m1}}{R_{m21}} = \frac{\mu S N_1 N_2}{l} \ [\mathrm{H}]$$

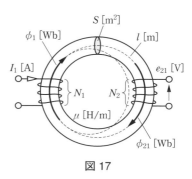

図17

N_1, N_2：一次／二次コイル巻数
I_1　：一次コイルに流す電流[A]
ϕ_1　：一次コイルによる磁束[Wb]
ϕ_{21}：二次コイルを貫く磁束[Wb]
S　：磁路の断面積[m²]
μ　：鉄心の透磁率[H/m]
l　：磁路長[m]

5．和動接続と差動接続

複数のコイルを接続するとき，それぞれのコイルから生じる磁束の向きによって，和動接続と差動接続の2つの接続方法が存在する．

【和動接続】（**図18**）

磁束の向きが等しくなる接続方法．

合成インダクタンス：

$$L = L_1 + L_2 + 2M \ [\mathrm{H}]$$

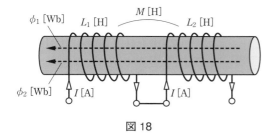

図18

【差動接続】（**図19**）

磁束の向きが逆向きになる接続方法．

合成インダクタンス：

$$L = L_1 + L_2 - 2M \ [\mathrm{H}]$$

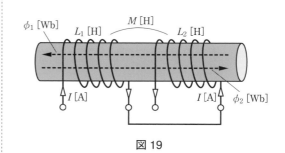

図19

問21 ■■□□□ ⏳10分

問図21(1)〜(3)について，磁気回路を用いて図中の磁束ϕ[Wb]を求めよ．ただし，コイルに流れる電流をI[A]，コイルの巻数をN，磁路の断面積は至るところでS[m^2]，鉄心の透磁率をμ[H/m]，真空の透磁率をμ_0[H/m]とする．また，磁路長およびギャップ長は，図に記載した通りである．

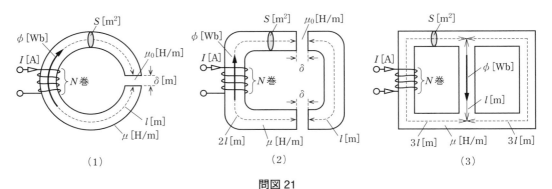

問図21

問22 ■□□□□ ⏳3分

巻数$N=10$のコイルを貫通する磁束が$\Delta t=0.2$[s]の間に$\Delta\phi=5$[Wb]だけ大きさが変化した．このとき，コイルに発生する誘導起電力の大きさe[V]を求めよ．

問23 ■■□□□ ⏳5分

問図23(1)〜(4)に示すように，導体が一様な磁界中を移動しているとき，導体に生じる誘導起電力の大きさe[V]と向きを求めよ．ただし，導体は紙面に垂直な方向を持つ棒状であり，その長さは$l=2$[m]である．

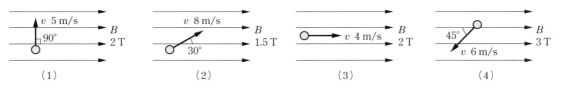

問図23

問24 ■■■■□ ⏳10分

問図24(1)〜(3)について，抵抗Rに生じる電圧$e(t)$の時間変化を表すグラフを描け．ただし，一様磁界の領域(図中の灰色の領域)に導体が突入した瞬間を$t=0$[s]とする．

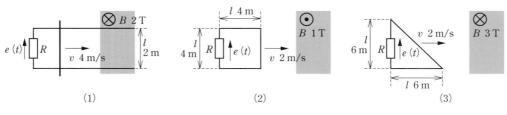

問図24

問25 ■■□□□ ⏳5分

問図25のように，断面積 $S = 30$ [cm²] の鉄心に巻かれたコイルがある．コイルの巻数は $N = 100$ であり，コイルに直流電流 $I = 3$ [A] を流したとき，鉄心には磁束密度 $B = 2$ [T] が発生した．磁束はすべて鉄心中を通り，漏れはないものとしたとき，以下の問に答えよ．

(1) 鉄心を通る磁束 ϕ [mWb] の値を求めよ．

(2) コイルを鎖交する磁束鎖交数 Ψ [mWb] の値を求めよ．

(3) このコイルの自己インダクタンス L [mH] の値を求めよ．

(4) このコイルに蓄えられる磁気エネルギー U [J] の値を求めよ．

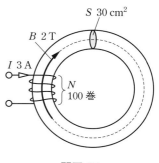

問図25

問26 ■■■□□ ⏳8分

問図26のように，環状の鉄心に巻かれた2つのコイル1，2がある．コイル1の巻数は $N_1 = 100$，コイル2の巻数は $N_2 = 1\,000$ であり，コイル1に直流電流 $I_1 = 8$ [A] を流したとき，磁束 $\phi_1 = 5 \times 10^{-3}$ [Wb] が発生した．このうち80%がコイル2と鎖交するとき，以下の問に答えよ．

(1) コイル2に鎖交する磁束 ϕ_{12} [Wb] の値を求めよ．

(2) コイル2の磁束鎖交数 Ψ_{12} [Wb] の値を求めよ．

(3) この2つのコイルの相互インダクタンス M [mH] の値を求めよ．

(4) 直流電流の代わりに，$\Delta t = 0.01$ [s] の間に $\Delta I_1 = 30$ [mA] だけ変化する交流電流をコイル1に流したとき，コイル2に誘導される誘導起電力の大きさ e_{21} [V] を求めよ．

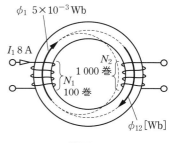

問図26

問27 ■■□□□ ⏳3分

問図27(1)〜(4)について，端子1・2間の合成インダクタンス L [H] の値を求めよ．

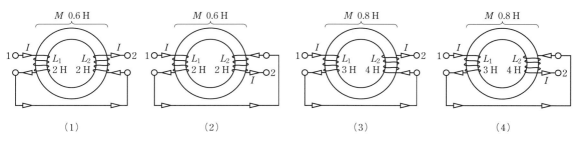

(1)　　　　　(2)　　　　　(3)　　　　　(4)

問図27

第2章：電気回路

テーマ1 ▶▶ 直流回路の基礎

1．直列接続と分圧則

【直列接続】

図1のように，複数の抵抗（$R_1, R_2, \cdots, R_n$）が直列に接続されているとき，その合成抵抗R[Ω]は，以下のようになる．

$$V = R_1 I + R_2 I + \cdots + R_n I$$
$$\quad = (R_1 + R_2 + \cdots + R_n) I$$

$$R = \frac{V}{I} = R_1 + R_2 + \cdots + R_n \, [\Omega]$$

【分圧則】

直列接続された各抵抗にかかる電圧（分圧則）は，以下の通り．

$$V_1 = \frac{R_1}{R} V, \quad V_2 = \frac{R_2}{R} V, \quad \cdots, \quad V_n = \frac{R_n}{R} V$$

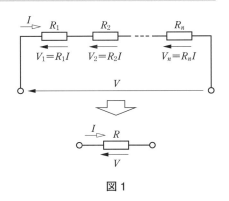

図1

2．並列接続と分流則

【並列接続】

図2のように，複数の抵抗（$R_1, R_2, \cdots, R_n$）が並列に接続されているとき，その合成抵抗R[Ω]および合成コンダクタンスG[S]は，以下のようになる．

$$I = \frac{V}{R_1} + \frac{V}{R_2} + \cdots + \frac{V}{R_n} = \left(\frac{1}{R_1} + \frac{1}{R_2} + \cdots + \frac{1}{R_n} \right) V$$

$$\therefore \frac{1}{R} = \frac{I}{V} = \frac{1}{R_1} + \frac{1}{R_2} + \cdots + \frac{1}{R_n}$$

$$G = G_1 + G_2 + \cdots + G_n \, [\text{S}]$$

特に，抵抗が2つ（R_1, R_2）の場合は，

$$R = \frac{R_1 R_2}{R_1 + R_2} \, [\Omega]$$

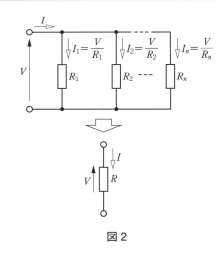

図2

となる．この式は頻繁に使用するので暗記しておこう．

さらに$R_1 = R_2$の場合は，

$$R = \frac{R_1^2}{2R_1} = \frac{1}{2} R_1 \, [\Omega]$$

となり，元の抵抗の半分の値となることを覚えておくと計算の速度が向上するだろう．

【分流則】

並列接続された各抵抗に流れる電流（分流則）は，以下の通り．

$$I_1 = \frac{G_1}{G} I, \quad I_2 = \frac{G_2}{G} I, \quad \cdots, \quad I_n = \frac{G_n}{G} I$$

練習問題

問1 ■□□□□ ⌛5分

問図1(1)～(4)について，端子1・2間の合成抵抗[Ω]を求めよ.

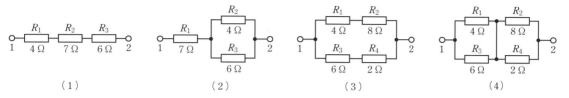

問図1

問2 ■■□□□ ⌛5分

問図2の直流回路において，スイッチSwを開いたときは$I=4$[A]であり，閉じたときは$I=8$[A]であった. このとき，抵抗R_1[Ω]およびR_2[Ω]の値を求めよ.

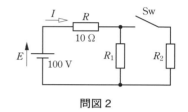

問図2

問3 ■■■□□ ⌛10分

問図3(1)～(3)の直流回路について，図中の電圧V[V]および電流I[A]の値を求めよ.

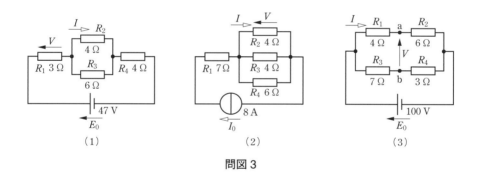

問図3

問4 ■■■■■ ⌛10分

問図4(1)～(4)について，端子1・2間の合成抵抗R[Ω]を求めよ.

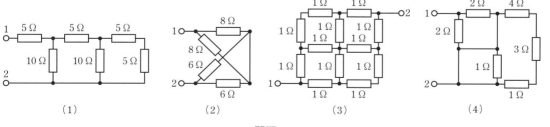

問図4

1．正弦波交流とは？

図3(a)のような波形を正弦波といい，これは同図(b)に示すような半径E_mの円上の点を左回りに角速度ωで回転させ，その点のy方向成分を連続的にプロットしたものである．交流回路における電圧や電流は基本的にこの波形となり，これを数式で表すと，以下のようになる．

$$e(t) = E_m \sin(\omega t + \theta) = \sqrt{2}\,E \sin(\omega t + \theta)\,[\mathrm{V}]$$

$e(t)$：瞬時値$[\mathrm{V}]$　　　E_m：最大値，振幅$[\mathrm{V}]$　　　E：実効値$[\mathrm{V}]\left(E = \dfrac{E_m}{\sqrt{2}}\right)$

f：周波数$[\mathrm{Hz}] \Rightarrow 1$秒間に繰り返される波の数　　θ：初期位相$[\mathrm{rad}]$　　$\omega t + \theta$：位相$[\mathrm{rad}]$

T：周期$[\mathrm{s}] \Rightarrow$ 波が1周するのに要する時間$\left(T = \dfrac{1}{f}\right)$　　ω：角周波数$[\mathrm{rad/s}]\left(\omega = 2\pi f = \dfrac{2\pi}{T}\right)$

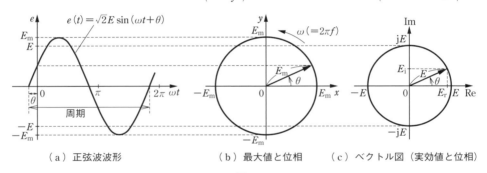

（a）正弦波波形　　　　（b）最大値と位相　　　（c）ベクトル図（実効値と位相）

図3

2．フェーザ表示

正弦波交流$e(t) = \sqrt{2}\,E \sin(\omega t + \theta)$はそのままでは回路計算上扱いにくいため，図3(c)のベクトル図のように，実効値と位相のみに注目して，

　　（複素数表示）　$\dot{E} = E\angle\theta = E_r + jE_i = E\cos\theta + jE\sin\theta\,[\mathrm{V}]$

　　（極座標表示）　$\dot{E} = E\angle\theta = Ee^{j\theta}\,[\mathrm{V}]$

という表示方法が用いられる．これをフェーザ表示（ベクトル表示）という．

3．インピーダンスとアドミタンス

直流における抵抗のように，交流においても電流が流れるのをどの程度妨げるかを示すインピーダンスという指標がある．インピーダンスも，電圧や電流と同様にベクトル表示で表され，

　　$\dot{Z} = Z\angle\theta = Ze^{j\theta} = Z\cos\theta + jZ\sin\theta\,[\Omega]$

となる．インピーダンスの逆数$\dot{Y} = \dfrac{1}{\dot{Z}}\,[\mathrm{S}]$をアドミタンスといい，電流の流しやすさを表す．

4．オームの法則

インピーダンス$\dot{Z}\,[\Omega]$（アドミタンス$\dot{Y}\,[\mathrm{S}]$）の素子に電圧$\dot{E}\,[\mathrm{V}]$を印加して電流$\dot{I}\,[\mathrm{A}]$が流れると，

　　$\dot{E} = \dot{Z}\dot{I}$，　$\dot{I} = \dot{Y}\dot{E}$

という関係が成り立つ．これを交流回路におけるオームの法則という．

5. 回路素子のインピーダンスとベクトル図

各素子に電圧 $e(t) = \sqrt{2}\,E\sin\omega t\,[\mathrm{V}]\,(\dot{E}=E\angle 0\,[\mathrm{V}])$ を印加したときの各素子のインピーダンスや流れる電流，ベクトル図などは，以下の通りである．

【抵抗】（図4）

抵抗 $R\,[\Omega]$ をフェーザ表示すると，

$$\dot{Z}_\mathrm{R} = R = R\angle 0\,[\Omega]$$

となるため，流れる電流 $\dot{I}_\mathrm{R}\,[\mathrm{A}]$ は，

$$\dot{I}_\mathrm{R} = \frac{\dot{E}}{\dot{Z}_\mathrm{R}} = \frac{E\angle 0}{R\angle 0} = \frac{E}{R}\angle 0\,[\mathrm{A}]$$

したがって，以下の特徴がある．

大きさ：電圧の $\dfrac{1}{R}$ 倍　　位相：電圧と同位相

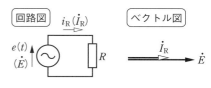

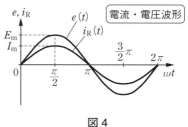

図4

【コイル】（図5）

コイルのリアクタンス $X_\mathrm{L}\,[\Omega]$ をフェーザ表示すると，

$$\dot{Z}_\mathrm{L} = \mathrm{j}\omega L = \omega L\angle \frac{\pi}{2}\,[\Omega]$$

となるため，流れる電流 $\dot{I}_\mathrm{L}\,[\mathrm{A}]$ は，

$$\dot{I}_\mathrm{L} = \frac{\dot{E}}{\dot{Z}_\mathrm{L}} = \frac{E\angle 0}{\omega L\angle \dfrac{\pi}{2}} = \frac{E}{\omega L}\angle -\frac{\pi}{2}\,[\mathrm{A}]$$

したがって，以下の特徴がある．

大きさ：電圧の $\dfrac{1}{\omega L}$ 倍　　位相：電圧より $\dfrac{\pi}{2}$ 遅れ

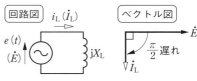

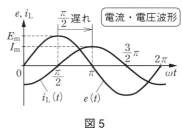

図5

【コンデンサ】（図6）

コンデンサのリアクタンス $X_\mathrm{C}\,[\Omega]$ をフェーザ表示すると，

$$\dot{Z}_\mathrm{C} = \frac{1}{\mathrm{j}\omega C} = \frac{1}{\omega C}\angle -\frac{\pi}{2}\,[\Omega]$$

となるため，流れる電流 $\dot{I}_\mathrm{C}\,[\mathrm{A}]$ は，

$$\dot{I}_\mathrm{C} = \frac{\dot{E}}{\dot{Z}_\mathrm{C}} = \frac{E\angle 0}{\dfrac{1}{\omega C}\angle -\dfrac{\pi}{2}} = \omega C E\angle \frac{\pi}{2}\,[\mathrm{A}]$$

したがって，以下の特徴がある．

大きさ：電圧の ωC 倍　　位相：電圧より $\dfrac{\pi}{2}$ 進み

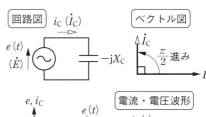

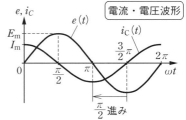

図6

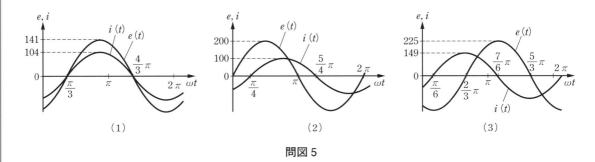

練 習 問 題

問5 ■□□□□ ⏳5分

問題5(1)～(3)は，負荷に瞬時電圧$e(t)$を印加したときに流れる瞬時電流$i(t)$の波形である．$e(t)$および$i(t)$の瞬時値および位相差θを求めよ．また，$e(t)$および$i(t)$のフェーザ表示$\dot{E}$，$\dot{I}$を求めよ．

問図5

問6 ■■□□□ ⏳15分

問図6(1)～(8)について，端子1・2間の合成インピーダンス$\dot{Z}$[Ω]を求めよ．ただし，$\dot{Z}_1$[Ω]$=2+j2$，$\dot{Z}_2$[Ω]$=2-j4$，$\dot{Z}_3$[Ω]$=4+j2$とし，周波数は$f=50$[Hz]とする．

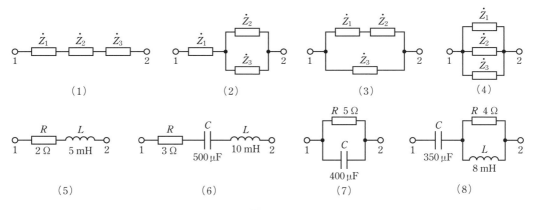

問図6

問7 ■■■□□ ⏳15分

問図7(1)～(4)について，図中の電圧$\dot{V}$[V]および電流$\dot{I}$[A]を求めよ．

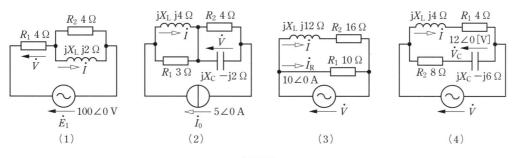

問図7

コラム11

電流・電圧の正方向

電流は流れる方向に，電圧は電位の低い方から高い方に向けて矢印を記載するのが一般的であるが，図(a)のような問題において，抵抗$R[\Omega]$に流れる電流の向きは下向きと上向きのどちらにすべきか分かるだろうか．

正解は，「どちらでもよい」である．

矢印の方向はあくまで「基準の方向」を示しているだけであって，実際には逆方向に流れていたとしても構わない．基準の方向と逆方向に電流が流れる場合は，計算の結果として負の値となって表れるだけである．

これに関して一例を挙げよう．同図(b)において，実際には下から上に向かって$5[A]$の電流が流れるのは明らかであるが，仮に下向きに矢印(基準)を設定して問題を解いてみよう．この電流を$I[A]$と置くと，キルヒホッフの電流則より，

$$7 = I + 12 \quad \therefore I = -5[A]$$

となり，負の値が算出される．これは実際には，同図(c)に示すように，上向きに$5[A]$流れていると考えることができる．つまり，矢印の設定はあくまで「仮定」でよく，実際の向きに合わせることにこだわる必要はないのである．これは電流だけでなく，電圧でも同様である．

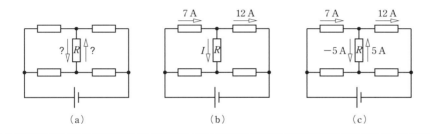

(a)　　　　　　　　(b)　　　　　　　　(c)

コラム12

最小の定理

2つの数$a(\geqq 0)$，$b(\geqq 0)$があり，その積abが一定値となる場合，その和$a+b$が最小となるのは$a=b$のときである．これを最小の定理という．

電験ではよく$\eta = \dfrac{P}{P + \dfrac{P_i}{\alpha} + \alpha P_c}$が最大となるときの$\alpha$を求めるような問題が出題されるが，分母が最小となるときにηは最大となるため，分母の$\dfrac{P_i}{\alpha} + \alpha P_c$が最小となるような$\alpha$を，最小の定理を用いて求めればよい．$\dfrac{P_i}{\alpha} \times \alpha P_c = P_i P_c =$（一定）となるため，

$$\frac{P_i}{\alpha} = \alpha P_c \quad \therefore \alpha = \sqrt{\frac{P_i}{P_c}}$$

のときに分母の$\dfrac{P_i}{\alpha} + \alpha P_c$が最小となり，$\eta$が最大となる．

1．直流の電力

図7のように，抵抗$R[\Omega]$の両端に電圧$V[\mathrm{V}]$を印加し，電流$I[\mathrm{A}]$が流れるとき，抵抗で消費される電力$P[\mathrm{W}]$は，以下のように表される．

$$P = VI = RI^2 = \frac{V^2}{R}\,[\mathrm{W}]$$

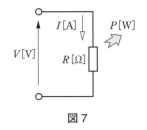

図7

2．交流の有効電力・無効電力・皮相電力

有効電力：インピーダンス中のR成分が消費する電力
無効電力：電源とX成分の間を往復するだけで消費されない電力
皮相電力：見かけの電力

図8のようにインピーダンス$\dot{Z}=Z\angle\theta=R+\mathrm{j}X[\Omega]$の両端に$\dot{V}=V\angle 0[\mathrm{V}]$を印加し，電流$\dot{I}=I\angle-\theta[\mathrm{A}]$が流れるとき，各電力は以下のように表される．

（有効電力）　$P=VI\cos\theta=S\cos\theta=RI^2\,[\mathrm{W}]$

（無効電力）　$Q=VI\sin\theta=S\sin\theta=XI^2\,[\mathrm{var}]$

（皮相電力）　$S=\sqrt{P^2+Q^2}=VI\sqrt{\cos^2\theta+\sin^2\theta}=VI\,[\mathrm{VA}]$

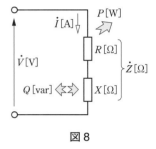

図8

3．遅れ無効電力と進み無効電力

無効電力は消費されず電源・リアクタンス間を往復するだけの電力であるが，

遅れ無効電力：コイルが消費する電力／コンデンサが発生する電力（Q_L）

進み無効電力：コンデンサが消費する電力／コイルが発生する電力（Q_C）

と便宜的に定めると，無効電力の性質を捉えやすくなる．

図9のように，コイルが電力を消費するときにコンデンサは電力を発生するなど，コイルとコンデンサでは電力の発生と消費のタイミングにずれが生じる．したがって，コイルが消費する電力の一部をコンデンサが発生した電力でまかなうというようなやり取りが行われ，電源から供給する無効電力は，見かけ上軽減される．そこで，遅れ無効電力を正，進み無効電力を負とすれば，

$$Q_\mathrm{L}=X_\mathrm{L}I^2\,[\mathrm{var}],\quad Q_\mathrm{C}=-X_\mathrm{C}I^2\,[\mathrm{var}]$$

となり，電源から供給される無効電力$Q[\mathrm{var}]$は，以下のようになる．

$$Q=Q_\mathrm{L}+Q_\mathrm{C}=(X_\mathrm{L}-X_\mathrm{C})I^2\,[\mathrm{var}]$$

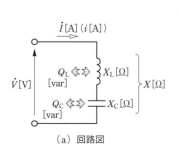

（a）回路図

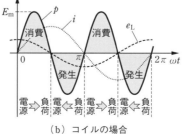

（b）コイルの場合

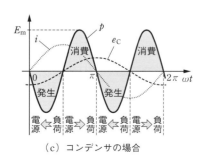

（c）コンデンサの場合

図9

練習問題

問8 ■■□□□ ⌛10分

問図8(1)〜(4)の回路について，抵抗R_3[Ω]で消費される電力P_3[W]を求めよ．

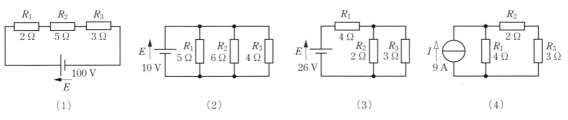

問図8

問9 ■■■■□ ⌛15分

問図9(1)〜(4)の回路について，抵抗R[Ω]の値を求めよ．ただし，P_0[W]は電源の供給電力（＝全負荷の消費電力），P_1[W]は抵抗R_1で消費される電力を表す．

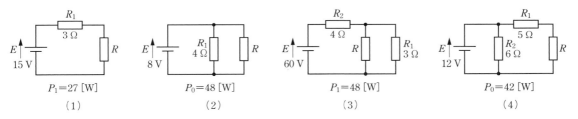

問図9

問10 ■■□□□ ⌛10分

負荷に印加される瞬時電圧$e(t)$および負荷に流れる瞬時電流$i(t)$が次の(1)〜(3)の場合，負荷の有効電力P[W]，無効電力Q[var]，皮相電力S[V·A]，力率$\cos\theta$を求めよ．ただし，無効電力は遅れを正とする．

$$(1)\begin{cases} e(t) = 100\sin\omega t \text{ [V]} \\ i(t) = 5\sin\left(\omega t - \dfrac{\pi}{6}\right)\text{[A]} \end{cases}$$

$$(2)\begin{cases} e(t) = 80\sin\left(\omega t + \dfrac{\pi}{4}\right)\text{[V]} \\ i(t) = 5\sin\left(\omega t + \dfrac{\pi}{2}\right)\text{[A]} \end{cases}$$

$$(3)\begin{cases} e(t) = 150\sin\left(\omega t + \dfrac{\pi}{6}\right)\text{[V]} \\ i(t) = 6\sin\left(\omega t + \dfrac{\pi}{3}\right)\text{[A]} \end{cases}$$

問11 ■■■■□ ⌛10分

実効値$V = 200$[V]，周波数$f = 50$[Hz]の電圧源に対し，遅れ力率$\cos\theta = 0.6$の負荷を接続したところ，その皮相電力は$S = 30$[kV·A]であった．以下の問に答えよ．

(1) 負荷の有効電力P[kW]および無効電力Q[kvar]を求めよ．

(2) 負荷に並列にコンデンサを接続して力率を$\cos\theta' = 0.8$に改善したい．必要なコンデンサの静電容量C[μF]を求めよ．

1．キルヒホッフの法則

【キルヒホッフの電流則】

任意の点に流入する電流の和は0．図10においては，電流則より以下の式が成り立つ．

$$\dot{I}_1 + \dot{I}_2 + \dot{I}_3 - \dot{I}_4 = 0$$

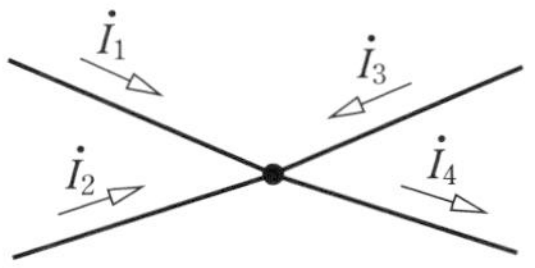

【キルヒホッフの電圧則】

任意の閉回路に沿った電圧の和は0．図11においては，電圧則より以下の式が成り立つ．

$$\dot{E}_1 - \dot{Z}_2\dot{I}_2 - \dot{E}_3 + \dot{Z}_4\dot{I}_4 = 0$$

【適用例】

キルヒホッフの法則は，図12のような回路の電流分布や電圧分布を求める場合などに有効である．点aの周りには，

$$\dot{I}_1 + \dot{I}_2 - \dot{I}_3 = 0$$

が成り立ち，閉回路①および②には，

$$\dot{E}_1 - \dot{Z}_1\dot{I}_1 - \dot{Z}_3\dot{I}_3 = 0, \quad \dot{E}_2 - \dot{Z}_2\dot{I}_2 - \dot{Z}_3\dot{I}_3 = 0$$

が成り立つ．以上の3つの式を連立させて解けば，$\dot{I}_1$, $\dot{I}_2$, $\dot{I}_3$ を求めることが可能である．

【別解・閉路電流法】

閉回路①および②にループ電流 $\dot{I}_\mathrm{A}$, $\dot{I}_\mathrm{B}$ が流れると仮定して式を立てると，

$$\dot{E}_1 = \dot{Z}_1\dot{I}_\mathrm{A} + \dot{Z}_3(\dot{I}_\mathrm{A} + \dot{I}_\mathrm{B}), \quad \dot{E}_2 = \dot{Z}_2\dot{I}_\mathrm{B} + \dot{Z}_3(\dot{I}_\mathrm{A} + \dot{I}_\mathrm{B})$$

となり，これを連立して $\dot{I}_\mathrm{A}$, $\dot{I}_\mathrm{B}$ を求め，

$$\dot{I}_1 = \dot{I}_\mathrm{A}, \quad \dot{I}_2 = \dot{I}_\mathrm{B}, \quad \dot{I}_3 = \dot{I}_\mathrm{A} + \dot{I}_\mathrm{B}$$

という式から $\dot{I}_1$, $\dot{I}_2$, $\dot{I}_3$ を求めることも可能である．

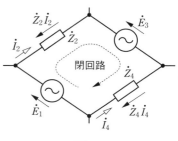

図10

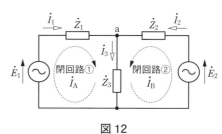

図11

図12

2．重ね合わせの理

複数の電源を含む回路の電圧・電流分布は，各電源がそれぞれ単独で動作したときの電圧・電流分布を求めて足し合わせたものと等しい．これを重ね合わせの理という．動作していない電源は，「電圧源＝短絡」，「電流源＝開放」として取り扱う．図13（a）のような回路に重ね合わせの理を適用して電流 $\dot{I}_3$ を求める場合，電流 $\dot{I}_3{}'$ および電流 $\dot{I}_3{}''$ を求めてから $\dot{I}_3 = \dot{I}_3{}' + \dot{I}_3{}''$ と足し合わせて求めることができる．同様に，電圧もそれぞれの回路の電圧分布を求めて足し合わせれば求められる．

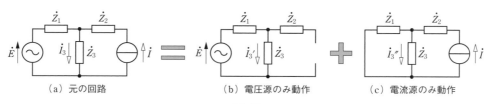

（a）元の回路　　　　（b）電源源のみ動作　　　　（c）電流源のみ動作

図13

練習問題

問12 ■□□□□ ⏳5分

問図12(1)〜(4)について，電流 I [A]および $\dot{I}$ [A]，電圧 E [V]および $\dot{E}$ [V]を求めよ．

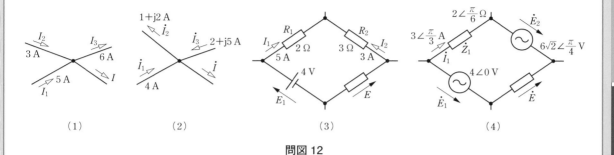

問図12

問13 ■■■□□ ⏳15分

問図13(1)〜(4)の回路について，キルヒホッフの法則を用いて電流 I [A]および $\dot{I}$ [A]を求めよ．

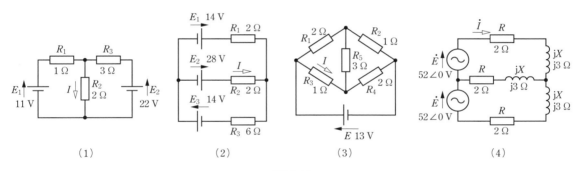

問図13

問14 ■■■■□ ⏳20分

問図14(1)〜(3)の回路について，重ね合わせの理を用いて電流 I [A]および電圧 E [V]を求めよ．

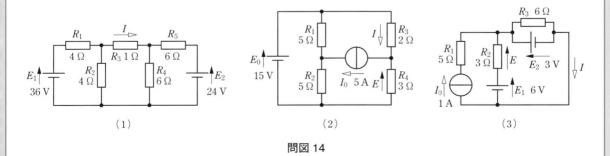

問図14

1. テブナンの定理・ノートンの定理

【テブナンの定理】

回路網の2点間に$\dot{Z}[\Omega]$を接続したときに流れる電流$\dot{I}[A]$は，$\dot{Z}$接続前の端子間電圧$\dot{E}_0[V]$と端子からみた回路網の等価インピーダンス$\dot{Z}_0[\Omega]$を用いて，以下のようになる(図14(a))．

$$\dot{I} = \frac{\dot{E}_0}{\dot{Z} + \dot{Z}_0}\,[A]$$

【ノートンの定理】

回路網の2点間に$\dot{Y}[S]$を接続したときに印加される電圧$\dot{E}[V]$は，端子短絡時に流れる電流$\dot{I}_0[A]$と端子からみた回路網の等価アドミタンス$\dot{Y}_0[S]$を用いて以下のようになる(図14(b))．

$$\dot{E} = \frac{\dot{I}_0}{\dot{Y} + \dot{Y}_0}\,[V]$$

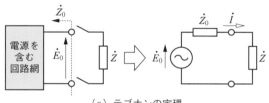
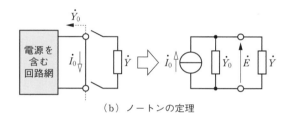

（a）テブナンの定理　　　　　　　　　　（b）ノートンの定理

図14

テブナンの定理・ノートンの定理ともに，等価インピーダンス$\dot{Z}_0[\Omega]$や等価アドミタンス$\dot{Y}_0[S]$を求める際には，「電圧源＝短絡」，「電流源＝開放」として取り扱う．

2. 電源の変換

図15の左の電圧源と右の電流源との間には，

$$\dot{I}_0 = \frac{\dot{E}_0}{\dot{Z}_0}$$

という関係があり，電圧源と電流源を相互に変換可能である．

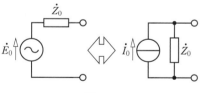

図15

3. Δ-Y変換とY-Δ変換

【Δ-Y変換】

$$\begin{cases} \dot{Z}_a = \dfrac{\dot{Z}_{ca}\dot{Z}_{ab}}{\dot{Z}_{ab} + \dot{Z}_{bc} + \dot{Z}_{ca}} \\[2mm] \dot{Z}_b = \dfrac{\dot{Z}_{ab}\dot{Z}_{bc}}{\dot{Z}_{ab} + \dot{Z}_{bc} + \dot{Z}_{ca}} \\[2mm] \dot{Z}_c = \dfrac{\dot{Z}_{bc}\dot{Z}_{ca}}{\dot{Z}_{ab} + \dot{Z}_{bc} + \dot{Z}_{ca}} \end{cases}$$

【Y-Δ変換】

$$\begin{cases} \dot{Z}_{ab} = \dfrac{\dot{Z}_a\dot{Z}_b + \dot{Z}_b\dot{Z}_c + \dot{Z}_c\dot{Z}_a}{\dot{Z}_c} \\[2mm] \dot{Z}_{bc} = \dfrac{\dot{Z}_a\dot{Z}_b + \dot{Z}_b\dot{Z}_c + \dot{Z}_c\dot{Z}_a}{\dot{Z}_a} \\[2mm] \dot{Z}_{ca} = \dfrac{\dot{Z}_a\dot{Z}_b + \dot{Z}_b\dot{Z}_c + \dot{Z}_c\dot{Z}_a}{\dot{Z}_b} \end{cases}$$

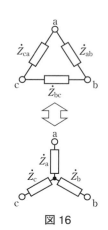

特に負荷平衡時は，$\dot{Z}_a = \dot{Z}_b = \dot{Z}_c = \dot{Z}_Y$，$\dot{Z}_{ab} = \dot{Z}_{bc} = \dot{Z}_{ca} = \dot{Z}_\Delta$とすると，

$\dot{Z}_\Delta = 3\dot{Z}_Y$　が成り立つ(図16)．

図16

練習問題

問 15 ■■■□□ ⏳ 10分

問図 15 (1) ～ (4) について，テブナンの定理・ノートンの定理を用いて，等価電圧源および等価電流源に変換せよ．

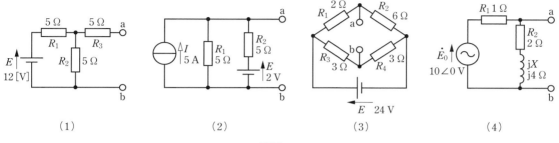

問図 15

問 16 ■■■■□ ⏳ 10分

問図 16 (1) ～ (3) の回路について，電源変換を用いて電流 I [A] および電圧 E [V] を求めよ．

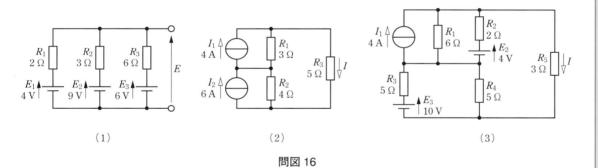

問図 16

問 17 ■■■■□ ⏳ 15分

問図 17 (1) ～ (3) について，端子 1・2 間の合成抵抗 R [Ω] を，Δ-Y 変換および Y-Δ 変換を用いて求めよ．

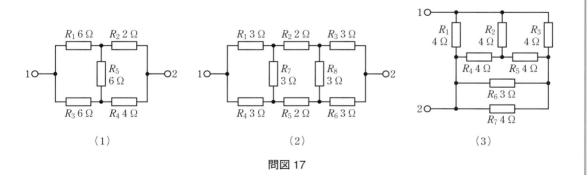

問図 17

第2章：電気回路

テーマ6 ▶▶ 三相交流回路

1. 三相交流とは？

図17のように，大きさが等しく $\frac{2}{3}\pi$ の位相差を持つ3つの電源を対称三相交流という．これをフェーザ表示すると，

$$\dot{E}_a = E\angle 0, \quad \dot{E}_b = E\angle\frac{4}{3}\pi, \quad \dot{E}_c = E\angle\frac{2}{3}\pi$$

となり，図18のように，この3つの電圧の和は，

$$\dot{E}_a + \dot{E}_b + \dot{E}_c = 0$$

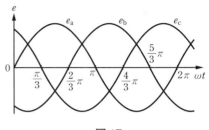

図17

となる．負荷が等しければ電流も平衡し，$\dot{I}_a + \dot{I}_b + \dot{I}_c = 0$ となるため，図19の左の図の点線のように，中性点 o・o′ を接続しても電流分布は変わらない．したがって，図19の右の図のように，一相分のみを取り出して解析できる．

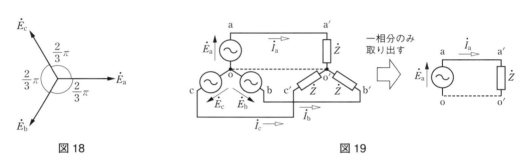

図18

図19

2. 三相交流回路の結線方法

【Y結線】

図20のように電源をY形に接続する方法をY結線といい，以下の特徴がある．

$$\dot{V}_{ab} = \dot{E}_a - \dot{E}_b = \sqrt{3}E\angle\left(0+\frac{\pi}{6}\right) = \sqrt{3}E\angle\frac{\pi}{6}$$

$$\dot{V}_{bc} = \dot{E}_b - \dot{E}_c = \sqrt{3}E\angle\left(\frac{4}{3}\pi+\frac{\pi}{6}\right) = \sqrt{3}E\angle\frac{3}{2}\pi$$

$$\dot{V}_{ca} = \dot{E}_c - \dot{E}_a = \sqrt{3}E\angle\left(\frac{2}{3}\pi+\frac{\pi}{6}\right) = \sqrt{3}E\angle\frac{5}{6}\pi$$

┌─ Y結線の特徴 ─
- 線間電圧 = $\sqrt{3}$ × 相電圧
- 線電流 = 相電流
- 位相：相電圧より $\frac{\pi}{6}$ 進み

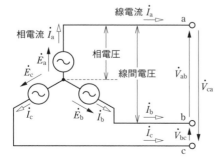

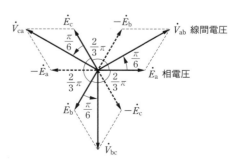

図20

【Δ結線】

図21のように電源をΔ形に接続する方法をΔ結線といい，以下の特徴がある．

$$\dot{I}_\mathrm{a} = \dot{I}_\mathrm{ab} - \dot{I}_\mathrm{ca} = \sqrt{3}I\angle\left(0 - \frac{\pi}{6}\right) = \sqrt{3}I\angle-\frac{\pi}{6}$$

$$\dot{I}_\mathrm{b} = \dot{I}_\mathrm{bc} - \dot{I}_\mathrm{ab} = \sqrt{3}I\angle\left(\frac{4}{3}\pi - \frac{\pi}{6}\right) = \sqrt{3}I\angle\frac{7}{6}\pi$$

$$\dot{I}_\mathrm{c} = \dot{I}_\mathrm{ab} - \dot{I}_\mathrm{ca} = \sqrt{3}I\angle\left(\frac{2}{3}\pi - \frac{\pi}{6}\right) = \sqrt{3}I\angle\frac{\pi}{2}$$

┌─ Δ結線の特徴 ─
• 線間電圧＝相電圧
• 線電流＝$\sqrt{3}\times$相電流
• 位相：相電流より$\frac{\pi}{6}$遅れ

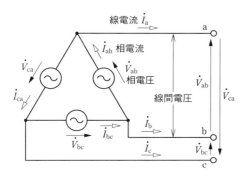

図21

3. 三相電力

【Y結線】

図22より，各種電力は以下の通り．

$$P = 3EI_\mathrm{p}\cos\theta = 3\frac{V}{\sqrt{3}}I\cos\theta = \sqrt{3}VI\cos\theta\,[\mathrm{W}]$$

$$Q = 3EI_\mathrm{p}\sin\theta = 3\frac{V}{\sqrt{3}}I\sin\theta = \sqrt{3}VI\sin\theta\,[\mathrm{var}]$$

$$S = 3EI_\mathrm{p} = 3\frac{V}{\sqrt{3}}I = \sqrt{3}VI\,[\mathrm{V\cdot A}]$$

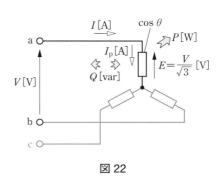

図22

【Δ結線】

図23より，各種電力は以下の通り．

$$P = 3VI_\mathrm{p}\cos\theta = 3V\frac{I}{\sqrt{3}}\cos\theta = \sqrt{3}VI\cos\theta\,[\mathrm{W}]$$

$$Q = 3VI_\mathrm{p}\sin\theta = 3V\frac{I}{\sqrt{3}}\sin\theta = \sqrt{3}VI\sin\theta\,[\mathrm{var}]$$

$$S = 3VI_\mathrm{p} = 3V\frac{I}{\sqrt{3}} = \sqrt{3}VI\,[\mathrm{V\cdot A}]$$

つまり，負荷がΔ結線かY結線かを問わず，同じ式を用いて電力を求めることができる．

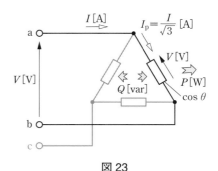

図23

練 習 問 題

問18　■■■□□□　⏳5分

問図18(1)～(3)の三相交流回路について，$\dot{I}_a$の大きさI_a[A]および消費電力P[kW]を求めよ．

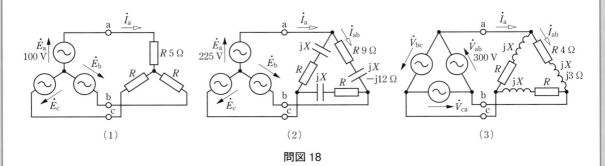

問図18

問19　■■■□□　⏳15分

問図19(1)～(3)の三相交流回路について，$\dot{I}_a$および$\dot{I}_{ab}$を求めよ．ただし，(1)と(3)は極座標表示を，(2)は複素数表示を用いること．

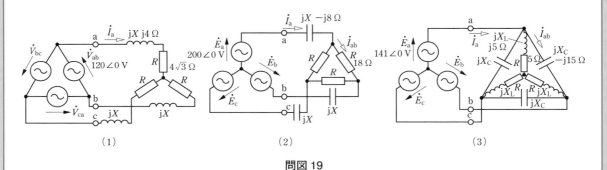

問図19

問20　■■■□□　⏳10分

問図20の三相交流回路において，c相の×印の位置で断線した．図中の電流$\dot{I}$[A]の大きさは，断線前と比べて何倍になるか．

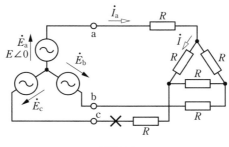

問図20

問21 ■■■■□ ⌛10分

問図21の三相交流回路について，以下の問に答えよ．ただし，$\dot{E}_a$の大きさ$E=200\,[\mathrm{V}]$，$R=4\,[\Omega]$，$L=9.55\,[\mathrm{mH}]$，周波数$f=50\,[\mathrm{Hz}]$とする．

(1) スイッチ Sw を開いた状態における消費電力$P\,[\mathrm{kW}]$を求めよ．

(2) スイッチ Sw を投入すると電源からみた負荷側の力率が1となった．そのときに成り立つ関係式をR，L，C，$\omega\,(=2\pi f)$を用いて表せ．

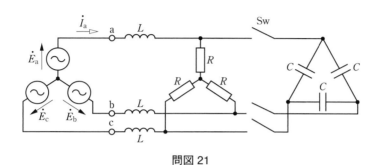

問図21

コラム 13

複素電力

　複素数$\dot{z}=a+\mathrm{j}b$の虚部の符号を反転させる操作を「共役をとる」といい，$\dot{z}$の共役複素数は，

$$\bar{\dot{z}}=a-\mathrm{j}b$$

と表される．また，極座標表示された$\dot{z}=A\mathrm{e}^{\mathrm{j}\theta}$の共役複素数は，

$$\bar{\dot{z}}=A\mathrm{e}^{-\mathrm{j}\theta}$$

と表される．この共役複素数を用いれば，電力を求めるのが楽になる場合がある．

　ある負荷に電圧$\dot{V}=V\,[\mathrm{V}]$が印加されたときに電流$\dot{I}=I\mathrm{e}^{-\mathrm{j}\theta}\,[\mathrm{A}]$が流れるとすると，負荷が消費する有効電力$P\,[\mathrm{W}]$および無効電力$Q\,[\mathrm{var}]$は，

$$S=\dot{V}\bar{\dot{I}}=VI\mathrm{e}^{\mathrm{j}\theta}=VI\cos\theta+\mathrm{j}VI\sin\theta=P+\mathrm{j}Q$$

という計算をすることによって求められる（**図(a)**）．このSを複素電力といい，実部は有効電力$P\,[\mathrm{W}]$，虚部は無効電力$Q\,[\mathrm{var}]$と一致する．ここで，$Q\,[\mathrm{var}]$は正ならば遅れ無効電力，負ならば進み無効電力を意味する．

　なお，電流$\dot{I}$ではなく電圧$\dot{V}$の共役をとってもよいが，その場合，

$$S=\bar{\dot{V}}\dot{I}=VI\mathrm{e}^{-\mathrm{j}\theta}=VI\cos\theta-\mathrm{j}VI\sin\theta=P+\mathrm{j}Q$$

より，$Q\,[\mathrm{var}]$は正ならば進み無効電力，負ならば遅れ無効電力となることに注意が必要である（**図(b)**）．

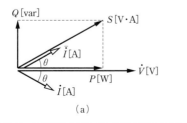
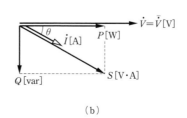

(a)   (b)

1．過渡現象の考え方

直流回路においてコイルやコンデンサは，回路が急に変化したとき，その変化にすぐに対応することができない．したがって，それらの素子は，状態ごとに**表1**に示すものとして扱う．

初期状態：素子にはじめて通電した瞬間

定常状態：素子に通電して十分時間が経過したとき

状態変化直後：スイッチの入り切りなどにより，状態が変化した瞬間

⇒　コイルは電流源に，コンデンサは電圧源に置き換え

⇒　その後，新たな定常状態について考えるときは，同様にコイルは短絡，コンデンサは開放とする

表1

	コイル	コンデンサ
初期状態	開放	短絡
定常状態	短絡	開放
状態変化直後	電流維持 i ⇓ i	電圧維持 v ⇓ v

2．過渡現象のグラフと時定数

代表的な例として，RL直列回路とRC直列回路のグラフを**図24**に示す．$t=0$でスイッチSwをオンにする場合，$t=0$では表1の初期状態，つまりコイルは開放，コンデンサは短絡として扱う．十分に時間が経過したときは表1の定常状態，つまりコイルは短絡，コンデンサは開放となる．

時定数 τ：定常状態の63.2%に達するまでの時間[s]（「十分に時間が経過」を定量化する指標）

⇒　RL直列回路：$\tau = \dfrac{L}{R}$ [s]，RC直列回路：$\tau = RC$ [s]

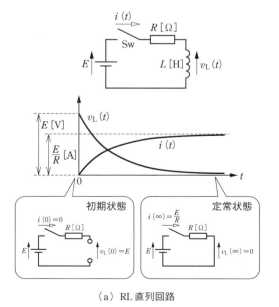

（a）RL直列回路　　　　　　　　（b）RC直列回路

図24

練習問題

問22 ■■□□□ ⏳10分

問図22(1)〜(4)について，$t=0$[s]でスイッチSwを閉じたとき，$t\geqq0$[s]における電流i[A]および電圧v[V]の時間変化を表す波形を描け．また，回路の時定数τ[s]を求めよ．

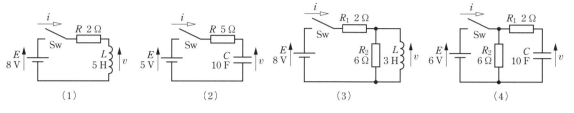

問図22

問23 ■■■■□ ⏳15分

問図23(1)〜(4)について，$t=0$[s]でスイッチSwを1側に閉じ（(4)はSw1を閉じ），十分時間が経過して定常状態に達した後，$t=T$[s]でスイッチSwを2側に閉じ（(4)はSw1を開いてからSw2を閉じ），また，十分に時間が経過して新たな定常状態に到達した．$t\geqq0$における電流i[A]および電圧v[V]の時間変化を表す波形を描け．

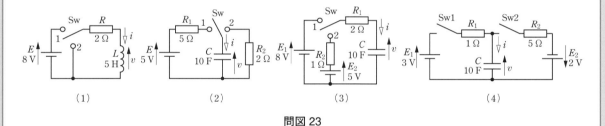

問図23

問24 ■■■■□ ⏳15分

問図24(1)〜(3)について，$t=0$[s]でスイッチSwを閉じてから十分に時間が経過して定常状態となったときの電流i[A]の値を求めよ．また，定常状態において，回路中のすべてのコイルとコンデンサに蓄えられるエネルギーの総和W[J]を求めよ．

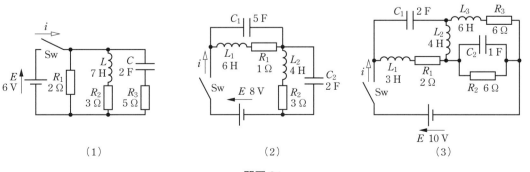

問図24

71

1. 電圧計

電圧計は**図25**に示すように，内部抵抗$r_v[\Omega]$に印加される電圧を測定する．したがって，**図26**のように，直列に倍率器と呼ばれる抵抗$R_m[\Omega]$を挿入すれば，分圧則より，

$$v = \frac{r_v}{r_v + R_m} V \, [\text{V}]$$

$$\therefore V = \frac{r_v + R_m}{r_v} v = \left(1 + \frac{R_m}{r_v}\right) v = mv \, [\text{V}]$$

となり，$m\left(= 1 + \dfrac{R_m}{r_v}\right)$倍まで測定範囲を拡大することが可能である．

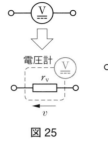
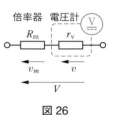

図25　　図26

2. 電流計

電流計は**図27**に示すように，内部抵抗$r_a[\Omega]$に流れる電流を測定する．したがって，**図28**のように，並列に分流器と呼ばれる抵抗$R_s[\Omega]$を挿入すれば，分流則より，

$$i = \frac{R_s}{r_a + R_s} I \, [\text{A}]$$

$$\therefore I = \frac{r_a + R_s}{R_s} i = \left(1 + \frac{r_a}{R_s}\right) i = mi \, [\text{A}]$$

となり，$m\left(= 1 + \dfrac{r_a}{R_s}\right)$倍まで測定範囲を拡大することが可能である．

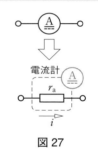
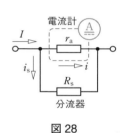

図27　　図28

3. ブリッジ回路と平衡条件

図29のような回路をブリッジ回路といい，$\dot{Z}_5$に流れる電流が0になるとき，ブリッジ回路は平衡しているという．平衡となるための条件は，

$$\dot{Z}_1 \dot{Z}_4 = \dot{Z}_2 \dot{Z}_3$$

であり，このときは点aと点bの電位差が0となって，$\dot{Z}_5$を取り外しても取り外す前と電圧・電流分布は変わらない．ブリッジ回路は，未知の抵抗やインピーダンスの値を特定するために用いられる．

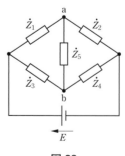

図29

問25 ■□□□□ ⏳3分

内部抵抗 $r_v = 3\,[\mathrm{k\Omega}]$，最大目盛 $v = 5\,[\mathrm{V}]$ の直流電圧計がある．これを $V = 100\,[\mathrm{V}]$ まで測定可能にするために接続すべき倍率器の抵抗値 $R_m\,[\mathrm{k\Omega}]$ を求めよ．

問26 ■■■□□ ⏳10分

内部抵抗 $r_{v1} = 10\,[\mathrm{k\Omega}]$，最大目盛 $v_1 = 100\,[\mathrm{V}]$ の直流電圧計 V_1 と，内部抵抗 $r_{v2} = 25\,[\mathrm{k\Omega}]$，最大目盛 $v_2 = 200\,[\mathrm{V}]$ の直流電圧計 V_2 の2つの電圧計がある．これらを直列接続したときに測定可能な最大電圧値 $V_{12}\,[\mathrm{V}]$ の値を求めよ．また，測定可能な最大電圧値を $V_{max} = 300\,[\mathrm{V}]$ とするために，直流電圧計 V_2 に並列に接続すべき抵抗 $R\,[\mathrm{k\Omega}]$ の値を求めよ．

問27 ■□□□□ ⏳3分

内部抵抗 $r_a = 20\,[\mathrm{m\Omega}]$，最大目盛 $i = 2\,[\mathrm{A}]$ の直流電流計がある．これを $I = 10\,[\mathrm{A}]$ まで測定可能にするために接続すべき分流器の抵抗値 $R_s\,[\mathrm{m\Omega}]$ を求めよ．

問28 ■■■□□ ⏳10分

内部抵抗 $r_a = 2\,[\mathrm{m\Omega}]$，最大目盛 $i = 1\,[\mathrm{A}]$ の直流電流計に，抵抗 $R_1\,[\Omega]$ および $R_2\,[\Omega]$ を問図28のように接続することによって，端子1・2間で5 $[\mathrm{A}]$ まで，端子1・3間で2 $[\mathrm{A}]$ まで測定できるようにしたい．このときに接続すべき $R_1\,[\Omega]$ および $R_2\,[\Omega]$ の値を求めよ．

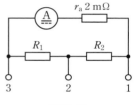

問図28

問29 ■■■□□ ⏳10分

問図29(1)～(3)について，検流計（微弱な電流を測定する機器で，図中の Ⓖ のこと）の指示が0となった．このときの $R\,[\Omega]$，$L\,[\mathrm{mH}]$，$r\,[\Omega]$ を求めよ．

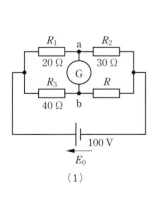

(1)

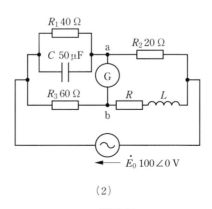

(2)

(3)

問図29

1．電界中の電子の運動

図1のような一様な電界中に電子を置くと，電子は，

$F = eE\,[\mathrm{N}]$

という静電気力を電界から受ける．つまり，その力に逆らって正極から負極に電子をゆっくりと動かすと，電子は，

$$U = Fd = eEd = e \cdot \frac{V}{d} \cdot d = eV\,[\mathrm{J}] \qquad (1)$$

という位置エネルギーを得る．負極を出た電子が加速されて正極に到達したときの速度を$v_{\mathrm{d}}\,[\mathrm{m/s}]$とすると，正極に到達したときの運動エネルギーは，

$$U = \frac{1}{2}\,m v_{\mathrm{d}}^2\,[\mathrm{J}] \qquad (2)$$

となるため，(1)式と(2)式が等しいことから，

$$eV = \frac{1}{2}\,m v_{\mathrm{d}}^2 \quad \therefore v_{\mathrm{d}} = \sqrt{\frac{2eV}{m}}\,[\mathrm{m/s}]$$

と，正極に到達したときの速度を求めることができる．

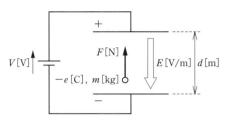

m：電子の質量 ［kg］
e：電気素量 ［C］
E：電界の強さ ［V/m］
d：極板間距離 ［m］
V：極板間電圧 ［V］

図1

2．磁界中の電子の運動（ローレンツ力）

図2のような一様な磁界中を電子が移動すると，

$F = evB\,[\mathrm{N}] \qquad (3)$

という力を磁界から受ける．これをローレンツ力といい，その向きはフレミングの左手の法則から求められる．ただし，電流の向きは電子の移動する向きの逆（図中の点線のベクトルI）となることに注意が必要である．

進行方向と直角に常に同じ大きさの力が働くため，電子は円運動を始める．その遠心力は，

$$F' = \frac{mv^2}{r}\,[\mathrm{N}] \qquad (4)$$

となるため，(3)式と(4)式が等しいことから，

$$evB = \frac{mv^2}{r} \quad \therefore r = \frac{mv}{eB}\,[\mathrm{m}]$$

と円運動の回転半径を求めることができる．

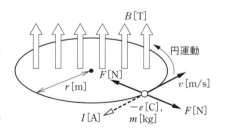

B：磁束密度 ［T］
v：電子の速度 ［m/s］
F：ローレンツ力 ［N］
F'：遠心力 ［N］
r：回転半径 ［m］

図2

練習問題

問1 ■■□□□ ⏳5分

問図1において，電子が初速度0で負極を出発したとき，t[s]後の電子の速度v[m/s]を求めよ．また，電子が負極を出発してから正極に到達するまでに要する時間T[s]を求めよ．ただし，電子の質量をm[kg]，電気素量をe[C]，電極間の電圧をV[V]，電極間距離をd[m]とする．

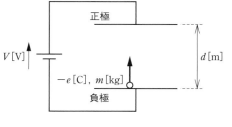

問図1

問2 ■■■■□ ⏳15分

問図2のように，電子がx方向に速度v_0[m/s]で進む場合について考える．電子は2枚の極板間に生じる平等電界E[V/m]から受ける静電気力により進路を曲げられ，最終的に$x=l+L$[m]にあるスクリーン上の$y=Y$[m]の位置に到達した．以下の問に答えよ．ただし，電子の質量をm[kg]，電気素量をe[C]，電界の強さをE[V/m]とする．

(1) $x=l$における電子のy方向の速度v_y[m/s]を求めよ．

(2) Y[m]を求めよ．

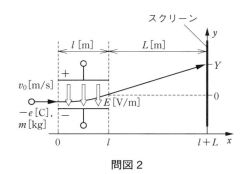

問図2

問3 ■□□□□ ⏳5分

問図3のように，一様な磁界中を直角に電子が移動すると，電子は円運動を始める．この円運動の周期T[s]を求めよ．ただし，電子の質量をm[kg]，電気素量をe[C]，電子の速度をv[m/s]，磁束密度をB[T]とする．

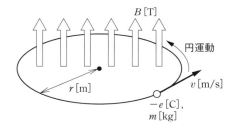

問図3

問4 ■■■■□ ⏳5分

問図4(a)のように電子が一様な磁界の中にθだけ角度をつけて速度v[m/s]で突入したとき，電子は問図4(b)のような，らせん状に移動する．らせん運動の回転半径r[m]および軸方向の幅（ピッチ）p[m]を求めよ．ただし，電子の質量をm[kg]，電気素量をe[C]，磁束密度をB[T]とする．

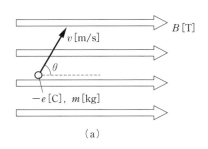

(a)　　　　　　　　　　　　(b)

問図4

1．トランジスタ増幅回路の基礎

トランジスタ増幅回路：トランジスタを用いて，入力した交流信号を増幅し出力する回路（図3）

バイポーラトランジスタ：トランジスタの一種．B（ベース），C（コレクタ），E（エミッタ）の3つの端子を持つ

バイアス：交流信号に直流電圧を加えて底上げすること．これにより，信号波形を歪ませず綺麗に増幅可能

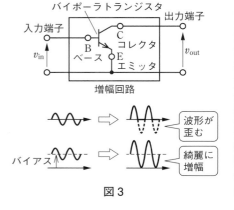

図3

2．トランジスタ増幅回路の解析方法

図4のように，重ね合わせの理を用いて解析する．

直流分：増幅回路の動作点決定（バイアス回路）⇒コンデンサは開放（直流は通さない）

交流分：信号の増幅度などの算出（詳細は，テーマ3の2．で取り扱う）

⇒コンデンサは短絡（静電容量が十分大きいためリアクタンスはほぼ0となり，交流を通す）

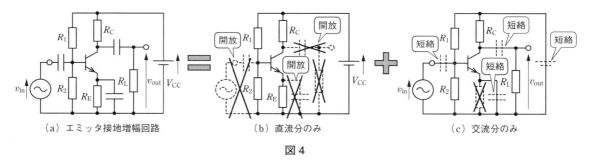

（a）エミッタ接地増幅回路 （b）直流分のみ （c）交流分のみ

図4

3．トランジスタ増幅回路の動作点

図4(b)を整理してまとめると図5のようになる．もやのかかった閉回路についてキルヒホッフの電圧則を立てると，$I_B \fallingdotseq 0$ より $I_C \fallingdotseq I_E$ となることを利用して，

$$V_{CC} = R_C I_C + V_{CE} + R_E I_E = V_{CE} + (R_C + R_E) I_C$$

となる．この式をこの増幅回路の V_{CE}-I_C 特性のグラフに重ねると，図6のようになる．この直線を直流負荷線といい，V_{CE}-I_C 特性との交点がこの増幅回路の動作点となる．

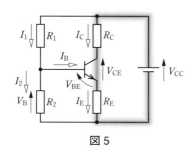

図5

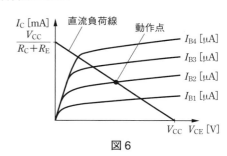

図6

練習問題

問5 ■■□□□ ⏳5分

左ページ図5の増幅回路において，$V_{CC} = 12\,[\mathrm{V}]$，$V_{BE} = 0.6\,[\mathrm{V}]$，$R_1 = 4.8\,[\mathrm{k\Omega}]$，$R_2 = 3.2\,[\mathrm{k\Omega}]$，$R_E = 0.6$ $[\mathrm{k\Omega}]$のとき，バイアス電圧$V_B\,[\mathrm{V}]$およびエミッタ電流$I_E\,[\mathrm{mA}]$を求めよ．ただし$I_1 \gg I_B$とする．

問6 ■■□□□ ⏳5分

左ページ図5の増幅回路において，V_{CE}-I_C特性は問図6のようになる．$V_{CC} = 12\,[\mathrm{V}]$，$R_C = 0.8\,[\mathrm{k\Omega}]$，$R_E = 0.2\,[\mathrm{k\Omega}]$，動作点を$V_{CE} = \dfrac{V_{CC}}{2}$とするとき，以下の問に答えよ．

(1) 問図6に重ねて直流負荷線を描け．

(2) 動作点におけるベース電流$I_B\,[\mu\mathrm{A}]$を求めよ．

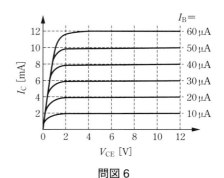

問図6

問7 ■■■□□ ⏳5分

問図7は，バイアス回路として固定バイアス回路を用いたエミッタ接地増幅回路である．$V_{CC} = 10\,[\mathrm{V}]$，$V_{BE} = 0.6\,[\mathrm{V}]$，$I_C = 2\,[\mathrm{mA}]$のとき，バイアス抵抗$R_1\,[\mathrm{k\Omega}]$の値を求めよ．ただし，$I_C = h_{FE}\,I_B$が成り立ち，この$h_{FE}$を直流電流増幅率という．$h_{FE} = 100$とする．

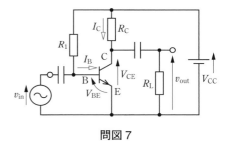

問図7

問8 ■■■□□ ⏳10分

問図7の固定バイアス回路を用いたエミッタ接地増幅回路において，V_{CE}-I_C特性および直流負荷線は問図8のようになる．$V_{BE} = 0.6\,[\mathrm{V}]$であり，動作点における$V_{CE} = 4.5\,[\mathrm{V}]$とするとき，以下の問に答えよ．

(1) 電源電圧$V_{CC}\,[\mathrm{V}]$の値を求めよ．

(2) コレクタ抵抗$R_C\,[\mathrm{k\Omega}]$の値を求めよ．

(3) バイアス抵抗$R_1\,[\mathrm{M\Omega}]$の値を求めよ．

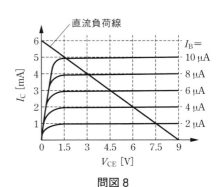

問図8

問9 ■■■■□ ⏳10分

問図9は，バイアス回路として自己バイアス回路を用いたエミッタ接地増幅回路である．$V_{CC} = 12\,[\mathrm{V}]$，$V_{BE} = 0.7\,[\mathrm{V}]$，$R_1 = 130\,[\mathrm{k\Omega}]$，$R_C = 2\,[\mathrm{k\Omega}]$，直流電流増幅率$h_{FE} = 160$のとき，ベース電流$I_B\,[\mu\mathrm{A}]$の値を求めよ．ただし，$I_C = h_{FE}\,I_B$が成り立つものとする．

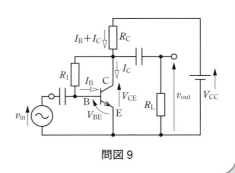

問図9

1. トランジスタ増幅回路の小信号等価回路

バイポーラトランジスタは，**図7**のような等価回路で表せる．交流信号分のみを考えるための小信号等価回路は，**図8**(a)において直流電源の短絡により，$R_1 [\Omega]$ や $R_\mathrm{C} [\Omega]$ も接地されるため $R_2 [\Omega]$，$R_\mathrm{L} [\Omega]$ と並列となり，図8(b)のように整理される．さらに，

$$R = \frac{R_1 R_2}{R_1 + R_2} [\Omega], \quad R_\mathrm{L}' = \frac{R_\mathrm{C} R_\mathrm{L}}{R_\mathrm{C} + R_\mathrm{L}} [\Omega]$$

と置いて，図7の等価回路を用いると図8(c)となる．

図7

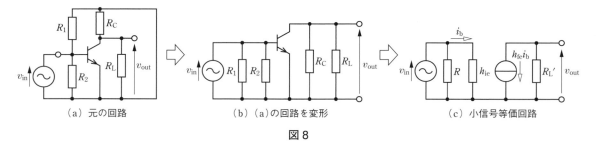

（a）元の回路　　　（b）（a）の回路を変形　　　（c）小信号等価回路

図8

2. 電圧増幅度と電圧利得

図8(c)より，$i_\mathrm{b} = v_\mathrm{in}/h_\mathrm{ie}$，$i_\mathrm{C} = h_\mathrm{fe} i_\mathrm{b}$，$v_\mathrm{out} = - R_\mathrm{L}' i_\mathrm{C}$ が成り立つため，電圧増幅度 A_v は，

$$A_\mathrm{v} = \left| \frac{v_\mathrm{out}}{v_\mathrm{in}} \right| = \left| - R_\mathrm{L}' h_\mathrm{fe} \frac{v_\mathrm{in}}{h_\mathrm{ie}} \cdot \frac{1}{v_\mathrm{in}} \right| = \frac{h_\mathrm{fe}}{h_\mathrm{ie}} \cdot \frac{R_\mathrm{C} R_\mathrm{L}}{R_\mathrm{C} + R_\mathrm{L}}$$

となる．また，電圧利得 $G_\mathrm{v} [\mathrm{dB}]$ は以下の式で求められる．

$$G_\mathrm{v} = 20 \log_{10} A_\mathrm{v} [\mathrm{dB}]$$

3. FETを用いた増幅回路

バイポーラトランジスタの代わりに，**図9**に示すFETを用いた増幅回路もよく出題される．FETはG（ゲート），D（ドレーン），S（ソース）の3端子を持つトランジスタである．

図8(a)のバイポーラトランジスタをFETに入れ替え，図9の等価回路を適用すれば，**図10**(b)の小信号等価回路が得られる．また，V_DS-I_D 特性（**図11**）を用いて動作点を求める．

図9

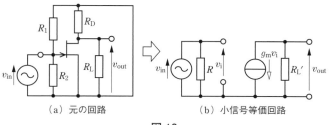

（a）元の回路　　　（b）小信号等価回路

図10

図11

練習問題

問10 ■■□□□ ⧖ 10分

図8(c)の小信号等価回路について，$R_L' = 4\,[\text{k}\Omega]$，$h_{ie} = 5\,[\text{k}\Omega]$，$h_{fe} = 100$，$v_{in} = 5\,[\text{mV}]$のとき，出力信号電圧$v_{out}\,[\text{mV}]$を求めよ．また，電圧増幅度$A_v$および電圧利得$G_v\,[\text{dB}]$を求めよ．ただし，$\log_{10} 2 = 0.301$とする．

問11 ■■■□□ ⧖ 10分

問図7に示した固定バイアス回路を用いたエミッタ接地増幅回路について，小信号等価回路を描き，$R_C = 6\,[\text{k}\Omega]$，$R_L = 9\,[\text{k}\Omega]$，$h_{ie} = 3\,[\text{k}\Omega]$，$h_{fe} = 90$のときの電圧増幅度$A_v$を求めよ．

問12 ■■■■□ ⧖ 15分

問図12は，エミッタ端子から出力を取り出すコレクタ接地増幅回路である．この増幅回路における小信号等価回路を描き，$R_E = 7.5\,[\text{k}\Omega]$，$h_{ie} = 2.5\,[\text{k}\Omega]$，$h_{fe} = 100$のときの電圧増幅度$A_v$を求めよ．

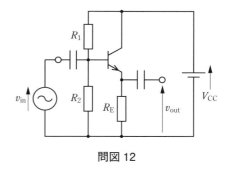

問図 12

問13 ■■■■□ ⧖ 15分

問図13(a)はFETを用いたソース接地増幅回路であり，そのV_{DS}-I_D特性は問図13(b)のようになる．$R_S = 1\,[\text{k}\Omega]$，$R_D = 2\,[\text{k}\Omega]$，$R_L = 10\,[\text{k}\Omega]$，$V_{DD} = 24\,[\text{V}]$，および小信号等価回路における相互コンダクタンス$g_m = 9\,[\text{mS}]$のとき，以下の問に答えよ．ただし，$r_d \gg R_D$，$r_d \gg R_L$とする．また，$\log_{10} 2 = 0.301$，$\log_{10} 3 = 0.477$とする．

(1) 動作点における$V_{DS} = 6\,[\text{V}]$とするとき，$V_{GS}\,[\text{V}]$および$I_D\,[\text{mA}]$の値を求めよ．

(2) 抵抗$R_2\,[\text{k}\Omega]$に印加されるゲート電圧$V_G\,[\text{V}]$の値を求めよ．

(3) 抵抗$R_1\,[\text{k}\Omega]$と抵抗$R_2\,[\text{k}\Omega]$との比R_1/R_2の値を求めよ．

(4) 小信号等価回路を描き，電圧増幅度A_vおよび電圧利得$G_v\,[\text{dB}]$の値を求めよ．

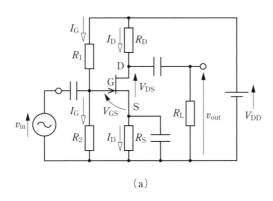

(a)

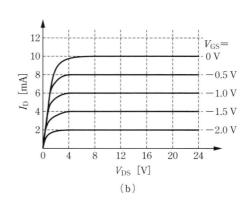

(b)

問図 13

1. オペアンプ回路とは？

図12のように，入力端子2つを持ち，その端子間に
印加した入力電圧 v_{in} を増幅して出力する素子をオペア
ンプという．オペアンプを用いた増幅回路をオペアンプ
回路といい，代表的な反転増幅回路を図13に示す．

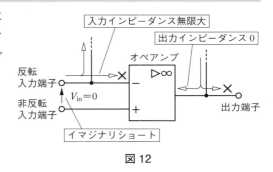

図 12

2. オペアンプ回路の特徴

① 入力インピーダンスが無限大⇒入力端子からオペアンプ本体に電流が流入することはない

② 出力インピーダンスが0⇒出力端子から電流が流出することはなく，オペアンプに吸収される

③ イマジナリショート（仮想短絡）：入力端子間の入力電圧 V_{in} が0になるように自動調整される
⇒両端子の電位は等しくなる

3. オペアンプ回路の計算例

オペアンプ回路の計算はパターン化されており，ほとんどの場合，以下の手順で解ける．

① イマジナリショートを利用し，入力端子の電圧決定（$V_- = 0$）

② 入力側の抵抗 R_1 に印加される電圧決定（$V_1 - V_- = V_1$）

③ 抵抗 R_1 に流れる電流決定（$I_1 = \dfrac{V_1 - V_-}{R_1} = \dfrac{V_1}{R_1}$）

④ オペアンプの入力インピーダンスが無限大なので，電流の経路決定

⑤ もやのかかった閉回路にキルヒホッフの電圧則を適用し，出力電圧決定（$V_0 = -R_2 I_1 = -\dfrac{R_2}{R_1} V_1$）

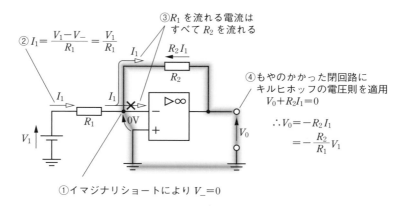

図 13

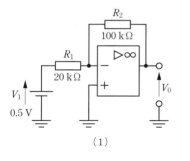

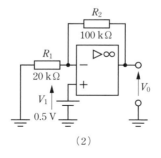

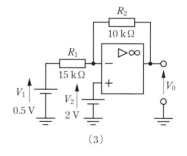

練習問題

問 14 ■■□□□ ⧖10分

問図14(1)〜(3)について，入力電圧 $V_1 = 0.5$ [V]を印加した際の出力電圧 V_0 [V]を求めよ．

（1）　　　　　　　　　　　（2）　　　　　　　　　　　（3）

問図 14

問 15 ■■■□□ ⧖10分

問図15について，入力電圧 $V_1 = 0.5$ [V]を印加した際の出力電圧 V_0 [V]，電圧増幅率 $A_v = \left| \dfrac{V_0}{V_1} \right|$，電圧利得 $G_v = 20 \log_{10} A_v$ [dB]を求めよ．

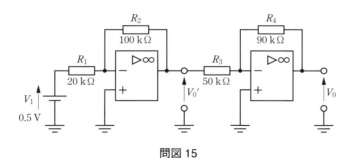

問図 15

問 16 ■■■■□ ⧖10分

問図16について，入力電圧 $V_1 = 1$ [V]，$V_2 = 2$ [V]，$V_3 = 1.5$ [V]を印加した際の出力電圧 V_0 [V]を求めよ．

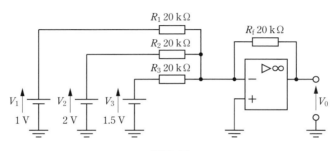

問図 16

1. ベルヌーイの定理

図1のような水流に対しエネルギー保存の式を立てると,

$$\rho g h_1 + \frac{1}{2}\rho v_1^2 + p_1 = \rho g h_2 + \frac{1}{2}\rho v_2^2 + p_2$$

となる. これをρgで割って高さの単位にした以下の式をベルヌーイの定理という.

$$h_1 + \frac{v_1^2}{2g} + \frac{p_1}{\rho g} = h_2 + \frac{v_2^2}{2g} + \frac{p_2}{\rho g} = (一定)$$

v_1, v_2：水の流速[m/s]　　　p_1, p_2：水圧[Pa]　　　ρ：水の密度($=1\,000\,[\mathrm{kg/m^3}]$)

g：重力加速度($=9.8\,[\mathrm{m/s^2}]$)　　h_1, h_2：位置水頭[m]

$\dfrac{v_1^2}{2g}$, $\dfrac{v_2^2}{2g}$：速度水頭[m]　　　$\dfrac{p_1}{\rho g}$, $\dfrac{p_2}{\rho g}$：圧力水頭[m]　　S_1, S_2：水管の断面積[m²]

また, 流量$Q = Sv\,[\mathrm{m^3/s}]$はどこの地点でも等しい. つまり, 以下の連続の式が成り立つ.

$$Q = S_1 v_1 = S_2 v_2 = (一定)$$

2. 理論出力

図2に示すように, 流量$Q\,[\mathrm{m^3/s}]$, 有効落差$H\,[\mathrm{m}]$の水力発電所における理論的な出力$P\,[\mathrm{kW}]$は, 重力加速度が$g = 9.8\,[\mathrm{m/s^2}]$であることから,

$$P = QgH = 9.8QH$$

となる. これを理論出力という.

しかし, 実際には水車や発電機での損失を考える必要がある. 水車の効率をη_w, 発電機の効率をη_gとすると, 水車出力$P_\mathrm{w}\,[\mathrm{kW}]$, および発電機出力$P_\mathrm{g}\,[\mathrm{kW}]$は,

$$P_\mathrm{w} = 9.8QH\eta_\mathrm{w}\,[\mathrm{kW}]$$

$$P_\mathrm{g} = 9.8QH\eta_\mathrm{w}\eta_\mathrm{g}\,[\mathrm{kW}]$$

と表される. なお, 有効落差とは, 以下の通り.

総落差$H_0\,[\mathrm{m}]$：取水口～放水口の落差　　　損失落差$H_l\,[\mathrm{m}]$：摩擦等の損失を高さの単位で表現

有効落差$H\,[\mathrm{m}]$：$H = H_0 - H_l$

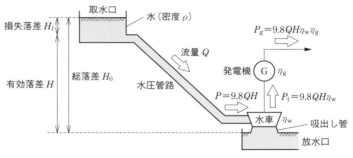

図2

練習問題

問1　■■□□□　⏳5分

ペルトン水車を用いた水力発電所において，水車の中心軸上に位置する鉄管内の圧力が$p = 3\,000$ [kPa]，流速が$v = 5.3$ [m/s]であった．水路損失は無視できるとして，有効落差H [m]を求めよ．

問2　■■■□□　⏳5分

有効落差$H = 360$ [m]のペルトン水車を用いた水力発電所において，ノズルから噴出される水の速度v [m/s]を求めよ．また，ペルトン水車のバケットの周速v_b [m/s]を求めよ．ただし，ノズルから噴出される水は運動エネルギーのみを持つものとする．また，バケットの周速は，ノズルから噴出される水の速度の45 [％]となるように設計されるものとする．

問3　■■■■□　⏳10分

水圧鉄管内のある点Aにおける鉄管の内径は$d_A = 1.2$ [m]，流速は$v_A = 4.0$ [m/s]，圧力は$p_A = 25$ [kPa]であり，これよりも20 [m]低い位置にある点Bにおける水圧鉄管の内径は$d_B = 1.0$ [m]である．このとき，点Bにおける流速v_B [m/s]および圧力p_B [kPa]を求めよ．

問4　■□□□□　⏳5分

有効落差$H = 120$ [m]，流量$Q = 3.2$ [m/s]，水車効率$\eta_w = 0.92$，発電機効率$\eta_g = 0.94$のときの理論出力P [kW]，水車出力P_w [kW]，発電機出力P_g [kW]を求めよ．

問5　■■□□□　⏳5分

有効落差$H = 100$ [m]，水車効率$\eta_w = 0.94$，発電機効率$\eta_g = 0.95$の水力発電所において，発電機出力$P_g = 3\,000$ [kW]を得るために必要な流量Q [m³/s]を求めよ．

問6　■□□□□　⏳1分

ある水力発電所における総落差が$H_0 = 150$ [m]，損失落差が$H_l = 5$ [m]であるとき，有効落差H [m]を求めよ．

問7　■□□□□　⏳2分

ある水力発電所における有効落差$H = 150$ [m]，損失落差H_l [m]は総落差H_0 [m]の4 [％]であるとき，総落差H_0 [m]を求めよ．

問8　■■■□□　⏳5分

有効落差$H = 100$ [m]，最大使用流量$Q = 150$ [m³/s]，水車と発電機の総合効率$\eta = 0.8$の水力発電所の年間の設備利用率が60 [％]のとき，年間の発電電力量W [kW·h]を求めよ．

問9　■■■■□　⏳10分

総落差$H_0 = 200$ [m]，損失落差H_l [m]は総落差H_0 [m]の4 [％]，調整池の容量$V = 75\,000$ [m³]，水車効率$\eta_w = 0.85$，発電機効率$\eta_g = 0.95$の水力発電所の発電電力量W [kW·h]を求めよ．

第1章：発 電

テーマ2 ▶▶ 水力発電（2）

1. 河川の年間平均流量

図3のように，ある河川を1年間に流れる水量（流出水量）V [m³]は，

$$V = ACd \times 10^3 \, [\text{m}^3]$$

となるので，1年間の平均流量 Q [m³/s]は，以下の通り．

$$Q = \frac{ACd \times 10^3}{365 \times 24 \times 60 \times 60} \, [\text{m}^3/\text{s}]$$

A：流域面積[km²]　　　d：年間降水量[mm]

C：流出係数（流域全体に降った雨の水量のうち，蒸発したり地下に浸透したりせず河川を流れる水量の割合）

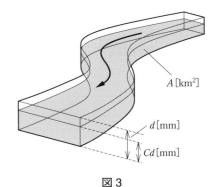

図3

2. 調整池や貯水池を有する水力発電所

図4のような流量で運用を行う場合，ピーク時は自然流量だけではまかなえないため，調整池に貯まった水も利用して発電を行う．調整池から使用する水量は，図4の面積V_pとなるため，

$$V_p = (Q_p - Q_n)t_p \times 3\,600 \, [\text{m}^3]$$

である．逆にオフピーク時は自然流量よりも少ない流量で事足りるため，その差分は調整池に貯水する．その貯水量は，図4の面積V_oとなるため，

$$V_o = (Q_n - Q_o)(24 - t_p) \times 3\,600 \, [\text{m}^3]$$

である．

$V_o > V_p$でなければ，**図5**のような運用は不可能となる．

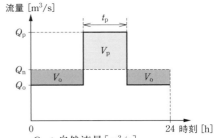

Q_n：自然流量[m³/s]

Q_p：ピーク時の流量[m³/s]

Q_o：オフピーク時の流量[m³/s]

t_p：ピーク時間[h]

図4

3. 揚水発電

揚水量 Q_p [m³/s]，全揚程 H_p [m]，ポンプ効率 η_p，電動機効率 η_m の場合，揚水入力 P_m [kW]は，

$$P_m = \frac{9.8 Q_p H_p}{\eta_p \eta_m} \, [\text{kW}]$$

と表される．なお，有効揚程とは，以下の通り．

実揚程H_0[m]：取水口〜放水口の落差（＝総落差）

損失落差H_l[m]：摩擦の損失を高さの単位で表現

全揚程H_p[m]：$H_p = H_0 + H_l$

⇒損失を考慮すると，実揚程よりもH_l[m]だけ高い位置まで汲み上げるための電力が必要という意味．

揚水発電所の総合効率ηは，以下のように表される．

$$\eta = \frac{P_g}{P_m} = \frac{QH\eta_w\eta_g}{Q_p H_p / \eta_p \eta_m} = \frac{Q(H_0 - H_l)}{Q_p(H_0 + H_l)} \eta_w \eta_g \eta_p \eta_m$$

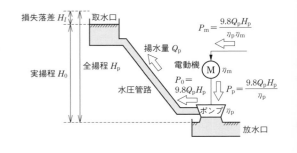

図5

練習問題

問10 ■□□□□ ⏳3分

流域面積 $A = 250 \, [\text{km}^2]$，年間降水量 $d = 650 \, [\text{mm}]$，流出係数 $C = 0.7$ の水力地点における流出水量 V $[\text{m}^3]$ および年間平均流量 $Q \, [\text{m}^3/\text{s}]$ を求めよ．

問11 ■■□□□ ⏳5分

流域面積 $A = 200 \, [\text{km}^2]$，年間降水量 $d = 2\,500 \, [\text{mm}]$，流出係数 $C = 0.65$ の水力地点における有効落差 $H = 100 \, [\text{m}]$ の発電所の年間発電電力量 $W \, [\text{kW·h}]$ を求めよ．ただし，水車と発電機の総合効率を $\eta = 0.85$ とする．

問12 ■■□□□ ⏳8分

問図12のように，自然流量 $Q_n = 5 \, [\text{m}^3/\text{s}]$，最大使用流量 $Q_p = 10$ $[\text{m}^3/\text{s}]$ の調整池式発電所がある．13時から17時までピーク運転を行い，それ以外はオフピーク運転を行う運用をするのに最低限必要な調整池の貯水量 $V \, [\text{m}^3]$ およびオフピーク時の流量 $Q_o \, [\text{m}^3/\text{s}]$ を求めよ．

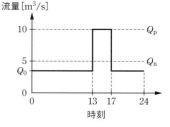

問図12

問13 ■■■■□ ⏳10分

最大出力 $P_{g\max} = 40\,000 \, [\text{kW}]$，最大使用水量 $Q_{\max} = 17.5 \, [\text{m}^3/\text{s}]$，自然流量 $Q_n = 10 \, [\text{m}^3/\text{s}]$，有効貯水量 $V = 504\,000 \, [\text{m}^3]$ の調整池式発電所がある．問図13のような運用を行うとき，発電を停止する時間 $x \, [\text{時}]$ および図中の出力 $P \, [\text{kW}]$ を求めよ．ただし，発電を行わない期間は自然流量を利用して調整池に有効貯水量を貯めるものとし，発電期間中はその調整池の水のみを使って発電するものとする．

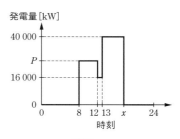

問図13

問14 ■■■■□ ⏳10分

問図14のように，自家用水力発電所を持つ工場において，発電電力が消費電力を下回る場合はすべて消費し，上回る場合はその余剰分を電力系統に逆潮流させるような運用をする．このとき，電力系統への送電電力量 $W_s \, [\text{MW·h}]$ および電力系統からの受電電力量 $W_r \, [\text{MW·h}]$ を求めよ．

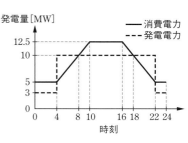

問図14

問15 ■■□□□ ⏳5分

ある揚水発電所の実揚程が $H_0 = 150 \, [\text{m}]$，損失落差 $H_l \, [\text{m}]$ は実揚程 $H_0 \, [\text{m}]$ の $4 \, [\%]$ であるとき，全揚程 $H_p \, [\text{m}]$ を求めよ．また，この揚水発電所において，揚水量 $Q_p = 40 \, [\text{m}^3/\text{s}]$ で揚水するのに必要な揚水入力 $P_m \, [\text{kW}]$ を求めよ．ただし，ポンプ効率 $\eta_p = 0.85$，電動機効率 $\eta_m = 0.95$ とする．

問16 ■■■□□ ⏳10分

総落差 $H_0 = 150 \, [\text{m}]$，損失落差 $H_l \, [\text{m}]$ は発電時・揚水時ともに総落差 $H_0 \, [\text{m}]$ の $5 \, [\%]$，発電時の流量・揚水時の揚水量ともに $Q = 40 \, [\text{m}^3/\text{s}]$ の揚水発電所における総合効率 η を求めよ．ただし，水車効率 $\eta_w = 0.92$，発電機効率 $\eta_g = 0.94$，ポンプ効率 $\eta_p = 0.85$，電動機効率 $\eta_m = 0.95$ とする．

1. 汽力発電の概要

汽力発電：火力発電の一種で，水をボイラで加熱して過熱蒸気にし，蒸気タービンを回転させて電気エネルギーを得る方式(図6)．

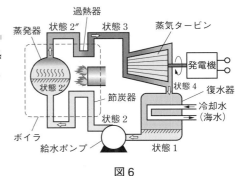

図6

ランキンサイクル：汽力発電の熱サイクル．ランキンサイクルを$p-V$線図および$T-s$線図で表すと，**図7**の通り．

1→2　断熱圧縮(給水ポンプ)

2→3　等圧加熱(ボイラ)

3→4　断熱膨張(蒸気タービン)

4→1　等圧冷却(復水器)

p：圧力[Pa]　V：体積[l]　T：温度[K]

s：エントロピー[J/K]

⇒ 電験三種でエントロピーの意味まで問われることはないため，「熱の出入りを表す指標」程度に捉えておけばよい．

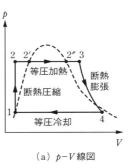

（a）$p-V$線図

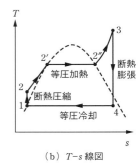

（b）$T-s$線図

図7

2. 各種効率

汽力発電の各種効率などは，**図8**および以下の通り．

ボイラ効率：$\eta_\mathrm{B} = \dfrac{G(h_\mathrm{s}-h_\mathrm{w})}{BH}$

タービン効率：$\eta_\mathrm{t} = \dfrac{3\,600 P_\mathrm{T}}{G(h_\mathrm{s}-h_\mathrm{e})}$

タービン室効率：$\eta_\mathrm{T} = \dfrac{3\,600 P_\mathrm{T}}{G(h_\mathrm{s}-h_\mathrm{w})}$

発電機効率：$\eta_\mathrm{G} = \dfrac{P_\mathrm{G}}{P_\mathrm{T}}$

発電端効率：$\eta = \dfrac{3\,600 P_\mathrm{G}}{BH} = \eta_\mathrm{B}\,\eta_\mathrm{T}\,\eta_\mathrm{G}$

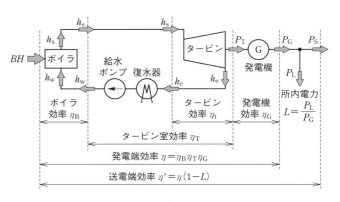

図8

送電端効率：$\eta' = \eta(1-L)$

送電端出力：$P_\mathrm{S} = P_\mathrm{G}(1-L) = \eta_\mathrm{G} P_\mathrm{T}(1-L)$

B：燃料使用量[kg/h]　　H：燃料発熱量[kJ/kg]　　G：蒸気使用量[kg/h]

h_s：ボイラ出口(＝タービン入口)の比エンタルピー[kJ/kg]　　P_T：タービン出力[kW]

h_w：ボイラ入口(＝給水ポンプ出口)の比エンタルピー[kJ/kg]　　P_G：発電機出力[kW]

h_e：タービン出口(＝復水器入口)の比エンタルピー[kJ/kg]　　L：所内比率($L = P_\mathrm{L}/P_\mathrm{G}$)

※エンタルピーは，蒸気が持っている総エネルギーと考えればよい．

比エンタルピーは，蒸気1kg当たりの総エネルギー(エンタルピー)を表す．

練 習 問 題

問 17　■■□□□　⌛5分

　ある汽力発電所において，$W_G = 45\,000\,[\mathrm{MW \cdot h}]$ の電力量を発生するために重油量 $B_t = 9\,000\,[\mathrm{t}]$ を消費した．重油の発熱量 $H = 44\,000\,[\mathrm{kJ/kg}]$ として発電端効率 η を求めよ．

問 18　■■□□□　⌛5分

　最大出力 $P_G = 600\,[\mathrm{MW}]$ の汽力発電所において，最大出力で24時間運転した場合の発電端効率が $\eta = 0.4$ であった．重油の発熱量 $H = 44\,000\,[\mathrm{kJ/kg}]$ として，使用した重油量 $B_t\,[\mathrm{t}]$ を求めよ．

問 19　■■■□□　⌛10分

　ある汽力発電所において，問表19のような運転をしたとき，発熱量 $H = 28\,000\,[\mathrm{kJ/kg}]$ の石炭を $B_t = 1\,500\,[\mathrm{t}]$ 消費した．この1日の間の発電端効率 η を求めよ．

問表 19

時　刻	発電端出力
0時〜9時	150 MW
9時〜12時	240 MW
12時〜13時	180 MW
13時〜18時	300 MW
18時〜24時	150 MW

問 20　■■■■□　⌛10分

　問図20におけるA点，B点，C点，D点の比エンタルピーが $h_w = 120\,[\mathrm{kJ/kg}]$，$h_w' = 130\,[\mathrm{kJ/kg}]$，$h_s = 3\,350\,[\mathrm{kJ/kg}]$，$h_e = 2\,510\,[\mathrm{kJ/kg}]$ であり，蒸気タービンの使用蒸気量 $G = 100\,[\mathrm{t/h}]$，蒸気タービン出力 $P_T = 20\,[\mathrm{MW}]$ のとき，タービン効率 η_t を求めよ．また，送電端電力 $P_S = 18\,[\mathrm{MW}]$，所内比率 $L = 0.05$ のとき，発電機効率 η_G を求めよ．

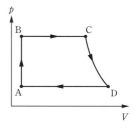

問図 20

問 21　■□□□□　⌛2分

　ボイラ効率 $\eta_B = 0.9$，タービン室効率 $\eta_T = 0.4$，発電機効率 $\eta_G = 0.95$ の汽力発電所における発電端効率 η を求めよ．

問 22　■■□□□　⌛3分

　タービン室効率 $\eta_T = 0.45$，発電機効率 $\eta_G = 0.98$ の汽力発電所において，発電端効率 $\eta = 0.4$ のときのボイラ効率 η_B を求めよ．

問 23　■■■■□　⌛10分

　ある汽力発電所が30日間連続運転したときの重油使用量 $B_t = 1\,100\,[\mathrm{t}]$，送電端電力量 $W_S = 5\,000\,[\mathrm{MW \cdot h}]$ であった．重油の発熱量 $H = 44\,000\,[\mathrm{kJ/kg}]$，タービン室効率 $\eta_T = 0.47$，発電機効率 $\eta_G = 0.98$，所内比率 $L = 0.05$ のとき，ボイラ効率 η_B を求めよ．

問 24　■■■□□　⌛8分

　発電端効率 $\eta = 0.4$ の汽力発電所における，送電端効率 η' および送電端電力 $P_S\,[\mathrm{MW}]$ を求めよ．ただし，燃料の発熱量 $H = 44\,000\,[\mathrm{kJ/kg}]$，消費量 $B = 100\,[\mathrm{t/h}]$，所内比率 $L = 0.05$ とする．

第1章：発　電

電力

テーマ４ ▶▶ 火力発電 (2)

1. 燃料の燃焼と理論空気量

燃料を燃焼すると，燃料中の炭素や水素が酸素と反応して二酸化炭素や水を生成する．この様子を把握するために重要なのが以下の3つである．

【原子式/分子式と原子量/分子量】**(表1)**

　原子式/分子式：その原子/分子を文字で表したもの

　原子量/分子量：その原子/分子が 6.0×10^{23} 個（アボガドロ数）集まったときの重量 [g]

　〈原子式（原子量）〉炭素：C (12)　水素：H (1)　酸素：O (16)

　〈分子式（分子量）〉水素分子：H_2 $(1 \times 2 = 2)$　二酸化炭素：CO_2 $(12 + 16 \times 2 = 44)$　水：H_2O $(1 \times 2 + 16 = 18)$

【物質量 (mol：モル)】

　6.0×10^{23} 個（アボガドロ数）の原子や分子の集まりを 1 [mol] と定義し，これを物質量という．1 [mol] の質量や体積は，**図9** および以下の通り．

　1 [mol] の原子/分子の質量：原子量 [g] または分子量 [g]

　1 [mol] の原子/分子の体積：22.4 [l]（標準状態の気体の場合）

　（例）CO_2：132 [g] $\Rightarrow \dfrac{132}{44} = 3$ [mol]　（例）H_2：112 [l] $\Rightarrow \dfrac{112}{22.4} = 5$ [mol]

【燃焼に関する化学反応式】

$$\underline{C}_{1\,mol} + \underline{O_2}_{1\,mol} \rightarrow \underline{CO_2}_{1\,mol} \qquad \underline{2H_2}_{2\,mol} + \underline{O_2}_{1\,mol} \rightarrow \underline{2H_2O}_{2\,mol}$$

この式より，燃焼に必要な酸素量を算出できる．空気の中の酸素の比率は概ね 21 [%] なので，必要な酸素量 A_{O_2} [l] が分かれば必要な空気量 A_v [l] も $A_v = \dfrac{A_{O_2}}{0.21}$ と算出可能．これを理論空気量という．

表1

	名称	炭素	水素	酸素	
原子	原子式	C	H	O	
	原子量	12	1	16	
	名称	水素分子	酸素分子	二酸化炭素	水
分子	分子式	H_2	O_2	CO_2	H_2O
	分子量	2	32	44	18

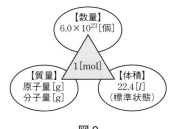

図9

2. タービンの熱消費率と復水器

タービンの熱消費率 J [kJ/kW·h]：1 [kW·h] を発電するために必要なタービンへの入熱量（**図10**）

$$J = \frac{BH}{P_G} = \frac{3\,600}{\eta} \ [\text{kJ/kW·h}]$$

したがって，タービンの放熱量 Q_o [kJ/h] は，以下の通り．

$$Q_o = Q_i - 3\,600 P_T = \left(J - \frac{3\,600}{\eta_G}\right) P_G \ [\text{kJ/h}]$$

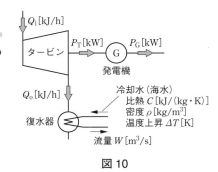

図10

冷却材である海水が，単位時間当たりに持ち去る熱量は Q_o [kJ/h] と等しく，次の式が成り立つ．

$$Q_o = C\rho W \Delta T \ [\text{kJ/s}] = 3\,600 C\rho W \Delta T \ [\text{kJ/h}]$$

P_G：発電機出力 [kW]　　　P_T：タービン出力 [kW]　　η：発電端効率　　η_G：発電機効率

Q_i：タービン入熱 [kJ/h]　　Q_o：タービン放熱＝単位時間当たりに海水が持ち去る熱量 [kJ/h]

C：海水の比熱 [kJ/(kg·K)]　　ρ：密度 [kg/m³]　　W：流量 [m³/s]　　ΔT：温度上昇 [K]

練習問題

問25 ■■□□□ ⏳3分

次の(1)～(4)における物質量を求めよ. ただし, 体積は標準状態における気体の体積を表すものとする.

(1) 炭素 C 24[g]　(2) 水素 H_2 4.2×10²⁵[個]　(3) 水 H_2O 10[kg]　(4) 二酸化炭素 CO_2 100[l]

問26 ■■□□□ ⏳5分

次の(1)～(4)における重量および標準状態における気体の体積を求めよ.

(1) 酸素 O_2 2[mol]　(2) 水素 H_2 15[mol]　(3) 水 H_2O 3[kmol]　(4) 二酸化炭素 CO_2 13[kmol]

問27 ■■■□□ ⏳8分

次の(1)～(4)の物質を完全燃焼させたときの生成物の重量および標準状態における体積を求めよ.

(1) 炭素 C 10[kg]　(2) 水素 H_2 12[mol]　(3) 炭素 C 4[kmol]　(4) 水素 H_2 400[l]

問28 ■■■□□ ⏳8分

次の(1)～(4)の物質を完全燃焼するのに必要な酸素の標準状態の体積および理論空気量を求めよ.

(1) 炭素 C 24[kg]　(2) 水素 H_2 20[mol]　(3) 炭素 C 150[kmol]　(4) 水素 H_2 224[l]

問29 ■■■■□ ⏳8分

ある燃料90[t]を完全燃焼させるのに必要な理論空気量 A_v[kl]を求めよ. ただし, 燃料の化学成分は炭素85[%], 水素15[%]とする.

問30 ■■■■■ ⏳8分

最大出力 $P_G = 600$[MW]の汽力発電所において, 最大出力で24時間運転したとき発電端効率が $\eta = 0.4$ であった. このときに発生する二酸化炭素の重量 m_{CO2}[t]を求めよ. ただし, 燃料の発熱量は $H = 44\,000$[kJ/kg], 化学成分は炭素85[%], 水素15[%]とする.

問31 ■□□□□ ⏳3分

発電端出力 $P_G = 60$[MW]の汽力発電所において, タービンの熱消費率が $J = 8\,000$[kJ/kW·h], 発電機効率が $\eta_G = 0.98$ のとき, タービン放熱量 Q_o[kJ/h]を求めよ.

問32 ■□□□□ ⏳3分

海水を冷却材として使用する復水器を海水の流量 $W = 30$[m³/s]で運転すると, 海水温度が $\Delta T = 7$[K] 上昇した. 海水が単位時間当たりに持ち去る熱量 Q_o[kJ/s]を求めよ. ただし, 海水の密度を $\rho = 1.1 \times 10^3$[kg/m³], 比熱を $C = 4.0$[kJ/(kg·K)]とする.

問33 ■■■□□ ⏳5分

海水を使用する復水器を有する汽力発電所において, タービンの熱消費率 $J = 8\,000$[kJ/kW·h], 海水の流量 $W = 8$[m³/s], 密度 $\rho = 1.1 \times 10^3$[kg/m³], 比熱 $C = 4.0$[kJ/(kg·K)]のとき, 海水の温度上昇 ΔT [K]を求めよ. ただし, 1時間当たりの発電電力量を $P_G = 200$[MW·h], 発電機効率を $\eta_G = 0.98$ とする.

数学・物理学の基礎／理論／電力／機械／法規／解答・解説

1. コンバインドサイクル発電

火力発電の一種であるガスタービン発電で発生した排気の持つ熱エネルギーを，蒸気タービン発電（汽力発電）の熱源として活用する方式（図11）．

ガスタービン発電出力 P_G[kW]，損失 P_{Gl}[kW] は，

$$P_G = \eta_G P_{in}$$

$$\therefore P_{Gl} = P_{in} - P_G = (1 - \eta_G) P_{in}$$

となり，P_{Gl}[kW] が蒸気タービン発電の熱源となるので，その出力 P_S[kW]，損失 P_{Sl}[kW] は，

$$P_S = \eta_S P_{Gl} = \eta_S (1 - \eta_G) P_{in}$$

$$\therefore P_{Sl} = P_{Gl} - P_S = (1 - \eta_G)(1 - \eta_S) P_{in}$$

となる．したがって，コンバインドサイクル発電の出力 P_{out}[kW] と効率 η は，以下の通り（図12）．

$$P_{out} = P_G + P_S = \{\eta_G + \eta_S(1 - \eta_G)\} P_{in}$$

$$\eta = \frac{P_{out}}{P_{in}} = \eta_G + \eta_S(1 - \eta_G)$$

P_{in}：コンバインドサイクル発電の入力[kW]

η_G：ガスタービン発電の効率　η_S：蒸気タービン発電の効率

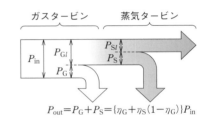

排気 P_{Sl}　復水器　W
吸気　燃料 P_{in}　廃熱回収ボイラ
燃焼器　排気 P_{Gl}
発電機　G
圧縮機　ガスタービン　P_G　P_S　蒸気タービン
ガスタービン発電（発電効率：η_G）　$P_{out} = P_G + P_S$　蒸気タービン発電（発電効率：η_S）

図 11

ガスタービン　蒸気タービン
P_{in}　P_{Gl}　P_{Sl}　P_S　P_G
$P_{out} = P_G + P_S = \{\eta_G + \eta_S(1 - \eta_G)\} P_{in}$

図 12

2. 原子力発電

ウラン235などを用いた核燃料に中性子をぶつけるとエネルギーを発生しながら分裂する．これを核分裂という（図13）．また，核分裂前と比べると質量が減少する．これを質量欠損という．

質量欠損により質量が減少した分だけエネルギーになると考えられており，その大きさ E[J] は，以下の通り．

$$E = \Delta m c^2 \text{[J]}$$

Δm：質量欠損[kg]　c：光速（$= 3.0 \times 10^8$[m/s]）

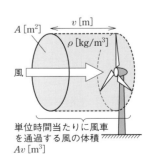

核分裂エネルギー
中性子　核分裂　ウラン235

図 13

3. 風力発電

風の勢いで風車を回して発電する方式（図14）．出力 P[W] は，以下の通り．

$$P = \frac{1}{2} C_p M v^2 = \frac{1}{2} C_p \rho A v^3 \text{[W]}$$

C_p：パワー係数（風の持つエネルギーのうち，風車が電気エネルギーとして取り出せるエネルギーの割合）

$M = \rho A v$：単位時間当たりに風車を通過する風の質量[kg/s]

ρ：空気の密度[kg/m³]　A：受風面積[m²]　v：風速[m/s]

A[m²]　v[m]　ρ[kg/m³]
風
単位時間当たりに風車を通過する風の体積
Av[m³]

図 14

問34 ■□□□□ ⏳3分

ガスタービン発電の熱効率 $\eta_G = 0.4$，蒸気タービン発電の熱効率 $\eta_S = 0.2$ の2つを組み合わせたコンバインドサイクル発電の熱効率 η を求めよ．

問35 ■■□□□ ⏳3分

熱効率 $\eta = 0.5$ のあるコンバインドサイクル発電において，蒸気タービン発電の熱効率は $\eta_S = 0.22$ だった．ガスタービン発電の熱効率 η_G を求めよ．

問36 ■■□□□ ⏳3分

ある原子燃料 1[kg] に 3[%] 含まれるウラン235がすべて核分裂したときに発生するエネルギー E[kJ] を求めよ．ただし，質量欠損は 0.09[%] とする．

問37 ■■□□□ ⏳5分

10[g] のウラン235がすべて核分裂したときに生じるエネルギーと同量のエネルギーを得るのに必要な重油の量 B_t[kg] を求めよ．ただし，質量欠損は 0.09[%]，重油発熱量は $H = 44\,000$[kJ/kg] とする．

問38 ■■■□□ ⏳8分

m[g] のウラン235がすべて核分裂したときに生じるエネルギーを用いると，全揚程 $H_p = 250$[m] の揚水発電所において $V = 100\,000$[m³] だけ揚水することができた．ウラン235の質量 m[g] を求めよ．ただし，質量欠損は 0.09[%]，揚水発電所のポンプ効率 $\eta_p = 0.85$，電動機効率 $\eta_m = 0.9$ とする．

問39 ■□□□□ ⏳3分

ロータ半径 $r = 20$[m]，パワー係数 $C_p = 0.5$ の風車の出力 P[kW] を求めよ．ただし，風速 $v = 10$[m/s]，空気密度 $\rho = 1.2$[kg/m³] とする．

問40 ■■□□□ ⏳5分

定格出力 $P = 4\,000$[kW]，パワー係数 $C_p = 0.5$ の風車に必要なロータ半径 r[m] を求めよ．ただし，風速 $v = 15$[m/s]，空気密度 $\rho = 1.2$[kg/m³] とする．

┌─ **コラム 14** ─

様々な発電方式

水力・火力・原子力・風力の他にも，近年，再生可能エネルギーを利用した様々な発電方式が普及してきている．

太陽光発電 ：太陽電池により直流電力を発生させる発電方式．需要地点で発電が可能，電力の変動が大きいなどの特徴を有する．

地熱発電 ：地下から取り出した蒸気によってタービンを回す発電方式．発電に適した地熱資源は火山地域に多く存在する．

バイオマス発電：植物などの有機物から得られる燃料を利用した発電方式．さとうきびから得られるエタノールや，家畜の糞から得られるメタンガスなどが主に燃料として用いられる．

1. 負荷電流

図1(a)のような三相3線式電線路は，同図(b)のように簡略化して表されることが多い．その消費電力P[W]は，

$$P = \sqrt{3}\, V_r I \cos\theta \ [\mathrm{W}]$$

となるので，負荷電流の大きさI[A]は，以下の通り．

$$I = \frac{P}{\sqrt{3}\, V_r \cos\theta}\ [\mathrm{A}]$$

$\dot{V_r}$：受電端電圧[V]　$\dot{V_s}$：送電端電圧[V]　δ：相差角

P：負荷の消費電力[W]　　$\cos\theta$：負荷の力率(遅れ)

$\dot{I}$：負荷電流[A]

$r,\ x$：1線当たりの抵抗，リアクタンス[Ω]

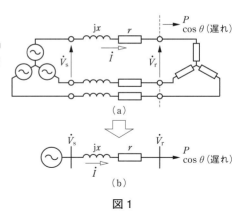

(a)

(b)

図 1

2. 電圧降下と送電損失

【電圧降下】

図1(a)の一相分だけを取り出すと図2となり，そのベクトル図は，図3のようになる．δは非常に小さく，近似的に線分OAと線分OBは等しいと考えられるので，

$$\frac{V_s}{\sqrt{3}} \fallingdotseq \frac{V_r}{\sqrt{3}} + rI\cos\theta + xI\sin\theta$$

$$\therefore V_s = V_r + \sqrt{3}(rI\cos\theta + xI\sin\theta)\ [\mathrm{V}]$$

が成り立ち，線間電圧の電圧降下Δv[V]は，以下の通り．

$$\Delta v = V_s - V_r = \sqrt{3}(rI\cos\theta + xI\sin\theta)\ [\mathrm{V}]$$

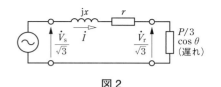

図 2

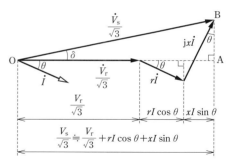

図 3

【送電損失】

電線路の抵抗分でジュール熱が生じるので，三相3線式の場合の送電損失P_l[W]は，以下の通り．

$$P_l = 3rI^2\ [\mathrm{W}]$$

3. 送電電力

短距離送電線の場合など，抵抗分を無視できるときのベクトル図は，図4のようになる．この図より，

$$\frac{V_s}{\sqrt{3}}\sin\delta = xI\cos\theta \quad \therefore I\cos\theta = \frac{V_s}{\sqrt{3}\,x}\sin\delta$$

が成り立ち，これを$P = \sqrt{3}\, V_r I \cos\theta$に代入すると，

$$P = \sqrt{3}\, V_r I \cos\theta = \sqrt{3}\, V_r \cdot \frac{V_s}{\sqrt{3}\,x}\sin\delta = \frac{V_s V_r}{x}\sin\delta\ [\mathrm{W}]$$

と，電流が不明でも消費電力を算出可能．

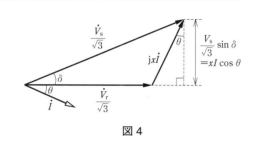

図 4

問1 ■■□□□ ⏳5分

1線当たりの抵抗 $r = 0.5\,[\Omega]$，リアクタンス $x = 1.2\,[\Omega]$ の三相3線式の配電線路がある．この端末に受電電圧 $V_r = 6\,500\,[\mathrm{V}]$，遅れ力率 $\cos\theta = 0.8$，消費電力 $P = 200\,[\mathrm{kW}]$ の負荷を接続した．このときの負荷電流 $I\,[\mathrm{A}]$，電圧降下 $\Delta v\,[\mathrm{V}]$，送電損失 $P_l\,[\mathrm{W}]$ を求めよ．

問2 ■■□□□ ⏳5分

三相3線式配電線路に接続されている消費電力 $P\,[\mathrm{kW}]$，遅れ力率 $\cos\theta = 0.7$ の負荷を，消費電力 P' $[\mathrm{kW}]$，遅れ力率 $\cos\theta'$ の負荷に変えても，負荷の受電端電圧 $V_r\,[\mathrm{V}]$ および送電損失 $P_l\,[\mathrm{kW}]$ は変わらなかった．$P = 0.8P'$ が成り立つとき，力率 $\cos\theta'$ を求めよ．

問3 ■■■□□ ⏳8分

こう長 $l = 3\,[\mathrm{km}]$，1線当たりの抵抗 $r = 0.2\,[\Omega/\mathrm{km}]$，リアクタンス $x = 0.5\,[\Omega/\mathrm{km}]$ の三相3線式の配電線路があり，末端に受電電圧 $V_r = 6\,600\,[\mathrm{V}]$，遅れ力率 $\cos\theta = 0.8$ の負荷を接続した．受電電圧を維持しながら電圧降下率 $\Delta v/V_r = 0.03$ を超えないようにするための，負荷の最大消費電力 $P_{\max}\,[\mathrm{kW}]$ を求めよ．ただし，送受電端電圧の位相差は極めて小さいとして近似を用いてよい．

問4 ■■■■□ ⏳10分

問図4のような，1線当たりの抵抗 $r = 0.3\,[\Omega/\mathrm{km}]$，リアクタンス $x = 0.5\,[\Omega/\mathrm{km}]$ の三相3線式配電線路において，送電端電圧（S点）が $V_s = 6\,700\,[\mathrm{V}]$ のとき，A点の電圧 $V_{rA}\,[\mathrm{V}]$，B点の電圧 $V_{rB}\,[\mathrm{V}]$，送電損失 $P_l\,[\mathrm{kW}]$ を求めよ．ただし，負荷は定電流負荷とし，S点・A点・B点の電圧の位相差は極めて小さいとして近似を用いてよい．

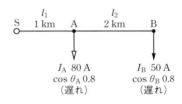

問図4

問5 ■□□□□ ⏳3分

送電端電圧 $V_s = 22\,[\mathrm{kV}]$，受電端電圧 $V_r = 21.5\,[\mathrm{kV}]$ の三相1回線の送電線路があり，負荷に $P = 30\,[\mathrm{MW}]$ の電力を供給している．送電端電圧と受電端電圧の位相差を $\delta\,[°]$ とするとき，$\sin\delta$ を求めよ．ただし，送電線路の1線当たりのリアクタンスは，$x = 10\,[\Omega]$ とし，抵抗は無視する．

問6 ■■■□□ ⏳5分

問図6のように抵抗を無視できる三相2回線送電線路について，送電端電圧が $V_s = 154\,[\mathrm{kV}]$，受電端電圧が $V_r = 154\,[\mathrm{kV}]$，送電端と受電端の電圧の位相差が $\delta = 30°$ のとき，この系統における送電電力 $P\,[\mathrm{MW}]$ を求めよ．

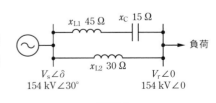

問図6

1. 単相2線式配電線路

【単相2線式】(図5)

負荷の端子電圧 V_1[V]と消費電力 P[W]は，以下の通り．

$$V_1 = V - 2rI_1 \text{[V]}$$

$$P = V_1 I_1 \cos\theta \text{[W]}$$

※三相ではないため，$\sqrt{3}$ がつかないことに注意．

【単相2線式の単線図】

図6の左図の単線図を回路にすると，右図になる．

※単相2線式の場合，往路だけでなく復路のインピーダンス
も考慮する必要があることに注意．

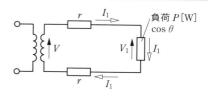

V：電源電圧[V]
V_1：負荷の端子電圧[V]
I_1：線路電流[A]
r：1線当たりの抵抗[Ω]
$\cos\theta$：負荷の力率

図5

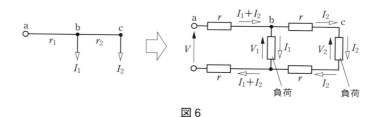

図6

2. 単相3線式配電線路

【単相3線式（バランサなし）】(図7)

2本の電圧線と1本の中性線から成る方式．中性線電流 I_0[A]は，

$$I_0 = I_1 - I_2 \text{[A]}$$

であり，負荷が平衡（$I_1 = I_2$）すると中性線電流は0になる．

各負荷の電圧 V_1[V]，V_2[V]は，以下の通り．

$$V_1 = V - r_\mathrm{v} I_1 - r_\mathrm{n}(I_1 - I_2) \text{[V]}$$

$$V_2 = V - r_\mathrm{v} I_2 + r_\mathrm{n}(I_1 - I_2) \text{[V]}$$

【単相3線式（バランサあり）】(図8)

負荷が不平衡でも中性線に電流が流れないようにするために，
負荷に並列にバランサ（単巻変圧器，機械第1章テーマ5参照）を
接続することがある．バランサ電流 I_b[A]は，以下の通り．

$$2I_\mathrm{b} = I_1 - I_2 \quad \therefore I_\mathrm{b} = \frac{I_1 - I_2}{2} \text{[A]}$$

負荷の電圧 V_1[V]，V_2[V]は，以下のように平衡する．

$$V_1 = V_2 = V - r_\mathrm{v}(I_1 - I_\mathrm{b}) = V - r_\mathrm{v}\frac{I_1 + I_2}{2} \text{[V]}$$

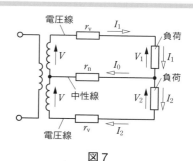

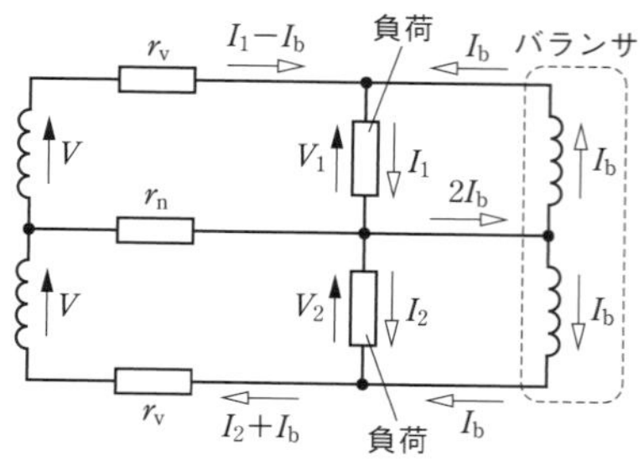

図7

図8

練習問題

問7　■■■□□　⏳15分

　こう長 $l = 3$ [km] の単相2線式配電線路があり，1線当たりの抵抗 $r = 1$ [Ω/km]，リアクタンス $x = 1.5$ [Ω/km] である．受電端に以下の (1)〜(3) に示す負荷を接続し，受電端電圧 $V_r = 6\,600$ [V] に維持するとき，送電端電圧 V_s [V] を求めよ．

(1) 消費電力 $P = 132$ [kW]，力率 $\cos\theta = 1$ の負荷

(2) 消費電力 $P = 132$ [kW]，遅れ力率 $\cos\theta = 0.8$ の負荷

(3) 消費電力 $P = 120$ [kW]，進み力率 $\cos\theta = 0.6$ の負荷

問8　■■□□□　⏳5分

　問図8の単相2線式配電線路において，給電点Sの端子に印加する電圧は $V_S = 100$ [V] であり，負荷Aに流れる電流が $I_A = 6$ [A]，負荷Bに流れる電流が $I_B = 4$ [A] であるとき，負荷Aの両端の電圧 V_A [V] および負荷Bの両端の電圧 V_B [V] を求めよ．ただし，負荷A，負荷Bともに力率は1とする．

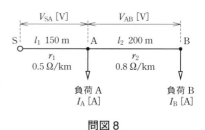

問図8

問9　■■■□□　⏳8分

　問図8において，給電点Sの端子電圧 V_S [V] と負荷Bの両端の電圧 V_B [V] との差分は $V_S - V_B = 4.6$ [V] であり，S点・A点間の1線当たりの電圧降下が $V_{SA} = 1.5$ [V] であるとき，A点・B点間の1線当たりの電圧降下 V_{AB} [V] および負荷電流 I_A [A]，I_B [A] を求めよ．ただし，負荷A，負荷Bともに力率は1とする．

問10　■■□□□　⏳5分

　問図10のような単相3線式配電線路がある．電源電圧 $V = 100$ [V]，負荷電流 $I_A = 20$ [A] および $I_B = 14$ [A] のとき，負荷の端子電圧 V_A [V] および V_B [V] を求めよ．また，線路損失 P_l [W] を求めよ．ただし，線路は抵抗分のみを持ち，1線当たり $r = 0.1$ [Ω] である．また，負荷の力率は1とする．

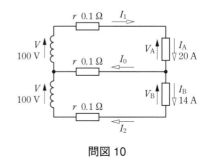

問図10

問11　■■■□□　⏳5分

　問図11は，問図10の単相3線式配電線路の末端に負荷を平衡させる目的でバランサを接続した回路である．バランサ接続後も負荷電流が変わらない（$I_A = 20$ [A]，$I_B = 14$ [A]）としたとき，バランサに流れる電流 I_b [A] および負荷の端子電圧 $V_A{}'$ [V]，$V_B{}'$ [V] を求めよ．また，バランサ接続による送電損失の減少量 ΔP_l [W] を求めよ．

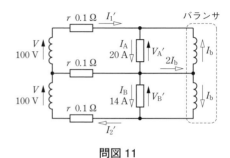

問図11

1. 異容量V結線方式

【V結線変圧器】2台の単相変圧器を用いてV字形に結線し，三相交流を供給する方式.

【異容量V結線】V結線変圧器の2台の変圧器のうち，片方の変圧器に単相負荷接続する方式.

　単相負荷を接続した方を単相・三相共用という意味で共用変圧器，他方を専用変圧器という.

　共用変圧器の方が単相負荷にも電力を供給している分，専用変圧器より容量が大きくなる.

　異容量V結線には，主に以下の三相3線式と三相4線式が使用される.

【三相3線式】（図9，10）

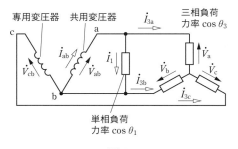

図9

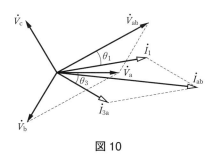

図10

【三相4線式】（図11，12）

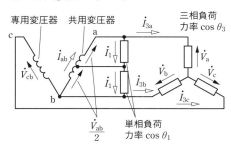

図11

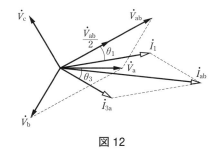

図12

2. ループ式送配電線路

　図13のようなループ回路では，右回りにI_1[A]，I_2[A]，I_3[A]を設定してキルヒホッフの電圧則を用いると，

$$R_1 I_1 + R_2 I_2 + R_3 I_3 = 0$$

$$\therefore R_1 I_1 + R_2 (I_1 - I_A) + R_3 (I_1 - I_A - I_B) = 0$$

$$\therefore I_1 = \frac{(R_2 + R_3) I_A + R_3 I_B}{R_1 + R_2 + R_3} \ [A]$$

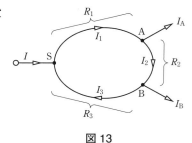

図13

$$I_2 = I_1 - I_A [A], \quad I_3 = I_1 - I_A - I_B [A]$$

※電流の値が負となった場合，矢印と逆の向きに流れていることを意味する.

R_1，R_2，R_3：線路抵抗[Ω]　　I_1，I_2，I_3：線路電流[A]　　I_A，I_B：負荷電流[A]

I：電源電流[A]　　　　　　　　S点：給電点　　　　　　　　A点，B点：負荷点

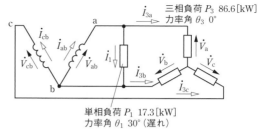

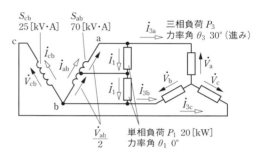

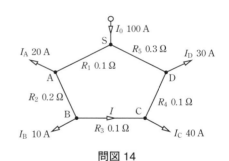

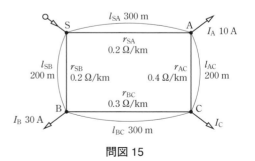

練 習 問 題

問12 ■■■□□ ⏳8分

問図12に示す異容量V結線変圧器を用いた三相3線式配電線に，消費電力$P_1 = 17.3$[kW]，力率角$\theta_1 = 30°$（遅れ）の単相負荷と消費電力$P_3 = 86.6$[kW]，力率角$\theta_3 = 0°$の三相負荷を接続するとき，必要となる専用変圧器の容量S_{cb}[kV·A]および共用変圧器の容量S_{ab}[kV·A]を求めよ．

問図12

問13 ■■■■□ ⏳10分

問図13に示すように，共用変圧器の容量が$S_{ab} = 70$[kV·A]，専用変圧器の容量が$S_{cb} = 25$[kV·A]の異容量V結線変圧器を用いた三相4線式配電線に，消費電力$P_1 = 20$[kW]，力率角$\theta_1 = 0°$の単相負荷を2つと，力率角$\theta_3 = 30°$（進み）の三相負荷を接続する．接続可能な三相負荷の最大消費電力P_3[kW]を求めよ．

問図13

問14 ■■■□□ ⏳8分

問図14の単相2線式のループ形配電線路について，各点の負荷電流$I_A \sim I_D$[A]および各線路の1線当りの抵抗$R_1 \sim R_5$[Ω]が図に示す通りであるとき，B·C点間を流れる電流I[A]を求めよ．また，給電点（S点）の端子電圧が$V_S = 400$[V]のとき，C点の負荷の端子電圧V_C[V]を求めよ．

問図14

問15 ■■■■□ ⏳10分

問図15の三相3線式ループ形配電線路について，S点およびC点の端子電圧が$V_S = 105$[V]，$V_C = 100$[V]のとき，C点の負荷に流れる電流I_C[A]を求めよ．ただし，負荷電流I_A，I_B[A]および各線路の長さや1線当りの抵抗の値は，図に示す通りである．

問図15

電力

第2章：送配電

テーマ4 ▶▶ %Zと故障電流

1. 百分率インピーダンス（%Z）

百分率インピーダンス（%Z）は，複雑な電力系統における短絡電流の計算を簡単化するために用いられ，**図14**および以下で定義される．

$$\%Z = \frac{ZI_n}{E_n} \times 100 = \frac{\sqrt{3}\,ZI_n}{V_n} \times 100 = \frac{S_n Z}{V_n^2} \times 100\,[\%] \qquad (1)$$

逆に%Zから元のインピーダンス$Z\,[\Omega]$に戻すには，以下の式を使う．

$$Z = \frac{V_n^2}{S_n} \times \frac{\%Z}{100}\,[\Omega]$$

※単相交流の場合：$S_n = E_n I_n$なので，V_nをE_nに置き換えればよい．

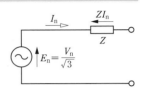

E_n：定格相電圧$[V]$
V_n：定格線間電圧$[V]$
I_n：定格電流$[A]$
Z：インピーダンス$[\Omega]$
S_n：定格容量$[V \cdot A]$
　　$(=\sqrt{3}\,V_n I_n)$

図14

2. %Zの基準容量の変換

%Zの基準容量を$S_n\,[V \cdot A]$から$S_n'\,[V \cdot A]$に変換するには，以下の式を用いればよい．回路計算をする際には，まずこの式によって，回路上のすべての%Zの基準容量を統一しなければならない．

$$\%Z' = \frac{S_n'}{S_n} \times \%Z\,[\%]$$

3. インピーダンスマップの簡単化

$\%Z_1\,[\%]$と$\%Z_2\,[\%]$の直列接続や並列接続したときの合成百分率インピーダンス$\%Z\,[\%]$は，基準容量が等しければ，通常の回路と同様，以下の式で表される．

（直列接続）$\%Z = \%Z_1 + \%Z_2\,[\%]$

（並列接続）$\%Z = \dfrac{\%Z_1 \%Z_2}{\%Z_1 + \%Z_2}\,[\%]$

図15のような単線図は，回路図にすると**図16**のようになるため，端子から電源側をみたときの%Z$[\%]$は，**図17**のように並列となる．

$$\%Z = \frac{\%Z_1 \%Z_2}{\%Z_1 + \%Z_2}\,[\%]$$

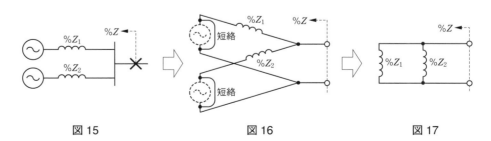

図15　　　　　　　　　　図16　　　　　　　　　　図17

4. 三相短絡電流

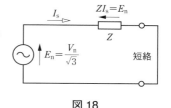

図 18

【三相短絡電流】

図18における三相短絡電流I_sは，以下のように表される．

$$I_s = \frac{E_n}{Z} = \frac{V_n}{\sqrt{3}\,Z}\ [\mathrm{A}]$$

$E_n = ZI_s$を(1)式に代入すれば，%Z法を用いた場合の短絡電流$I_s[\mathrm{A}]$を以下のように求められる．

$$\%Z = \frac{ZI_n}{ZI_s} \times 100 \quad \therefore I_s = \frac{100}{\%Z} \cdot I_n\,[\mathrm{A}]$$

【遮断電流】

ヒューズ等が破損することなく安全に遮断できる電流．

⇒遮断電流を求める問題では，算出した三相短絡電流の値よりも大きな値を選択する．

【三相短絡容量】

三相短絡が生じた点における短絡容量．以下のように表される．

$$S_s = \sqrt{3}\,V_n I_s\,[\mathrm{V \cdot A}]$$

⇒三相短絡容量が大きいほど，その点から電源側のインピーダンスが小さいことを意味する．

5. 1線地絡電流

図19の上図のように，g点で抵抗Rを介して1線地絡が生じた場合について考える．テブナンの定理を用いると，g点から電源側をみたインピーダンス$\dot{Z}_0[\Omega]$は，すべての電源を短絡させるため，1つの$\dot{Z}$と3つのCの並列接続と考えられる．したがって，

$$\dot{Z}_0 = \frac{\dfrac{\dot{Z}}{\mathrm{j}\omega 3C}}{\dot{Z} + \dfrac{1}{\mathrm{j}\omega 3C}} = \frac{\dot{Z}}{1 + \mathrm{j}\omega 3C\dot{Z}}\ [\Omega]$$

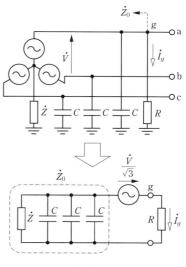

図 19

と求められる．地絡前のg点の対地電圧は$\dot{V}/\sqrt{3}\,[\mathrm{V}]$なので，図19の下図に示すような等価回路となり，地絡電流$\dot{I}_g$は以下の通り．

$$\dot{I}_g = \frac{\dfrac{\dot{V}}{\sqrt{3}}}{R + \dot{Z}_0}\ [\mathrm{A}]$$

【消弧リアクトル接地方式】

3線一括の対地静電容量$3C\,[\mathrm{F}]$と共振するインダクタンス$L\,[\mathrm{H}]$を持つリアクトルを介して接地することにより，地絡電流を0に抑えることが可能な方式．

地絡点から電源側をみたアドミタンスを$\dot{Y}_0[\mathrm{S}]$とすると，インダクタンス$L\,[\mathrm{H}]$は，以下の通り．

$$\dot{Y}_0 = \mathrm{j}3\omega C + \frac{1}{\mathrm{j}\omega L} = 0$$

$$\therefore L = \frac{1}{3\omega^2 C}\ [\mathrm{H}]$$

練 習 問 題

問 16 ■□□□□ ⏳8分

次の(1)〜(4)について，インピーダンス $Z = 20\,[\Omega]$ を百分率インピーダンス $\%Z\,[\%]$ に変換せよ．また，百分率インピーダンス $\%Z = 5\,[\%]$ をインピーダンス $Z\,[\Omega]$ に変換せよ．

(1) 単相交流，定格容量 $S_n = 300\,[\mathrm{kV \cdot A}]$，定格電圧 $E_n = 6\,600\,[\mathrm{V}]$

(2) 単相交流，定格電圧 $E_n = 6.6\,[\mathrm{kV}]$，定格電流 $I_n = 40\,[\mathrm{A}]$

(3) 三相交流，定格容量 $S_n = 10\,[\mathrm{MV \cdot A}]$，定格線間電圧 $V_n = 66\,[\mathrm{kV}]$

(4) 三相交流，定格線間電圧 $V_n = 77\,[\mathrm{kV}]$，定格電流 $I_n = 75\,[\mathrm{A}]$

問 17 ■□□□□ ⏳5分

次の(1)〜(4)の $\%Z\,[\%]$ について，10 MV·A 基準の $\%Z'\,[\%]$ に変換せよ．

(1) $\%Z = 6\,[\%]\,(2\,\mathrm{MV \cdot A}\,基準)$　　(2) $\%Z = 8\,[\%]\,(100\,\mathrm{MV \cdot A}\,基準)$

(3) $\%Z = 10\,[\%]\,(20\,000\,\mathrm{kV \cdot A}\,基準)$　　(4) $\%Z = 5\,[\%]\,(1\,000\,\mathrm{kV \cdot A}\,基準)$

問 18 ■■■□□ ⏳10分

問図18(1)〜(4)について，×印からみた合成百分率インピーダンス $\%Z\,[\%]$ を求めよ．ただし，基準容量は各図中に記載された値に統一するものとする．また，×印の位置で三相短絡事故が発生したときの三相短絡電流 $I_s\,[\mathrm{kA}]$ を求めよ．

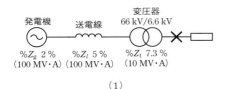

(1)

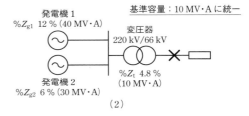

(2)

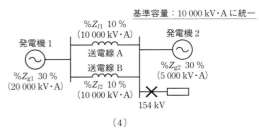

(3)　　　　　　　　　　　　　　　(4)

問図 18

問 19 ■■■■□ ⏳8分

問図19に示す低圧幹線において，基準容量 200 kV·A，基準電圧 210 V における変圧器とケーブルの百分率インピーダンスは，それぞれ $\%Z_t = 1.2 + \mathrm{j}2.2\,[\%]$，$\%Z_l = 8.2 + \mathrm{j}3.4\,[\%]$ である．×で示した F1 点および F2 点における三相短絡電流の大きさ $I_{s1}\,[\mathrm{kA}]$ および $I_{s2}\,[\mathrm{kA}]$ を求めよ．また，三相短絡容量 $S_{s1}\,[\mathrm{MV \cdot A}]$ および $S_{s2}\,[\mathrm{MV \cdot A}]$ を求めよ．

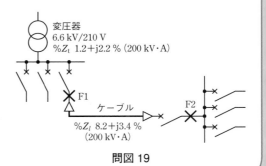

問図 19

問20 ■■■■□　⏳8分

問図20に示す自家用電気設備において，高圧配電線路および変圧器の百分率インピーダンスは，それぞれ%Z_l = 15 + j35 [%]（基準容量 10 MV・A），%Z_t = 1.7 + j4.3 [%]（基準容量 200 kV・A）であり，変圧器の定格電圧は一次側 V_{1n} = 6.6 [kV]，二次側 V_{2n} = 210 [V]である．また，変圧器一次側には変流比75 A/5 Aの変流器CTが接続されており，CTの二次電流が過電流継電器OCRに入力されている．×点において三相短絡が発生したときの三相短絡電流 I_s [kA]，およびOCRに入力される電流 I_{OCR} [A]を求めよ．

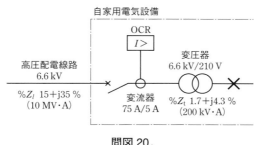

問図 20

問21 ■■□□□　⏳10分

問図21の回路において，地絡抵抗 R_g = 20 [Ω]で1線地絡を生じたとき，地絡電流 I_g [A]を次の(1)～(3)のそれぞれの場合について求めよ．ただし，線間電圧は V = 22 [kV]，周波数は f = 50 [Hz]とする．

(1) Z = 0，C = 0（直接接地）

(2) Z = R_n = 100 [Ω]，C = 0（抵抗接地）

(3) Z = ∞，C = 0.5 [μF]（非接地）

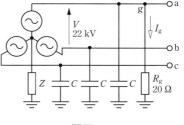

問図 21

問22 ■□□□□　⏳3分

消弧リアクトル接地方式の周波数 f = 50 [Hz]の送電線路において，1線当たりの対地静電容量 C = 0.5 [μF]のとき，1線地絡電流が0となるリアクトルのインダクタンス L [H]を求めよ．

問23 ■■■□□　⏳5分

問図23のような，線間電圧 V = 6.6 [kV]，周波数 f = 50 [Hz]の中性点非接地方式の三相3線式配電線路において，g点で1線完全地絡が生じたときの地絡電流 I_g [A]を求めよ．また，それが構外および構内の1線当たり対地静電容量 C_1 = 1.6 [μF]，C_2 = 0.04 [μF]により分流されるとき，零相変流器が検出する電流 I_{g2} [mA]を求めよ．

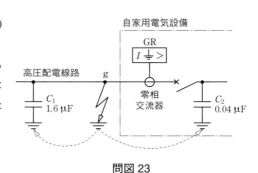

問図 23

1. 充電電流と充電容量

送配電線は対地静電容量を持つため，無負荷であっても電流が流れる．これを充電電流 I_C [A] といい，図20のような三相3線式の場合，以下で求められる．

$$I_C = 2\pi f C \frac{V}{\sqrt{3}} \, [\mathrm{A}]$$

また，線路を充電するのに必要な容量を充電容量 Q_C [var] といい，以下で求められる．

$$Q_C = \sqrt{3} \, V I_C = \sqrt{3} \, V \times 2\pi f C \frac{V}{\sqrt{3}} = 2\pi f C V^2 \, [\mathrm{var}]$$

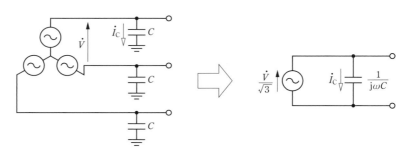

図20

2. 誘電正接と誘電体損

実際には，静電容量だけではなく抵抗成分も存在するので，ジュール損失が発生する（図21）．$\tan \delta$ を誘電正接といい，図22のように充電電流と抵抗に流れる電流の比を表す．

$$\tan \delta = \frac{I_R}{I_C} = \frac{\dfrac{1}{R} \cdot \dfrac{V}{\sqrt{3}}}{2\pi f C \cdot \dfrac{V}{\sqrt{3}}} = \frac{1}{2\pi f C R}$$

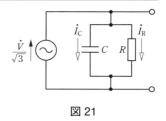

図21

誘電体の損失である誘電体損 W_d [W] は，

$$W_d = 3R I_R^2 = \frac{3}{R} \left(\frac{V}{\sqrt{3}} \right)^2 = \frac{V^2}{R} \, [\mathrm{W}]$$

で求められるが，R は未知で $\tan \delta$ が与えられる場合が多く，

$$W_d = Q_C \tan \delta = 2\pi f C V^2 \tan \delta \, [\mathrm{W}]$$

という式で求める場合が一般的である．

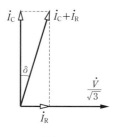

図22

問24 ■■□□□ ⏳3分

線間電圧 $V = 6\,600\,[\mathrm{V}]$，周波数 $f = 50\,[\mathrm{Hz}]$ の三相3線式ケーブル配電線路がある．ケーブル1線当たりの静電容量が $C = 0.4\,[\mu\mathrm{F}]$ のとき，ケーブル1線当たりに流れる充電電流 $I_{\mathrm{C}}\,[\mathrm{mA}]$ を求めよ．

問25 ■■■□□ ⏳5分

心線1線当たりの静電容量 $c = 0.25\,[\mu\mathrm{F/km}]$，こう長 $l = 3\,200\,[\mathrm{m}]$ の三相3線式ケーブル配電線路がある．ケーブルの心線同士を接続し一括して対地電圧 $E = 10\,000\,[\mathrm{V}]$，周波数 $f = 50\,[\mathrm{Hz}]$ の電圧を印加したとき，3線一括の充電電流 $I_{\mathrm{C}}\,[\mathrm{A}]$ を求めよ．

問26 ■■■□□ ⏳5分

ある三相3線式ケーブル配電線路について，ケーブルの心線同士を接続し一括して対地電圧 $E = 6\,900\,[\mathrm{V}]$，周波数 $f = 50\,[\mathrm{Hz}]$ の電圧を印加したとき，電源からは充電電流 $I_{\mathrm{C}} = 500\,[\mathrm{mA}]$ が流れ出した．1線当たりの静電容量 $C_{\mathrm{s}}\,[\mu\mathrm{F}]$ を求めよ．ただし，各相の持つ静電容量は等しいこととし，抵抗など静電容量以外の要素を無視してよいものとする．

問27 ■□□□□ ⏳5分

線間電圧 $V = 6.6\,[\mathrm{kV}]$，周波数 $f = 60\,[\mathrm{Hz}]$，こう長 $l = 2.5\,[\mathrm{km}]$ の三相3線式ケーブル配電線路がある．心線1線当たりの静電容量が $c = 0.2\,[\mu\mathrm{F/km}]$ であるとき，ケーブル1線当たりに流れる充電電流 $I_{\mathrm{C}}\,[\mathrm{mA}]$ を求めよ．また，心線3線を充電するために必要な充電容量 $Q_{\mathrm{C}}\,[\mathrm{kvar}]$ を求めよ．

問28 ■□□□□ ⏳5分

線間電圧 $V = 22\,[\mathrm{kV}]$，周波数 $f = 60\,[\mathrm{Hz}]$，こう長 $l = 3\,[\mathrm{km}]$ の三相3線式ケーブル配電線路がある．心線1線当たりの静電容量が $c = 0.2\,[\mu\mathrm{F/km}]$ であるとき，充電容量 $Q_{\mathrm{C}}\,[\mathrm{kvar}]$ を求めよ．また，誘電正接が $\tan\delta = 0.0005$ のとき，誘電体損 $W_{\mathrm{d}}\,[\mathrm{W}]$ を求めよ．

問29 ■■□□□ ⏳5分

ある三相3線式ケーブル配電線路を無負荷にして，送電端に線間電圧 $V = 66\,[\mathrm{kV}]$，周波数 $f = 50\,[\mathrm{Hz}]$ の電圧を印加したところ，誘電体損は $W_{\mathrm{d}} = 700\,[\mathrm{W}]$ であった．誘電正接が $\tan\delta = 0.0004$ のとき，1線当たりの静電容量 $C\,[\mu\mathrm{F}]$ を求めよ．

問30 ■■■■□ ⏳10分

問図30のような対地静電容量 $C_{\mathrm{e}}\,[\mu\mathrm{F}]$，線間静電容量 $C_{\mathrm{m}}\,[\mu\mathrm{F}]$ の三相3線式ケーブルがある．心線を3線一括し，無負荷状態で対地電圧 $E = 33\,[\mathrm{kV}]$ を印加したところ，充電電流は $I_{\mathrm{C}} = 50\,[\mathrm{A}]$ であった．また，2線を接地し，残った1線に無負荷状態で対地電圧 $E = 33\,[\mathrm{kV}]$ を印加したところ，充電電流は $I_{\mathrm{C}} = 20\,[\mathrm{A}]$ であった．$C_{\mathrm{e}}\,[\mu\mathrm{F}]$ および $C_{\mathrm{m}}\,[\mu\mathrm{F}]$ を求めよ．ただし，周波数は $f = 50\,[\mathrm{Hz}]$ とする．

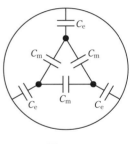

問図30

電力 第2章：送配電

テーマ6 ▶▶ 電力用コンデンサによる力率改善

1. 無効電力の算出

消費電力 P［kW］で遅れ力率 $\cos\theta$ の負荷が消費する無効電力 Q［var］は，

$$Q = \frac{P}{\cos\theta} \cdot \sin\theta = P\tan\theta \text{［var］}$$

で表される（図23）．他にも以下の算出方法がある．

$$Q = S\sin\theta \text{［var］}$$

$$Q = \sqrt{S^2 - P^2} \text{［var］}$$

P：有効電力（消費電力）［W］　　Q：無効電力［var］　　S：皮相電力［VA］　　θ：力率角（遅れ）

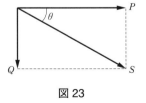

図23

2. 電力用コンデンサによる力率改善

遅れ力率の負荷は遅れ無効電力を消費するが，コンデンサは進み無効電力を消費する．したがって，電力用コンデンサを負荷に並列に接続すれば，負荷の力率が改善される（図24）．

力率を $\cos\theta$ から $\cos\theta'$ に改善するのに必要な電力用コンデンサの容量 Q_C［var］は，以下のようになる．

$$Q_\mathrm{C} = P\tan\theta - P\tan\theta' = P\left(\frac{\sqrt{1-\cos^2\theta}}{\cos\theta} - \frac{\sqrt{1-\cos^2\theta'}}{\cos\theta'}\right) \text{［var］}$$

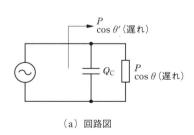

（a）回路図

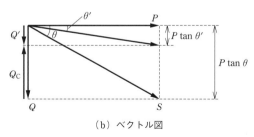

（b）ベクトル図

図24

3. 実際の電力用コンデンサ

【直列リアクトル】（図25）

コンデンサを電路にそのまま接続すると非常に大きな突入電流が流れるので，これを緩和するためコンデンサに直列に接続する設備．

コンデンサの端子電圧 V_C［V］は，

$$V_\mathrm{C} = \frac{-\mathrm{j}X_\mathrm{C}}{-\mathrm{j}X_\mathrm{C} + \mathrm{j}X_\mathrm{L}}V = \frac{X_\mathrm{C}}{X_\mathrm{C} - X_\mathrm{L}}V \text{［V］}$$

となり，分母＜分子より，線路電圧より高い電圧が印加される．

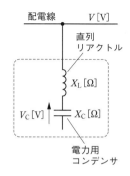

X_C：電力用コンデンサのリアクタンス［Ω］
X_L：直列リアクトルのリアクタンス［Ω］
V：配電線路の線間電圧［V］

図25

問31 ■□□□□ ⏳5分

三相配電線路に以下の(1)〜(3)に示す負荷を接続したとき，負荷の無効電力 Q [kvar] を求めよ．

(1) 消費電力 $P = 120$ [kW]，力率 $\cos\theta = 0.8$（遅れ）

(2) 皮相電力 $S = 200$ [kV·A]，力率 $\cos\theta = 0.6$（遅れ）

(3) 消費電力 $P = 400$ [kW]，皮相電力 $S = 500$ [kV·A]

問32 ■□□□□ ⏳5分

三相配電線路に消費電力 $P = 250$ [kW]，力率 $\cos\theta = 0.6$（遅れ）の三相負荷が接続されており，受電端に負荷と並列に電力用コンデンサを接続して力率を $\cos\theta' = 0.8$ に改善した．接続した電力用コンデンサの容量 Q_C [kvar] を求めよ．

問33 ■■□□□ ⏳5分

三相配電線路に消費電力 $P = 300$ [kW]，力率 $\cos\theta = 0.6$（遅れ）の三相負荷が接続されており，受電端に負荷と並列に $Q_C = 250$ [kvar] の容量を持つ電力用コンデンサを接続して力率を改善した．力率改善後の受電端の無効電力 Q' [kvar] および力率 $\cos\theta'$ を求めよ．

問34 ■■■□□ ⏳8分

定格容量 $S_n = 500$ [kV·A] の三相変圧器に消費電力 $P_1 = 300$ [kW]，力率 $\cos\theta_1 = 0.8$ の負荷が接続されている．さらにこれに消費電力 $P_2 = 150$ [kW]，力率 $\cos\theta_2 = 0.6$ の負荷を追加すると，変圧器の定格容量を超えて過負荷運転となることを確認せよ．また，これを回避するために接続すべき電力用コンデンサの最小の容量 Q_C [kvar] を求めよ．

問35 ■■■■□ ⏳10分

問図35のように，送電端電圧 $V_s = 6\,600$ [V]，1線当たりのインピーダンス $r + jx = 0.5 + j1$ [Ω] の配電線路から受電する需要家における負荷の消費電力は $P = 2\,000$ [kW]，遅れ力率 $\cos\theta = 0.8$ である．受電端電圧を $V_r = 6\,400$ [V] とするために必要な電力用コンデンサの容量 Q_C [kvar] を求めよ．

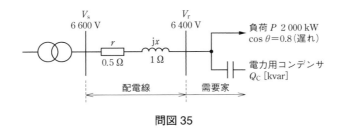

問図35

問36 ■□□□□ ⏳3分

線間電圧 $V = 6.6$ [kV] の配電線路に，直列リアクトル付きの電力用コンデンサを接続した．直列リアクトルのリアクタンスが電力用コンデンサのリアクタンスの6 [%] であるとき，電力用コンデンサの端子電圧 V_C [kV] を求めよ．

1. 電線の電気的特性

図26に示すように，抵抗率ρ [Ω・m]（導電率σ [S/m]$=1/\rho$），断面積S [m²]，長さl [m]の電線の抵抗R [Ω]は以下の通り．

$$R = \rho \frac{l}{S} = \frac{l}{\sigma S} \ [\Omega]$$

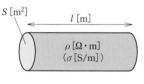

図26

2. 電線の機械的特性

【たるみ（弛度）D [m]】

電線が支持物に同じ高さで支持されている場合の支持高さから電線の最下点までの距離（図27）．

$$D = \frac{wS^2}{8T} \ [\text{m}]$$

【電線の実長】[m]

電線の実際の長さ（図27）で，以下の式で表される．

$$L = S + \frac{8D^2}{3S} \ [\text{m}]$$

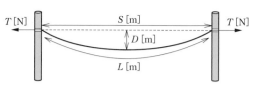

w：電線の単位長さ当たりの荷重[N/m]
S：電線の支持点間距離[m]
T：電線の水平張力[N]

図27

【実長の温度変化による伸縮】

温度が上がると電線は伸びてたるみが大きくなる（図28）．温度ΔT [℃]変化時の電線実長L' [m]は，以下の通り．

$$L' = L(1 + \alpha \Delta T) \ [\text{m}]$$

α：線膨張係数[1/℃]　　ΔT：温度変化[℃]
L：温度変化前の電線実長[m]

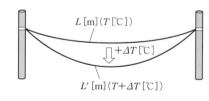

図28

コラム15

電力と電力量

電力科目では[kW・h]や[MW・h]という単位がよく使われるが，これと[J]（＝[W・s]）との違いが理解できていない初学者は多いので，ここで整理しておこう．

まず，電力[W]とは，単位時間（1秒）に消費する電力量（エネルギー）であるため，[W]＝[J/s]が成り立つ．つまり，逆に言えば電力量は[J]＝[W・s]となり，P [W]一定の電力をt [s]の間消費し続けたとき，その消費電力量はPt [W・s]となる．

同様に考えれば，P' [kW]一定の電力をt' [h]の間消費し続けたとき，その消費電力量は$P't'$ [kW・h]となる．これを[J]（＝[W・s]）に直すと$3\,600\,000P't'$ [W・s]となり，非常に大きな値となって扱いにくいため，[kW・h]や[MW・h]という単位を使用して扱いやすい桁数に抑えているだけの話であり，本質的には同じ電力量（エネルギー）を意味しているのである．

問37 ■□□□□ ⏳3分

抵抗率 $\rho = 1.82 \times 10^{-8}$ [Ω・m]，こう長 $l = 1.5$ [km]，断面積 $S = 30$ [mm²] の硬銅より線の抵抗 R [Ω] を求めよ.

問38 ■■□□□ ⏳3分

抵抗率 $\rho = 1/55$ [Ω・mm²/m]，こう長 $l = 2\,200$ [m] の硬銅より線の抵抗が $R = 1$ [Ω] を下回るようにしたい. このときの断面積 S [mm²] を求めよ.

問39 ■■■■□ ⏳5分

こう長 $l = 15$ [km] の三相3線式1回線の送電線路があり，受電端には線間電圧 $V = 66$ [kV]，消費電力 $P = 12\,000$ [kW]，力率 $\cos\theta = 0.85$ の負荷が接続されている. 送電線における送電損失を $P_l = 120$ [kW] に抑えるための電線の最小断面積 S [mm²] を求めよ. ただし，電線の抵抗率は $\rho = 1/55$ [Ω・mm²/m] とする.

問40 ■□□□□ ⏳5分

電線の単位長さ当たりの荷重 $w = 20$ [N/m]，支持点間の距離 $S = 140$ [m]，水平張力 $T = 25$ [kN] のとき，電線のたるみ D [m] および実長 L [m] を求めよ. ただし，支持点間に高低差はないものとし，実長は小数第4位で四捨五入した値とする.

問41 ■■□□□ ⏳5分

水平張力 $T = 40$ [kN] で張られた電線のたるみは $D = 3$ [m] だった. 外気温が変化してたるみが $D' = 3.2$ [m] となったときの水平張力 T' [kN] を求めよ. ただし，支持点間に高低差はないものとする.

問42 ■■□□□ ⏳5分

距離 $S = 100$ [m] だけ離れた高低差のない2つの支持点に，水平張力 $T = 20$ [kN] で電線を張ったとき，電線のたるみは $D = 2$ [m] だった. 支持点間の距離を $S' = 150$ [m] に変更して同種の電線を架設したとき，たるみを $D' = 3$ [m] に抑えるために必要な水平張力 T' [kN] を求めよ.

問43 ■□□□□ ⏳3分

線膨張係数が $\alpha = 1.7 \times 10^{-5}$ [1/℃] の電線について，導体温度 20 [℃] における実長は $L = 200$ [m] であった. 導体温度が 70 [℃] まで上昇したときの実長 L' [m] を小数第2位まで求めよ.

問44 ■■□□□ ⏳5分

支持点間距離 $S = 250$ [m]，導体温度が 30 [℃] のときの架空送電線のたるみは $D = 6$ [m] だった. 電線の線膨張係数が $\alpha = 1.5 \times 10^{-5}$ [1/℃] の場合，温度が 50 [℃] に上昇したときの実長 L' [m] を小数第3位まで求めよ. また，温度変化後のたるみ D' [m] を求めよ. ただし，支持点間に高低差はないものとする.

電気機器は専門用語を理解していないと解けない問題が多いため，テーマ1で基礎事項をまとめ，テーマ2以降で各論に入る．

1. 電気機器とは？

電気・磁気の性質を活用してエネルギー変換を行う機器で，以下の通り分類される．

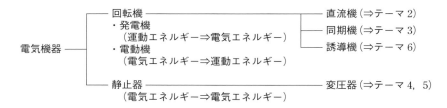

2. 回転機の基本原理

【界磁・電機子】

界磁：磁界を発生させるために設ける磁石

永久磁石と電磁石が存在する．

⇒ 電磁石を形成するための巻線や鉄心を界磁巻線，界磁鉄心という．

電機子：界磁による磁束との相互作用によって電気エネルギーと運動エネルギーを変換

⇒ 電機子に用いる巻線や鉄心を電機子巻線，電機子鉄心という．

【発電機・電動機の原理】

発電機：界磁による磁束を電機子に作用させ，誘導起電力を発生させる（図1(a)）

⇒ 電磁誘導の法則（鎖交磁束が時間変化すると誘導起電力発生）を活用．

電動機：電機子を電磁石化し回転させると，界磁がつられて回転する（図1(b)）

⇒ フレミングの左手の法則（磁界中を流れる電流に電磁力発生）を活用．

（a）発電機の原理

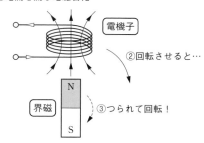

（b）電動機の原理

図1

【電動機における電機子の回転】

電動機は回転力を得るのが目的．しかし，電機子を手回しで動かしては意味がない．

⇒ 磁石の回転を「電気の力」を使って実現．

① 交流（誘導機・同期機）：三相交流による回転磁界を利用

② 直流（直流機）：整流子・ブラシによる極性の切り替え

① 三相交流による回転磁界

図2のように，3つの電機子を120°ずつずらして配置し三相交流電流を流すと，その内部に回転磁界を発生させることができる．回転磁界の回転速度は同期速度といい，以下で表される．

$$n_s = \frac{120f}{p} \ [\text{min}^{-1}]$$

図2

② ブラシによる極性の切り替え

回転磁界をつくるのが困難な直流においては，**図3**のように，半割れ形状の整流子とそれに常に接触しているブラシによって，上から見るとコイルには常に左回りに電流が流れる．つまり，半回転するごとに極性が切り替わる．それにより，回転を継続することが可能となる．

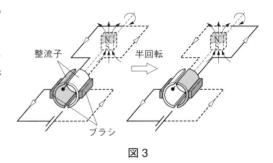

図3

3. 回転機の回転速度とトルク

回転速度 n [min^{-1}]：回転機における1分間の回転数

回転角速度 ω [rad/s]：回転機における1秒間に回転する角度

⇒ 回転速度 n [min^{-1}] と回転角速度 ω [rad/s] の間には，以下の関係が成り立つ．

$$\omega = 2\pi \frac{n}{60} \ [\text{rad/s}]$$

トルク T [N·m]：回転機における回転力を表す

⇒ 機械的出力 P_0 [W] と回転角速度 ω [rad/s] の間には，以下の関係が成り立つ．

$$T = \frac{P_0}{\omega} \ [\text{N·m}]$$

4. 各種損失と効率

【損失の種類】

主に銅損と鉄損の2種類．回転機の場合は機械損も存在する．

銅損：巻線などの導線でのジュール熱による損失．電流の2乗に比例

鉄損：鉄心中を磁束が通過することによる損失．ヒステリシス損と渦電流損がある

機械損：回転部分の摩擦などによる損失

※漂遊負荷損（正確な算出が不可能なわずかな損失）も存在するが，無視するケースが多い．

【効率】

電気機器の効率 η は，以下の式で表される．

$$\eta = \frac{\text{出力}}{\text{入力}} = \frac{\text{出力}}{\text{出力} + \text{損失}} = \frac{\text{入力} - \text{損失}}{\text{入力}}$$

1. 直流機の原理

【誘導起電力】

図4のような1巻のコイルを回転させると，

$$e = Bvl = \frac{p\phi}{\pi Dl} \times \frac{D}{2} \cdot 2\pi \frac{n}{60} \times l = \frac{p\phi n}{60} \ [\text{V}]$$

という誘導起電力 $e\,[\text{V}]$ が発生する．

【トルク】

図5のような1巻のコイルに電流を流すと，

$$f = BI_a l = \frac{p\phi}{\pi Dl} \times I_a \times l = \frac{p\phi I_a}{\pi D} \ [\text{N}]$$

$$\therefore \ \tau = f \cdot \frac{D}{2} = \frac{p\phi I_a}{2\pi} \ [\text{N}\cdot\text{m}]$$

という電磁力 $f\,[\text{N}]$ およびトルク $\tau\,[\text{N}\cdot\text{m}]$ が発生する．

e：コイル辺1本当たりの誘導起電力 $[\text{V}]$

f：コイル辺1本に働く電磁力 $[\text{N}]$

n：回転速度 $[\text{min}^{-1}]$ 　 p：磁極数 　 ϕ：磁束 $[\text{Wb}]$

B：磁束密度 $[\text{T}]$ 　 I_a：電機子電流 $[\text{A}]$

v：コイル辺の速度 $[\text{m/s}]$

l ：磁束を受けるコイル辺の長さ $[\text{m}]$ 　 D：コイルの幅 $[\text{m}]$

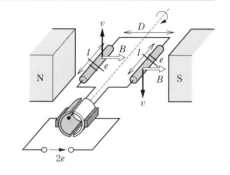

図4

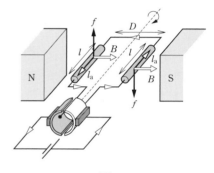

図5

2. 直流機の構造

【固定子・回転子】

直流機は，回転電機子形が主流．

⇒ 固定子：界磁，回転子：電機子（図6）

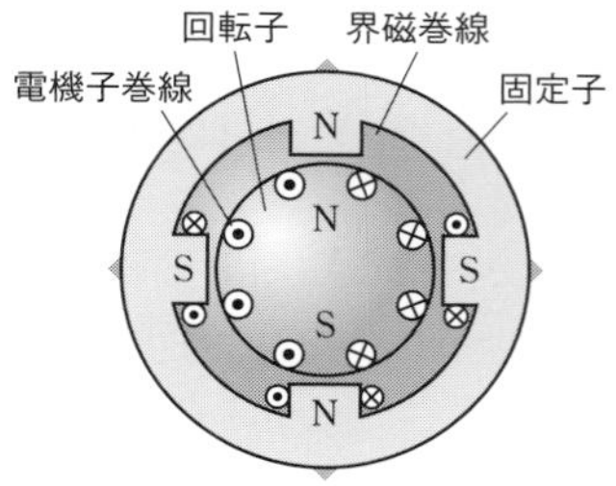

【導体数・並列回路数】

図7に示すように，全導体数を Z，並列回路数を a とすると，1つの並列回路には，$\frac{Z}{a}$ の導体（コイル辺）が直列に接続されていることになる．したがって，電機子に流れる全電流が $I_a\,[\text{A}]$ のとき，並列回路には，それぞれ $\frac{I_a}{a}\,[\text{A}]$ の電流が分流される．

図6

【誘導起電力】

コイル1辺の誘導起電力 $e\,[\text{V}] \times 1$つの並列回路に含まれる導体数 $\frac{Z}{a}$ で求められる．

$$E = \frac{Z}{a}e = \frac{Z}{a}\cdot\frac{p\phi n}{60} = \frac{pZ}{60a}\phi n = k_1 \phi n \ [\text{V}] \quad \left(k_1 = \frac{pZ}{60a}\right)$$

【トルク】

コイル1辺のトルク $\tau'[\mathrm{N \cdot m}]$ ×導体数 Z で求められる.

$$T = Z\tau' = Z\frac{\tau}{a} = Z \cdot \frac{p\phi I_\mathrm{a}}{2\pi a} = \frac{pZ}{2\pi a}\phi I_\mathrm{a} = k_2 \phi I_\mathrm{a}[\mathrm{N \cdot m}] \quad \left(k_2 = \frac{pZ}{2\pi a}\right)$$

E：誘導起電力$[\mathrm{V}]$　　T：トルク$[\mathrm{N \cdot m}]$　　Z：導体数　　a：並列回路数

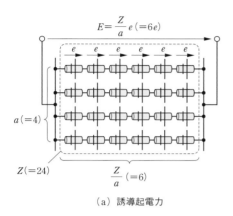

（a）誘導起電力

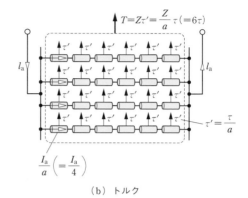

（b）トルク

図7

【電機子巻線の巻き方】

重ね巻と波巻の2種類が存在する.

重ね巻：磁極数 p と並列回路数 a が等しい $(a = p)$

波巻：並列回路数 a は $2 (a = 2)$

3. 等価回路

直流機の等価回路は，表1の通り.

表1

	他励式	直巻式	分巻式
直流発電機	$I = I_\mathrm{a}$,　$V = E_0 - r_\mathrm{a}I_\mathrm{a}$	$I = I_\mathrm{f} = I_\mathrm{a}$,　$V = E_0 - (r_\mathrm{a} + r_\mathrm{f})I_\mathrm{a}$	$I = I_\mathrm{a} - I_\mathrm{f}$,　$V = E_0 - r_\mathrm{a}I_\mathrm{a}$
直流電動機	$I = I_\mathrm{a}$,　$V = E_0 + r_\mathrm{a}I_\mathrm{a}$	$I = I_\mathrm{f} = I_\mathrm{a}$,　$V = E_0 + (r_\mathrm{a} + r_\mathrm{f})I_\mathrm{a}$	$I = I_\mathrm{a} + I_\mathrm{f}$,　$V = E_0 + r_\mathrm{a}I_\mathrm{a}$

練習問題

問1 ■□□□□ ⏳3分

4極の直流発電機が回転速度$n = 1\,200\,[\text{min}^{-1}]$で運転されている．全導体数$Z = 300$，1極当たりの磁束$\phi = 0.02\,[\text{Wb}]$のとき，電機子導体が重ね巻および波巻のそれぞれの場合について，誘導起電力$E\,[\text{V}]$を求めよ．

問2 ■□□□□ ⏳5分

6極の直流電動機が電機子電流$I_a = 300\,[\text{A}]$，回転速度$n = 600\,[\text{min}^{-1}]$で運転されている．全導体数$Z = 576$，1極当たりの磁束$\phi = 0.01\,[\text{Wb}]$のとき，電機子導体が重ね巻および波巻のそれぞれの場合について，トルク$T\,[\text{N·m}]$および出力$P\,[\text{kW}]$を求めよ．

問3 ■■□□□ ⏳5分

8極の直流発電機が回転速度$n = 1\,000\,[\text{min}^{-1}]$で無負荷運転されている．全導体数$Z = 300$，端子電圧$V = 120\,[\text{V}]$のとき，磁極の平均磁束密度$B\,[\text{T}]$を求めよ．ただし，電機子導体は重ね巻とし，磁極の断面積は$S = 0.03\,[\text{m}^2]$とする．

問4 ■■□□□ ⏳3分

電機子導体が波巻の直流電動機が，電機子電流$I_a = 50\,[\text{A}]$，トルク$T = 120\,[\text{N·m}]$で運転されている．全導体数$Z = 240$，1極当たりの磁束$\phi = 0.01\pi\,[\text{Wb}]$のとき，磁極数$p$を求めよ．

問5 ■□□□□ ⏳8分

端子電圧$V = 200\,[\text{V}]$，端子電流$I = 50\,[\text{A}]$で運転している直流発電機がある．他励式，直巻式，分巻式のそれぞれの場合について，誘導起電力$E_0\,[\text{V}]$を求めよ．ただし，直巻式の界磁巻線抵抗$r_f = 0.8\,[\Omega]$，分巻式の界磁巻線抵抗$r_f = 20\,[\Omega]$，電機子巻線抵抗$r_a = 0.2\,[\Omega]$とする．

問6 ■□□□□ ⏳8分

直流電動機を電源に接続し，入力電圧$V = 220\,[\text{V}]$を印加したところ，入力電流は$I = 80\,[\text{A}]$となった．他励式，直巻式，分巻式のそれぞれの場合について，逆起電力$E_0\,[\text{V}]$を求めよ．ただし，直巻式の界磁巻線抵抗$r_f = 0.8\,[\Omega]$，分巻式の界磁巻線抵抗$r_f = 44\,[\Omega]$，電機子巻線抵抗$r_a = 0.4\,[\Omega]$とする．

問7 ■■■□□ ⏳5分

電機子電流$I_a = 50\,[\text{A}]$，トルク$T = 250\,[\text{N·m}]$で全負荷運転している直流電動機について，電機子電流が$I_a' = 30\,[\text{A}]$に減少したときのトルク$T'\,[\text{N·m}]$を，直巻式および分巻式のそれぞれの場合について求めよ．ただし，磁気飽和の影響は無視する．

問8 ■■□□□ ⏳3分

電機子電流$I_a = 40\,[\text{A}]$，誘導起電力$E_0 = 200\,[\text{V}]$で運転している直流直巻式発電機について，負荷が変動して電機子電流が$I_a' = 30\,[\text{A}]$に減少したときの誘導起電力$E_0'\,[\text{V}]$を求めよ．ただし，発電機の回転速度は負荷の変動の前後で変わらないものとし，磁気飽和の影響は無視する．

問 9 ■■■□□ ⏳ 5分

直流電動機が入力電圧 $V = 100$ [V]，入力電流 $I = 20$ [A]，回転速度 $n = 900$ [min^{-1}]で運転されているとき，直巻式および分巻式のそれぞれの場合について，トルク T [N·m]を求めよ．ただし，直巻式の界磁抵抗 $r_f = 0.8$ [Ω]，分巻式の界磁抵抗 $r_f = 100$ [Ω]，電機子抵抗 $r_a = 0.2$ [Ω]とする．

問 10 ■■□□□ ⏳ 5分

定格出力 $P_n = 6$ [kW]，定格電圧 $V_n = 120$ [V]の直流他励式発電機について，無負荷運転時の端子電圧は $V_0 = 130$ [V]であった．励磁電流と回転速度は一定とした状態で負荷を変化させたとき，負荷電流は $I_1 = 40$ [A]となった．このときの端子電圧 V_1 [V]を求めよ．

問 11 ■■■□□ ⏳ 5分

電機子巻線抵抗 $r_a = 0.5$ [Ω]の直流他励式電動機について，ある負荷を接続し，入力電圧 $V = 210$ [V]を入力して運転したところ，電機子電流 $I_a = 20$ [A]，回転速度 $n = 900$ [min^{-1}]となった．その後，励磁電流と電機子電流を一定に保ったまま負荷を減少させたところ，入力電圧は $V' = 170$ [V]となった．このときの回転速度 n' [min^{-1}]を求めよ．

問 12 ■■■□□ ⏳ 8分

直流他励式電動機の電機子回路に直列抵抗 $R_1 = 2$ [Ω]を接続し，入力電圧 $V = 400$ [V]を入力して始動させたところ，電圧印加直後の電機子電流は $I_a = 160$ [A]であった．その後，徐々に回転速度が上昇し，電機子電流が $I_a' = 50$ [A]まで減少したところで，直列抵抗を $R_1 = 2$ [Ω]から $R_2 = 0.5$ [Ω]に切り替えた．切替直後の I_a'' [A]を求めよ．ただし，切替前後で回転速度は変化せず，界磁電流は一定とする．

問 13 ■■■□□ ⏳ 10分

直流発電機における損失は，電機子巻線および界磁巻線に電流が流れることによるジュール損失 P_a [W]および P_f [W]のほかに，固定損 P_s [W]が存在する．定格出力 $P_0 = 20$ [kW]，定格電圧 $V = 100$ [V]の直流分巻発電機が，定格負荷に電力を供給しているときの効率は $\eta = 0.93$ であった．このときの固定損 P_s [W]を求めよ．ただし，電機子巻線抵抗を $r_a = 0.02$ [Ω]，界磁巻線抵抗を $r_f = 50$ [Ω]とする．

コラム 16

$B = \dfrac{p\phi}{\pi Dl}$ [T]となる理由

回転子を展開すると，図のように面積 $S_0 = \pi Dl$ [m^2]の長方形となる．極数が p の場合（図では $p = 2$），面積 S_0 [m^2]を p 個の磁極で分担するため，1つの磁極から発生する磁束 ϕ [Wb]が貫く面積は，$S = S_0/p = \pi Dl/p$ [m^2]となる．したがって，磁束密度 B [T]は，単位面積当たりの磁束で表されるため，以下の通りとなる．

$$B = \frac{\phi}{S} = \frac{\phi}{\pi Dl/p} = \frac{p\phi}{\pi Dl} \text{ [T]}$$

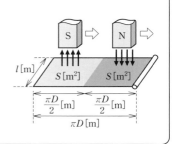

1. 同期機の原理と同期速度

【固定子】

図8のように，電機子が固定子となる回転界磁形が主流.

【回転子】

永久磁石形（図9），電磁石形（図10）の2種類.

【回転速度】

同期速度 n_s [min^{-1}] と等しい速度で回転 ⇒「同期機」という名前の由来.

$$n_s = \frac{120f}{p} \ [\text{min}^{-1}]$$

【誘導起電力】

電機子に誘起される誘導起電力は，以下の通り.

$$E_0 = 4.44kfN\phi \ [\text{V}]$$

同期機は，周波数 f [Hz] が一定 ⇒ 誘導起電力 E_0 [V] は磁束 ϕ [Wb]（励磁電流）によってのみ制御可.

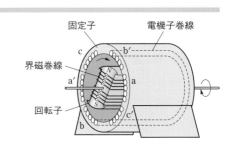

図8

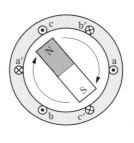

図9

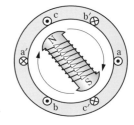

図10

2. 等価回路とベクトル図

同期機の等価回路やベクトル図は，表2の通り.

3. 同期発電機の送電電力

同期発電機の一相分の送電電力は，以下の式で求めることができる. 三相分はこれの3倍となる.

$$P = \frac{VE_0}{x_s} \sin \delta \ [\text{W}]$$

4. 短絡比

【三相短絡曲線】

三相短絡時の界磁電流と短絡電流の関係を示す曲線（図11）.

【無負荷飽和曲線】

無負荷時の界磁電流と端子電圧の関係を示す曲線（図11）.

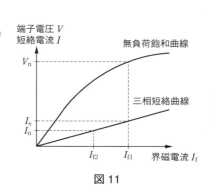

図11

表2

	同期発電機	同期電動機
等価回路		
ベクトル図	$$\dot{V} = \dot{E}_0 - (r_a + jx_s)\dot{I}$$	$$\dot{V} = \dot{E}_0 + (r_a + jx_s)\dot{I}$$
簡易的なベクトル図 $(r_a = 0)$	$$\dot{V} = \dot{E}_0 - jx_s\dot{I}$$ $$E_0{}^2 = (V + x_s I \sin\theta)^2 + (x_s I \cos\theta)^2$$	$$\dot{V} = \dot{E}_0 + jx_s\dot{I}$$ $$E_0{}^2 = (V - x_s I \sin\theta)^2 + (x_s I \cos\theta)^2$$

【短絡比】

　無負荷飽和曲線と三相短絡曲線からそれぞれ求めた界磁電流I_{f1}[A]とI_{f2}[A]の比

$$K = \frac{I_{f1}}{I_{f2}} = \frac{I_s}{I_n} = \frac{100}{\%Z_s}$$

を短絡比という．

5. 同期発電機の並列運転

【有効電力・無効電力の制御】

　有効電力：駆動力（燃料投入量）で調整 ⇒ 有効電力だけでなく無効電力も変化．

　無効電力：励磁電流で調整 ⇒ 有効電力は変化せず無効電力のみ制御可能．

【並列運転における負荷分担】

　同期発電機AおよびBの分担する有効電力P_A[W]およびP_B[W]，無効電力をQ_A[var]およびQ_B[var]とする．負荷を一定としたまま駆動力と励磁電流を調整して負荷分担を変更した場合，変更後の有効電力が$P_A{}'$[W]および$P_B{}'$[W]，無効電力が$Q_A{}'$[var]および$Q_B{}'$[var]となった場合，

$$P_A + P_B = P_A{}' + P_B{}', \quad Q_A + Q_B = Q_A{}' + Q_B{}'$$

が成り立つ．

練習問題

問14 ■□□□□ ⏳2分

一相当たりの磁束 $\phi = 0.2$[Wb]，巻数 $N = 25$ の三相同期発電機について，一相当たりの無負荷誘導起電力 E_0[V]を求めよ．ただし，周波数は $f = 50$[Hz]，巻線係数は $k = 0.9$ とする．

問15 ■■□□□ ⏳5分

定格速度 $n_s = 750$[min^{-1}]，極数 $p = 8$，一相当たりの磁束 $\phi = 0.2$[Wb]の三相同期発電機について，無負荷運転時の端子電圧が $V = 10\,000$[V]となるために必要な巻数 N を求めよ．ただし，巻線係数は $k = 0.9$ とする．

問16 ■■■□□ ⏳5分

定格運転時における無負荷端子電圧が $E_0 = 1\,000$[V]となる三相同期発電機がある．定格運転時の励磁状態を保ったまま，誘導性負荷 $\dot{Z} = 8 + j2$[Ω]を接続したときの端子電圧の大きさ V[V]を求めよ．ただし，同期リアクタンスは $x_s = 8$[Ω]であり，巻線抵抗は十分小さいとして無視する．

問17 ■■□□□ ⏳5分

同期リアクタンス $x_s = 2$[Ω]，無負荷端子電圧 $E_0 = 200$[V]の三相同期発電機に抵抗負荷を接続したところ，負荷には $I = 10$[A]が流れた．このときの端子電圧 V[V]および出力 P_0[kW]を求めよ．ただし，巻線抵抗は十分小さいとして無視する．

問18 ■■□□□ ⏳5分

同期リアクタンス $x_s = 5$[Ω]の三相同期発電機に，遅れ力率 $\cos\theta = 0.8$ の誘導性負荷を接続したところ，端子電圧の大きさ $V = 346$[V]，負荷には $I = 20$[A]が流れた．この発電機の無負荷端子電圧 E_0[V]を求めよ．ただし，巻線抵抗は十分小さいとして無視する．

問19 ■■■□□ ⏳10分

同期リアクタンス $x_s = 2$[Ω]，極数 $p = 6$ の三相同期電動機を周波数 $f = 50$[Hz]，電圧 $V = 400$[V]の交流電源に接続したところ，入力電流 $I = 50$[A]，力率 $\cos\theta = 1$ で安定状態となった．この発電機の無負荷端子電圧 E_0[V]を求めよ．また，安定運転状態における出力 P_0[kW]およびトルク T[N·m]を求めよ．ただし，巻線抵抗は十分小さいとして無視する．

問20 ■■■■□ ⏳10分

問19の三相同期電動機について，電源電圧 V[V]および出力 P_0[kW]を一定に保ったまま，界磁電流のみを変化させたところ，力率 $\cos\theta' = 0.8$ の遅れ運転となった．このときの入力電流 I'[A]および無負荷端子電圧 E_0'[V]を求めよ．

問21 ■■■□□ ⏳5分

定格電圧 $V = 6\,600\,[\mathrm{V}]$ で運転している同期リアクタンス $x_s = 10\,[\Omega]$ の三相同期発電機について，無負荷誘導起電力は $E_0 = 8\,000\,[\mathrm{V}]$ であり，負荷角を δ としたときの $\sin\delta = 0.5\,(\delta = 30°)$ であった．このときの発電機の出力 $P_0\,[\mathrm{kW}]$ を求めよ．また，端子電圧および出力を一定としたまま励磁電流を 1.3 倍まで増加した．このときの負荷角を δ' としたときの $\sin\delta'$ を求めよ．ただし，無負荷誘導起電力は励磁電流に比例するものとする．

問22 ■□□□□ ⏳3分

定格出力 $S_n = 10\,000\,[\mathrm{kV\cdot A}]$，定格電圧 $V_n = 6\,600\,[\mathrm{V}]$ の三相同期発電機の定格電流 $I_n\,[\mathrm{A}]$ を求めよ．また，この発電機の短絡比が $K = 1.1$ である場合，三相短絡電流 $I_s\,[\mathrm{A}]$ を求めよ．

問23 ■□□□□ ⏳5分

三相同期発電機を無負荷運転し，励磁電流 I_f を徐々に上げていったところ，$I_{f1} = 70\,[\mathrm{A}]$ のときに端子電圧が定格電圧となった．また，発電機の端子を短絡させて三相短絡状態で運転し，励磁電流 I_f を徐々に上げていったところ，$I_{f2} = 56\,[\mathrm{A}]$ のときに定格電流 $I_n = 400\,[\mathrm{A}]$ が流れた．この発電機の短絡比 K および三相短絡電流 $I_s\,[\mathrm{A}]$ を求めよ．

問24 ■■□□□ ⏳5分

定格出力 $S_n = 3\,000\,[\mathrm{kV\cdot A}]$，定格電圧 $V_n = 6\,600\,[\mathrm{V}]$ の三相同期発電機について，この発電機の短絡比が $K = 1.2$ であるとき，同期インピーダンスの大きさ $Z_s\,[\Omega]$ を求めよ．

問25 ■■■□□ ⏳8分

力率 $\cos\theta = 0.707\,(\theta = 45\,[°])$ の負荷に電力を供給している三相同期発電機があり，負荷電流は定格の $50\,[\%]$，出力端子の対地電圧は定格電圧で運転している．このときの負荷角を δ としたとき，$\sin\delta$ を求めよ．ただし，一相当たりの同期リアクタンスは単位法で $x_s = 0.8\,[\mathrm{p.u.}]$ とする．

問26 ■■□□□ ⏳8分

三相同期発電機 A と B の 2 台が並列運転し電力供給している．両発電機の負荷分担はいずれも $P_A = P_B = 3\,000\,[\mathrm{kW}]$ であり，端子電圧は $V = 6\,600\,[\mathrm{V}]$，発電機 A および B の負荷電流がそれぞれ $I_A = 300\,[\mathrm{A}]$，$I_B = 350\,[\mathrm{A}]$ の場合，発電機 A の力率 $\cos\theta_A$ および発電機 B の力率 $\cos\theta_B$ を求めよ．また，発電機 A および B の分担する無効電力 $Q_A\,[\mathrm{kvar}]$ および $Q_B\,[\mathrm{kvar}]$ をそれぞれ求めよ．

問27 ■■■□□ ⏳10分

問26について，合計の負荷は変えずに各発電機の負荷分担を変えるため，両発電機の励磁電流および駆動力を調整した．その結果，発電機 A は負荷電流が $I_A' = 400\,[\mathrm{A}]$，力率が $\cos\theta_A' = 1$ となった．このとき，発電機 A および B の分担する有効電力 $P_A'\,[\mathrm{kW}]$ および $P_B'\,[\mathrm{kW}]$，無効電力 $Q_A'\,[\mathrm{kvar}]$ および $Q_B'\,[\mathrm{kvar}]$ を求めよ．また，発電機 B の力率 $\cos\theta_B'$ および負荷電流 $I_B'\,[\mathrm{A}]$ を求めよ．

第1章：電気機器

テーマ4 ▶▶ 変圧器(1)

1. 理想変圧器

理想変圧器(図12)とは，損失や磁束の漏れを考慮しない変圧器であり，巻数比と電圧や電流の間には，以下の関係が成り立つ．

$$a = \frac{N_1}{N_2} = \frac{E_1}{E_2} = \frac{I_2}{I_1} \qquad (1)$$

図13のように，二次側に接続した負荷Zは，一次側からみると，

$$Z_1 = \frac{E_1}{I_1} = \frac{aE_2}{I_2/a} = a^2 \frac{E_2}{I_2} = a^2 Z$$

とa^2倍にみえる．これを一次側に換算したインピーダンスという．

a：巻数比$(= N_1/N_2)$　N_1，N_2：一次側，二次側の巻数

E_1，E_2：一次，二次電圧$[\mathrm{V}]$　I_1，I_2：一次，二次電流$[\mathrm{A}]$

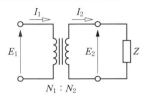

図 12

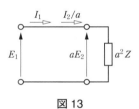

図 13

2. 実際の変圧器の等価回路

① 巻線抵抗：巻線の持つ抵抗値で銅損を表現　一次側：$r_1[\Omega]$，二次側：$r_2[\Omega]$

② 漏れリアクタンス：漏れ磁束をリアクタンスで表現　一次側：$x_1[\Omega]$，二次側：$x_2[\Omega]$

③ 励磁コンダクタンス$g_0[\mathrm{S}]$：鉄損を表現（鉄損$P_i = g_0 E_1^2[\mathrm{W}]$）

④ 励磁サセプタンス$b_0[\mathrm{S}]$：磁化電流を表現（磁化電流$\dot{I}_\mathrm{m} = b_0 \dot{E}_1$）

※磁化電流$\dot{I}_\mathrm{m}$：変圧機能の実現のために必要な主磁束を発生させる電流．無負荷でも流れる．

　⇒ 以上を考慮した等価回路が，**図14**である．

　⇒ さらに，① 二次側諸量を一次側に換算して変圧器を省略し，② 励磁回路を入力側へ移動させ，その結果得られる簡易等価回路が，**図15**である．

$\dot{I}_1$，$\dot{I}_2$：一次，二次電流$[\mathrm{A}]$　$\dot{E}_1$，$\dot{E}_2$：一次，二次電圧$[\mathrm{V}]$　Z：負荷インピーダンス$[\Omega]$

$\dot{I}_0$：励磁電流$[\mathrm{A}]$$(= \dot{I}_g + \dot{I}_\mathrm{m})$　$\dot{I}_g$：鉄損電流$[\mathrm{A}]$　$\dot{I}_\mathrm{m}$：磁化電流$[\mathrm{A}]$

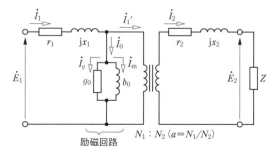

図 14

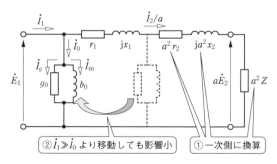

図 15

3. 電圧降下と電圧変動率

【電圧降下】

ベクトル図は**図16**の通り．定格二次電圧$E_n[\mathrm{V}]$と定格二次無負荷電圧$E_0[\mathrm{V}]$の位相差は極めて小さく，

$$E_0 = E_n + rI_n \cos\theta + xI_n \sin\theta$$

が近似的に成り立つため，電圧降下は，以下の通り．

$$\Delta e = E_0 - E_n = rI_n \cos\theta + xI_n \sin\theta \qquad (2)$$

一次換算巻線抵抗：$r = r_1 + a^2 r_2 [\Omega]$

一次換算漏れリアクタンス：$x = x_1 + a^2 x_2 [\Omega]$

三相変圧器では線間定格二次電圧$V_n = \sqrt{3}\,E_n[\mathrm{V}]$，線間定格二次無負荷電圧$V_0 = \sqrt{3}\,E_0[\mathrm{V}]$より，

$$\Delta e = \frac{V_0}{\sqrt{3}} - \frac{V_n}{\sqrt{3}} = rI_n \cos\theta + xI_n \sin\theta$$

$$\therefore \Delta v = V_0 - V_n = \sqrt{3}\,(rI_n \cos\theta + xI_n \sin\theta) = \sqrt{3}\,\Delta e$$

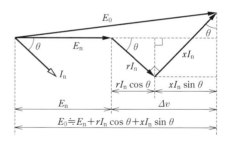

図16

【電圧変動率】

定格電圧に対する電圧降下の比率．（2）式をE_nで割れば，

$$\varepsilon = \frac{\Delta e}{E_n} \times 100 = \frac{rI_n}{E_n} \cos\theta \times 100 + \frac{xI_n}{E_n} \sin\theta \times 100$$

となる．ここで，百分率抵抗降下$p[\%]$，百分率リアクタンス降下$q[\%]$を，

$$p = \frac{rI_n}{E_n} \times 100 [\%], \quad q = \frac{xI_n}{E_n} \times 100 [\%]$$

と定義すれば，電圧変動率$\varepsilon[\%]$は，以下のようになる．

$$\varepsilon = p \cos\theta + q \sin\theta [\%]$$

4. 変圧器の効率

変圧器の効率ηは，以下の通り．

$$\eta = \frac{\alpha S \cos\theta}{\alpha S \cos\theta + P_i + \alpha^2 P_c} = \frac{S \cos\theta}{S \cos\theta + \dfrac{P_i}{\alpha} + \alpha P_c}$$

η：効率　S：定格容量$[\mathrm{V\cdot A}]$　$\cos\theta$：力率　P_i：鉄損$[\mathrm{W}]$　P_c：全負荷時の銅損$[\mathrm{W}]$

α：負荷率（負荷の定格容量に対する比率．出力電圧は一定なので，出力電流に依存する）

【最大効率の条件】

$\dfrac{P_i}{\alpha} \times \alpha P_c = P_i P_c$（一定）なので，最小の定理（コラム12参照）より分母が最小になる条件は，以下の通り．

$$\frac{P_i}{\alpha} = \alpha P_c \quad \therefore \alpha = \sqrt{\frac{P_i}{P_c}}$$

練習問題

問28 ■■□□□ ⏳5分

一次側および二次側の巻数が，それぞれ $N_1 = 400$，$N_2 = 20$ の単相の理想変圧器について，一次側に電圧 $\dot{E}_1 = 1\,000\,[\text{V}]$ を印加し，二次側に $\dot{Z} = 6 + \text{j}8\,[\Omega]$ の負荷を接続したとき，二次側の誘導起電力 $\dot{E}_2\,[\text{V}]$，一次電流 $\dot{I}_1\,[\text{A}]$ および二次電流 $\dot{I}_2\,[\text{A}]$ の大きさ $I_1\,[\text{A}]$ および $I_2\,[\text{A}]$ を求めよ．

問29 ■■□□□ ⏳5分

単相の理想変圧器を3台用いて，一次側Y結線，二次側Δ結線の三相変圧器として使用する場合を考える．負荷として $R = 50\,[\Omega]$ の3つの抵抗をY形に接続し，一次側に電圧 $V = 6\,600\,[\text{V}]$ を印加したところ，二次側には負荷電流 $I_2 = 5.5\,[\text{A}]$ が流れた．この単相変圧器の巻数比 a を求めよ．

問30 ■■■□□ ⏳10分

無負荷で一次電圧が $V_1 = 2\,000\,[\text{V}]$，二次電圧が $V_2 = 100\,[\text{V}]$ であり，一次巻線抵抗 $r_1 = 0.2\,[\Omega]$，二次巻線抵抗 $r_2 = 0.001\,[\Omega]$，一次漏れリアクタンス $x_1 = 2\,[\Omega]$，二次漏れリアクタンス $x_2 = 0.015\,[\Omega]$ の単相変圧器がある．一次側に換算したインピーダンス $\dot{Z} = r + \text{j}x\,[\Omega]$ を求めよ．また，二次電圧を $V_2 = 100\,[\text{V}]$ に維持したまま消費電力 $P = 40\,[\text{kW}]$，力率 $\cos\theta = 0.8$（遅れ）の負荷を接続したときの一次電圧 $V_1'\,[\text{V}]$ を求めよ．ただし，励磁回路は無視する．

問31 ■■□□□ ⏳5分

定格二次電圧 $V_2 = 200\,[\text{V}]$，定格二次電流 $I_2 = 50\,[\text{A}]$ の単相変圧器について，二次側換算の巻線抵抗は $r = 0.05\,[\Omega]$，二次側換算の漏れリアクタンスは $x = 0.11\,[\Omega]$ である．この変圧器に力率 $\cos\theta = 0.8$ の負荷を接続したときの電圧変動率 $\varepsilon\,[\%]$ を求めよ．

問32 ■■□□□ ⏳5分

ある単相変圧器に定格容量の負荷が接続されている．負荷の力率角が $\theta_1 = 30\,[°]$ のときの電圧変動率は $\varepsilon_1 = 4\,[\%]$ であり，負荷の力率角が $\theta_2 = -30\,[°]$ のときの電圧変動率は $\varepsilon_2 = -1\,[\%]$ であった．百分率抵抗降下 $p\,[\%]$ および百分率リアクタンス降下 $q\,[\%]$ を求めよ．

問33 ■■■□□ ⏳5分

ある単相変圧器に力率 $\cos\theta_1 = 1$ の抵抗負荷を接続したときの電圧変動率は $\varepsilon_1 = 2\,[\%]$ であり，力率 $\cos\theta_2 = 0$（遅れ）のリアクトル負荷を接続したときの電圧変動率は $\varepsilon_2 = 6\,[\%]$ であった．二次側換算の巻線抵抗が $r = 0.04\,[\Omega]$ のとき，二次側換算の漏れリアクタンス $x\,[\Omega]$ を求めよ．

問34 ■□□□□ ⏳5分

定格容量 $S = 1\,000\,[\text{V·A}]$ の単相変圧器が力率 $\cos\theta = 0.8$ の負荷を全負荷運転している．鉄損が $P_\text{i} = 20\,[\text{W}]$，銅損が $P_\text{c} = 40\,[\text{W}]$ のとき，変圧器の効率 η を求めよ．また，最大効率となるときの負荷率 α およびその効率 η_m を求めよ．ただし，力率および出力電圧は一定とする．

問35 ■■□□□ ⌛5分

ある単相変圧器が負荷 $P = 40\,[\mathrm{kW}]$，力率 $\cos\theta = 1$ で運転しているとき，最大効率 $\eta_m = 0.978$ となった．この変圧器の鉄損 $P_i\,[\mathrm{W}]$ を求めよ．また，出力電圧および力率を一定としたまま負荷が $P' = 20\,[\mathrm{kW}]$ に変化したときの効率 η' を求めよ．

問36 ■■■□□ ⌛5分

定格容量 $S = 600\,[\mathrm{V\cdot A}]$ の単相変圧器が力率 $\cos\theta = 1$ の負荷を背負って全負荷運転するとき，鉄損が $P_i = 30\,[\mathrm{W}]$，銅損が $P_c = 50\,[\mathrm{W}]$ だった．出力電圧が $20\,[\%]$ 低下した状態で力率を一定に維持したまま全負荷運転したときの効率 η を求めよ．ただし，鉄損は電圧の2乗に比例するものとする．

問37 ■■□□□ ⌛5分

定格運転時の銅損が $P_c = 50\,[\mathrm{kW}]$，鉄損が $P_i = 15\,[\mathrm{kW}]$ である変圧器について，出力電圧一定のまま10時間定格運転を行い，14時間は負荷率 $\alpha = 0.4$ で運転を行った．この変圧器の1日における損失電力量 $W_l\,[\mathrm{kW\cdot h}]$ を求めよ．

問38 ■■■■□ ⌛10分

定格容量 $S_n = 80\,[\mathrm{kV\cdot A}]$，定格運転時の銅損 $P_c = 1.2\,[\mathrm{kW}]$，鉄損 $P_i = 0.5\,[\mathrm{kW}]$ の変圧器について，ある日，問図38のような負荷で運転を行った．この日の損失電力量 $W_l\,[\mathrm{kW\cdot h}]$ および全日効率 η を求めよ．ただし，負荷の力率は常に $\cos\theta = 1$ とする．

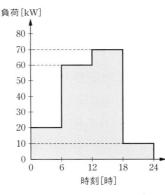

問図38

問39 ■■■■□ ⌛10分

定格容量 $S_n = 50\,[\mathrm{kV\cdot A}]$，定格運転時の銅損 $P_c = 500\,[\mathrm{W}]$，鉄損 $P_i = 100\,[\mathrm{W}]$ の変圧器について，ある日，問表39のような負荷で運転を行った．この日の損失電力量 $W_l\,[\mathrm{kW\cdot h}]$ および全日効率 η を求めよ．

問表39

時間 [h]	負荷 [kW]	力　率
6	40	0.8
4	36	0.9
6	30	1.0
8	無負荷	－

1. 並列運転と負荷分担

【循環電流】

変圧器並列運転時，二次電圧 $E_{2A} \neq E_{2B}$（例えば $E_{2A} > E_{2B}$）のとき，図17の点線の電流 I_c[A]（循環電流）が流れる．

$$I_c = \frac{E_{2A} - E_{2B}}{Z_A + Z_B} \, [\text{A}]$$

【負荷分担】

$E_{2A} = E_{2B}$ のとき，各変圧器に流れる電流 I_A[A]，I_B[A]は，各変圧器のインピーダンス Z_A[Ω]，Z_B[Ω]による分流則より，

$$I_A = \frac{Z_B}{Z_A + Z_B} I \, [\text{A}], \quad I_B = \frac{Z_A}{Z_A + Z_B} I \, [\text{A}] \qquad (3)$$

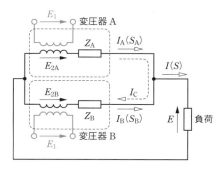

図17

(3)式の辺々に負荷の電圧 E[V]を掛けると，各変圧器が分担する負荷は以下の通り．

$$S_A = \frac{Z_B}{Z_A + Z_B} S \, [\text{V·A}], \quad S_B = \frac{Z_A}{Z_A + Z_B} S \, [\text{V·A}]$$

2. 特殊な変圧器

【三巻線変圧器】

図18の三巻線変圧器を磁気回路で考えると，各起磁力は，

$$V_{m1} = N_1 I_1, \quad V_{m2} = N_2 I_2, \quad V_{m3} = N_3 I_3$$

であり，理想変圧器の場合は鉄心に磁束が流れないため，

$$V_{m1} = V_{m2} + V_{m3} \quad \therefore N_1 I_1 = N_2 I_2 + N_3 I_3$$

となる．したがって，一次電流 I_1[A]は，以下の通り．

$$I_1 = \frac{1}{N_1} (N_2 I_2 + N_3 I_3) \, [\text{A}]$$

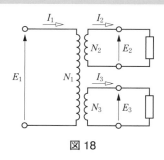

図18

N_1, N_2, N_3：一次，二次，三次巻線の巻数　E_1, E_2, E_3：一次，二次，三次巻線の起電力[V]

I_1, I_2, I_3：一次，二次，三次電流[A]　V_{m1}, V_{m2}, V_{m3}：一次，二次，三次巻線の起磁力[A]

【単巻変圧器】

一次側・二次側の巻線を分けず，共通の分路巻線とそれに直列に接続された直列巻線から構成された簡易的な構造の変圧器（図19）．巻数比 a と電圧や電流の間には，以下の関係が成り立つ．

$$a = \frac{N_1}{N_1 + N_2} = \frac{E_1}{E_2} = \frac{I_2}{I_1}$$

【自己容量】 $S_s = (E_2 - E_1) I_2 = E_1 (I_1 - I_2)$

【線路容量】 $S_l = E_1 I_1 = E_2 I_2$

N_1, N_2：分路巻線，直列巻線の巻数

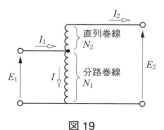

図19

問 40 ■■□□□ ⏳ 5分

　巻数比 $a_A = 33$，二次側換算インピーダンス $\dot{Z}_A = 0.02 + j0.3\,[\Omega]$ の変圧器Aと巻数比 $a_B = 33.1$，二次側換算インピーダンス $\dot{Z}_B = 0.018 + j0.25\,[\Omega]$ の変圧器Bが並列に接続されている．一次側に $E_1 = 6\,600\,[\text{V}]$ を印加して無負荷運転を行うときに2つの変圧器の間に流れる循環電流の大きさ $I\,[\text{A}]$ を求めよ．

問 41 ■■■□□ ⏳ 5分

　巻数比の等しい2台の変圧器AおよびBを並列運転する場合について考える．変圧器Aの定格容量は $S_{nA} = 30\,[\text{kV}\cdot\text{A}]$，変圧器Bの定格容量は $S_{nB} = 40\,[\text{kV}\cdot\text{A}]$ であり，二次換算インピーダンスはそれぞれ $Z_A = 4\,[\Omega]$，$Z_B = 6\,[\Omega]$ である．このとき，いずれの変圧器も過負荷にならない範囲で，接続可能な最大負荷 $S\,[\text{kV}\cdot\text{A}]$ を求めよ．ただし，インピーダンスは抵抗分を無視する．

問 42 ■■■□□ ⏳ 10分

　一次側，二次側，三次側の巻数がそれぞれ $N_1 = 6\,600$，$N_2 = 200$，$N_3 = 100$ の三相三巻線変圧器があり，一次側には $\dot{V}_1 = 6\,600\,[\text{V}]$ の三相交流電源を接続し，二次側には容量 $S_2 = 30\,[\text{kV}\cdot\text{A}]$ で力率 $\cos\theta_2 = 0.8$（遅れ）の負荷を，三次側には容量 $S_3 = 40\,[\text{kV}\cdot\text{A}]$ で力率 $\cos\theta_3 = 0.6$（進み）の負荷を接続した．このときの一次電流 $\dot{I}_1\,[\text{A}]$ を求めよ．ただし，変圧器は理想変圧器として扱い，巻線抵抗や漏れリアクタンス，励磁電流や損失は無視する．

問 43 ■■□□□ ⏳ 5分

　定格一次電圧 $E_1 = 6\,000\,[\text{V}]$，定格二次電圧 $E_2 = 6\,600\,[\text{V}]$ の単相単巻変圧器の二次側に，消費電力 $P = 132\,[\text{kW}]$，力率 $\cos\theta = 0.8$（遅れ）の負荷を接続し，一次側に定格電圧を印加して電力供給するとき，単巻変圧器として必要な自己容量 $S_s\,[\text{kV}\cdot\text{A}]$ およびそのときの線路容量 $S_l\,[\text{kV}\cdot\text{A}]$ を求めよ．

問 44 ■■■■□ ⏳ 5分

　定格一次電圧 $E_1 = 6\,600\,[\text{V}]$，定格二次電圧 $E_2 = 6\,000\,[\text{V}]$ の単相単巻変圧器の二次側にある負荷が接続されているとき，一次側に定格電圧を印加したところ，分路巻線に $I = 20\,[\text{A}]$ が流れた．このときの直列巻線の電流 $I_1\,[\text{A}]$ を求めよ．

> **コラム 17**
>
> **三角関数の和積の公式**
>
> 　sin 同士・cos 同士の和や差は，三角関数の積の形に変形できる．これを和積の公式といい，
>
> 【和】$\sin A + \sin B = 2\sin\left(\dfrac{A+B}{2}\right)\cos\left(\dfrac{A-B}{2}\right)$，　$\cos A + \cos B = 2\cos\left(\dfrac{A+B}{2}\right)\cos\left(\dfrac{A-B}{2}\right)$
>
> 【差】$\sin A - \sin B = 2\cos\left(\dfrac{A+B}{2}\right)\sin\left(\dfrac{A-B}{2}\right)$，　$\cos A - \cos B = -2\sin\left(\dfrac{A+B}{2}\right)\sin\left(\dfrac{A-B}{2}\right)$
>
> と表される．
>
> 　電験三種で和積の公式が必須となる問題はほとんど出題されないが，知っておくと便利な場合（例えば，コラム19など）があるため，余裕があれば覚えておくとよいだろう．

1. 誘導電動機の構造と特性

【固定子】

　同期機と同様に回転界磁形が主流（テーマ3の1.の図8）.

【回転子】

　回転界磁形が主流. 回転子の形状は，以下の2つ.

　かご形：導体棒と短絡環で構成（**図20**）

　巻線形：巻線で構成（**図21**）. スリップリングを介して外
　　　　　部抵抗 R [Ω] を接続することで速度制御可能

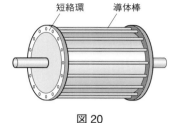

短絡環　　導体棒

図20

【すべり】

　同期速度 n_s [min^{-1}] に対して回転速度 n [min^{-1}] がどの程度
遅れているかを表す指標. 始動時はすべり $s = 0$.

$$s = \frac{n_s - n}{n_s}$$

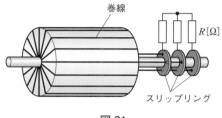

巻線

R [Ω]

スリップリング

図21

【回転速度】

　同期速度 n_s [min^{-1}] よりも少し遅い速度で回転し，すべり s を使って，以下のように表される.

$$n = n_s(1-s) = \frac{120f}{p}(1-s) \text{ [min}^{-1}]$$

　※誘導発電機も存在するが，電験三種で出題されることはほとんどないため省略する.

2. 等価回路と二次回路

　始動時（$s = 0$）の等価回路は，**図22**の通り（変圧器と同じ）. その後，
$s \neq 0$ となると，二次電圧 E_2' [V] と二次周波数 f_2' [Hz] は，

　　$E_2' = sE_2$, 　$f_2' = sf_1$

となる. 二次回路を抜き出したのが**図23**(a)であり，

$$I_2 = \frac{sE_2}{\sqrt{r_2^2 + (sx_2)^2}} = \frac{E_2}{\sqrt{\left(\dfrac{r_2}{s}\right)^2 + x_2^2}}$$

となるため，(b)のように描き替えられる. さらに，

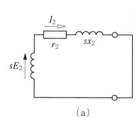

I_2

r_2　　sx_2

sE_2

（a）

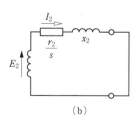

I_2

$\dfrac{r_2}{s}$　　x_2

E_2

（b）

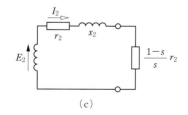

I_2

r_2　　x_2

E_2

$\dfrac{1-s}{s}r_2$

（c）

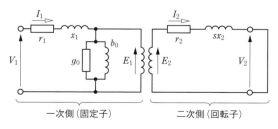

I_1
r_1　x_1　b_0
V_1　g_0　E_1

I_2
r_2　sx_2
E_2　　V_2

一次側（固定子）　　二次側（回転子）

図22

図23

$$\frac{r_2}{s} = \frac{s-s+1}{s}r_2 = r_2 + \frac{1-s}{s}r_2$$

と変形できるため，(c)のように描き替えられる．

3. 二次入力・二次銅損・機械的出力の関係

二次入力P_2[W]，二次銅損P_{c2}[W]，機械的出力P_0[W]の間には，以下の関係が成り立つ（図24）．

$$P_2 : P_{c2} : P_0 = 1 : s : (1-s)$$

したがって，それぞれ以下の式で算出可能．

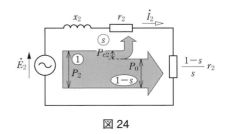

図 24

【二次入力】$P_2 = \dfrac{r_2}{s}I_2{}^2$ [W]

【二次銅損】$P_{c2} = r_2 I_2{}^2 = sP_2$ [W]

【機械的出力】$P_0 = \dfrac{1-s}{s}r_2 I_2{}^2 = (1-s)P_2$ [W]

4. トルクと同期ワット

【トルク】

$T = P_0/\omega$ [N・m]だが，誘導機では$P_0 = (1-s)P_2$，$\omega = (1-s)\omega_s$が成り立つため，

$$T = \frac{P_0}{\omega} = \frac{P_2(1-s)}{\omega_s(1-s)} = \frac{P_2}{\omega_s} \text{ [N・m]} \qquad (1)$$

と，二次入力P_2[W]と同期角速度ω_s[rad/s]からもトルクを求めることができる．

【同期ワット】

(1)式より，二次入力P_2[W]は，

$$P_2 = T\omega_s \text{ [W]}$$

と，トルクT[N・m]と同期角速度ω_s[rad/s]で表すことができる．これを同期ワットという．

5. 比例推移

【トルク特性曲線】

図25の通り，すべりが0からs_mまでの範囲は，すべりの増加にほぼ比例してトルクが増加する（比例領域）．さらにすべりが増えるとトルクは急激に低下するため，一般に比例領域で運転する．

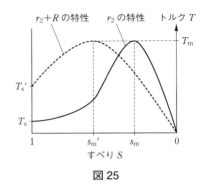

図 25

【比例推移】

回転子が巻線形の場合，外部抵抗を挿入して二次抵抗値を変化させると，トルク特性曲線は図25の太点線のように，元の曲線を横方向に引き延ばした形に変化する．これを比例推移という．

二次抵抗とすべりの比は一定となる．したがって，二次側の巻線抵抗r_2[Ω]に外部抵抗R[Ω]を追加することによって，すべりがsからs'に変化した場合，

$$\frac{r_2}{s} = \frac{r_2+R}{s'} \quad \text{が成り立つ．}$$

問45 ■□□□□ ⏳2分

極数 $p=6$ の三相かご形誘導電動機を周波数 $f=50$ [Hz] の電源に接続したところ，回転速度 $n=970$ [min^{-1}] で回転した．このときのすべり s を求めよ．

問46 ■□□□□ ⏳3分

極数 $p=4$ の三相かご形誘導電動機を周波数 $f=50$ [Hz] の電源に接続したところ，すべり $s=0.02$ で回転した．このときの回転速度 n [min^{-1}] を求めよ．

問47 ■■□□□ ⏳3分

極数 $p=8$ の三相かご形誘導電動機を，VVVFインバータを用いて速度制御を行ったところ，回転速度 $n=285$ [min^{-1}]，すべり $s=0.05$ で回転した．このときの周波数 f [Hz] を求めよ．

問48 ■□□□□ ⏳5分

定格出力 $P_0=30$ [kW] の三相誘導電動機が，すべり $s=0.03$ で定格運転している．このときの二次入力 P_2 [kW] および二次銅損 P_{c2} [W] を求めよ．

問49 ■■□□□ ⏳5分

極数 $p=4$，定格出力 $P_0=50$ [kW] の三相誘導電動機を周波数 $f=50$ [Hz] の電源に接続したところ，回転速度 $n=1\,440$ [min^{-1}] で回転した．このときの二次入力 P_2 [kW] および二次銅損 P_{c2} [kW] を求めよ．また，一次銅損 P_{c1} [kW] および鉄損 P_i [kW] がともに二次銅損 P_{c2} [kW] と等しいとき，効率 η を求めよ．ただし，それ以外の損失は無視する．

問50 ■■□□□ ⏳5分

極数 $p=6$，定格出力 $P_0=10$ [kW]，定格電圧 $V=200$ [V]，定格周波数 $f=50$ [Hz] の三相誘導電動機がある．この電動機を定格電圧，定格周波数の電源に接続して定格出力で運転したとき，トルクは $T=100$ [N·m] であった．このときの回転速度 n [min^{-1}] を求めよ．また，回転子巻線に流れる電流の周波数 f_2 [Hz] を求めよ．

問51 ■□□□□ ⏳3分

極数 $p=6$，定格周波数 $f=60$ [Hz] の三相かご形誘導電動機が，トルク $T=150$ [N·m] で定格運転している．このときの同期ワット P_2 [kW] を求めよ．

問52 ■■□□□ ⏳8分

極数 $p=4$，定格周波数 $f=50$ [Hz] の三相かご形誘導電動機が，トルク $T=120$ [N·m]，機械出力 $P_0=18$ [kW] で定格運転している．このときの電動機のすべり s および二次銅損 P_{c2} [W] を求めよ．

問 53 ■■■□□ ⏳8分

定トルク負荷を接続して運転している三相巻線形誘導電動機がある．定格電圧・定格負荷での運転時にはすべり $s = 0.02$ であったが，電源電圧が低下したことによってすべりが $s' = 0.05$ と変化した．定格運転時の二次電流が $I_2 = 20\,[\mathrm{A}]$ であった場合，電源電圧低下後の二次電流 $I_2'\,[\mathrm{A}]$ を求めよ．

問 54 ■■■■□ ⏳8分

定トルク負荷を接続して運転している三相誘導電動機がある．定格電圧・定格負荷での定格運転時の二次電流は $I_2 = 60\,[\mathrm{A}]$ であったが，回転速度を低下させるために，電源電圧および周波数をそれぞれ 85 [％] に低下させて運転させた．速度低下後の二次電流 $I_2'\,[\mathrm{A}]$ を求めよ．ただし，一次側(固定子)の巻線抵抗，および一次側・二次側の漏れリアクタンスは無視する．

問 55 ■□□□□ ⏳3分

すべり $s = 0.02$ で定格運転している三相巻線形誘導電動機がある．この電動機を，トルクを一定に保ったまま外部抵抗 $R\,[\Omega]$ を挿入することによって，すべりを $s' = 0.05$ として運転したい．このときに挿入すべき外部抵抗 $R\,[\Omega]$ を求めよ．ただし，二次巻線抵抗を $r_2 = 0.2\,[\Omega]$ とする．

問 56 ■■□□□ ⏳5分

極数 $p = 4$，定格周波数 $f_0 = 50\,[\mathrm{Hz}]$ の三相巻線形誘導電動機を全負荷運転したところ，回転速度 $n = 1\,470\,[\mathrm{min}^{-1}]$ で回転した．負荷トルクを一定としたまま回転速度を $n' = 1\,380\,[\mathrm{min}^{-1}]$ まで低下させて全負荷運転するために，二次回路の各相に挿入するべき抵抗 $R\,[\Omega]$ は，元の二次回路の抵抗 $r_2\,[\Omega]$ の何倍となるか求めよ．

> **コラム 18**
>
> **誘導電動機の回転原理**
>
> 　誘導電動機の回転原理について，かご形を例にとって考える．かご状の回転子を開くと，図(a)のようなはしご形となり，そこに回転磁界が鎖交するため，磁石がはしごの上を直線運動していると考えることができる．実際は磁石が同期速度で移動し，はしごはそれより少し遅い速度で移動するが，便宜上，はしごが静止しており，その上を磁石が同期速度と回転速度の差分の速度，つまり相対速度(すべり s に比例)で移動していると考えても差し支えない．そうすると，磁石の移動によってはしごには誘導起電力が生じるが，閉回路が形成されているため誘導電流が流れる．これは同図(b)のように小さな磁石が形成されていると考えられるため，それらとの吸引力・反発力によって，回転子は同期速度より少し遅い速度で回転し続けるのである．
>
>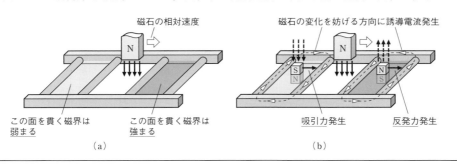
>
> 　　　　　　　(a)　　　　　　　　　　　　　(b)

機械 第2章：パワエレ・制御
テーマ1 ▶▶ スイッチング素子と整流回路

1. パワーエレクトロニクス（パワエレ）とは？

スイッチング素子：高電圧・大電流での動作が可能な半導体デバイス

　⇒ダイオード，サイリスタ，トランジスタ（理論科目で学習）など

パワーエレクトロニクス：スイッチング素子を用いて高電圧・大電流を制御する技術

　電験三種（計算）で頻出なのは，「整流回路（交流⇒直流）」＆「直流チョッパ（直流⇒直流）」．

2. スイッチング素子の種類

　ダイオード（図1）：一方向にのみ電流を流すことができる半導体デバイス
アノード（A）からカソード（K）には流れるが，その逆は流れない．

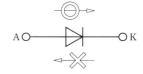

図 1

　サイリスタ（図2）：ゲート（G）に信号を入力すると点弧し，アノード（A）
からカソード（K）に電流が流れるようになる．ゲート信号をオフにしても電
流が0になるまでは消弧しない．

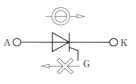

図 2

3. 単相整流回路

　単相整流回路：単相交流電圧を直流電圧に変換する回路

【単相半波整流回路】（図3）※ダイオードの場合：$\cos \alpha = 1$

$$（抵抗負荷）E_\mathrm{d} = \frac{\sqrt{2}}{\pi} E \cdot \frac{1 + \cos \alpha}{2} = 0.45E \cdot \frac{1 + \cos \alpha}{2} \ [\mathrm{V}]$$

$$（誘導性負荷）E_\mathrm{d} = \frac{\sqrt{2}}{\pi} E \frac{\cos \alpha + \cos \beta}{2} = 0.45E \frac{\cos \alpha + \cos \beta}{2} \ [\mathrm{V}]$$

e ：電源電圧（瞬時値）[V]	e_d ：出力電圧 [V]
E ：電源電圧（実効値）[V]	E_d ：平均出力電圧 [V]
i_d ：負荷電流 [A]	α ：制御遅れ角 [°]

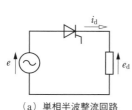 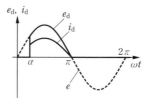 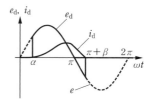

(a) 単相半波整流回路　　　(b) 抵抗負荷の場合　　　(c) 誘導性負荷の場合

図 3

【単相全波整流回路（単相ブリッジ整流回路）】（図4）※ダイオードの場合：$\cos \alpha = 1$

$$（抵抗負荷）E_\mathrm{d} = \frac{2\sqrt{2}}{\pi} E \cdot \frac{1 + \cos \alpha}{2} = 0.9E \cdot \frac{1 + \cos \alpha}{2} \ [\mathrm{V}]$$

（誘導性負荷）$E_{\mathrm{d}} = \dfrac{2\sqrt{2}}{\pi} E \cos \alpha = 0.9 E \cos \alpha \ [\mathrm{V}]$

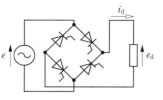

（a）単相全波整流回路

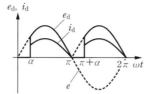

（b）抵抗負荷の場合

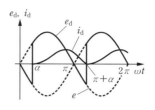

（c）誘導性負荷の場合

図4

4. 三相整流回路

三相整流回路：三相交流電圧を直流電圧に変換する回路

【三相半波整流回路】（**図5**）※ダイオードの場合：$\cos \alpha = 1$

$$E_{\mathrm{d}} = \frac{3\sqrt{2}}{2\pi} V \cos \alpha = 0.675 V \cos \alpha = 1.17 E \cos \alpha \ [\mathrm{V}]$$

V：線間電圧（実効値）$[\mathrm{V}]$

E：相電圧（実効値）$[\mathrm{V}]$

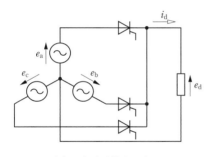

（a）三相半波整流回路

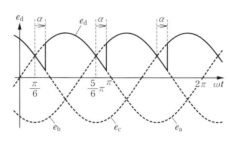

（b）電圧・電流波形

図5

【三相全波整流回路（三相ブリッジ整流回路）】（**図6**）※ダイオードの場合：$\cos \alpha = 1$

$$E_{\mathrm{d}} = \frac{3\sqrt{2}}{\pi} V \cos \alpha = 1.35 V \cos \alpha = 2.34 E \cos \alpha \ [\mathrm{V}]$$

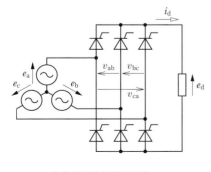

（a）三相全波整流回路

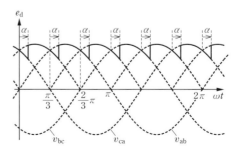

（b）電圧・電流波形

図6

練習問題

問1 ■□□□□ ⌛5分

ダイオードを用いた単相半波整流回路によって単相200[V]の交流電圧を整流したとき，平均直流電圧 V_d[V]を求めよ．ただし，負荷は抵抗負荷とし，サイリスタでの電圧降下は無視する．

問2 ■■□□□ ⌛5分

サイリスタを用いた単相半波整流回路を制御遅れ角 $\alpha = \dfrac{\pi}{4}$[rad]で運転して単相160[V]の交流電圧を整流したとき，平均直流電圧 V_d[V]を求めよ．ただし，負荷は誘導性負荷とし，$\beta = \alpha$ とする．また，サイリスタの順方向電圧降下を2[V]とする．

問3 ■■□□□ ⌛5分

サイリスタを用いた単相半波整流回路を制御遅れ角 $\alpha = \dfrac{\pi}{6}$[rad]で運転して単相500[V]の交流電圧を整流したとき，$R = 3$[Ω]の抵抗負荷で消費される平均消費電力 P_0[kW]を求めよ．

問4 ■■■□□ ⌛5分

サイリスタを用いた単相半波整流回路によって単相120[V]の交流電圧を整流し，平均出力電圧 $V_d = 50$[V]を得たい．そのときの制御遅れ角 α[rad]の余弦の値 $\cos\alpha$ を求めよ．ただし，負荷は抵抗負荷とし，サイリスタでの電圧降下は無視する．

問5 ■□□□□ ⌛5分

ダイオード4個を用いた単相ブリッジ整流回路によって平均直流電圧 $V_d = 100$[V]を得たい．入力すべき単相交流電圧の実効値 V[V]を求めよ．ただし，負荷は抵抗負荷とし，ダイオードでの順方向電圧降下は無視する．

問6 ■■□□□ ⌛5分

ダイオード4個を用いた単相ブリッジ整流回路によって単相100[V]の交流電圧を整流したとき，平均直流電圧 V_d[V]を求めよ．ただし，ダイオードの順方向電圧降下を2[V]とし，負荷は抵抗負荷とする．

問7 ■■□□□ ⌛5分

サイリスタ4個を用いた単相ブリッジ整流回路を制御遅れ角 $\alpha = \dfrac{\pi}{3}$[rad]で運転して単相200[V]の交流電圧を整流したとき，$R = 5$[Ω]の抵抗負荷で消費される平均消費電力 P_0[kW]を求めよ．

問8 ■■■□□ ⌛5分

サイリスタ4個を用いた単相ブリッジ整流回路を制御遅れ角 $\alpha = \dfrac{\pi}{4}$[rad]で運転して単相100[V]の交流電圧を整流したとき，抵抗負荷 $R = 10$[Ω]に流れる電流 I_0[A]と，同一条件下で負荷と直列に十分大きなインダクタンスを持つ平滑リアクトルを設置した際に負荷に流れる電流 I_0'[A]との比 I_0/I_0' を求めよ．

問9 ■■□□□ ⏳5分

　ダイオード3個を用いた三相半波整流回路によって平均直流電圧 $V_d = 200\,[\mathrm{V}]$ を得たい．入力すべき三相交流の線間電圧の実効値 $V\,[\mathrm{V}]$ を求めよ．ただし，負荷は抵抗負荷とし，ダイオードの順方向電圧降下は無視する．

問10 ■■■□□□ ⏳5分

　サイリスタ3個を用いた三相半波整流回路によって線間電圧 $V = 600\,[\mathrm{V}]$ の三相交流電圧を整流し，平均出力電圧 $V_d = 324\,[\mathrm{V}]$ を得たい．そのときの制御遅れ角 $\alpha\,[\mathrm{rad}]$ の余弦の値 $\cos\alpha$ を求めよ．ただし，サイリスタでの電圧降下は無視する．

問11 ■■■□□□ ⏳5分

　ダイオード6個を用いた三相ブリッジ整流回路によって相電圧 $E = 500\,[\mathrm{V}]$ の三相交流電圧を整流したとき，$R = 30\,[\Omega]$ の抵抗負荷で消費される平均消費電力 $P_0\,[\mathrm{kW}]$ を求めよ．

問12 ■■■■□□ ⏳5分

　サイリスタ6個を用いた三相ブリッジ整流回路によって線間電圧 $V = 300\,[\mathrm{V}]$ の三相交流電圧を整流し，平均出力電圧 $V_d = 239\,[\mathrm{V}]$ を得たい．そのときの制御遅れ角 $\alpha\,[\mathrm{rad}]$ の余弦の値 $\cos\alpha$ を求めよ．ただし，サイリスタでの順方向電圧降下は $2\,[\mathrm{V}]$ とする．

コラム 19

平均出力電圧の算出

　積分はグラフの面積を求める数学的手法であり，$\sin\theta$ の積分は，

$$\int_\alpha^\beta \sin\theta\,d\theta = \left[-\cos\theta\right]_\alpha^\beta = \cos\alpha - \cos\beta$$

となる．これを用いれば，単相整流回路の出力電圧は暗記せずとも算出可能となる．

【単相半波整流回路】

　（抵抗負荷）$E_d = \dfrac{1}{2\pi}\displaystyle\int_\alpha^\pi \sqrt{2}E\sin\theta\,d\theta = \dfrac{\sqrt{2}E}{2\pi}(\cos\alpha - \cos\pi) = 0.45E\dfrac{1+\cos\alpha}{2}$

　（誘導性負荷）$E_d = \dfrac{1}{2\pi}\displaystyle\int_\alpha^{\pi+\alpha} \sqrt{2}E\sin\theta\,d\theta = \dfrac{\sqrt{2}E}{2\pi}(\cos\alpha - \cos(\pi+\alpha)) = 0.45E\cos\alpha$

【単相全波整流回路】

　1周期の中に半波整流回路の2倍の波を含むので，平均出力電圧も2倍になる．

【三相整流回路】

　コラム6の三角関数とコラム17の和積の公式を利用すれば，三相整流回路も算出可能である．

　（半波整流）$E_d = \dfrac{1}{\dfrac{2\pi}{3}}\displaystyle\int_{\frac{\pi}{6}+\alpha}^{\frac{5\pi}{6}+\alpha} \sqrt{2}E\sin\theta\,\mathrm{d}\theta = \dfrac{3\sqrt{2}E}{2\pi}\left\{\cos\left(\dfrac{\pi}{6}+\alpha\right) - \cos\left(\dfrac{5\pi}{6}+\alpha\right)\right\}$

　　　　　　　$= -\dfrac{3\sqrt{2}E}{2\pi}\,2\sin\left(\dfrac{\pi}{2}+\alpha\right)\sin\left(-\dfrac{2\pi}{3}\right)$

　　　　　　　$= -\dfrac{3\sqrt{2}E}{\pi}\cdot\cos\alpha\cdot\left(-\dfrac{\sqrt{3}}{2}\right) = \dfrac{3\sqrt{2}V}{2\pi}\cos\alpha$

1. 直流チョッパとは？

スイッチング素子（**図7, 8のQ**）のオン／オフを制御することにより，直流出力電圧を変化させる回路．

2. 降圧チョッパ（図7）

【動作原理】

(a) Qオン時：電源よりコイルに$(V_\mathrm{d} - V_0)I_0 T_\mathrm{on}$[J]だけエネルギー蓄積（(c)図の面積$A$に比例）

(b) Qオフ時：コイルから$V_0 I_0 T_\mathrm{off}$[J]だけエネルギー放出（(c)図の面積Bに比例）

$$(V_\mathrm{d} - V_0)I_0 T_\mathrm{on} = V_0 I_0 T_\mathrm{off} \quad \therefore V_0 = \frac{T_\mathrm{on}}{T_\mathrm{on} + T_\mathrm{off}} V_\mathrm{d} = \frac{T_\mathrm{on}}{T} V_\mathrm{d} = \alpha V_\mathrm{d}$$

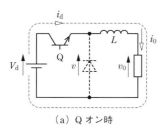

（a）Qオン時

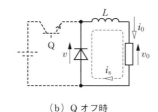

（b）Qオフ時

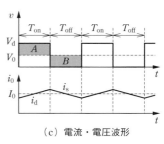

（c）電流・電圧波形

T_on：Qがオンの時間[s]　　T_off：Qがオフの時間[s]　　T：スイッチング周期[s]

α：通流率$\left(= \dfrac{T_\mathrm{on}}{T_\mathrm{on} + T_\mathrm{off}}\right)$　　V_d：電源電圧[V]　　V_0：平均出力電圧[V]　　I_0：平均出力電流[A]

v, v_0：瞬時電圧[V]　　i_0, i_s, i_d：瞬時電流[A]

図7

3. 昇圧チョッパ（図8）

【動作原理】

(a) Qオン時：電源よりコイルに$V_\mathrm{d} I_1 T_\mathrm{on}$[J]だけエネルギー蓄積（(c)図の面積$A$に比例）

(b) Qオフ時：コイルから$(V_0 - V_\mathrm{d})I_1 T_\mathrm{off}$[J]だけエネルギー放出（(c)図の面積$B$に比例）

$$V_\mathrm{d} I_1 T_\mathrm{on} = (V_0 - V_\mathrm{d})I_1 T_\mathrm{off} \quad \therefore V_0 = \frac{T_\mathrm{on} + T_\mathrm{off}}{T_\mathrm{off}} V_\mathrm{d} = \frac{T}{T_\mathrm{off}} V_\mathrm{d} = \frac{1}{1 - \alpha} V_\mathrm{d}$$

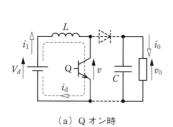

（a）Qオン時

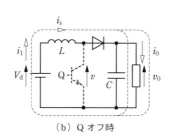

（b）Qオフ時

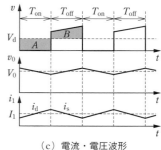

（c）電流・電圧波形

I_1：平均入力電流[A]　　v, v_0：瞬時電圧[V]　　i_0, i_1, i_s, i_d：瞬時電流[A]

図8

問13 ■■□□□ ⏳5分

　降圧チョッパを用いて直流電源電圧 $V_d = 200$ [V]から平均出力電圧 $V_0 = 120$ [V]を得たい．スイッチング周波数を $f = 500$ [Hz]とする場合，オン時間 T_{on} [ms]およびオフ時間 T_{off} [ms]を求めよ．

問14 ■■■□□ ⏳8分

　直流電源電圧 $V_d = 250$ [V]の降圧チョッパを通流率 $\alpha = 0.2$ で運転するとき，$R = 10$ [Ω]の抵抗負荷に流れる平均出力電流 I_0 [A]を求めよ．また，平均入力電流 I_1 [A]を求め，平均入力電力 P_1 [W]を求めよ．

問15 ■■□□□ ⏳5分

　昇圧チョッパを用いて直流電源電圧 $V_d = 100$ [V]から平均出力電圧 $V_0 = 125$ [V]を得たい．スイッチング周波数を $f = 400$ [Hz]とする場合，オン時間 T_{on} [ms]およびオフ時間 T_{off} [ms]を求めよ．

問16 ■■■■□ ⏳10分

　直流電源電圧 $V_d = 120$ [V]の昇圧チョッパを通流率 $\alpha = 0.6$ で運転するとき，$R = 5$ [Ω]の抵抗負荷で消費する平均消費電力 P_0 [kW]を求めよ．また，平均入力電流 I_1 [A]を求め，平均入力電力 P_1 [kW]を求めよ．

> **コラム 20**

昇降圧チョッパ

　昇降圧チョッパとは，昇圧チョッパにも降圧チョッパにもなる優れたチョッパである（図）．Qオン時にコイルに蓄えられるエネルギーはQオフ時にすべて放出されるので，

$$V_d I_L T_{on} = V_0 I_L T_{off}$$

が成り立ち，これより出力電圧 V_0 [V]は，

$$\therefore V_0 = \frac{T_{on}}{T_{off}} V_d = \frac{\dfrac{T_{on}}{T}}{\dfrac{T_{on} + T_{off} - T_{on}}{T}} V_d = \frac{\alpha}{1 - \alpha} V_d \text{ [V]}$$

と求められる．α の大きさによって降圧モード・昇圧モードを切り替えることができる．

$$\alpha < 0.5 \text{ のとき} \Rightarrow \frac{\alpha}{1 - \alpha} < 1 \Rightarrow \text{降圧} \qquad \alpha > 0.5 \text{ のとき} \Rightarrow \frac{\alpha}{1 - \alpha} > 1 \Rightarrow \text{昇圧}$$

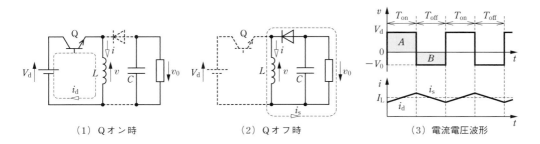

（1）Qオン時　　　　　（2）Qオフ時　　　　　（3）電流電圧波形

数学・物理学の基礎　理論　電力　機械　法規　解答・解説

1．ブロック線図と伝達関数

ブロック線図：入出力信号の関係を視覚的に表した図

ブロック線図における入力（X）・出力（Y）間の基本演算は，以下の通り．

①　乗算：$Y = GX$　⇒　□内に比例係数（G）を記載（図9）

②　加算・減算：$Y = X_1 \pm X_2$

　　　　　　⇒　○に加算は「＋」，減算は「－」を記載（図10）

伝達関数：入出力の比率（$W = Y/X$）

ブロック線図の等価変換は，表1の通り．

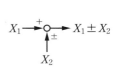

図9

図10

表1

	直列結合	並列結合	フィードバック結合
変換前	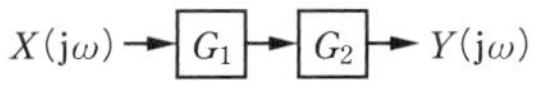 $X(\mathrm{j}\omega) \rightarrow \boxed{G_1} \rightarrow \boxed{G_2} \rightarrow Y(\mathrm{j}\omega)$	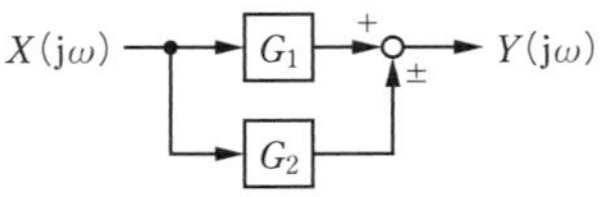 $X(\mathrm{j}\omega) \rightarrow \boxed{G_1},\ \boxed{G_2} \rightarrow Y(\mathrm{j}\omega)$	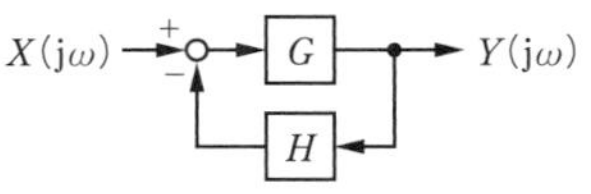 $X(\mathrm{j}\omega) \rightarrow \boxed{G},\ \boxed{H} \rightarrow Y(\mathrm{j}\omega)$
変換後	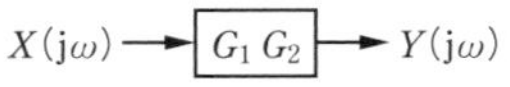 $X(\mathrm{j}\omega) \rightarrow \boxed{G_1 G_2} \rightarrow Y(\mathrm{j}\omega)$	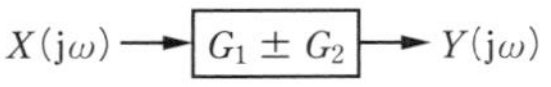 $X(\mathrm{j}\omega) \rightarrow \boxed{G_1 \pm G_2} \rightarrow Y(\mathrm{j}\omega)$	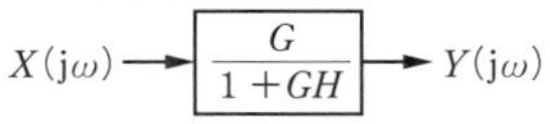 $X(\mathrm{j}\omega) \rightarrow \boxed{\dfrac{G}{1+GH}} \rightarrow Y(\mathrm{j}\omega)$
伝達関数	$W = \dfrac{Y}{X} = G_1 G_2$	$W = \dfrac{Y}{X} = G_1 \pm G_2$	$W = \dfrac{Y}{X} = \dfrac{G}{1+GH}$

2．周波数伝達関数

入出力が角周波数ω［rad/s］の正弦波交流の場合の伝達関数を周波数伝達関数という．さらに一般に，

$$G(\mathrm{j}\omega) = \frac{K}{1 + \mathrm{j}\omega T}$$

という形をした周波数伝達関数を一次遅れ要素といい，Kをゲイン定数，Tを時定数という．

3．ボード線図

ゲイン：$g = 20 \log |G(\mathrm{j}\omega)|$ で表される指標

ボード線図：ゲインを対数グラフに表したもの（図11）

折れ線近似：$g = 20 \log \sqrt{1 + (\omega T)^2}$ の場合，

①　$\omega T \ll 1$　⇒　$g \doteq 20 \log \sqrt{1} = 20 \log 1 = 0$

②　$\omega T \gg 1$　⇒　$g \doteq 20 \log \omega T$

③　折点角周波数$\omega_0 T = 1$　⇒　$\omega_0 = 1/T$

　⇒以上の場合分けによりボード線図を近似的に描くと，

　　図11の実線のようになる．

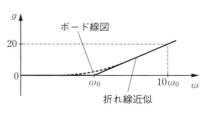

図11

問 17 ■■□□□ ⏳15分

以下の問図17(1)〜(6)のブロック線図について，伝達関数 $W = Y/X$ を求めよ．

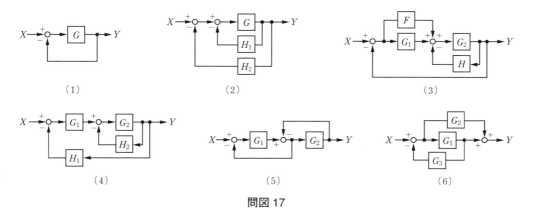

問図 17

問 18 ■■□□□ ⏳5分

以下の問図18(1)〜(3)の正弦波交流回路について，周波数伝達関数 $W(\mathrm{j}\omega)$ を求めよ．また，ゲイン定数 K および時定数 T を求めよ．

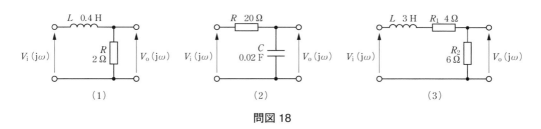

問図 18

問 19 ■■■□□ ⏳15分

以下の(1)〜(5)の周波数伝達関数について，ゲイン特性曲線を求め，折れ線近似によりボード線図を作図せよ．

(1) $W = 100$ 　　(2) $W = 1 + \mathrm{j}2\omega$ 　　(3) $W = \dfrac{1}{1 + \mathrm{j}0.5\omega}$ 　　(4) $W = \dfrac{10}{1 + \mathrm{j}0.2\omega}$ 　　(5) $W = \dfrac{1 + \mathrm{j}10\omega}{1 + \mathrm{j}\omega}$

1. はずみ車（フライホイール）

【慣性モーメント】

　物体の回転のしにくさを表す量．質量の大きな物体は動かしにくく，逆に動き出したら止まりにくい．

　⇒ 回転運動の場合，慣性モーメントの大きな回転体は回しにくく，回り出したら止まりにくい．

　　⇒ つまり，慣性モーメントの大きな回転体は，運動エネルギーを蓄積しやすい．

【フライホイール】

　運動エネルギーを貯める目的で回す慣性モーメントの大きな回転体（**図1**）．

　⇒ その運動エネルギーは，以下の通り．

$$\frac{1}{2}mv^2 = \frac{1}{2}m(r\omega)^2 = \frac{1}{2}mr^2\omega^2 = \frac{1}{2}I\omega^2\,[\text{J}]$$

　r：半径[m]　　ω：角速度[rad/s]　　$v(=r\omega)$：回転速度[m/s]　　$I(=mr^2)$：慣性モーメント[kg・m²]

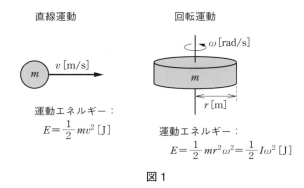

直線運動

回転運動

ω [rad/s]

v [m/s]

r [m]

運動エネルギー：
$$E = \frac{1}{2}mv^2\,[\text{J}]$$

運動エネルギー：
$$E = \frac{1}{2}mr^2\omega^2 = \frac{1}{2}I\omega^2\,[\text{J}]$$

図1

2. 巻き上げ機（エレベーター）

　図2に示すエレベーターに使用される電動機が実際に昇降させる質量m[kg]は，

　　$m = m_\text{L} + m_\text{C} - m_\text{B}$[kg]

である．したがって，速度v[m/s]で持ち上げるのに要する電動機出力P[W]は，以下の通り．

$$P = \frac{mgvk}{\eta}\,[\text{W}]$$

　m_L：積荷の質量[kg]　　　m_C：かごの質量[kg]

　m_B：釣合いおもりの質量[kg]

　v：エレベーターの速度[m/s]

　g：重力加速度（9.8[m/s²]）

　k：余裕係数 ⇒ 設計上の余裕を表す

　η：機械効率 ⇒ 電動機効率や摩擦などを考慮した総合的な効率を表す

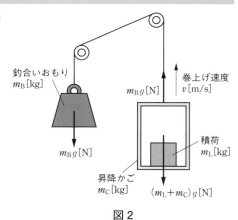

釣合いおもり
m_B[kg]

巻上げ速度
v[m/s]

$m_\text{B}g$[N]

積荷
m_L[kg]

$m_\text{B}g$[N]

昇降かご
m_C[kg]

$(m_\text{L}+m_\text{C})g$[N]

図2

練習問題

問 1 ■□□□□ ⏳3分

慣性モーメント $I = 10 [\text{kg·m}^2]$，回転速度 $N_1 = 600 [\text{min}^{-1}]$ で回転しているはずみ車について，$N_2 = 420 [\text{min}^{-1}]$ まで速度が低下したとき，このはずみ車が放出したエネルギー $E [\text{kJ}]$ を求めよ．

問 2 ■■□□□ ⏳5分

慣性モーメント $I = 30 [\text{kg·m}^2]$ のはずみ車を，電動機で $t = 4 [\text{s}]$ の間に回転速度 $N_1 = 900 [\text{min}^{-1}]$ から $N_2 = 1\,200 [\text{min}^{-1}]$ まで加速させたとき，電動機の平均出力 $P [\text{kW}]$ を求めよ．

問 3 ■□□□□ ⏳5分

定格積載荷重 $m_N = 1\,400 [\text{kg}]$，かごの質量 $m_C = 300 [\text{kg}]$，釣合いおもりの質量 $m_B = 700 [\text{kg}]$ のエレベーターについて，昇降速度を $v = 2 [\text{m/s}]$ として運転する場合に用いる電動機の定格出力 $P [\text{kW}]$ を求めよ．ただし，機械効率は $\eta = 0.8$，余裕係数は $k = 1.1$ であり，加速に要する動力およびロープの質量は無視するものとする．

問 4 ■■■□□ ⏳5分

かごの質量 $m_C = 400 [\text{kg}]$，昇降速度 $v = 96 [\text{m/min}]$ のエレベーターを定格出力 $P = 19.6 [\text{kW}]$ の電動機で駆動するとき，定格積載荷重 $m_N [\text{kg}]$ を求めよ．ただし，機械効率は $\eta = 0.7$ であり，釣合いおもりの質量は $m_B = (m_N + m_C)/2 [\text{kg}]$ とする．また，加速に要する動力およびロープの質量は無視するものとし，余裕係数は $k = 1.0$ とする．

コラム 21

計算問題の比率

電験三種における，平成 21 年度～令和 3 年度の過去 13 年分の過去問題を分析すると，計算問題の割合は**表**のようになる．

計算問題だけでボーダーラインの 60 点以上を取れるのは理論と機械であるが，その分，電力や法規と比べると計算問題の難易度は高い．特に理論科目は，ここ最近は難化傾向が続いており，これまでのように公式の暗記だけで解けるような容易な問題は少なくなりつつある．また，機械科目は，問題自体はパターン化されているものが多いが範囲が非常に広く，さらに専門用語を理解していないと解けない問題が多いため慣れるまでに時間を要する科目である．したがって，このドリルで基礎を身に付けたら，しっかりと過去問を解いて理解し，少なくとも過去問は完璧に解けるようになる必要がある．余裕があれば類題もできる限り解いて計算問題の引き出しを増やしておくと安心だろう．

一方，電力と法規は計算問題だけでは合格点には達しないが，理論や機械と比べるとパターン化された問題が多いため，過去問をマスターすれば十分である．過去の計算問題が概ね解けるようになったら，論説問題の対策に力を入れると良いだろう．

科目	理論	電力	機械	法規
計算問題の割合	85%	45%	68%	36%

第3章：電気エネルギーの利用

1. 照明に関する諸量 (図3)

光束 F [lm]：光源から放射される光の量

光度 I [cd]：ある方向の光の強さ $\Rightarrow I = \dfrac{F}{\omega}$ (ω：立体角)

照度 E [lx]：光に照らされた面の明るさ

輝度 L [cd/m²]：発光面の輝きの度合い $\Rightarrow L = \dfrac{(光度)}{(投影面積)}$

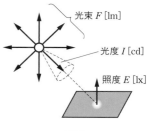

図3

2. 立体角と光度

平面における角度と同様の概念として，立体における角度のような意味合いを持つ立体角というものが，以下で定義されている (図4)．

$$\omega = \frac{S}{r^2} \ [\text{sr}]$$

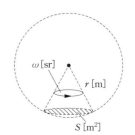

図4

立体角は，光束 F [lm] と光度 I [cd] とを関係づける重要な量だが，実際の問題中では立体角が与えられている場合が多く，自ら算出する機会は少ない．

3. 距離の逆二乗の法則

図5における法線照度 E_n [lx] は，

$$E_n = \frac{I}{r^2} \ [\text{lx}]$$

となる．これを距離の逆二乗の法則という．

また，水平面照度 E_h [lx] および鉛直面照度 E_v [lx] は，以下の通り．

$$E_h = E_n \cos\theta = \frac{I}{r^2}\cos\theta, \quad E_v = E_n \sin\theta = \frac{I}{r^2}\sin\theta$$

I：点光源の光度 [cd] r：点光源からの距離 [m]

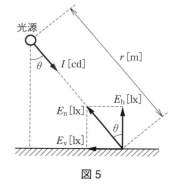

図5

4. 室内の平均照度

室内に複数照明がある場合における床面の平均照度 E [lx] は，以下のように表される (図6)．

$$E = \frac{FNUM}{S} \ [\text{lx}]$$

S：被照面積 [m²] N：照明器具の数

F：照明器具1灯当たりの全光束 [lm]

U：照明率 $\Rightarrow$ 照明器具1灯の全光束のうち，被照面に当たる光束の割合

M：保守率 $\Rightarrow$ 劣化やホコリなどの堆積など時間の経過による平均照度の低下の割合

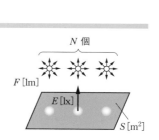

図6

練習問題

問5 ■□□□□ ⌛5分

問図5において，点Pに全光束$F_0 = 12\,000\,[\text{lm}]$の均等点光源を置いたとき，点光源の光度$I\,[\text{cd}]$の値を求めよ．また，作業面上の点Qにおける水平面照度$E_\text{h}\,[\text{lx}]$，鉛直面照度$E_\text{v}\,[\text{lx}]$の値を求めよ．ただし，$h = 3\,[\text{m}]$，$d = 4\,[\text{m}]$とし，全立体角は$\omega = 4\pi\,[\text{sr}]$とする．

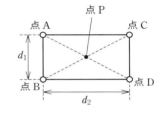

問図5

問6 ■■□□□ ⌛5分

問図6において，点Pに照明を下向きに設置した．直下方向の光度は$I_0\,[\text{cd}]$であり，直下方向からなす角をθとすると，その方向の光度は$I_0 \cos\theta\,[\text{cd}]$と表される．このとき，以下の問に答えよ．ただし，$h = 3\,[\text{m}]$，$d = 2\,[\text{m}]$とする．

(1) 点Qの法線照度が$E_\text{nQ} = 30\,[\text{lx}]$のとき，光度$I_0\,[\text{cd}]$を求めよ．

(2) (1)で求めた光度のとき，点Oの水平面照度$E_\text{hO}\,[\text{lx}]$を求めよ．

問図6

問7 ■■■□□ ⌛10分

問図7に示すような，幅$d_1 = 4\,[\text{m}]$，奥行き$d_2 = 6\,[\text{m}]$の空間において，点A～Dの地上高さ$h = 3\,[\text{m}]$の位置に，それぞれ均等放射の球形光源（直径$d = 40\,[\text{cm}]$）を設置した．光源の全光束$F_0 = 12\,000\,[\text{lm}]$のとき，以下の問に答えよ．ただし，全立体角は$\omega = 4\pi\,[\text{sr}]$とする．

(1) 点Pから点Aの光源を見たときの輝度$L\,[\text{cd/m}^2]$を求めよ．

(2) 点Pの水平面照度$E_\text{h}\,[\text{lx}]$を求めよ．

問図7

問8 ■□□□□ ⌛5分

幅$d_1 = 6\,[\text{m}]$，奥行き$d_2 = 8\,[\text{m}]$の部屋において，平均照度を最低でも$E = 100\,[\text{lx}]$確保するために必要な照明器具の数を求めよ．ただし，使用する照明器具の全光束は$F = 2\,300\,[\text{lm}]$，照明率は$U = 0.5$，保守率は$M = 0.7$とする．

問9 ■■■□□ ⌛10分

問図9のように，幅$d = 3\,[\text{m}]$の廊下の高さ$h = 2\,[\text{m}]$の天井に，直径$D = 20\,[\text{cm}]$の円板光源を$l = 4\,[\text{m}]$おきに設置する．直下方向の光度は$I_0 = 1\,000\,[\text{cd}]$，鉛直角$\theta$方向の光度は$I_0 \cos\theta\,[\text{cd}]$と表される．また，円板光源の全光束は$F = \pi I_0\,[\text{lm}]$であるとき，以下の問に答えよ．ただし，点Aおよび点Bは廊下の幅の中央に位置するものとする．

(1) 点Bから光源を見たときの輝度$L\,[\text{cd/m}^2]$を求めよ．

(2) 照明率$U = 0.3$，保守率$M = 0.8$のとき，平均照度$E\,[\text{lx}]$を求めよ．

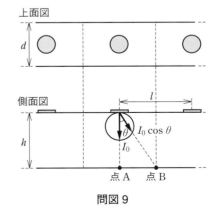

上面図

側面図

問図9

1. 比熱とは？

比熱：ある物質1[kg]を1[℃]（1[K]）だけ上昇させるのに必要な熱エネルギー（C[J/(kg・K)]）

したがって，ある物質m[kg]をΔT[℃]上昇させるには，

$$Q = mC\Delta T \text{[J]}$$

だけの熱エネルギーが必要となる（図7）．

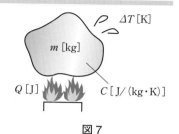

図7

2. ヒートポンプと成績係数（COP）

【ヒートポンプ】

図8に示すように，圧縮機を利用することによって，高温部から低温部に熱が流れるという自然の熱の流れに逆らって，低温部から高温部に熱（ヒート）を汲み上げる（ポンプ）ことができる仕組み．

【冷房時の成績係数（COP_C）】

$$\text{COP}_\text{C} = \frac{（吸熱量）}{（圧縮機への入力電力量）} = \frac{Q_\text{i}}{W}$$

【暖房時の成績係数（COP_H）】

$$W + Q_\text{i} = Q_\text{o}$$

が成り立つので，暖房時の成績係数COP_Hは，

$$\text{COP}_\text{H} = \frac{（放熱量）}{（圧縮機への入力電力量）} = \frac{Q_\text{o}}{W} = \frac{W + Q_\text{i}}{W} = 1 + \text{COP}_\text{C}$$

Q_i：吸熱量[J]　　　Q_o：放熱量[J]　　　W：圧縮機への入力電力量[J]

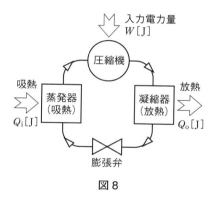

図8

3. 伝熱と熱回路

伝熱の様子を熱回路と捉えれば，電気回路と同様に取り扱うことができる．伝導体の熱伝導率をλ[W/(m・K)]とすると，熱の伝導を妨げようとする熱抵抗R_h[K/W]は，

$$R_\text{h} = \frac{l}{\lambda S} \text{[K/W]}$$

となり，温度差θ[K]，熱流I_h[W]とすれば，

$$\theta = R_\text{h} I_\text{h} \text{[K]}$$

という関係が成り立つ．これを熱回路のオームの法則という（図9）．

S：伝導体の断面積[m²]　　　l：伝導体の長さ[m]

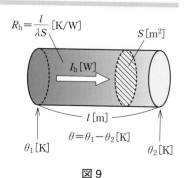

図9

練習問題

問 10 ■□□□□ ⏳5分

質量 $m = 60$ [kg]，温度 $T_1 = 20$ [℃] の水を温度 $T_2 = 80$ [℃] まで上昇させたい．水の比熱を $C = 4.18 \times 10^3$ [J/(kg·K)] とするとき，以下の問に答えよ．

(1) 温度の上昇のために必要な熱量 Q [kJ] を求めよ．

(2) 電熱器容量 $P = 4$ [kW]，効率 $\eta = 0.9$ の電気温水器を使用する場合，必要な時間 t [h] を求めよ．

問 11 ■■□□□ ⏳5分

ヒートポンプ式電気給湯器を用いて，体積 $V = 0.4$ [m³] の水を温度 $T_1 = 300$ [K] から温度 $T_2 = 350$ [K] まで加熱する場合を考える．水の比熱を $C = 4.18 \times 10^3$ [J/(kg·K)]，密度を $\rho = 1.00 \times 10^3$ [kg/m³] とするとき，以下の問に答えよ．

(1) 温度の上昇のために必要な熱量 Q [kJ] を求めよ．

(2) 消費電力 $P = 1.2$ [kW] のヒートポンプユニットで $t = 5$ [h] かかったとき，成績係数 COP を求めよ．

問 12 ■■■□□ ⏳5分

ヒートポンプ式電気給湯器を用いて，体積 $V = 460$ [L]，温度 $T_1 = 300$ [K] の水を加熱する場合について考える．水の比熱を $C = 4.18 \times 10^3$ [J/(kg·K)]，密度を $\rho = 1.00 \times 10^3$ [kg/m³] とし，ヒートポンプユニットの消費電力 $P = 1.4$ [kW]，成績係数 COP = 4.0 のヒートポンプユニットで $t = 6$ [h] 加熱したとき，温度上昇後の水の温度 T_2 [K] を求めよ．

問 13 ■□□□□ ⏳5分

直径 $d = 40$ [cm]，高さ $l = 120$ [cm] の円柱形の伝導体がある．上面の温度が $T_1 = 500$ [K]，下面の温度が $T_2 = 200$ [K] で一定に保温されているとき，上面から下面に向かう熱流 I_h [W] の値を求めよ．ただし，伝導体の熱伝導率を $\lambda = 0.26$ [W/(m·K)] とする．

コラム 22

様々な「〇〇効果」

機械科目では多くの「〇〇効果」が問われる場合があるため，ここで簡単にまとめておく．

ゼーベック効果　：異金属を接合したとき，接合部に温度差があると熱起電力が発生し，電流が流れる現象．

ペルチェ効果　：異金属を接合した部分に電圧を印加して電流を流すことで生じる熱の吸収（または放出）現象．ゼーベック効果の逆．

ホール効果　：電流が流れている物体に垂直方向に磁界を印加すると，電流と磁界の両方に垂直な方向に起電力が生じる現象．不純物半導体が p 形か n 形かを判別する際によく用いられる．

ピンチ効果　：導体に電流を流すと右ねじの法則に従って導体の周囲に磁界が生じ，その磁界が電流を締め付けるように働くことで導体がくびれる現象．

ピエゾ（圧電）効果：物質に圧力を加えると，分極により圧力に比例した電圧が生じる現象．

機械　第4章：情報処理

テーマ1 ▶▶ 2進数と基数変換

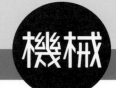

1．2進数・8進数・16進数

日常で扱うのは10進数であり，0から9までの数字で表される．そして，9に1を加えると桁が1つ繰り上がって10となる．同様にr進数は0から$r-1$までの数字(10を超えると，**表1**のようにアルファベットも使用)で表され，それに1を加えると桁が1つ繰り上がる．rは基数といい，何進数かを明確にするために，$(a_3 a_2 a_1 a_0)_r$と右下に基数を記載することが多いが，10進数の場合は省略することもある．代表的なものに2進数，8進数，16進数がある．

表1

10進数	0	1	2	3	4	5	6	7	8	9	10	11	12	13	14	15
16進数	0	1	2	3	4	5	6	7	8	9	A	B	C	D	E	F

2．基数変換

(1) r進数を10進数に

$(a_7 a_6 a_5 a_4 a_3 a_2 a_1 a_0)_r$という$r$進数を10進数で表すと，以下のようになる．

$$(a_7 a_6 a_5 a_4 a_3 a_2 a_1 a_0)_r=(r^7 a_7+r^6 a_6+r^5 a_5+r^4 a_4+r^3 a_3+r^2 a_2+r^1 a_1+r^0 a_0)_{10}$$

例：2進数$(1101)_2$　$\Rightarrow (2^3\times1+2^2\times1+2^1\times0+2^0\times1)_{10}=(8+4+1)_{10}=(13)_{10}$

例：8進数$(124)_8$　$\Rightarrow (8^2\times1+8^1\times2+8^0\times4)_{10}=(64\times1+8\times2+1\times4)_{10}=(84)_{10}$

例：16進数$(\mathrm{D8})_{16}$　$\Rightarrow (16^1\times13+16^0\times8)_{10}=(16\times13+1\times8)_{10}=(216)_{10}$

(2) 10進数をr進数に

10進数をr進数に変換するには，**図1**のように，rで割ったときの余りを並べれば求められる．

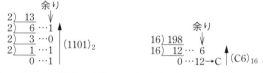

(a) $(13)_{10}$を2進数に変換　(b) $(198)_{10}$を16進数に変換

図1

(3) 2進数を8進数に

2進数3桁は0から7までを表すことができ，8進数1桁と等しいため，2進数を3桁ごとにくくれば簡単に8進数に変換できる．例えば，$(110101)_2$を8進数に変換すると$(65)_8$となる．

$$(\underbrace{110}_{6}\ \underbrace{101}_{5})_2=(65)_8$$

(4) 2進数を16進数に

2進数4桁は0から15までを表すことができ，16進数1桁と等しいため，2進数を4桁ごとにくくれば簡単に16進数に変換できる．例えば，$(11010111)_2$を16進数に変換すると$(\mathrm{D7})_{16}$となる．

$$(\underbrace{1101}_{13\ \to\ \mathrm{D}}\ \underbrace{0111}_{7})_2=(\mathrm{D7})_{16}$$

練習問題

問1 ■□□□□ ⏳10分

以下の(1)～(12)に示す様々な基数で表された数を10進数で表せ.

(1) $(10)_2$　　(2) $(101)_2$　　(3) $(111)_2$　　(4) $(1001)_2$　　(5) $(1101)_2$　　(6) $(11010)_2$

(7) $(11111)_2$　　(8) $(226)_8$　　(9) $(437)_8$　　(10) $(23)_{16}$　　(11) $(A5)_{16}$　　(12) $(2D8)_{16}$

問2 ■□□□□ ⏳10分

以下の(1)～(14)に示す10進数で表された数を【　】内の表示方法で表せ.

(1) 5【2進数】　　(2) 7【2進数】　　(3) 9【2進数】　　(4) 14【2進数】　　(5) 27【2進数】

(6) 68【8進数】　　(7) 101【8進数】　　(8) 138【8進数】　　(9) 242【8進数】　　(10) 485【8進数】

(11) 134【16進数】　　(12) 198【16進数】　　(13) 223【16進数】　　(14) 421【16進数】

問3 ■■□□□ ⏳10分

以下の(1)～(10)に示す様々な基数で表された数を【　】内の表示方法で表せ.

(1) $(110101)_2$【8進数】　　(2) $(101010)_2$【8進数】　　(3) $(100001)_2$【8進数】

(4) $(10010110)_2$【16進数】　　(5) $(11100111)_2$【16進数】　　(6) $(11011011)_2$【16進数】

(7) $(3514)_8$【16進数】　　(8) $(7621)_8$【16進数】　　(9) $(3E7)_{16}$【8進数】　　(10) $(AF1)_{16}$【8進数】

問4 ■■□□□ ⏳15分

以下の(1)～(6)に示す計算式が成り立つとき,AおよびBの値を求め,与えられた計算式で用いられている基数を用いて表せ.

(1) $\begin{cases} A+B=(1111)_2 \\ A-B=(111)_2 \end{cases}$　　(2) $\begin{cases} A+B=(11000)_2 \\ A-B=(100)_2 \end{cases}$　　(3) $\begin{cases} 2A+B=(100001)_2 \\ A+2B=(11110)_2 \end{cases}$

(4) $\begin{cases} A+B=(555)_8 \\ A-B=(207)_8 \end{cases}$　　(5) $\begin{cases} 2A+B=(650)_8 \\ A-B=(43)_8 \end{cases}$　　(6) $\begin{cases} A+B=(138)_{16} \\ A-B=(26)_{16} \end{cases}$

問5 ■■□□□ ⏳10分

以下の(1)～(3)に示す計算式が成り立つとき,基数rの値を求めよ.

(1) $(110)_r+(100)_r=(1010)_r$　　(2) $(71)_r+(51)_r=(142)_r$　　(3) $(122)_r-(14)_r=(104)_r$

> **コラム 23**

電卓の使い方:円周率の計算

税込 キーのある電卓の場合,税率を「214」に設定することによって, 税込 キーを押せば円周率 $\pi=3.14$ を掛けた値を出力できる.税率を x〔%〕とすると, 税込 キーを押すことによって,

$$(\text{出力結果}) = (\text{表示値}) \times \left(1+\frac{x}{100}\right)$$

が出力される.したがって,$x=214$〔%〕と設定することによって円周率の積が出力される.

$$(\text{出力結果}) = (\text{現在の表示}) \times \left(1+\frac{214}{100}\right) = (\text{現在の表示}) \times (1+2.14) = (\text{現在の表示}) \times 3.14$$

1. ブール代数の基本法則

「0」と「1」の2値と，2種類の「AND（論理積）」「OR（論理和）」という演算で定義された体系をブール代数という．Aを変数（0か1を取り得る）としたとき，論理積および論理和は，以下のように表される．

（論理積）$\begin{cases} A \cdot 0 = 0 \\ A \cdot 1 = A \end{cases}$

（論理和）$\begin{cases} A + 0 = A \\ A + 1 = 1 \end{cases}$

また，ブール代数には表2のような各種法則がある．これは通常の代数と同じものもあれば異なるものもあるので，特に異なるものについては，しっかりと暗記しよう．

例えば，吸収法則の$A + A \cdot B = A$は，

$A + A \cdot B = A \cdot 1 + A \cdot B = A \cdot (1 + B) = A \cdot 1 = A$

と，他の法則を活用して導出することができる．

表2

交換法則	$A + B = B + A$ $A \cdot B = B \cdot A$
結合法則	$A + (B + C) = (A + B) + C$ $A \cdot (B \cdot C) = (A \cdot B) \cdot C$
分配法則	$A \cdot (B + C) = A \cdot B + A \cdot C$ $A + B \cdot C = (A + B) \cdot (A + C)$
同一法則	$A + A = A$ $A \cdot A = A$
吸収法則	$A + A \cdot B = A$ $A \cdot (A + B) = A$
否定法則	$A + \overline{A} = 1$ $A \cdot \overline{A} = 0$ $\overline{\overline{A}} = A$
ド・モルガンの定理	$\overline{A + B} = \overline{A} \cdot \overline{B}$ $\overline{A \cdot B} = \overline{A} + \overline{B}$

2. 論理式と真理値表

論理式：ブール代数の入力と出力を関係づけるための計算式
　例：$Z = A + \overline{B} \cdot C \Rightarrow$ 入力：A, B, C　出力：Z

真理値表：論理式のすべての入出力の組み合わせをまとめた表
　例：$Z = A + \overline{B} \cdot C$の真理値表（表3）

3. 真理値表から論理式を導く

① 出力が1となる行を抽出する．

$\Rightarrow$ 表3：$(A, B, C) = (0, 0, 1),\ (1, 0, 0),\ (1, 0, 1),\ (1, 1, 0),$
　　　$(1, 1, 1)$の5つ（◯で囲った5行）

表3

A	B	C	$\overline{B}$	$\overline{B} \cdot C$	Z
0	0	0	1	0	0
0	0	1	1	1	1
0	1	0	0	0	0
0	1	1	0	0	0
1	0	0	1	0	1
1	0	1	1	1	1
1	1	0	0	0	1
1	1	1	0	0	1

② 入力が1ならそのまま，0なら否定したものの論理積をとる．

$\Rightarrow (A, B, C) = (0, 0, 1)$の場合：$\overline{A} \cdot \overline{B} \cdot C,\ (A, B, C) = (1, 0, 0)$の場合：$A \cdot \overline{B} \cdot \overline{C}$，など

③ ①で抜き出したすべての入力の組み合わせに対して②を実行．

$\Rightarrow \overline{A} \cdot \overline{B} \cdot C,\ A \cdot \overline{B} \cdot \overline{C},\ A \cdot \overline{B} \cdot C,\ A \cdot B \cdot \overline{C},\ A \cdot B \cdot C$

④ それらの論理和が出力となる．

$\Rightarrow Z = \overline{A} \cdot \overline{B} \cdot C + A \cdot \overline{B} \cdot \overline{C} + A \cdot \overline{B} \cdot C + A \cdot B \cdot \overline{C} + A \cdot B \cdot C$

⑤ 表2の各種法則にしたがって簡単化．

$\Rightarrow Z = (A + \overline{A}) \cdot \overline{B} \cdot C + A \cdot B \cdot (C + \overline{C}) + A \cdot \overline{B} \cdot (C + \overline{C}) = A \cdot (B + \overline{B}) + \overline{B} \cdot C = A + \overline{B} \cdot C$

練習問題

問6 ■■■■□ ⏳15分

以下の(1)～(5)に示すブール代数の基本法則について,他の法則やベン図(コラム参照)を用いて導け.

(1) $A + B \cdot C = (A + B) \cdot (A + C)$　　(2) $A + A \cdot B = A$　　(3) $A \cdot (A + B) = A$

(4) $\overline{A + B} = \overline{A} \cdot \overline{B}$　　(5) $\overline{A \cdot B} = \overline{A} + \overline{B}$

問7 ■■■□□ ⏳15分

以下の(1)～(7)に示す論理式を簡単化せよ.

(1) $Z = A \cdot \overline{B} + A \cdot B + \overline{A} \cdot B$　　　　(2) $Z = \overline{A + B} + \overline{A} \cdot B$　　(3) $Z = (A + B) \cdot (A + \overline{C})$

(4) $Z = A \cdot B \cdot \overline{C} + A \cdot B \cdot C + \overline{A} \cdot B \cdot C + \overline{A} \cdot \overline{B} \cdot C$　　　　(5) $Z = A \cdot B \cdot (A + C)$

(6) $Z = (A + B) \cdot (A + C) + C \cdot (A + \overline{B})$　　(7) $Z = (A + B) \cdot (\overline{A \cdot B} + C) + A \cdot \overline{C} + B$

問8 ■■□□□ ⏳15分

以下の(1)～(8)に示す論理式の真理値表を書け.

(1) $Z = \overline{A + B}$　　(2) $Z = \overline{A} + \overline{B}$　　(3) $Z = A \cdot B + \overline{A} \cdot \overline{B}$　　(4) $Z = A \cdot \overline{B} + \overline{A} \cdot B$

(5) $Z = A + B \cdot C$　　(6) $Z = A \cdot B + \overline{A} \cdot C$　　(7) $Z = A \cdot B \cdot C + \overline{A} \cdot B$　　(8) $Z = A \cdot (\overline{B} + C)$

問9 ■■■□□ ⏳20分

以下の(1)～(4)に示す真理値表から論理式を導け.また,その論理式を簡単化せよ.

(1)

A	B	C	Z
0	0	0	1
0	0	1	1
0	1	0	0
0	1	1	0
1	0	0	0
1	0	1	0
1	1	0	0
1	1	1	0

(2)

A	B	C	Z
0	0	0	1
0	0	1	0
0	1	0	1
0	1	1	0
1	0	0	1
1	0	1	0
1	1	0	0
1	1	1	0

(3)

A	B	C	Z
0	0	0	1
0	0	1	0
0	1	0	1
0	1	1	0
1	0	0	1
1	0	1	1
1	1	0	0
1	1	1	0

(4)

A	B	C	Z
0	0	0	0
0	0	1	1
0	1	0	0
0	1	1	1
1	0	0	0
1	0	1	1
1	1	0	1
1	1	1	1

コラム24

ベン図

論理式について考える際に,ブール代数の法則を用いなくてもベン図を使用すれば視覚的に分かりやすくなる.

図(a)のように円の中の領域を「Aである」,(b)のように円の外側の領域を「Aでない(否定)」と定義すれば,$A + B$は「AまたはB」を意味するため,(c)のようにAとBの両方の領域を示し,$A \cdot B$は「AかつB」を意味するため,(d)のようにAとBの重複する領域のみを示す.

ベン図を用いれば,表2の基本法則も容易に証明できる.

(a)

(b)

$A + B$
(c)

$A \cdot B$
(d)

1. 論理ゲートと論理回路

論理式の論理演算を電気的に実現するための回路を論理回路といい，論理回路の構成要素であり，各種演算を行う素子を論理ゲートという（**表4**）.

表4

名称	AND 論理積	OR 論理和	NOT 論理否定	NAND 否定的論理積	NOR 否定的論理和	Ex-OR 排他的論理和
記号	A B —□— Z	A B —□— Z	A —▷○— Z	A B —□○— Z	A B —□○— Z	A B —□— Z
意味	AかつB	AまたはB	Aでない	ANDの否定	ORの否定	AとBが不一致
論理式	$Z = A \cdot B$	$Z = A + B$	$Z = \overline{A}$	$Z = \overline{A \cdot B}$	$Z = \overline{A + B}$	$Z = A \oplus B$ $= A \cdot \overline{B} + \overline{A} \cdot B$
真理値表	A B | Z 0　0 | 0 0　1 | 0 1　0 | 0 1　1 | 1	A B | Z 0　0 | 0 0　1 | 1 1　0 | 1 1　1 | 1	A | Z 0 | 1 1 | 0	A B | Z 0　0 | 1 0　1 | 1 1　0 | 1 1　1 | 0	A B | Z 0　0 | 1 0　1 | 0 1　0 | 0 1　1 | 0	A B | Z 0　0 | 0 0　1 | 1 1　0 | 1 1　1 | 0

例えば，テーマ2の2. で例として扱った，

$$Z = A + \overline{B} \cdot C$$

という論理式に対する論理回路は，ANDゲート，ORゲート，NOTゲートを用いれば，**図2**のようになる.

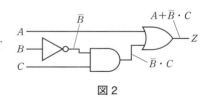

図2

2. カルノー図による論理式の簡単化

カルノー図：演算規則を用いず論理式を簡単化するために用いる図

例：$Z = \overline{A} \cdot \overline{B} \cdot C + A \cdot \overline{B} \cdot \overline{C} + A \cdot \overline{B} \cdot C + A \cdot B \cdot \overline{C} + A \cdot B \cdot C$

① 真理値表の出力が1となる欄に「1」を記入（**図3**）.

② 図中の「1」をできるだけ少ない長方形・正方形で囲む.

　⇒ 図3では ⌐⌐ で囲った長方形Ⓐが1つ，正方形Ⓑが1つ.

　※・囲むマス数は1, 2, 4, 8, …でなければならない.

　　・上端と下端，左端と右端は，つながっていると考えられる.

③ 囲った中で共通の入力の論理積をとる（入力が1ならそのまま，0なら否定）.

　⇒ 長方形Ⓐ：$B = 0$, $C = 1$が共通なので$\overline{B} \cdot C$, 正方形Ⓑ：$A = 1$が共通なのでA.

④ ③で求めたすべての論理積の論理和が出力となる. ⇒ $Z = A + \overline{B} \cdot C$

　※4入力の場合は，4×4＝16マスのカルノー図を用いて同様の手順で簡単化可能.

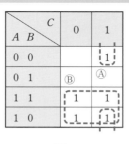

図3

練習問題

問10 ■■□□□ ⏳10分

以下の(1)～(4)に示す2進数AおよびBについて，ビットごとの論理積(AND)，論理和(OR)，排他的論理和(Ex–OR)の演算を行え．

(1) $\begin{cases} A = (1110)_2 \\ B = (1011)_2 \end{cases}$ (2) $\begin{cases} A = (1001)_2 \\ B = (0101)_2 \end{cases}$ (3) $\begin{cases} A = (101001)_2 \\ B = (010011)_2 \end{cases}$ (4) $\begin{cases} A = (01101101)_2 \\ B = (10100110)_2 \end{cases}$

問11 ■■□□□ ⏳15分

問図11(1)～(6)について，真理値表を書いて論理式を求めよ．

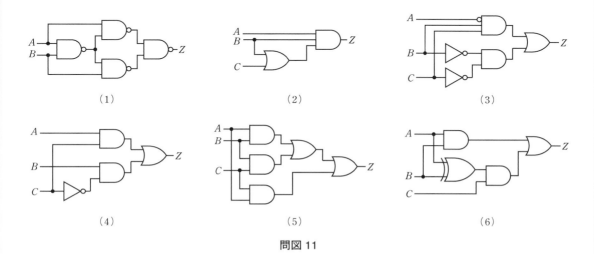

問図 11

問12 ■■□□□ ⏳8分

問9(1)～(4)で求めた論理式を実現する論理回路を描け．

問13 ■■□□□ ⏳15分

以下の(1)～(6)に示す論理式について，カルノー図を用いて簡単化せよ．

(1) $Z = \overline{A} \cdot B \cdot \overline{C} + A \cdot B \cdot \overline{C} + \overline{A} \cdot B \cdot C$

(2) $Z = A \cdot B \cdot C + A \cdot B \cdot \overline{C} + \overline{A} \cdot B \cdot C + \overline{A} \cdot \overline{B} \cdot C + \overline{A} \cdot \overline{B} \cdot \overline{C}$

(3) $Z = A \cdot B \cdot C + A \cdot B \cdot \overline{C} + \overline{B} \cdot \overline{C} + A \cdot \overline{B} \cdot C$

(4) $Z = A \cdot B \cdot D + A \cdot \overline{B} \cdot \overline{D} + A \cdot C \cdot D + A \cdot \overline{C} \cdot D$

(5) $Z = A \cdot B \cdot C \cdot D + A \cdot \overline{B} \cdot D + \overline{A} \cdot B \cdot D + \overline{A} \cdot \overline{B} \cdot C \cdot \overline{D} + B \cdot \overline{C} \cdot D$

(6) $Z = \overline{A} \cdot B \cdot \overline{C} \cdot \overline{D} + B \cdot \overline{C} \cdot D + A \cdot \overline{B} \cdot C \cdot D + A \cdot C \cdot D + B \cdot C \cdot D$

第4章：情報処理

テーマ4 ▶▶ フローチャート

1. フローチャートとは？

フローチャート：何らかの目的を達成するために，処理の流れを見やすく表した図

⇒フローチャートに用いられる主な図記号は，**表5**に示す通り．

表5

図記号	意味	説明
—— ｜ ↓	遷移	図記号同士を結び，次の記号への状態遷移を示す．上から下，左から右が基本の流れだが，それに反する場合は矢印となる．
⬭	端子	フローチャートの開始（START）と終了（END）を示す．
▭	処理	計算式などの各種処理の実行を示す．
◇	判断	判断条件を示し，その条件を満たす場合はYES，満たさない場合はNOへ遷移する．
▱	入出力	入力および出力を示す．

2. フローチャートの具体例

500円の商品を購入する場合のフローチャート（**図4**）：

① 入力：(a)所持金を把握する ⇒ (b)所持金の値を変数mに代入

② 判断：(a)所持金が500円以上あるか確認する ⇒ (b)$m \geqq 500$が成り立つかどうか確認

③ 処理：(a)500円に満たない場合，お小遣いを500円貰う ⇒ (b)変数mに$m+500$を代入

④ 処理：(a)500円以上ある場合，500円を支払い購入 ⇒ (b)変数mに$m-500$を代入

⑤ 出力：(a)所持金を確認する ⇒ (b)変数mを出力

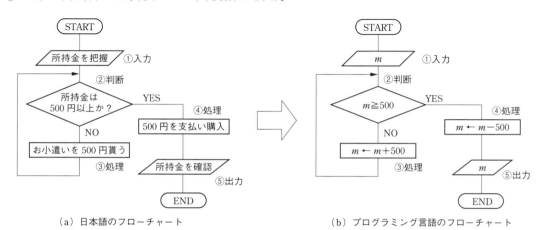

（a）日本語のフローチャート　　　　　　　　　（b）プログラミング言語のフローチャート

図4

練習問題

問14 ■■□□□ ⏳15分

問図14(1)〜(3)について，出力される n および A の値を求めよ．

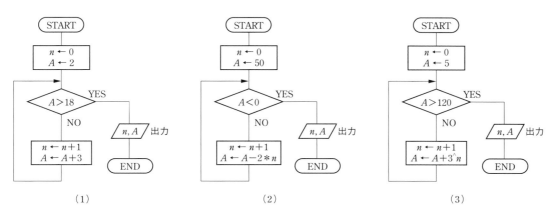

問図14

問15 ■■■■□ ⏳15分

問図15(1)〜(2)について，このプログラムを実行することによって，どのような処理が行われるか答えよ．また，a[1]＝4，a[2]＝8，a[3]＝3，a[4]＝2，a[5]＝6のとき，出力される値((1)の場合は m の値，(2)の場合はa[1]〜a[5]のそれぞれの値)を求めよ．

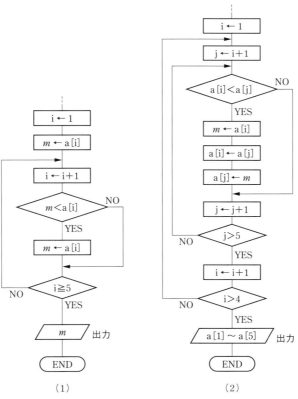

問図15

1. 需要率

$$（需要率）＝\frac{（最大需要電力[\mathrm{kW}]）}{（負荷設備容量[\mathrm{kW}]）} \times 100[\%]$$

【需要率を考える理由】

　需要家は，持っている設備を24時間365日全負荷でフル稼働させているわけではないので，需要家が持つ設備容量の総和をベースにして変圧器の容量などを選定すると過剰設備になってしまう．しかし，需要家が持つ設備容量の総和に対し，実際に需要家がどの程度の電力を最大で必要とするかが分かれば，変圧器容量などの経済的な選定が可能となる．

2. 負荷率

$$（負荷率）＝\frac{（平均需要電力[\mathrm{kW}]）【P_\mathrm{a}】}{（最大需要電力[\mathrm{kW}]）【P_\mathrm{m}】} \times 100[\%]$$

【負荷率の種類】

　平均需要電力は主に1日や1年という単位で計算され，それに対応する負荷率をそれぞれ日負荷率や年負荷率という．負荷曲線（図1）に季節依存性がなければ日負荷率，夏季と冬季で異なる負荷曲線になるなどの場合は年負荷率が使用される．

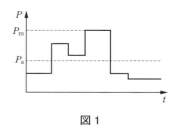

図1

3. 不等率

$$（不等率）＝\frac{（最大需要電力の和[\mathrm{kW}]）【P_\mathrm{mA}＋P_\mathrm{mB}＋P_\mathrm{mC}】}{（合成最大需要電力[\mathrm{kW}]）【P_0】}$$

【不等率を考える理由】

　変圧器が複数の需要家に電力を供給するとき，図2のように，各需要家が最大需要電力となる時刻は必ずしも一致しないため，各需要家の最大需要電力の和をベースに変圧器の容量を選定すると過剰設備になってしまう．そこで，需要率とともに不等率も考慮して，変圧器容量などを選定する方法がとられる．

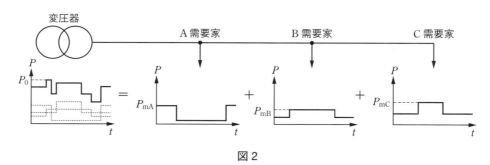

図2

練習問題

問1　■□□□□　⏳2分

ある工場の有する設備容量は，$P_0 = 1\,200\,[\mathrm{kW}]$ であり，また最大需要電力は，$P_\mathrm{m} = 1\,050\,[\mathrm{kW}]$ である．この工場における需要率を求めよ．

問2　■■□□□　⏳3分

ある需要家が，設備容量 $P_1 = 150\,[\mathrm{kW}]$，$P_2 = 100\,[\mathrm{kW}]$，$P_3 = 250\,[\mathrm{kW}]$，$P_4 = 300\,[\mathrm{kW}]$ の4つの設備を有している．この需要家の最大需要電力が $P_\mathrm{m} = 680\,[\mathrm{kW}]$ であるとき，需要率を求めよ．

問3　■■□□□　⏳8分

ある需要家における1日の負荷の使用状況を描いた日負荷曲線は，問図3のようになる．このときの日負荷率を求めよ．

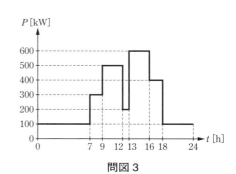

問図3

問4　■■■■□　⏳20分

同一配電線より受電している，ある3つの工場A，B，Cがある．それぞれの工場の日負荷曲線が問図4のようになるとき，以下の(1)～(4)に答えよ．ただし，工場A，B，Cの設備容量はそれぞれ $P_\mathrm{A} = 900\,[\mathrm{kW}]$，$P_\mathrm{B} = 550\,[\mathrm{kW}]$，$P_\mathrm{C} = 240\,[\mathrm{kW}]$ である．また，工場A，B，Cの負荷の力率は時間に関係なく一定であり，それぞれ 1.0，0.8，0.6 とする．

(1) 各工場の需要率および日負荷率を求めよ．

(2) 工場A，B，Cの総合負荷率を求めよ．

(3) 工場A，B，Cの不等率を求めよ．

(4) 最大負荷時における総合力率を求めよ．

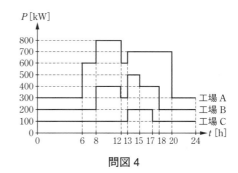

問図4

問5　■■■□□　⏳15分

3つの需要家A，B，Cがあり，それらの設備容量，力率，需要率，負荷率，不等率が，それぞれ問表5に示す通りであるとき，以下の(1)～(4)に答えよ．

(1) 各需要家の最大需要電力 P_mA，P_mB，$P_\mathrm{mC}\,[\mathrm{kW}]$ を求めよ．

(2) 各需要家の平均需要電力 P_aA，P_aB，$P_\mathrm{aC}\,[\mathrm{kW}]$ を求めよ．

(3) 合成最大需要電力 $P_0\,[\mathrm{kW}]$ を求めよ．

(4) 総合負荷率を求めよ．

問表5

需要家	設備容量 [kV・A]	力率	需要率 [%]	負荷率 [%]	不等率
A	600	0.90	40	50	
B	300	0.80	60	40	1.14
C	700	0.85	60	60	

1．B種接地工事とD種接地工事

B種接地工事：高圧電路と低圧電路を結合する変圧器の低圧側に施す接地．抵抗値の上限は**表1**に示す通り

D種接地工事：300［V］以下の低圧電気機器の外箱などに施す接地．抵抗値の上限は100［Ω］だが，地絡発生時0.5秒以内に自動遮断可能な場合は500［Ω］

表1

条　件	接地抵抗値R_B［Ω］
下記以外	$\dfrac{150}{I_s}$
1秒を超え2秒以内に高圧電路を自動遮断可能な場合	$\dfrac{300}{I_s}$
1秒以内に高圧電路を自動遮断可能な場合	$\dfrac{600}{I_s}$

2．金属製外箱の対地電圧

電動機等の回路と外箱が接触して地絡発生時（**図3**），等価回路は**図4**のようになるため，一線地絡電流I_s［A］および外箱の対地電圧V_D［V］は，以下の通り．

$$I_s = \frac{V}{R_B + R_D}\ [\text{A}], \quad V_D = \frac{R_D V}{R_B + R_D}\ [\text{V}]$$

R_B：B種接地抵抗値［Ω］　R_D：D種接地抵抗値［Ω］　V：低圧電路の使用電圧［V］

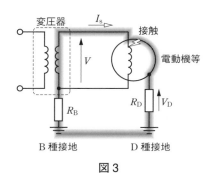

図3

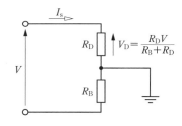

図4

人が外箱に接触している場合（**図5**），等価回路は**図6**のようになるため，人体の抵抗をR_m［Ω］とすれば，一線地絡電流I_s［A］および外箱の対地電圧V_m［V］は，以下の通り．

$$I_s = \frac{(R_D + R_m)V}{R_B R_m + R_m R_D + R_D R_B}\ [\text{A}], \quad V_m = \frac{R_D R_m V}{R_B R_m + R_m R_D + R_D R_B}\ [\text{V}]$$

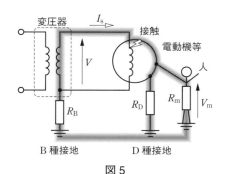

図5

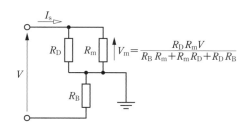

図6

問6 ■□□□□ ⏳2分

　高圧電路と低圧電路を結合する単相変圧器がある．高圧・低圧混触時に流れる一線地絡電流が $I_s = 3$ [A]のとき，低圧側に施す接地抵抗の上限値 R_B [Ω]を求めよ．ただし，地絡発生時に1.5秒で自動的に高圧電路を遮断する遮断装置を有しているとする．

問7 ■■□□□ ⏳5分

　高圧電路と低圧電路を結合する単相変圧器があり，低圧側の使用電圧は $V = 100$ [V]である．また，低圧側の一端には接地抵抗 $R_B = 30$ [Ω]のB種接地工事が施されている．地絡発生時，低圧電路に接続されている電動機の外箱の対地電圧を $V_D = 40$ [V]以下に抑えるために必要なD種接地抵抗値 R_D [Ω]を求めよ．

問8 ■■■□□ ⏳8分

　問図8のように，単相変圧器の低圧側電路に使用電圧 $V = 200$ [V]の電動機が設置されている．一線地絡電流が $I_s = 6$ [A]のとき，変圧器の低圧側の一端に施したB種接地工事の接地抵抗値 R_B [Ω]を求めよ．ただし，地絡発生時に2.5秒で自動的に高圧電路を遮断する遮断装置を有しているとする．

　また，電動機の端子付近で充電部が金属製外箱に接触して地絡した場合，外箱の対地電圧を $V_D = 30$ [V]以下に抑えるために施すD種接地抵抗の抵抗値 R_D [Ω]を求めよ．

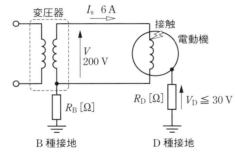

問図8

問9 ■■□□□ ⏳5分

　高圧電路と低圧電路を結合する単相変圧器があり，低圧側の使用電圧は $V = 100$ [V]である．また，低圧側の一端にはB種接地工事が施されており，その抵抗値は $R_B = 40$ [Ω]である．さらに，低圧電路に接続されている電動機の外箱にはD種接地工事が施されており，その抵抗値は $R_D = 50$ [Ω]である．地絡発生時，電動機の外箱に人が触れていた場合，人体に流れる電流 I_m [mA]を求めよ．ただし，人体の抵抗値を $R_m = 5\,000$ [Ω]とする．

問10 ■■■□□ ⏳10分

　高圧電路と低圧電路を結合する単相変圧器があり，低圧側の使用電圧は $V = 200$ [V]である．また，低圧側の一端には接地抵抗 $R_B = 50$ [Ω]のB種接地工事が施されている．地絡発生時，低圧電路路に接続されている電動機の外箱に人が触れていた場合，人体に流れる電流を $I_m = 2$ [mA]以下に抑えたい．そのために必要なD種接地抵抗値 R_D [Ω]を求めよ．ただし，人体の抵抗値を $R_m = 8\,000$ [Ω]とする．

1. 絶縁耐力試験

　高圧・特別高圧の電路が，どの程度の電圧に耐えられるか確かめるための試験.

【試験機器構成】

　図7の通り.

【最大使用電圧】

　公称電圧の大きさにより**表2**から算出.

【試験電圧】

　試験時に対象の電路に実際に印加する電圧値. 最大使用電圧により**表3**から算出.

　※ただし，ケーブルの場合は直流を用いて試験可能. 直流を用いる場合は，試験電圧の2倍の電圧を印加.

【試験方法】

　電路と大地との間に連続して10分間，試験電圧を印加.

　※多心ケーブルの場合は，心線相互間および心線一括・大地間に印加.

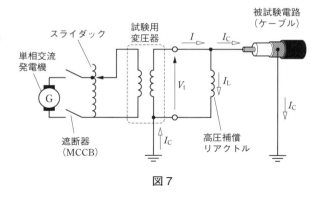

図7

表2

公称電圧E[V]	最大使用電圧E_m[V]
1 000 V以下	$1.15E$
1 000 V超	$\dfrac{1.15}{1.1}E$

表3

最大使用電圧E_m[V]		試験電圧V_t[V]
7 000 V以下		$1.5E_m$
7 000 Vを超え60 000 V以下	$E_m \leqq 15\,000$ Vかつ中性点接地式電路	$0.92E_m$
	上記以外	$1.25E_m$（最低10 500 V）

2. 対地充電電流と補償リアクトル

【対地充電電流】

　電路と大地の間に生じる静電容量の影響で，以下の式による充電電流I_C[A]が流れる.

　　$I_C = 2\pi f C_0 V_t$ [A]

　　I_C：対地充電電流[A]　f：周波数[Hz]　C_0：電路の対地静電容量[C]　V_t：試験電圧[V]

【試験機器の容量】

　補償リアクトルがない場合，$I = I_C$[A]なので，試験機器に要求される容量S[V・A]は，以下の通り.

　　$S = V_t I = V_t I_C$ [V・A]

【補償リアクトル】

　図7に示すように，補償リアクトルを設置して遅れ電流I_L[A]を供給することによって，進み電流である対地充電電流I_C[A]を打ち消し，必要な試験機器の容量S[V・A]を低減可能.

　　$S = V_t I = V_t (I_C - I_L)$ [V・A]

　※I_C[A]とI_L[A]は位相が180°異なるため，$I = I_C + I_L$[A]とはならず，$I = I_C - I_L$[A]となることに注意.

練習問題

問11 ■■□□□ ⏳8分

以下の(1)〜(6)に示す公称電圧の電路に対して絶縁耐力試験を実施する場合，印加する試験電圧を求めよ．ただし，(5)，(6)は直流電圧を印加するものとする．

(1) 400 [V]　　　(2) 6 600 [V]　　(3) 11 000 [V]（中性点接地式）

(4) 22 000 [V]　　(5) 6 600 [V]　　(6) 33 000 [V]

問12 ■■■□□ ⏳10分

公称電圧 $V = 6 600$ [V]の三相3線式の高圧電路に対し，周波数 $f = 50$ [Hz]の交流試験機を用いて三相一括で絶縁耐力試験を実施するとき，以下の(1)〜(3)に答えよ．ただし，1線分の対地静電容量を $C_1 = 0.15$ [μF]とする．

(1) 試験電圧 V_t [V]を求めよ．

(2) 対地充電電流 I_C [A]を求めよ．

(3) 試験機器に必要な容量 S [kV·A]を求めよ．ただし，小数点以下は切り上げとする．

問13 ■■■■□ ⏳10分

公称電圧 $V = 6 600$ [V]のこう長 $l = 600$ [m]の高圧ケーブル（単心）に対し，周波数 $f = 50$ [Hz]の交流試験機を用いて絶縁耐力試験を実施するとき，以下の(1)〜(3)に答えよ．ただし，高圧ケーブルの1 [km]当たりの対地静電容量を $C_1 = 0.4$ [μF/km]とする．

(1) 対地充電電流 I_C [mA]を求めよ．

(2) 容量 $S = 5$ [kV·A]の試験機を用いるとき，補償リアクトルに最低限流すべき電流 I_L [mA]を求めよ．

(3) 1台当たり 150 [mA]を流すことが可能な補償リアクトルを用いるとき，最低何台必要か．

問14 ■■■■■ ⏳10分

公称電圧 $V = 6 600$ [V]のこう長 $l = 300$ [m]のCVTケーブルに対し，周波数 $f = 50$ [Hz]の交流試験機を用いて3線を一括して絶縁耐力試験を実施するとき，以下の(1)〜(4)に答えよ．ただし，CVTケーブル1線当たり対地の静電容量を $C_1 = 0.2$ [μF/km]とする．また，使用する高圧補償リアクトルは，12.5 [kV]印加時に電流300 [mA]が流れる仕様とし，試験用変圧器の巻数比は1：115とする．

(1) 試験用変圧器の一次側に印加すべき電圧 E_1 [V]を求めよ．

(2) 対地充電電流 I_C [mA]を求めよ．

(3) 高圧補償リアクトルに流れる電流 I_L [mA]を求めよ．

(4) 試験機器に必要な容量 S [kV·A]を求めよ．ただし，小数点以下は切り上げとする．

数学・物理学の基礎　理論　電力　機械　**法規**　解答・解説

1. 電線が受ける風圧荷重

風圧荷重（$P = pS\,[\mathrm{N/m}]$）の種類は，以下の3種類．どのような季節や地方で適用するかは，**表4**の通り．

① 甲種風圧荷重（図8）

⇒ 投影面積 $S = DL \times 10^{-3}\,[\mathrm{m}^2]$，風圧 $p = 980\,[\mathrm{Pa}]$

② 乙種風圧荷重（図9）

⇒ 投影面積 $S = (D+2d)L \times 10^{-3}\,[\mathrm{m}^2]$，風圧 $p = 490\,[\mathrm{Pa}]$

　※ $d = 6 \times 10^{-3}\,[\mathrm{m}]$，氷雪の比重 $\rho = 0.9$

③ 丙種風圧荷重（図8）

⇒ 投影面積 $S = DL \times 10^{-3}\,[\mathrm{m}^2]$，風圧 $p = 490\,[\mathrm{Pa}]$

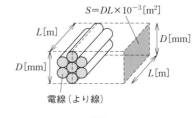

図 8

表4

季　節	地　　　　方		適用荷重
高温季	全地方		甲
低温季	氷雪の多い地方	海岸地その他の低温季に最大風圧を生じる地方	甲or乙（大きい方）
		上記以外の地方	乙
	氷雪の多い地方以外の地方		丙

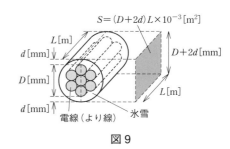

図 9

2. 支線とその張力

【支線】（図10）

電線の張力により支持物の根際にはモーメントが発生する．これにより支持物が倒壊しないように支線を設ける．モーメントの釣り合いを考えると，支線の張力 $T\,[\mathrm{N}]$ の水平成分 $T_\mathrm{h}\,[\mathrm{N}]$ は，

$$T_1 h_1 = T_\mathrm{h} h \quad \therefore T_\mathrm{h} = \frac{h_1}{h} T_1\,[\mathrm{N}]$$

となる．したがって，支線の張力 $T\,[\mathrm{N}]$ は，以下の通り．

$$T_\mathrm{h} = T \sin\theta \quad \therefore T = \frac{T_\mathrm{h}}{\sin\theta} = \frac{\sqrt{h^2+d^2}}{d} T_\mathrm{h}\,[\mathrm{N}]$$

【素線の条数】

支線としてより線を用いるとき，

$$TF = nt \quad \therefore n = \frac{TF}{t}\,[\text{本}] \qquad (1)$$

という式で素線の条数を求められる．

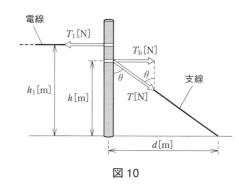

図 10

n：素線の条数　t：素線1条の引張荷重（素線1条が耐え得る最大の荷重）$[\mathrm{N}]$

F：安全率（強度に余裕を持たせるために考慮する係数）　T：支線の張力$[\mathrm{N}]$

※素線をより合わせることによって引張荷重が低下するのを表す減少係数 k を考慮する場合もある．その場合，(1)式中の $t\,[\mathrm{N}]$ を，$t\,[\mathrm{N}]$ に k を乗じた $kt\,[\mathrm{N}]$ に置き換えればよい．

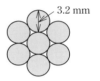

練習問題

問15 ■□□□□ ⏳8分

　問図15に示すような断面を持つ硬銅より線（7本/3.2 mm）を使用した架空送電線が，以下の（1）～（3）に示した場所に施設されている．1線に加わる高温季の水平風圧荷重 P_1[N/m]と低温季の水平風圧荷重 P_2[N/m]を求めよ．

（1）氷雪の多い地方であって，低温季に最大風圧を生じる地方

（2）氷雪の多い地方であって，低温季に最大風圧を生じない地方

（3）氷雪の多い地方以外の地方

問図15

3.2 mm

問16 ■■□□□ ⏳5分

　仕上がり外径 $D = 16$[mm]の絶縁電線が，氷雪の多い地方で低温季に最大荷重を生じる地方に施設されている．高温季の水平風圧荷重 P_1[N/m]と低温季の水平風圧荷重 P_2[N/m]を求めよ．また，低温季の風圧荷重として乙種風圧荷重が適用となる仕上がり外径の最大値 D_m[mm]を求めよ．

問17 ■□□□□ ⏳3分

　図10において，電線を張力 $T_1 = 5$[kN]，高さ $h_1 = 10$[m]の位置に引き留めた．支線の取り付け高さ $h = 8$[m]，柱と支線固定点との距離 $d = 10$[m]のとき，支線の張力 T[kN]を求めよ．

問18 ■■□□□ ⏳5分

　問17において支線の張力を維持し，高さ $h_2 = 6$[m]の位置に追加で電線を張力 $T_2 = 2$[kN]で引き留める場合，電線の張力 T_1[kN]を調整する必要がある．調整後の張力 T_1'[kN]を求めよ．

問19 ■■■□□ ⏳8分

　問図19のように，張力 $T_1 = 20$[kN]，高さ $h_1 = 10$[m]に電線を引き留めるとき，追支線の張力 T[kN]を求めよ．また，直径2.6[mm]，引張強さ1.23[kN/mm²]の素線をより合わせたものを支線として使用するとき，必要な素線の最小条数 n を求めよ．ただし，安全率を $F = 1.5$ とする．

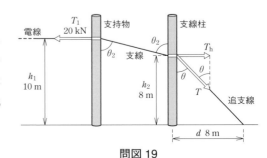

問図19

問20 ■■■□□ ⏳10分

　問図20のように，2本の電線A，Bを角度60°だけ開いて張力 $T_1 = 13$[kN]で高さ $h_1 = 10$[m]に引き留め，1本の支線によってそれを受けるとき，支線の張力 T[kN]を求めよ．また，問図19と同じ素線をより合わせたものを支線として使用するとき，必要な素線の最小条数 n を求めよ．ただし，安全率を $F = 1.5$ とし，より合わせによる引張荷重の減少係数を $k = 0.9$ とする．

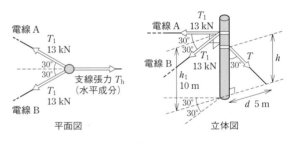

問図20

練習問題の
解答・解説

解答・解説

数学・物理学の基礎

1章　数学の基礎

テーマ1　基本的な計算

問1

(1) $6+3\times8=6+24=\underline{30}$

(2) $10-3\times2=10-6=\underline{4}$

(3) $7+12\div3=7+4=\underline{11}$

(4) $19-20\div5=19-4=\underline{15}$

(5) $4\times(2+3)=4\times5=\underline{20}$

(6) $20\div(1+4)=20\div5=\underline{4}$

(7) $2\times(6+4\times3)=2\times(6+12)=2\times18=\underline{36}$

(8) $20\div(8-3\times2)=20\div(8-6)=20\div2=\underline{10}$

(9) $(3+7)\times(2+5)=10\times7=\underline{70}$

問2

(1) $5(a+2b)=5\times a+5\times 2b=\underline{5a+10b}$

(2) $(2x+3)y=2x\times y+3\times y=\underline{2xy+3y}$

(3) $(2a+3)(b-2)$
$=(2a+3)\times b+(2a+3)\times(-2)$
$=2a\times b+3\times b+2a\times(-2)+3\times(-2)$
$=\underline{2ab-4a+3b-6}$

(4) $(x+2)(x+3)=x^2+(2+3)x+2\times3$
$=\underline{x^2+5x+6}$

(5) $(x+5)^2=x^2+2\times5\times x+5^2=\underline{x^2+10x+25}$

(6) $(y-3)^2=y^2-2\times3\times y+3^2=\underline{y^2-6y+9}$

(7) $(x+6)(x-6)=x^2-6^2=\underline{x^2-36}$

(8) $(2x+3)(3x+5)$
$=2\times3\times x^2+(2\times5+3\times3)x+3\times5$
$=6x^2+(10+9)x+15=\underline{6x^2+19x+15}$

問3

(1) $5:2=\dfrac{5}{2}=\underline{2.5}$

(2) $2.4:4=\dfrac{2.4}{4}=\dfrac{24}{40}=\dfrac{3}{5}=\underline{0.6}$

(3) $37:100=\dfrac{37}{100}=\underline{0.37}$

(4) $3:10=\dfrac{3}{10}=\underline{0.3}$

(5) $2.5:50=\dfrac{2.5}{50}=\dfrac{25}{500}=\dfrac{1}{20}=\underline{0.05}$

(6) $20:1.6=\dfrac{20}{1.6}=\dfrac{200}{16}=\dfrac{25}{2}=\underline{12.5}$

問4

(1) $2\times x=5\times6$
$\therefore 2x=30 \quad \therefore x=\underline{15}$

(2) $3\times x=6\times7$
$\therefore 3x=42 \quad \therefore x=\underline{14}$

(3) $10\times x=5\times6$
$\therefore 10x=30 \quad \therefore x=\underline{3}$

(4) $2\times x=4\times6$
$\therefore 2x=24 \quad \therefore x=\underline{12}$

(5) $50\times x=1\times2$
$\therefore 50x=2 \quad \therefore x=\dfrac{2}{50}=\underline{0.04}$

(6) $1.6\times 5x=20\times4$
$\therefore 8x=80 \quad \therefore x=\underline{10}$

(7) $5\times 4x=7\times8$
$\therefore 20x=56 \quad \therefore x=\underline{2.8}$

問5

(1) $x=A\times\dfrac{80}{100}=200\times0.8=\underline{160}$

(2) $x=A\times\dfrac{95}{100}=90\times0.95=\underline{85.5}$

(3) $x=A\times\dfrac{120}{100}=50\times1.2=\underline{60}$

(4) $x=A\times\dfrac{200}{100}=60\times2=\underline{120}$

(5) $x=A\times\dfrac{3}{10}=800\times0.3=\underline{240}$

(6) $x=A\times\dfrac{7}{10}=380\times0.7=\underline{266}$

(7) $x=B\times\dfrac{95}{100}=\left(A\times\dfrac{98}{100}\right)\times0.95$
$=200\times0.98\times0.95=\underline{186.2}$

(8) $x\times\dfrac{92}{100}=A=460 \quad \therefore x=\dfrac{460}{0.92}=\underline{500}$

(9) $A=B\times\dfrac{90}{100}=\left(x\times\dfrac{80}{100}\right)\times0.9=x\times0.8\times0.9$
$\therefore x=\dfrac{A}{0.8\times0.9}=\dfrac{180}{0.72}=\underline{250}$

テーマ２　分数の計算

問６

(1) $\dfrac{6}{8} = \dfrac{6 \div 2}{8 \div 2} = \underline{\dfrac{3}{4}}$

(2) $\dfrac{6}{15} = \dfrac{6 \div 3}{15 \div 3} = \underline{\dfrac{2}{5}}$

(3) $\dfrac{12}{32} = \dfrac{12 \div 2}{32 \div 2} = \dfrac{6}{16} = \dfrac{6 \div 2}{16 \div 2} = \underline{\dfrac{3}{8}}$

※２で割る操作を２回行うのは，最初から４で割るのと等しい．４で割れることに気づけば，より早く計算が可能となる．

(4) $\dfrac{18}{24} = \dfrac{18 \div 6}{24 \div 6} = \underline{\dfrac{3}{4}}$

(5) $\dfrac{49}{70} = \dfrac{49 \div 7}{70 \div 7} = \underline{\dfrac{7}{10}}$

問７

(1) 分母の３と４の最小公倍数は12なので，

$$\dfrac{1}{3} = \dfrac{1 \times 4}{3 \times 4} = \dfrac{4}{12}, \quad \dfrac{1}{4} = \dfrac{1 \times 3}{4 \times 3} = \dfrac{3}{12}$$

$$\therefore \underline{\dfrac{1}{3} > \dfrac{1}{4}}$$

(2) 分母の５と３の最小公倍数は15なので，

$$\dfrac{3}{5} = \dfrac{3 \times 3}{5 \times 3} = \dfrac{9}{15}, \quad \dfrac{2}{3} = \dfrac{2 \times 5}{3 \times 5} = \dfrac{10}{15}$$

$$\therefore \underline{\dfrac{3}{5} < \dfrac{2}{3}}$$

(3) 分母の４と６の最小公倍数は12なので，

$$\dfrac{3}{4} = \dfrac{3 \times 3}{4 \times 3} = \dfrac{9}{12}, \quad \dfrac{5}{6} = \dfrac{5 \times 2}{6 \times 2} = \dfrac{10}{12}$$

$$\therefore \underline{\dfrac{3}{4} < \dfrac{5}{6}}$$

(4) 分母の８と５の最小公倍数は40なので，

$$\dfrac{5}{8} = \dfrac{5 \times 5}{8 \times 5} = \dfrac{25}{40}, \quad \dfrac{3}{5} = \dfrac{3 \times 8}{5 \times 8} = \dfrac{24}{40}$$

$$\therefore \underline{\dfrac{5}{8} > \dfrac{3}{5}}$$

(5) 分母の９と12の最小公倍数は36なので，

$$\dfrac{5}{9} = \dfrac{5 \times 4}{9 \times 4} = \dfrac{20}{36}, \quad \dfrac{7}{12} = \dfrac{7 \times 3}{12 \times 3} = \dfrac{21}{36}$$

$$\therefore \underline{\dfrac{5}{9} < \dfrac{7}{12}}$$

問８

(1) $\dfrac{6}{5} = 6 \div 5 = \underline{1.2}$

(2) $\dfrac{3}{4} = 3 \div 4 = \underline{0.75}$

(3) $\dfrac{5}{8} = 5 \div 8 = \underline{0.625}$

(4) $0.7 = \dfrac{0.7}{1} = \underline{\dfrac{7}{10}}$

(5) $0.25 = \dfrac{0.25}{1} = \dfrac{25}{100} = \underline{\dfrac{1}{4}}$

(6) $2.4 = \dfrac{2.4}{1} = \dfrac{24}{10} = \underline{\dfrac{12}{5}}$

問９

(1) $\dfrac{2}{3} + \dfrac{5}{4} = \dfrac{2 \times 4}{3 \times 4} + \dfrac{5 \times 3}{4 \times 3} = \dfrac{8 + 15}{12} = \underline{\dfrac{23}{12}}$

(2) $\dfrac{3}{4} + \dfrac{5}{6} = \dfrac{3 \times 3}{4 \times 3} + \dfrac{5 \times 2}{6 \times 2} = \dfrac{9 + 10}{12} = \underline{\dfrac{19}{12}}$

(3) $\dfrac{2}{5} + 2 = \dfrac{2}{5} + \dfrac{2}{1} = \dfrac{2}{5} + \dfrac{2 \times 5}{1 \times 5} = \dfrac{2 + 10}{5} = \underline{\dfrac{12}{5}}$

(4) $\dfrac{5}{2} + 1.4 = \dfrac{5}{2} + \dfrac{14}{10} = \dfrac{5 \times 5}{2 \times 5} + \dfrac{14}{10} = \dfrac{25 + 14}{10}$

$$= \underline{\dfrac{39}{10}}$$

(5) $\dfrac{5}{2} - \dfrac{4}{5} = \dfrac{5 \times 5}{2 \times 5} - \dfrac{4 \times 2}{5 \times 2} = \dfrac{25 - 8}{10} = \underline{\dfrac{17}{10}}$

(6) $\dfrac{5}{6} - \dfrac{1}{15} = \dfrac{5 \times 5}{6 \times 5} - \dfrac{1 \times 2}{15 \times 2} = \dfrac{25 - 2}{30} = \underline{\dfrac{23}{30}}$

(7) $3 - \dfrac{21}{8} = \dfrac{3}{1} - \dfrac{21}{8} = \dfrac{3 \times 8}{1 \times 8} - \dfrac{21}{8} = \dfrac{24 - 21}{8}$

$$= \underline{\dfrac{3}{8}}$$

(8) $\dfrac{6}{7} - 0.6 = \dfrac{6}{7} - \dfrac{6}{10} = \dfrac{6}{7} - \dfrac{3}{5} = \dfrac{6 \times 5}{7 \times 5} - \dfrac{3 \times 7}{5 \times 7}$

$$= \dfrac{30 - 21}{35} = \underline{\dfrac{9}{35}}$$

(9) $4 \times \dfrac{2}{9} = \dfrac{4 \times 2}{9} = \underline{\dfrac{8}{9}}$

(10) $\dfrac{2}{3} \times \dfrac{4}{5} = \dfrac{2 \times 4}{3 \times 5} = \underline{\dfrac{8}{15}}$

(11) $\dfrac{4}{3} \times \dfrac{5}{7} = \dfrac{4 \times 5}{3 \times 7} = \dfrac{20}{21}$

(12) $\dfrac{3}{8} \times \dfrac{4}{7} = \dfrac{3}{2} \times \dfrac{1}{7} = \dfrac{3 \times 1}{2 \times 7} = \dfrac{3}{14}$

(13) $\dfrac{5}{6} \div 4 = \dfrac{5}{6} \times \dfrac{1}{4} = \dfrac{5 \times 1}{6 \times 4} = \dfrac{5}{24}$

(14) $5 \div \dfrac{6}{7} = 5 \times \dfrac{7}{6} = \dfrac{5 \times 7}{6} = \dfrac{35}{6}$

(15) $\dfrac{2}{3} \div \dfrac{5}{2} = \dfrac{2}{3} \times \dfrac{2}{5} = \dfrac{2 \times 2}{3 \times 5} = \dfrac{4}{15}$

(16) $\dfrac{4}{3} \div \dfrac{8}{9} = \dfrac{4}{3} \times \dfrac{9}{8} = \dfrac{1}{1} \times \dfrac{3}{2} = \dfrac{3}{2}$

問10

(1) $\dfrac{3}{\frac{2}{3}} = \dfrac{3 \times 3}{\frac{2}{3} \times 3} = \dfrac{9}{2}$

(2) $\dfrac{\frac{1}{6}}{\frac{3}{4}} = \dfrac{\frac{1}{6} \times 12}{\frac{3}{4} \times 12} = \dfrac{2}{3 \times 3} = \dfrac{2}{9}$

(3) $\dfrac{\frac{1}{3}}{2 + \frac{3}{5}} = \dfrac{\frac{1}{3} \times 15}{\left(2 + \frac{3}{5}\right) \times 15} = \dfrac{5}{2 \times 15 + 3 \times 3}$

$\qquad = \dfrac{5}{30 + 9} = \dfrac{5}{39}$

(4) $\dfrac{1.3}{0.2} = \dfrac{1.3 \times 10}{0.2 \times 10} = \dfrac{13}{2}$

(5) $\dfrac{1.5}{0.6} = \dfrac{1.5 \times 10}{0.6 \times 10} = \dfrac{15}{6} = \dfrac{5}{2}$

問11

(1) 足し算よりも先に掛け算を行うので，

$\dfrac{7}{8} + \dfrac{3}{5} \times \dfrac{5}{8} = \dfrac{7}{8} + \dfrac{3}{1} \times \dfrac{1}{8} = \dfrac{7}{8} + \dfrac{3}{8} = \dfrac{10}{8}$

$\qquad = \dfrac{5}{4}$

(2) 引き算よりも先に掛け算を行うので，

$\dfrac{5}{6} - \dfrac{1}{12} \times \dfrac{3}{2} = \dfrac{5}{6} - \dfrac{1}{4} \times \dfrac{1}{2} = \dfrac{5}{6} - \dfrac{1}{8}$

$\qquad = \dfrac{5 \times 4}{6 \times 4} - \dfrac{1 \times 3}{8 \times 3} = \dfrac{20}{24} - \dfrac{3}{24} = \dfrac{17}{24}$

(3) 足し算よりも先に割り算を行うので，

$\dfrac{8}{9} + \dfrac{5}{18} \div \dfrac{1}{6} = \dfrac{8}{9} + \dfrac{5}{18} \times 6 = \dfrac{8}{9} + \dfrac{5}{3}$

$\qquad = \dfrac{8}{9} + \dfrac{5 \times 3}{3 \times 3} = \dfrac{8}{9} + \dfrac{15}{9} = \dfrac{23}{9}$

(4) 引き算よりも先に割り算を行うので，

$\dfrac{3}{4} - \dfrac{4}{5} \div \dfrac{3}{10} = \dfrac{3}{4} - \dfrac{4}{5} \times \dfrac{10}{3} = \dfrac{3}{4} - \dfrac{4 \times 2}{1 \times 3}$

$\qquad = \dfrac{3}{4} - \dfrac{8}{3} = \dfrac{3 \times 3}{4 \times 3} - \dfrac{8 \times 4}{3 \times 4}$

$\qquad = \dfrac{9 - 32}{12} = -\dfrac{23}{12}$

(5) 括弧内の計算を先に行うので，

$\dfrac{8}{3} \times \left(\dfrac{2}{5} + \dfrac{5}{3}\right) = \dfrac{8}{3} \times \left(\dfrac{2 \times 3}{5 \times 3} + \dfrac{5 \times 5}{3 \times 5}\right)$

$\qquad = \dfrac{8}{3} \times \left(\dfrac{6 + 25}{15}\right) = \dfrac{8}{3} \times \dfrac{31}{15}$

$\qquad = \dfrac{248}{45}$

(6) 括弧外の30は括弧内の分数の分母（5，6）で割れるため，

$\dfrac{30}{7} \times \left(\dfrac{1}{5} + \dfrac{5}{6}\right) = \dfrac{1}{7} \times \left(\dfrac{1}{5} \times 30 + \dfrac{5}{6} \times 30\right)$

$\qquad = \dfrac{1}{7} \times (6 + 5 \times 5) = \dfrac{6 + 25}{7} = \dfrac{31}{7}$

テーマ3　指数と平方根

問12

(1) $2 \times 2 \times 2 = \underline{2^3}$

(2) $5 \times 5 \times 5 \times 5 = \underline{5^4}$

(3) $7 \times 7 \times 7 \times 7 \times 7 \times 7 \times 7 = \underline{7^7}$

(4) $13 \times 13 \times 13 \times 13 \times 13 = \underline{13^5}$

(5) $a \times a \times a \times a = \underline{a^4}$

(6) $x \times x \times y \times y \times y \times y = x^2 \times y^4 = \underline{x^2 y^4}$

(7) $a \times a \times b \times b \times b \times c \times c \times c \times c \times c$

$\quad = a^2 \times b^3 \times c^5 = \underline{a^2 b^3 c^5}$

問13

(1) $2^2 \times 2^6 = 2^8 = 2^4 \times 2^4 = 16^2 = \underline{256}$

(2) $5^6 \div 5^4 = 5^2 = \underline{25}$

(3) $(3^2)^3 = 3^6 = 27 \times 27 = \underline{729}$

(4) $(7^2)^4 \div 7^6 = 7^8 \div 7^6 = 7^2 = \underline{49}$

(5) $5^{-2} = \dfrac{1}{5^2} = \dfrac{1}{25} = \underline{0.04}$

問 14

(1) $\pm\sqrt{25} = \pm\sqrt{5^2} = \underline{\pm 5}$

(2) $\pm\sqrt{324} = \pm\sqrt{18^2} = \underline{\pm 18}$

(3) $\pm\sqrt{8} = \pm\sqrt{2^3} = \pm\sqrt{2^2 \times 2} = \underline{\pm 2\sqrt{2}}$

(4) $\pm\sqrt{108} = \pm\sqrt{6^2 \times 3} = \underline{\pm 6\sqrt{3}}$

(5) $\pm\sqrt{1\,445} = \pm\sqrt{289 \times 5} = \pm\sqrt{17^2 \times 5} = \underline{\pm 17\sqrt{5}}$

問 15

(1) $5\sqrt{2} + 2\sqrt{2} = (5+2)\sqrt{2} = \underline{7\sqrt{2}}$

(2) $8\sqrt{5} - 2\sqrt{5} = (8-2)\sqrt{5} = \underline{6\sqrt{5}}$

(3) $2\sqrt{3} + 2\sqrt{27} = 2\sqrt{3} + 2\sqrt{3^2 \times 3}$
$\qquad\qquad = 2\sqrt{3} + 2 \times 3\sqrt{3} = 2\sqrt{3} + 6\sqrt{3}$
$\qquad\qquad = \underline{8\sqrt{3}}$

(4) $3\sqrt{125} - \sqrt{320} = 3\sqrt{5^2 \times 5} - \sqrt{8^2 \times 5}$
$\qquad\qquad = 3 \times 5\sqrt{5} - 8\sqrt{5}$
$\qquad\qquad = 15\sqrt{5} - 8\sqrt{5} = \underline{7\sqrt{5}}$

(5) $\sqrt{\dfrac{27}{4}} - \dfrac{\sqrt{3}}{2} = \dfrac{\sqrt{27}}{\sqrt{4}} - \dfrac{\sqrt{3}}{2} = \dfrac{\sqrt{3^2 \times 3}}{2} - \dfrac{\sqrt{3}}{2}$
$\qquad\qquad = \dfrac{3\sqrt{3}}{2} - \dfrac{\sqrt{3}}{2} = \dfrac{(3-1)\sqrt{3}}{2} = \dfrac{2\sqrt{3}}{2}$
$\qquad\qquad = \underline{\sqrt{3}}$

(6) $(\sqrt{5} + \sqrt{2})^2 - \sqrt{49}$
$= (\sqrt{5})^2 + 2 \times \sqrt{5} \times \sqrt{2} + (\sqrt{2})^2 - \sqrt{7^2}$
$= 5 + 2\sqrt{10} + 2 - 7 = \underline{2\sqrt{10}}$

(7) $(\sqrt{3} - \sqrt{2})^2 + \sqrt{24}$
$= (\sqrt{3})^2 - 2 \times \sqrt{3} \times \sqrt{2} + (\sqrt{2})^2 + \sqrt{2^2 \times 6}$
$= 3 - 2\sqrt{6} + 2 + 2\sqrt{6} = \underline{5}$

問 16

(1) $3\sqrt{2} = \sqrt{3^2 \times 2} = \sqrt{9 \times 2} = \underline{\sqrt{18}}$

(2) $5\sqrt{3} = \sqrt{5^2 \times 3} = \sqrt{25 \times 3} = \underline{\sqrt{75}}$

(3) $4\sqrt{5} = \sqrt{4^2 \times 5} = \sqrt{16 \times 5} = \underline{\sqrt{80}}$

(4) $2\sqrt{3} + 2\sqrt{12} = \sqrt{2^2 \times 3} + 2\sqrt{12} = \sqrt{12} + 2\sqrt{12}$
$\qquad\qquad = 3\sqrt{12} = \sqrt{3^2 \times 12} = \sqrt{9 \times 12}$
$\qquad\qquad = \underline{\sqrt{108}}$

(5) $\sqrt{75} - 3\sqrt{3} = \sqrt{5^2 \times 3} - 3\sqrt{3} = 5\sqrt{3} - 3\sqrt{3}$
$\qquad\qquad = 2\sqrt{3} = \sqrt{2^2 \times 3} = \sqrt{4 \times 3} = \underline{\sqrt{12}}$

問 17

(1) $\dfrac{2}{\sqrt{3}} \times \dfrac{\sqrt{3}}{\sqrt{3}} = \dfrac{2 \times \sqrt{3}}{(\sqrt{3})^2} = \underline{\dfrac{2\sqrt{3}}{3}}$

(2) $\dfrac{8\sqrt{3}}{\sqrt{2}} \times \dfrac{\sqrt{2}}{\sqrt{2}} = \dfrac{8\sqrt{3} \times \sqrt{2}}{(\sqrt{2})^2} = \dfrac{8\sqrt{6}}{2} = \underline{4\sqrt{6}}$

(3) $\dfrac{8\sqrt{5}}{\sqrt{6}} \times \dfrac{\sqrt{6}}{\sqrt{6}} = \dfrac{8\sqrt{5} \times \sqrt{6}}{(\sqrt{6})^2} = \dfrac{8\sqrt{30}}{6} = \underline{\dfrac{4\sqrt{30}}{3}}$

(4) $\dfrac{2}{\sqrt{5}+1} \times \dfrac{\sqrt{5}-1}{\sqrt{5}-1} = \dfrac{2(\sqrt{5}-1)}{(\sqrt{5}+1)(\sqrt{5}-1)}$

$\qquad = \dfrac{2(\sqrt{5}-1)}{(\sqrt{5})^2 - 1^2} = \dfrac{2(\sqrt{5}-1)}{5-1} = \dfrac{2(\sqrt{5}-1)}{4}$

$\qquad = \underline{\dfrac{\sqrt{5}-1}{2}}$

(5) $\dfrac{\sqrt{5}}{\sqrt{5}-\sqrt{3}} \times \dfrac{\sqrt{5}+\sqrt{3}}{\sqrt{5}+\sqrt{3}} = \dfrac{\sqrt{5}(\sqrt{5}+\sqrt{3})}{(\sqrt{5}-\sqrt{3})(\sqrt{5}+\sqrt{3})}$

$\qquad = \dfrac{(\sqrt{5})^2 + \sqrt{5} \times \sqrt{3}}{(\sqrt{5})^2 - (\sqrt{3})^2} = \dfrac{5+\sqrt{15}}{5-3} = \underline{\dfrac{5+\sqrt{15}}{2}}$

テーマ4　一次方程式と連立方程式

問 18

(1) $x + 3 = 8$
$\quad x = 8 - 3$
$\quad \therefore x = \underline{5}$

(2) $3x - 1 = 2$
$\quad 3x = 2 + 1 = 3$
$\quad \therefore x = \dfrac{3}{3} = \underline{1}$

(3) $5y + 2 = 17$
$\quad 5y = 17 - 2 = 15$
$\quad \therefore y = \dfrac{15}{5} = \underline{3}$

(4) $5y + 2 = 3y + 10$
$\quad 5y - 3y = 10 - 2$
$\quad \therefore 2y = 8$
$\quad \therefore y = \dfrac{8}{2} = \underline{4}$

問 19

(1) $\begin{cases} 2x + y = 3 & ① \\ 3x + 2y = 2 & ② \end{cases}$

①式は，$y = -2x + 3$ と変形できるので，これを②式に代入して，

$\quad 3x + 2(-2x + 3) = 2$
$\quad 3x - 4x + 6 = 2$
$\quad -x = 2 - 6$

$-x = -4$

$\therefore x = \underline{4}$

これを①式に代入して,

$2 \times 4 + y = 3$

$8 + y = 3$

$y = 3 - 8$

$\therefore y = \underline{-5}$

(2) $\begin{cases} 5x + 7y = 3 & ① \\ 2x + 3y = 1 & ② \end{cases}$

②式は, $y = -\dfrac{2}{3}x + \dfrac{1}{3}$ と変形できるので, こ

れを①式に代入して,

$5x + 7\left(-\dfrac{2}{3}x + \dfrac{1}{3}\right) = \dfrac{15}{3}x - \dfrac{14}{3}x + \dfrac{7}{3} = 3$

$\therefore \dfrac{1}{3}x = 3 - \dfrac{7}{3} = \dfrac{9}{3} - \dfrac{7}{3} = \dfrac{2}{3}$

$\therefore x = \underline{2}$

これを②式に代入して,

$2 \times 2 + 3y = 1$

$\therefore 3y = 1 - 4 = -3$

$\therefore y = \underline{-1}$

(3) $\begin{cases} y = 3x - 1 & ① \\ 3x + 2y = 16 & ② \end{cases}$

①式を②式に代入して,

$3x + 2(3x - 1) = 3x + 6x - 2 = 16$

$\therefore 9x = 18$

$\therefore x = \underline{2}$

これを①式に代入して,

$y = 3 \times 2 - 1 = 6 - 1 = \underline{5}$

(4) $\begin{cases} 2x - 3y = 1 & ① \\ 3x + 2y = 8 & ② \end{cases}$

②式は, $y = -\dfrac{3}{2}x + 4$ と変形できるので, これ

を①式に代入して,

$2x - 3\left(-\dfrac{3}{2}x + 4\right) = \dfrac{4}{2}x + \dfrac{9}{2}x - 12 = 1$

$\therefore \dfrac{13}{2}x = 13$

$\therefore x = \underline{2}$

これを②式に代入して,

$3 \times 2 + 2y = 8$

$\therefore 2y = 8 - 6 = 2$

$\therefore y = \underline{1}$

問20

(1) $\begin{cases} 2x + y = 3 & ① \\ 3x + 2y = 2 & ② \end{cases}$

①式×2−②式を計算すると,

$\begin{array}{r} 4x + 2y = 6 \\ -)\ \ 3x + 2y = 2 \\ \hline x\ \ \ \ \ \ \ \ = 4 \end{array}$

$\therefore x = \underline{4}$

これを①式に代入して,

$2 \times 4 + y = 8 + y = 3$

$\therefore y = \underline{-5}$

(2) $\begin{cases} 5x + 7y = 3 & ① \\ 2x + 3y = 1 & ② \end{cases}$

①式×2−②式×5を計算すると,

$\begin{array}{r} 10x + 14y = 6 \\ -)\ \ 10x + 15y = 5 \\ \hline -y = 1 \end{array}$

$\therefore y = \underline{-1}$

これを②式に代入して,

$2x + 3 \times (-1) = 1$

$\therefore 2x = 1 + 3 = 4$

$\therefore x = \underline{2}$

(3) $\begin{cases} y = 3x - 1 & ① \\ 3x + 2y = 16 & ② \end{cases}$

①式＋②式を計算すると,

$\begin{array}{r} y = 3x - 1 \\ +)\ \ 3x + 2y = 16 \\ \hline 3x + 3y = 3x + 15 \end{array}$

$\therefore 3y = 15$

$\therefore y = \underline{5}$

これを①式に代入して,

$5 = 3x - 1$

$\therefore 3x = 6 \qquad \therefore x = \underline{2}$

(4) $\begin{cases} 2x - 3y = 1 & ① \\ 3x + 2y = 8 & ② \end{cases}$

①式×2＋②式×3を計算すると,

$\begin{array}{r} 4x - 6y = 2 \\ +)\ \ 9x + 6y = 24 \\ \hline 13x\ \ \ \ \ \ \ = 26 \end{array}$

$\therefore x = \underline{2}$

これを②式に代入して，

$3 \times 2 + 2y = 8$

$\therefore 2y = 8 - 6 = 2 \qquad \therefore y = \underline{1}$

問21

(1) $\begin{cases} 3x + 4y - 6z = 4 & ① \\ x - 3y + 4z = 2 & ② \\ 2x - y + 2z = 6 & ③ \end{cases}$

①式+②式+③式を計算すると，

$$\begin{array}{r} 3x + 4y - 6z = 4 \\ x - 3y + 4z = 2 \\ +) \ \underline{2x - y + 2z = 6} \\ 6x \qquad\qquad = 12 \end{array}$$

$\therefore x = \underline{2}$

これを①式および③式に代入すれば，

$\begin{cases} 4y - 6z = 4 - 2 \times 3 = -2 & ①' \\ -y + 2z = 6 - 2 \times 2 = 2 & ②' \end{cases}$

となる．したがって，①′式+②′式×3を計算すると，

$$\begin{array}{r} 4y - 6z = -2 \\ +) \ \underline{-3y + 6z = 6} \\ y \qquad = 4 \end{array}$$

$\therefore y = \underline{4}$

これを②′式に代入して，

$-4 + 2z = 2$

$\therefore 2z = 2 + 4 = 6$

$\therefore z = \underline{3}$

(2) $\begin{cases} x + y + z = 1 & ① \\ 4x + 4y + 2z = -2 & ② \\ 5x - y + 2z = 2 & ③ \end{cases}$

①式より，

$x + y = 1 - z$

となるため，これを②式に代入すると，

$4(x + y) + 2z = -2$

$4(1 - z) + 2z = -2$

$4 - 4z + 2z = -2$

$-2z = -6$

$\therefore z = \underline{3}$

これを①式に代入すると，

$x + y + 3 = 1$

$\therefore x + y = 1 - 3 = -2 \qquad ①'$

となり，③式に代入すると，

$5x - y + 2 \times 3 = 2$

$5x - y = 2 - 6 = -4 \qquad ②'$

となる．したがって，①′式+②′式を計算すると，

$$\begin{array}{r} x + y = -2 \\ +) \ \underline{5x - y = -4} \\ 6x \qquad = -6 \end{array}$$

$\therefore x = \underline{-1}$

これを①′式に代入すれば，

$-1 + y = -2$

$y = -2 + 1 = \underline{-1}$

(3) $\begin{cases} 8x + 5y - 6z = -6 & ① \\ 2x - 3y + 2z = 4 & ② \\ 10x + 2y + 3z = 26 & ③ \end{cases}$

①式+②式×3を計算すると，

$$\begin{array}{r} 8x + 5y - 6z = -6 \\ +) \ \underline{6x - 9y + 6z = 12} \\ 14x - 4y \qquad = 6 \qquad ②' \end{array}$$

となり，①式+③式×2を計算すると，

$$\begin{array}{r} 8x + 5y - 6z = -6 \\ +) \ \underline{20x + 4y + 6z = 52} \\ 28x + 9y \qquad = 46 \qquad ③' \end{array}$$

となる．したがって，②′式×2−③′式を計算すると，

$$\begin{array}{r} 28x - 8y = 12 \\ -) \ \underline{28x + 9y = 46} \\ -17y = -34 \end{array}$$

$\therefore y = \underline{2}$

これを②′式に代入すると，

$14x - 4 \times 2 = 6$

$\therefore 14x = 6 + 8 = 14$

$\therefore x = \underline{1}$

$x = 1$ と $y = 2$ を①式に代入すれば，

$8 \times 1 + 5 \times 2 - 6z = -6$

$\therefore 6z = 8 + 10 + 6 = 24$

$\therefore z = \underline{4}$

テーマ5　一次関数とグラフ

問22

(1) 原点を通るため，$y = ax$ の形となり，傾きが $a = 3$ なので，

$$y = 3x$$

グラフは，解図22-1の通りとなる．

(2) 原点を通るため，$y = ax$ の形となり，傾きが $a = -2$ なので，

$$y = -2x$$

グラフは，解図22-2の通りとなる．

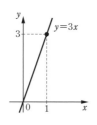

解図 22-1　　　　　解図 22-2

(3) 原点を通るため，$y = ax$ の形となる．傾き a は，

$$a = \frac{\Delta y}{\Delta x} = \frac{2-0}{4-0} = \frac{2}{4} = \frac{1}{2}$$

となるため，関数は，

$$y = \frac{1}{2}x$$

グラフは，解図22-3の通りとなる．

(4) 原点を通らないため，$y = ax + b$ の形となる．傾きが $a = -1$，切片が $b = 5$ なので，

$$y = -x + 5$$

グラフは，解図22-4の通りとなる．

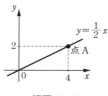

解図 22-3　　　　　解図 22-4

(5) $y = ax + b$ に傾き $a = 2$ を代入すると，

$$y = 2x + b$$

となる．これが点A$(2, 1)$ を通るので，切片 b は，

$$1 = 2 \times 2 + b = 4 + b$$

$$\therefore b = 1 - 4 = -3$$

となる．したがって，関数は，

$$y = 2x - 3$$

グラフは，解図22-5の通りとなる．

(6) $y = ax + b$ に切片 $b = 4$ を代入すると，

$$y = ax + 4$$

となる．これが点A$(2, -2)$ を通るので，傾き a は，

$$-2 = a \times 2 + 4 = 2a + 4$$

$$\therefore 2a = -2 - 4 = -6$$

$$\therefore a = -3$$

となる．したがって，関数は，

$$y = -3x + 4$$

グラフは，解図22-6の通りとなる．

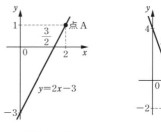

解図 22-5　　　　　解図 22-6

(7) 点A$(3, -2)$ および点B$(6, 0)$ を通るので，$y = ax + b$ にそれぞれ代入すると，

$$\begin{cases} -2 = 3a + b & \text{①} \\ 0 = 6a + b & \text{②} \end{cases}$$

という2つの式が立てられる．したがって，この連立方程式を解けば，傾き a と切片 b が求められる．②式 - ①式を計算すると，

$$\begin{aligned} 0 &= 6a + b \\ -)\quad -2 &= 3a + b \\ \hline 2 &= 3a \end{aligned}$$

$$\therefore a = \frac{2}{3}$$

となり，これを①式に代入すれば，

$$-2 = 3 \times \frac{2}{3} + b = 2 + b$$

$$\therefore b = -2 - 2 = -4$$

となる．したがって，求める関数は，

$$y = \frac{2}{3}x - 4$$

グラフは，解図22-7の通りとなる．

(8) 点A$(2, 2)$ および点B$(8, -1)$ を通るので，$y = ax + b$ にそれぞれ代入すると，

$$\begin{cases} 2 = 2a + b & \text{①} \\ -1 = 8a + b & \text{②} \end{cases}$$

という2つの式が立てられる．したがって，この連立方程式を解けば，傾き a と切片 b が求められる．②式 − ①式を計算すると，

$$\begin{array}{r} -1 = 8a + b \\ -)\quad 2 = 2a + b \\ \hline -3 = 6a \end{array}$$

$$\therefore a = -\frac{1}{2}$$

となり，これを①式に代入すれば，

$$2 = 2 \times \left(-\frac{1}{2} \right) + b = -1 + b$$

$$\therefore b = 2 + 1 = 3$$

となる．したがって，求める関数は，

$$\underline{y = -\frac{1}{2}x + 3}$$

グラフは，解図22−8の通りとなる．

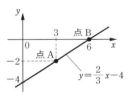

解図 22−7

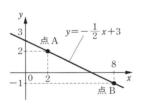

解図 22−8

【問23】

（1）グラフより，切片 $b = -3$ が読み取れる．また，点 $(0, -3)$ と点 $(3, -1)$ を通過するので，傾き a は，

$$a = \frac{\Delta y}{\Delta x} = \frac{-1 - (-3)}{3 - 0} = \frac{-1 + 3}{3} = \frac{2}{3}$$

となる．したがって，$y = ax + b$ に代入して，

$$\underline{y = \frac{2}{3}x - 3}$$

（2）グラフより，切片 $b = 2$ が読み取れる．また，点 $(0, 2)$ と点 $(3, -2)$ を通過するので，傾き a は，

$$a = \frac{\Delta y}{\Delta x} = \frac{-2 - 2}{3 - 0} = -\frac{4}{3}$$

となる．したがって，$y = ax + b$ に代入して，

$$\underline{y = -\frac{4}{3}x + 2}$$

（3）グラフからは切片が読み取れないが，点 $(1, 4)$ と点 $(3, 7)$ を通過するので，傾き a は，

$$a = \frac{\Delta y}{\Delta x} = \frac{7 - 4}{3 - 1} = \frac{3}{2}$$

となる．したがって，$y = ax + b$ に代入して，

$$y = \frac{3}{2}x + b$$

となる．これに，$x = 1$，$y = 4$ を代入すれば，

$$4 = \frac{3}{2} \times 1 + b$$

$$\therefore b = 4 - \frac{3}{2} = \frac{8 - 3}{2} = \frac{5}{2}$$

となる．したがって，

$$\underline{y = \frac{3}{2}x + \frac{5}{2}}$$

【問24】

（1）与えられたグラフに $y = -x + 9$ のグラフを重ねると，解図24−1のようになる．したがって，交点 P の座標 (x_0, y_0) は，

$$(x_0, y_0) = \underline{(4, 5)}$$

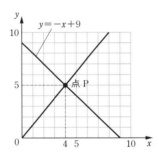

解図 24−1

（2）与えられたグラフに $y = -x + 9$ のグラフを重ねると，解図24−2のようになる．したがって，

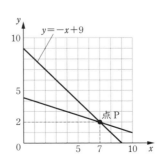

解図 24−2

交点Pの座標 (x_0, y_0) は，

$(x_0, y_0) = \underline{(7, 2)}$

（3）与えられたグラフに $y = -x + 9$ のグラフを重ねると，解図24-3のようになる．したがって，交点Pの座標 (x_0, y_0) は，

$(x_0,\ y_0) = \underline{(3, 6)}$

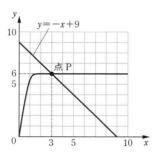

解図24-3

テーマ6　対数関数とグラフ

問25

（1）$\log_{10} 6 = \log_{10}(2 \times 3) = \log_{10} 2 + \log_{10} 3$
$= 0.301 + 0.477 = \underline{0.778}$

（2）$\log_{10} 5 = \log_{10} \dfrac{10}{2} = \log_{10} 10 - \log_{10} 2$
$= 1 - 0.301 = \underline{0.699}$

（3）$\log_{10} 81 = \log_{10}(9 \times 9) = \log_{10}(3^2 \times 3^2)$
$= \log_{10} 3^4 = 4 \log_{10} 3 = 4 \times 0.477$
$= \underline{1.908}$

（4）$\log_{10} 72 = \log_{10}(2 \times 36) = \log_{10}(2 \times 6^2)$
$= \log_{10}(2 \times (2 \times 3)^2)$
$= \log_{10}(2 \times 2^2 \times 3^2)$
$= \log_{10}(2^3 \times 3^2) = \log_{10} 2^3 + \log_{10} 3^2$
$= 3 \log_{10} 2 + 2 \log_{10} 3$
$= 3 \times 0.301 + 2 \times 0.477$
$= 0.903 + 0.954 = \underline{1.857}$

（5）$\log_{10} 0.5 = \log_{10} \dfrac{5}{10} = \log_{10} \dfrac{1}{2}$
$= \log_{10} 1 - \log_{10} 2 = 0 - 0.301$
$= \underline{-0.301}$

（6）$\log_{10} 0.08 = \log_{10} \dfrac{8}{100} = \log_{10} 8 - \log_{10} 100$
$= \log_{10} 2^3 - \log_{10} 10^2$

$= 3 \log_{10} 2 - 2 \log_{10} 10$
$= 3 \times 0.301 - 2 \times 1 = 0.903 - 2$
$= \underline{-1.097}$

問26

（1）与えられた式は，

$y = 3 \log_{10} x^2 = 3 \times 2 \log_{10} x = 6 \log_{10} x$

と変形できる．したがって，グラフは，解図26-1の通り．

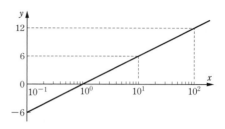

解図26-1

（2）与えられた式は，

$y = -2 \log_{10} \sqrt{x} = -2 \log_{10} x^{\frac{1}{2}} = -2 \times \dfrac{1}{2} \log_{10} x$

$= -\log_{10} x$

と変形できる．したがって，グラフは，解図26-2の通り．

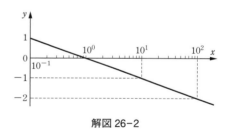

解図26-2

（3）与えられた式は，

$y = 4 + \log_{10} x^3 = 4 + 3 \log_{10} x$

と変形できる．したがって，グラフは，解図26-3

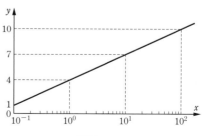

解図26-3

の通り．

(4) 与えられた式は，

$$y = \log_{10} \frac{x^3}{100} = \log_{10} x^3 - \log_{10} 100$$

$$= 3 \log_{10} x - \log_{10} 10^2 = 3 \log_{10} x - 2 \log_{10} 10$$

$$= 3 \log_{10} x - 2$$

と変形できる．したがって，グラフは，解図26-4の通り．

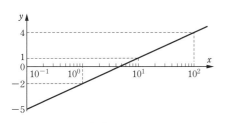

解図26-4

問27

(1) グラフより，$x = 10^0 = 1$ で $y = 0$ となることが読み取れるため，$y = a \log_{10} x$ という形になることが分かる．これに $x = 10^1 = 10$ を代入すると，

$$y = a \log_{10} 10 = a = 4$$

となるため，求める関数は，

$$\underline{y = 4 \log_{10} x}$$

(2) グラフより，$x = 10^0 = 1$ で $y = 0$ とはならないため，$y = a \log_{10} x + b$ という形になることが分かる．これに $x = 10^0 = 1$ を代入すると，

$$y = a \log_{10} 1 + b = b = -2$$

となるため，

$$y = a \log_{10} x - 2$$

となる．また，$x = 10^1 = 10$ を代入すると，

$$y = a \log_{10} 10 - 2 = a - 2 = 0$$

$$\therefore a = 2$$

となる．したがって，求める関数は，

$$\underline{y = 2 \log_{10} x - 2}$$

(3) グラフより，$x = 10^0 = 1$ で $y = 0$ とはならないため，$y = a \log_{10} x + b$ という形になることが分かる．これに $x = 10^0 = 1$ を代入すると，

$$y = a \log_{10} 1 + b = b = 6$$

となるため，

$$y = a \log_{10} x + 6$$

となる．また，$x = 10^1 = 10$ を代入すると，

$$y = a \log_{10} 10 + 6 = a + 6 = 2$$

$$\therefore a = -4$$

となる．したがって，求める関数は，

$$\underline{y = -4 \log_{10} x + 6}$$

テーマ7　様々な図形

問28

(1) $\theta\,[°]$ から $\theta\,[\text{rad}]$ への変換式

$$\frac{\pi}{180} \theta\,[°] = \theta\,[\text{rad}]$$

に $\theta = 30\,[°]$ を代入して，

$$\frac{30}{180} \pi = \underline{\frac{\pi}{6}}\,[\text{rad}]$$

(2) $\dfrac{15}{180} \pi = \underline{\dfrac{\pi}{12}}\,[\text{rad}]$

(3) $\dfrac{120}{180} \pi = \underline{\dfrac{2}{3} \pi}\,[\text{rad}]$

(4) $\dfrac{300}{180} \pi = \underline{\dfrac{5}{3} \pi}\,[\text{rad}]$

(5) $\dfrac{\pi}{180} \theta\,[°] = \theta\,[\text{rad}]$ を変形すると，

$$\theta\,[°] = \frac{180}{\pi} \theta\,[\text{rad}]$$

となる．したがって，

$$\frac{180}{\pi} \cdot \frac{\pi}{3} = \underline{60}\,[°]$$

(6) $\dfrac{180}{\pi} \cdot \dfrac{5}{6} \pi = \underline{150}\,[°]$

(7) $\dfrac{180}{\pi} \cdot \dfrac{3}{2} \pi = \underline{270}\,[°]$

(8) $\dfrac{180}{\pi} \cdot \dfrac{3}{4} \pi = \underline{135}\,[°]$

問29

(1) $x^2 = 3^2 + 3^2 = 18$　∴ $x = \sqrt{18} = \underline{3\sqrt{2}}$

(2) $4^2 = 2^2 + x^2$　∴ $x^2 = 4^2 - 2^2 = 12$

　　∴ $x = \sqrt{12} = \underline{2\sqrt{3}}$

(3) $x^2 = 6^2 + 8^2 = 100$　∴ $x = \sqrt{100} = \underline{10}$

(4) $7^2 = 5^2 + x^2$　∴ $x^2 = 7^2 - 5^2 = 24$

　　∴ $x = \sqrt{24} = \underline{2\sqrt{6}}$

問30

(1) $S = \dfrac{1}{2}ah = \dfrac{1}{2} \times 6 \times 4 = \underline{12}$

(2) $S = \dfrac{1}{2}ah = \dfrac{1}{2} \times 4 \times 4 = \underline{8}$

(3) $S = \dfrac{1}{2}ah = \dfrac{1}{2} \times 7 \times 4 = \underline{14}$

(4) 高さ h は，三平方の定理より，

$h = \sqrt{5^2 - 4^2} = \sqrt{25 - 16} = \sqrt{9} = 3$

である．したがって，

$S = \dfrac{1}{2}ah = \dfrac{1}{2} \times 4 \times 3 = \underline{6}$

問31

(1) $S = ab = 3 \times 4 = \underline{12}$

(2) $S = a^2 = 6^2 = \underline{36}$

(3) $S = ah = 8 \times 3 = \underline{24}$

(4) $S = \dfrac{(a+b)h}{2} = \dfrac{(4+9) \times 6}{2} = 13 \times 3 = \underline{39}$

問32

(1) $l = 2\pi r = 2\pi \times 2 = 4\pi = \underline{12.6}$
$S = \pi r^2 = \pi \times 2^2 = 4\pi = \underline{12.6}$

(2) $l = 2\pi r = 2\pi \times 0.5$
$= \pi = \underline{3.14}$
$S = \pi r^2 = 0.5^2 \times \pi = 0.25\pi = \underline{0.785}$

(3) $l = \pi d = \pi \times 6 = 6\pi = \underline{18.8}$
$S = \dfrac{\pi d^2}{4} = \dfrac{\pi \times 6^2}{4} = \dfrac{36\pi}{4} = 9\pi = \underline{28.3}$

(4) $l = \pi d = 0.4\pi = \underline{1.26}$
$S = \dfrac{\pi d^2}{4} = \dfrac{0.4^2 \times \pi}{4} = \dfrac{0.16\pi}{4} = 0.04\pi = \underline{0.126}$

問33

(1) $l = r\theta = 3 \times \dfrac{\pi}{3} = \pi = \underline{3.14}$

$S = \dfrac{r^2\theta}{2} = \dfrac{3^2 \times \dfrac{\pi}{3}}{2} = \dfrac{3\pi}{2} = \underline{4.71}$

(2) $l = r\theta = 4 \times \dfrac{2}{3}\pi = \dfrac{8\pi}{3} = \underline{8.38}$

$S = \dfrac{r^2\theta}{2} = \dfrac{4^2 \times \dfrac{2\pi}{3}}{2} = \dfrac{16\pi}{3} = \underline{16.8}$

(3) $l = 2\pi r \times \dfrac{\theta}{360} = 2\pi \times 8 \times \dfrac{30}{360} = \dfrac{16\pi}{12} = \dfrac{4\pi}{3}$

$= \underline{4.19}$

$S = \pi r^2 \times \dfrac{\theta}{360} = \pi \times 8^2 \times \dfrac{30}{360} = \dfrac{64\pi}{12} = \dfrac{16\pi}{3}$

$= \underline{16.8}$

(4) $l = 2\pi r \times \dfrac{\theta}{360}$

$= 2\pi \times 1.2 \times \dfrac{75}{360} = \dfrac{180\pi}{360} = \dfrac{\pi}{2} = \underline{1.57}$

$S = \pi r^2 \times \dfrac{\theta}{360}$

$= 1.2^2 \times \pi \times \dfrac{75}{360} = \dfrac{108\pi}{360} = \dfrac{3\pi}{10} = \underline{0.942}$

問34

(1) 底面積 S は，
$S = \pi r^2 = \pi \times 2^2 = 4\pi$
したがって，体積 V は，
$V = Sh = 4\pi \times 5 = 20\pi = \underline{62.8}$

(2) 底面の直角三角形における高さ（長さが不明な辺）h は，
$h = \sqrt{4^2 - 2^2} = \sqrt{16 - 4} = \sqrt{12} = 2\sqrt{3}$
であるため，底面積 S は，
$S = \dfrac{1}{2}ah = \dfrac{1}{2} \times 2 \times 2\sqrt{3} = 2\sqrt{3}$
となる．したがって，体積 V は，
$V = Sh = 2\sqrt{3} \times 8 = 16\sqrt{3} = \underline{27.7}$

(3) 底面積 S は，
$S = ab = 5 \times 3 = 15$
したがって，体積 V は，
$V = Sh = 15 \times 7 = \underline{105}$

(4) 体積 V は，
$V = \dfrac{4}{3}\pi r^3 = \dfrac{4}{3}\pi \times 3^3 = 4\pi \times 3^2 = 36\pi = \underline{113}$

表面積 S は，
$S = 4\pi r^2 = 4\pi \times 3^2 = 36\pi = \underline{113}$

問35

(1) 問題の図は，解図35–1のように分解することができ，それぞれの面積 S_1，S_2 は，
$S_1 = ab = 6 \times 4 = 24$

$$S_2 = \frac{r^2\theta}{2} = \frac{3^2 \times \pi}{2} = \frac{9\pi}{2} = 14.137$$

となる．したがって，

$$S = S_1 + S_2 = 24 + 14.137 = \underline{38.1}$$

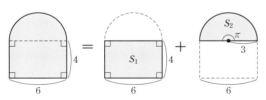

解図 35-1

（2）問題の図は，解図 35-2 のように分解することができ，それぞれの面積 S_1，S_2 は，

$$S_1 = \pi r_1^2 = 5^2 \times \pi = 25\pi$$
$$S_2 = \pi r_2^2 = 3^2 \times \pi = 9\pi$$

となる．したがって，

$$S = S_1 - S_2 = 25\pi - 9\pi = 16\pi = \underline{50.3}$$

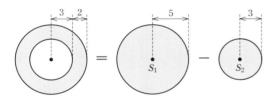

解図 35-2

（3）問題の図は，解図 35-3 のように分解することができ，それぞれの面積 S_1，S_2 は，

$$S_1 = \frac{r_1^2\theta}{2} = \frac{9^2 \times \dfrac{\pi}{3}}{2} = \frac{81\pi}{6}$$

$$S_2 = \frac{r_2^2\theta}{2} = \frac{4^2 \times \dfrac{\pi}{3}}{2} = \frac{16\pi}{6}$$

となる．したがって，

$$S = S_1 - S_2 = \frac{81\pi}{6} - \frac{16\pi}{6} = \frac{65\pi}{6} = \underline{34}$$

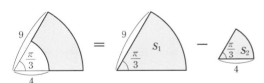

解図 35-3

問36

（1）解図 36-1 のように a および h を設定すると，

$$a = 7 - 1 = 6$$
$$h = 4$$

なので，面積 S_1 は，

$$S_1 = \frac{1}{2}ah = \frac{1}{2} \times 6 \times 4 = \underline{12}$$

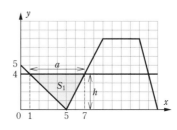

解図 36-1

（2）解図 36-2 のように a，b，h を設定すると，

$$a = 13 - 9 = 4$$
$$b = 14 - 7 = 7$$
$$h = 8 - 4 = 4$$

なので，面積 S_2 は，

$$S_2 = \frac{(a+b)h}{2} = \frac{(4+7) \times 4}{2} = 11 \times 2 = \underline{22}$$

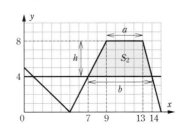

解図 36-2

テーマ8 三角比

問37

（1）$\sin\theta = \dfrac{5}{7}$　　　$\cos\theta = \dfrac{2\sqrt{6}}{7}$

$$\tan\theta = \frac{5}{2\sqrt{6}} = \frac{5\sqrt{6}}{12}$$

（2）$\sin\theta = \dfrac{2}{2\sqrt{2}} = \dfrac{1}{\sqrt{2}} = \dfrac{\sqrt{2}}{2}$

$$\cos\theta = \frac{2}{2\sqrt{2}} = \frac{1}{\sqrt{2}} = \frac{\sqrt{2}}{2}$$

$$\tan \theta = \frac{2}{2} = \underline{1}$$

(3) 斜辺の長さ x は,

$$x^2 = 3^2 + (3\sqrt{3})^2 = 36 \quad \therefore x = \sqrt{36} = 6$$

となる. したがって,

$$\sin \theta = \frac{3\sqrt{3}}{x} = \frac{3\sqrt{3}}{6} = \underline{\frac{\sqrt{3}}{2}}$$

$$\cos \theta = \frac{3}{x} = \frac{3}{6} = \underline{\frac{1}{2}}$$

$$\tan \theta = \frac{3\sqrt{3}}{3} = \underline{\sqrt{3}}$$

(4) 不明な辺の長さ x は,

$$x^2 = 5^2 - 4^2 = 9 \quad \therefore x = \sqrt{9} = 3$$

となる. したがって,

$$\sin \theta = \underline{\frac{4}{5}} \qquad \cos \theta = \frac{x}{5} = \underline{\frac{3}{5}}$$

$$\tan \theta = \frac{4}{x} = \underline{\frac{4}{3}}$$

問38

(1) x は,

$$\sin 30° = \frac{x}{2} \qquad \therefore x = 2 \sin 30° = 2 \cdot \frac{1}{2} = \underline{1}$$

同様に y は,

$$\cos 30° = \frac{y}{2} \qquad \therefore y = 2 \cos 30° = 2 \cdot \frac{\sqrt{3}}{2} = \underline{\sqrt{3}}$$

(2) x は,

$$\sin 45° = \frac{4}{x} \qquad \therefore x = \frac{4}{\sin 45°} = \frac{4}{\frac{1}{\sqrt{2}}} = \underline{4\sqrt{2}}$$

同様に y は,

$$\tan 45° = \frac{4}{y} \qquad \therefore y = \frac{4}{\tan 45°} = \frac{4}{1} = \underline{4}$$

(3) x は,

$$\sin \frac{\pi}{3} = \frac{x}{10} \qquad \therefore x = 10 \sin \frac{\pi}{3} = 10 \cdot \frac{\sqrt{3}}{2} = \underline{5\sqrt{3}}$$

同様に y は,

$$\cos \frac{\pi}{3} = \frac{y}{10} \qquad \therefore y = 10 \cos \frac{\pi}{3} = 10 \cdot \frac{1}{2} = \underline{5}$$

(4) x は,

$$\tan \frac{\pi}{4} = \frac{5}{x} \qquad \therefore x = \frac{5}{\tan \frac{\pi}{4}} = \frac{5}{1} = \underline{5}$$

同様に y は,

$$\sin \frac{\pi}{4} = \frac{5}{y} \qquad \therefore y = \frac{5}{\sin \frac{\pi}{4}} = \frac{5}{\frac{1}{\sqrt{2}}} = \underline{5\sqrt{2}}$$

問39

(1) 解図39-1のように高さ h を設定すると,

$$h = 4 \sin 30° = 4 \times \frac{1}{2} = 2$$

となるため, 面積 S は,

$$S = \frac{1}{2} ah = \frac{1}{2} \times 6 \times 2 = \underline{6}$$

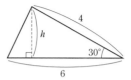

解図 39-1

(2) 解図39-2のように高さ h を設定すると,

$$h = 3 \sin 60° = 3 \times \frac{\sqrt{3}}{2} = \frac{3\sqrt{3}}{2}$$

となるため, 面積 S は,

$$S = ah = 8 \times \frac{3\sqrt{3}}{2} = 12\sqrt{3} = \underline{20.8}$$

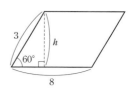

解図 39-2

(3) 問の図は正方形となるため, 縦と横は同じ長さとなる. したがって, 解図39-3のように a を設定すると,

$$a = 9 \sin 45° = 9 \times \frac{1}{\sqrt{2}} = \frac{9}{\sqrt{2}}$$

となるため, 面積 S は,

$$S = a^2 = \left(\frac{9}{\sqrt{2}}\right)^2 = \frac{81}{2} = \underline{40.5}$$

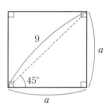

解図 39-3

問40

(1) $\sin^2\theta + \cos^2\theta = 0.6^2 + \cos^2\theta = 1$

$\cos\theta = \pm\sqrt{1-0.6^2} = \pm\sqrt{1-0.36}$

$= \pm\sqrt{0.64} = \pm 0.8$

であるが，題意より $\cos\theta > 0$ なので，

$\cos\theta = \underline{0.8}$

(2) $\sin^2\theta + \cos^2\theta = 0.5^2 + \cos^2\theta = 1$

$\cos\theta = \pm\sqrt{1-0.5^2} = \pm\sqrt{1-0.25} = \pm\sqrt{0.75}$

であるが，題意より $\cos\theta > 0$ なので，

$\cos\theta = \sqrt{0.75}$

となる．したがって，

$\tan\theta = \dfrac{\sin\theta}{\cos\theta} = \dfrac{0.5}{\sqrt{0.75}} = \underline{0.577}$

(3) $1 + \tan^2\theta = \dfrac{1}{\cos^2\theta} = \dfrac{1}{0.8^2} = \dfrac{1}{0.64}$

$\tan^2\theta = \dfrac{1}{0.64} - 1 = \dfrac{1-0.64}{0.64} = \dfrac{0.36}{0.64}$

$\therefore \tan\theta = \pm\sqrt{\dfrac{0.36}{0.64}} = \pm\sqrt{0.5625} = \pm 0.75$

題意より $\tan\theta < 0$ なので，

$\tan\theta = \underline{-0.75}$

テーマ9　ベクトルと複素数

問41

(1) ベクトル $\dot{A}$ と $\dot{B}$ の和 $\dot{C}$ は，解図41-1の通りである．また，この図より，以下の式が成り立つ．

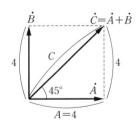

解図 41-1

$C\cos 45° = C \times \dfrac{1}{\sqrt{2}} = A$

$\therefore C = \sqrt{2}A = \sqrt{2} \times 4 = \underline{5.66}$

(2) ベクトル $\dot{A}$ と $\dot{B}$ の和 $\dot{C}$ は，解図41-2の通りである．また，この図より，以下の式が成り立つ．

$C = \sqrt{(A + B\cos 60°)^2 + (B\sin 60°)^2}$

$= \sqrt{(6+2)^2 + (2\sqrt{3})^2} = \sqrt{64+12} = \sqrt{76} = \underline{8.72}$

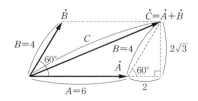

解図 41-2

(3) ベクトル $\dot{A}$ と $\dot{B}$ の和 $\dot{C}$ は，解図41-3の通りである．また，この図より，ベクトル $\dot{A}$, $\dot{B}$, $\dot{C}$ がつくる三角形は正三角形となり，各辺の長さは等しいため，

$C = A = B = \underline{5}$

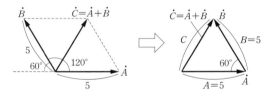

解図 41-3

問42

(1) ベクトル $\dot{A}$ と $\dot{B}$ の差 $\dot{C} = \dot{A} - \dot{B}$ は，$\dot{A}$ と $-\dot{B}$ の和と考えることができるため，解図42-1の通りとなる．また，この図より，以下の式が成り立つ．

$C = \sqrt{3^2 + 4^2} = \sqrt{9+16} = \sqrt{25} = \underline{5}$

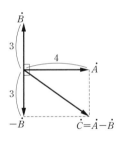

解図 42-1

(2) ベクトル$\dot{A}$と$\dot{B}$の差$\dot{C}$は解図42–2の通りとなる．また，この図より，以下の式が成り立つ．

$$C = \sqrt{(6-2\sqrt{3})^2 + 2^2} = \sqrt{36 - 24\sqrt{3} + 12 + 4}$$
$$= \sqrt{52 - 24\sqrt{3}} = \underline{3.23}$$

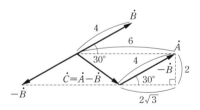

解図 42–2

(3) ベクトル$\dot{A}$と$\dot{B}$の差$\dot{C}$は解図42–3の通りとなる．また，この図より，以下の式が成り立つ．

$$C = \sqrt{(3+1.5)^2 + (1.5\sqrt{3})^2} = \sqrt{4.5^2 + 3 \times 1.5^2}$$
$$= \sqrt{27} = \underline{5.2}$$

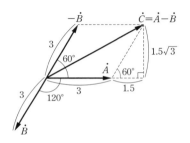

解図 42–3

問43

(1) 複素数$\dot{Z}$を複素数平面上に表すと，解図43–1のようになる．また，$\dot{Z}$の大きさZは，

$$Z = \sqrt{a^2 + b^2} = \sqrt{3^2 + 4^2} = \sqrt{9 + 16} = \sqrt{25} = \underline{5}$$

(2) 複素数$\dot{Z}$を複素数平面上に表すと，解図43–2のようになる．また，$\dot{Z}$の大きさZは，

$$Z = \sqrt{2^2 + 3^2} = \sqrt{4 + 9} = \sqrt{13} = \underline{3.61}$$

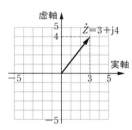

解図 43–1

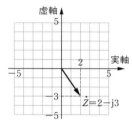

解図 43–2

(3) 複素数$\dot{Z}$を複素数平面上に表すと，解図43–3のようになる．また，$\dot{Z}$の大きさZは，

$$Z = \sqrt{5^2 + 2^2} = \sqrt{25 + 4} = \sqrt{29} = \underline{5.39}$$

(4) 複素数$\dot{Z}$を複素数平面上に表すと，解図43–4のようになる．また，$\dot{Z}$の大きさZは，

$$Z = \sqrt{4^2 + 4^2} = \sqrt{16 + 16} = \sqrt{32} = \underline{5.66}$$

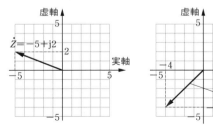

解図 43–3　　　　　解図 43–4

問44

(1) 極座標表示された複素数$\dot{Z}$を複素数平面上に表すと，解図44–1のようになる．また，aおよびbは，

$$a = 3 \cos 45° = 3 \times \frac{1}{\sqrt{2}} = 2.12$$

$$b = 3 \sin 45° = 3 \times \frac{1}{\sqrt{2}} = 2.12$$

なので，$\dot{Z}$は，
$$\dot{Z} = a + \mathrm{j}b = \underline{2.12 + \mathrm{j}2.12}$$

(2) 極座標表示された複素数$\dot{Z}$を複素数平面上に表すと，解図44–2のようになる．また，aおよびbは，

$$a = -4 \cos \frac{\pi}{3} = -4 \times \frac{1}{2} = -2$$

$$b = 4 \sin \frac{\pi}{3} = 4 \times \frac{\sqrt{3}}{2} = 2\sqrt{3} = 3.46$$

なので，$\dot{Z}$は，
$$\dot{Z} = a + \mathrm{j}b = \underline{-2 + \mathrm{j}3.46}$$

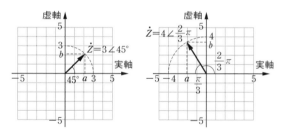

解図 44–1　　　　　解図 44–2

（3）極座標表示された複素数$\dot{Z}$を複素数平面上に表すと，解図44–3のようになる．また，aおよびbは，

$$a = -5\cos 30° = -5 \times \frac{\sqrt{3}}{2} = -4.33$$

$$b = -5\sin 30° = -5 \times \frac{1}{2} = -2.5$$

なので，$\dot{Z}$は，

$$\dot{Z} = a + jb = \underline{-4.33 - j2.5}$$

（4）極座標表示された複素数$\dot{Z}$を複素数平面上に表すと，解図44–4のようになる．また，aおよびbは，

$$a = 4\cos\frac{\pi}{4} = 4 \times \frac{1}{\sqrt{2}} = 2.83$$

$$b = -4\sin\frac{\pi}{4} = -4 \times \frac{1}{\sqrt{2}} = -2.83$$

なので，$\dot{Z}$は，

$$\dot{Z} = a + jb = \underline{2.83 - j2.83}$$

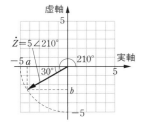

解図 44–3

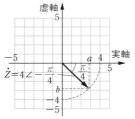

解図 44–4

問45

（1）$j3 + j2 = \underline{j5}$

（2）$j5 - j3 = \underline{j2}$

（3）$-j4 + j3 = \underline{-j}$

（4）$-j8 - j = \underline{-j9}$

（5）$5 \times j3 = \underline{j15}$

（6）$j6 \times 3 = \underline{j18}$

（7）$j2 \times j4 = j^2 \times 8 = -1 \times 8 = \underline{-8}$

（8）$-j5 \times j4 = -j^2 \times 20 = -(-1) \times 20 = \underline{20}$

（9）$j3 \times (-j7) = -j^2 \times 21 = -(-1) \times 21 = \underline{21}$

（10）$-j2 \times (-j6) = j^2 \times 12 = -1 \times 12 = \underline{-12}$

（11）$j6 \div 3 = \underline{j2}$

（12）$8 \div j2 = \dfrac{8}{j2} = \dfrac{j4}{j^2} = \dfrac{j4}{-1} = \underline{-j4}$

（13）$j10 \div j4 = \underline{2.5}$

（14）$-j12 \div (-j3) = \dfrac{-j12}{-j3} = \underline{4}$

（15）$10 \div (-j5) = \dfrac{10}{-j5} = \dfrac{j2}{-j^2} = \dfrac{j2}{-(-1)} = \underline{j2}$

（16）$j9 \div (-j3) = \dfrac{j9}{-j3} = \dfrac{3}{-1} = \underline{-3}$

（17）$j5 + j2 - j9 = j7 - j9 = \underline{-j2}$

（18）$-j3 + j6 \times j2 = -j3 + j^2 \times 12 = -j3 - 12$
$= \underline{-12 - j3}$

（19）$j6 \div 2 + j2 = j3 + j2 = \underline{j5}$

（20）$(j3 - j2) \times (2 + j4) = j \times (2 + j4)$
$= j2 + j^2 \times 4 = j2 - 1 \times 4 = \underline{-4 + j2}$

問46

（1）$\dot{A} + \dot{B} = 5 + j10 + j5 = \underline{5 + j15}$
$\dot{A} - \dot{B} = 5 + j10 - j5 = \underline{5 + j5}$
$\dot{A} \times \dot{B} = (5 + j10) \times j5 = j5 \times 5 + j^2 \times 10 \times 5$
$= j25 - 1 \times 50 = \underline{-50 + j25}$

$\dot{A} \div \dot{B} = (5 + j10) \div j5 = \dfrac{5 + j10}{j5} = \dfrac{1}{j} + 2$

$= \dfrac{j}{j^2} + 2 = \dfrac{j}{-1} + 2 = \underline{2 - j}$

（2）$\dot{A} + \dot{B} = 100 + 10 - j20 = \underline{110 - j20}$
$\dot{A} - \dot{B} = 100 - (10 - j20) = 100 - 10 + j20$
$= \underline{90 + j20}$
$\dot{A} \times \dot{B} = 100 \times (10 - j20) = \underline{1\,000 - j2\,000}$
$\dot{A} \div \dot{B} = 100 \div (10 - j20) = \dfrac{100}{10 - j20}$

$= \dfrac{100(10 + j20)}{(10 - j20)(10 + j20)} = \dfrac{1\,000 + j2\,000}{10^2 - (j20)^2}$

$= \dfrac{1\,000 + j2\,000}{100 + 400} = \dfrac{1\,000 + j2\,000}{500}$

$= \underline{2 + j4}$

（3）$\dot{A} + \dot{B} = 2 + j5 + 2 - j5 = \underline{4}$
$\dot{A} - \dot{B} = 2 + j5 - (2 - j5)$
$= 2 + j5 - 2 + j5 = \underline{j10}$
$\dot{A} \times \dot{B} = (2 + j5) \times (2 - j5) = 2^2 - (j5)^2$
$= 4 - j^2 \times 5^2 = 4 + 25 = \underline{29}$

$\dot{A} \div \dot{B} = (2 + j5) \div (2 - j5) = \dfrac{2 + j5}{2 - j5}$

$= \dfrac{(2 + j5)(2 + j5)}{(2 - j5)(2 + j5)} = \dfrac{4 + j20 + j^2 25}{2^2 - (j5)^2}$

$$= \frac{4 + j20 - 25}{4 + 25} = \frac{-21 + j20}{29}$$

$$= -0.724 + j0.69$$

(4) $\dot{A} + \dot{B} = 4 + j3 + 3 + j4 = \underline{7 + j7}$

$\dot{A} - \dot{B} = 4 + j3 - (3 + j4)$

$\quad = 4 + j3 - 3 - j4 = \underline{1 - j}$

$\dot{A} \times \dot{B} = (4 + j3) \times (3 + j4) = 12 + j16 + j9 + j^2 12$

$\quad = 12 + j25 - 12 = \underline{j25}$

$\dot{A} \div \dot{B} = (4 + j3) \div (3 + j4) = \dfrac{4 + j3}{3 + j4}$

$$= \frac{(4 + j3)(3 - j4)}{(3 + j4)(3 - j4)} = \frac{12 - j16 + j9 - j^2 12}{3^2 - (j4)^2}$$

$$= \frac{12 - j7 + 12}{9 + 16} = \frac{24 - j7}{25} = \underline{0.96 - j0.28}$$

問 47

(1) 複素数 $\dot{C}$ をベクトルで表すと，解図47−1 のようになる．したがって，$\dot{A}$ および $\dot{B}$ の大きさ をそれぞれ A，B と置くと，複素数 $\dot{C}$ の大きさ C は，

$$C = \sqrt{(A + mB)^2 + (nB)^2}$$
$$= \sqrt{(100 + 2 \times 10)^2 + (3 \times 10)^2}$$
$$= \sqrt{120^2 + 30^2} = \sqrt{14\,400 + 900} = \sqrt{15\,300}$$
$$= \underline{124}$$

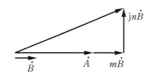

解図 47−1

(2) 複素数 $\dot{C}$ をベクトルで表すと，解図47−2 のようになる．$\dot{C}$ の横方向成分を X，縦方向成分 を Y とすると，

$X = A + mB \cos 60° - nB \sin 60°$

$$= 200 + 2 \times 10 \times \frac{1}{2} - 3 \times 10 \times \frac{\sqrt{3}}{2}$$

$$= 200 + 10 - 15\sqrt{3} = 210 - 15\sqrt{3}$$

$Y = mB \sin 60° + nB \cos 60°$

$$= 2 \times 10 \times \frac{\sqrt{3}}{2} + 3 \times 10 \times \frac{1}{2} = 15 + 10\sqrt{3}$$

となる．したがって，その大きさ C は，

$$C = \sqrt{X^2 + Y^2}$$

$$= \sqrt{(210 - 15\sqrt{3})^2 + (15 + 10\sqrt{3})^2}$$
$$= \sqrt{44\,100 - 6\,300\sqrt{3} + 675 + 225 + 300\sqrt{3} + 300}$$
$$= \sqrt{45\,300 - 6\,000\sqrt{3}} = \underline{187}$$

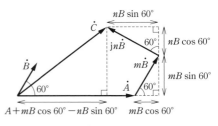

解図 47−2

(3) 複素数 $\dot{C}$ をベクトルで表すと，解図47−3 のようになる．$\dot{C}$ の横方向成分を X，縦方向成分 を Y とすると，

$$X = A + mB \cos \frac{\pi}{6} + nB \sin \frac{\pi}{6}$$

$$= 400 + 2 \times 20 \times \frac{\sqrt{3}}{2} + 3 \times 20 \times \frac{1}{2}$$

$$= 400 + 30 + 20\sqrt{3} = 430 + 20\sqrt{3}$$

$$Y = nB \cos \frac{\pi}{6} - mB \sin \frac{\pi}{6}$$

$$= 3 \times 20 \times \frac{\sqrt{3}}{2} - 2 \times 20 \times \frac{1}{2} = 30\sqrt{3} - 20$$

となる．したがって，その大きさ C は，

$$C = \sqrt{X^2 + Y^2} = \sqrt{(430 + 20\sqrt{3})^2 + (30\sqrt{3} - 20)^2}$$
$$= \sqrt{184\,900 + 17\,200\sqrt{3} + 1\,200 + 2\,700 - 1\,200\sqrt{3} + 400}$$
$$= \sqrt{189\,200 + 16\,000\sqrt{3}} = \underline{466}$$

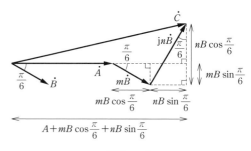

解図 47−3

第2章　物理学の基礎
テーマ1　接頭語と単位

問 1

(1) $200 \times 10^{-6}\,[\mathrm{A}] = \underline{0.0002\,[\mathrm{A}]}$

(2) $50 \times 10^9 \, [\text{W}] = \underline{50\,000\,000\,000 \, [\text{W}]}$

(3) $400 \times 10^{-3} \, [\text{T}] = \underline{0.4 \, [\text{T}]}$

(4) $0.8 \times 10^3 \, [\text{V}] = \underline{800 \, [\text{V}]}$

問2

(1) $5\,200\,000 \times \dfrac{1}{10^6} \times 10^6 \, [\text{W}] = 5.2 \times 10^6 \, [\text{W}]$

$\qquad\qquad\qquad\qquad\qquad = \underline{5.2 \, [\text{MW}]}$

(2) $0.00000002 \times 10^9 \times 10^{-9} \, [\text{F}] = 20 \times 10^{-9} \, [\text{F}]$

$\qquad\qquad\qquad\qquad\qquad\qquad = \underline{20 \, [\text{nF}]}$

(3) $2.2 \times 10^2 \times 10^{-2} \, [\text{m}] = 220 \times 10^{-2} \, [\text{m}]$

$\qquad\qquad\qquad\qquad\quad = \underline{220 \, [\text{cm}]}$

(4) $66\,000 \times \dfrac{1}{10^3} \times 10^3 \, [\text{V}] = 66 \times 10^3 \, [\text{V}] = \underline{66 \, [\text{kV}]}$

問3

$10 \, [\text{min}] = 10 \times 60 = 600 \, [\text{s}]$ なので，

$M = 20 \times 600 = 12\,000 \, [\text{kg}] = \underline{12 \, [\text{t}]}$

問4

水の密度を $[\text{kg/m}^3]$ の単位に書き換えると，

$\rho = 1.0 \times 10^{-3} \times \dfrac{1}{(10^{-2})^3} = 1.0 \times 10^{-3} \times \dfrac{1}{10^{-6}}$

$\quad = 1\,000 \, [\text{kg/m}^3]$

である．また，体積 $V = 20 \, [l]$ は，

$V = 20 \times \dfrac{1}{1\,000} = 0.02 \, [\text{m}^3]$

なので，求める質量 $M \, [\text{kg}]$ は，

$M = \rho V = 1\,000 \times 0.02 = 20 \, [\text{kg}]$

問5

換算式より，

$T_k = T_c + 273 = 27 + 273 = \underline{300 \, [\text{K}]}$

問6

セルシウス温度と絶対温度の目盛幅は等しいため，

$\Delta T_k = \Delta T_c = \underline{120 \, [\text{K}]}$

テーマ2 力学の基礎

問7

公式に各値を代入すれば，

$x = v_0 t = 5 \times 4 = \underline{20 \, [\text{m}]}$

問8

公式より，

$x = v_0 t$

$\therefore v_0 = \dfrac{x}{t} = \dfrac{45}{10} = \underline{4.5 \, [\text{m/s}]}$

問9

公式に各値を代入すれば，

$v = v_0 + at = 4 + 3 \times 6 = 4 + 18 = \underline{22 \, [\text{m/s}]}$

$x = v_0 t + \dfrac{1}{2} at^2 = 4 \times 6 + \dfrac{1}{2} \times 3 \times 6^2$

$\quad = 24 + 54 = \underline{78 \, [\text{m}]}$

問10

(1) 公式より，

$v = v_0 + at_1 = 0$

$\therefore t_1 = -\dfrac{v_0}{a} = -\dfrac{8}{-2} = \underline{4 \, [\text{s}]}$

(2) 公式より，

$x = v_0 t_2 + \dfrac{1}{2} at_2^2 = 0$

$\therefore \dfrac{1}{2} at_2 = -v_0$

$\therefore t_2 = -\dfrac{2v_0}{a} = -\dfrac{2 \times 8}{-2} = \underline{8 \, [\text{s}]}$

問11

(1) 解図11−1に示すように，$\Delta t = 5 \, [\text{s}]$ の間に速度が $\Delta v = 10 \, [\text{m/s}]$ だけ増加するので，加速度 $a \, [\text{m/s}^2]$ は，

$a = \dfrac{\Delta v}{\Delta t} = \dfrac{10}{5} = 2 \, [\text{m/s}^2]$

となるため，求めるグラフは解図11−2の通り．

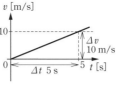
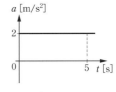

解図 11−1　　　　　　　解図 11−2

(2) 速度が途中で変わるため，$0 \leqq t < 4$ と $4 \leqq t$ の場合に分けて考える．解図11−3に示すように，$0 \leqq t < 4$ の領域では，$\Delta t = 4 \, [\text{s}]$ の間に速度が $\Delta v = 12 \, [\text{m/s}]$ だけ増加するので，加速度 $a \, [\text{m/s}^2]$ は，

$a = \dfrac{\Delta v}{\Delta t} = \dfrac{12}{4} = 3 \, [\text{m/s}^2]$

である．一方，$4 \leqq t$ の領域では，$\Delta t = 12 - 4 = 8 \, [\text{s}]$

の間に，速度が $\Delta v = -8 - 12 = -20$ [m/s] だけ増加（つまり 20 [m/s] だけ減少）するので，加速度 a [m/s²] は，

$$a = \frac{\Delta v}{\Delta t} = \frac{-20}{8} = -2.5 \, [\text{m/s}^2]$$

であり，求めるグラフは解図11–4の通り．

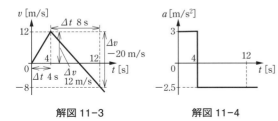

解図 11–3　　　　　　　　**解図 11–4**

（3）速度が途中で変わるため，$0 \leq t < 5$ と $5 \leq t$ の場合に分けて考える．解図11–5に示すように，$0 \leq t < 5$ の領域では，$\Delta t = 5$ [s] の間に速度が $\Delta v = 10 - (-10) = 20$ [m/s] だけ増加するので，加速度 a [m/s²] は，

$$a = \frac{\Delta v}{\Delta t} = \frac{20}{5} = 4 \, [\text{m/s}^2]$$

である．一方，$5 \leq t$ の領域では，速度が一定のため，$\Delta v = 0$ [m/s] となるので，加速度 a [m/s²] は，

$$a = \frac{\Delta v}{\Delta t} = 0 \, [\text{m/s}^2]$$

であり，求めるグラフは解図11–6の通り．

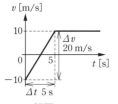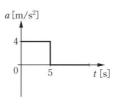

解図 11–5　　　　　　　　**解図 11–6**

問12

（1）$t > 0$ において，小球は y 軸方向には初速度 0 [m/s] で加速度 $g = 9.8$ [m/s²] の等加速度直線運動（自由落下）をするため，地上（$y = 0$）に到達するまでに要する時間 t_1 [s] は，

$$h = \frac{1}{2} g t_1{}^2$$

$$\therefore t_1 = \sqrt{\frac{2h}{g}} = \sqrt{\frac{2 \times 20}{9.8}} = \underline{2.02} \, [\text{s}]$$

（2）$t > 0$ において，小球は x 軸方向には速度 $v_x = 5$ [m/s] の等速直線運動を行うため，

$$d = v_x t_1 = 5 \times 2.02 = \underline{10.1} \, [\text{m}]$$

問13

公式に各値を代入すれば，

$$v = rw = 3 \times 5 = \underline{15} \, [\text{m/s}]$$

$$a = rw^2 = 3 \times 5^2 = 3 \times 25 = \underline{75} \, [\text{m/s}^2]$$

また，円周の長さ l [m] は $l = 2\pi r$ [m] なので，求める周期 T [s] は，

$$T = \frac{l}{v} = \frac{2\pi r}{v} = \frac{2\pi r}{rw} = \frac{2\pi}{w} = \frac{2\pi}{5} = \underline{1.26} \, [\text{s}]$$

問14

公式より，

$$F = \frac{mv^2}{r}$$

$$\therefore r = \frac{mv^2}{F} = \frac{5 \times 4^2}{25} = \frac{5 \times 16}{25} = \underline{3.2} \, [\text{m}]$$

また，円周の長さ l [m] は $l = 2\pi r$ [m] なので，求める周期 T [s] は，

$$T = \frac{l}{v} = \frac{2\pi r}{v} = \frac{2\pi \times 3.2}{4} = \underline{5.03} \, [\text{s}]$$

問15

公式より，

$$T = mg \qquad \therefore m = \frac{T}{g} = \frac{29.4}{9.8} = \underline{3} \, [\text{kg}]$$

問16

力を水平方向と垂直方向に分解すると，解図16のようになる．したがって，水平方向の釣り合いの式より，

$$T_1 \cos 30° = T_2 \cos 60°$$

$$\therefore T_1 \times \frac{\sqrt{3}}{2} = T_2 \times \frac{1}{2}$$

$$\therefore \sqrt{3} \, T_1 = T_2 \qquad (1)$$

が成り立ち，垂直方向の釣り合いの式より，

$$T_1 \sin 30° + T_2 \sin 60° = mg$$

$$\therefore T_1 \times \frac{1}{2} + T_2 \times \frac{\sqrt{3}}{2} = 4 \times 9.8 = 39.2$$

$$\therefore T_1 + \sqrt{3} \, T_2 = 78.4 \qquad (2)$$

が成り立つため，（1）式を（2）式に代入すれば，

$$T_1 + \sqrt{3} \times \sqrt{3} \, T_1 = T_1 + 3T_1 = 4T_1 = 78.4$$

$$\therefore T_1 = \underline{19.6} \, [\text{N}]$$

これを（1）式に代入すれば，

$$T_2 = \sqrt{3}\,T_1 = \sqrt{3} \times 19.6 = \underline{33.9\,[\text{N}]}$$

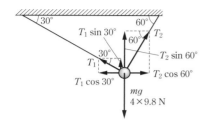

解図16

問17

天井側の紐について，天井と成す角を θ と置いて，力を水平方向と垂直方向に分解すると，解図17のようになる．したがって，以下の2つの式が成り立つ．

$$T_1 = T_2 \sin\theta \qquad (1)$$
$$mg = T_2 \cos\theta \qquad (2)$$

まず，（2）式から $\cos\theta$ を求めると，

$$\cos\theta = \frac{mg}{T_2} = \frac{4 \times 9.8}{49} = 0.8$$

なので，$\sin\theta$ は，

$$\sin\theta = \sqrt{1 - \cos^2\theta} = \sqrt{1 - 0.8^2} = \sqrt{1 - 0.64}$$
$$= \sqrt{0.36} = 0.6$$

となる．したがって，これを（1）式に代入すれば，

$$T_1 = T_2 \sin\theta = 49 \times 0.6 = \underline{29.4\,[\text{N}]}$$

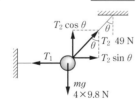

解図17

問18

（1）力のモーメントの釣り合いの式を立てると，

$$F_1 h_1 = Fh$$

$$\therefore F = \frac{F_1 h_1}{h} = \frac{80 \times 5}{4} = \underline{100\,[\text{N}]}$$

（2）力のモーメントの釣り合いの式を立てると，

$$F_1 \cos 30° \times h_1 = Fh$$

$$\therefore F = \frac{F_1 \cos 30° \times h_1}{h} = \frac{100 \times \dfrac{\sqrt{3}}{2} \times 8}{5}$$

$$= 80\sqrt{3} = \underline{139\,[\text{N}]}$$

（3）力のモーメントの釣り合いの式を立てると，

$$F_1 h_1 + Fh = F_2 h_2$$
$$Fh = F_2 h_2 - F_1 h_1$$

$$\therefore F = \frac{F_2 h_2 - F_1 h_1}{h} = \frac{70 \times 6 - 40 \times 8}{4}$$

$$= \frac{420 - 320}{4} = \frac{100}{4} = \underline{25\,[\text{N}]}$$

テーマ3　電気工学の基礎

問19

イオン化する前の原子は，正電荷と負電荷が同量ずつあるため電荷量は0である．したがって，電子を4つ失うことによってイオンは正に帯電するので，電気素量 $e = 1.602 \times 10^{-19}\,[\text{C}]$ を用いれば，

$$q = 4e = 4 \times 1.602 \times 10^{-19} = \underline{6.408 \times 10^{-19}\,[\text{C}]}$$

流れる電流 $I\,[\text{A}]$ は，

$$I = Nq = 5.0 \times 10^{19} \times 6.408 \times 10^{-19} = \underline{32\,[\text{A}]}$$

問20

公式より，

$$G = \frac{1}{R} = \frac{1}{100} = 10 \times 10^{-3}\,[\text{S}] = \underline{10\,[\text{mS}]}$$

また，オームの法則より，

$$I = \frac{E}{R} = \frac{20}{100} = \underline{0.2\,[\text{A}]}$$

問21

オームの法則より，

$$R = \frac{E}{I} = \frac{100}{2} = \underline{50\,[\Omega]}$$

問22

A点とB点の電位差 $V_{\text{AB}}\,[\text{V}]$ は，

$$V_{\text{AB}} = V_{\text{A}} - V_{\text{B}} = 50 - 30 = 20\,[\text{V}]$$

である．ここに抵抗素子を接続すると，オームの法則より，

$$I = GV_{\text{AB}} = 200 \times 10^{-3} \times 20 = \underline{4\,[\text{A}]}$$

問23

オームの法則より，

$$V = RI = 5 \times 4 = \underline{20\,[\text{V}]}$$

理　論

第1章　電磁気学

テーマ1　クーロンの法則と電界

問1

クーロンの法則の式を変形すると，

$$F = \frac{Q^2}{4\pi\varepsilon_0 r^2} \quad \therefore Q^2 = 4\pi\varepsilon_0 r^2 F$$

$$\therefore Q = \pm r \times \sqrt{4\pi\varepsilon_0 F} \; [\mathrm{C}]$$

となるので，この式に各値を代入して，

$$Q = \pm 10 \times 10^{-2} \times \sqrt{\frac{9 \times 10^{-5}}{9 \times 10^9}} = \pm 10^{-1} \times \sqrt{10^{-14}}$$

$$= \pm 10^{-1} \times 10^{-7} = \underline{\pm 1.0 \times 10^{-8}} \; [\mathrm{C}]$$

問2

解図2のように，右側の電荷による左向きのクーロン力を $F_1 [\mathrm{N}]$，左側の電荷による右向きのクーロン力を $F_2 [\mathrm{N}]$ とすると，

$$F_1 = \frac{Q^2}{4\pi\varepsilon_0 r^2} = 9 \times 10^9 \times \frac{(5 \times 10^{-8})(2 \times 10^{-8})}{(15 \times 10^{-2})^2}$$

$$= 4.0 \times 10^{-4} \; [\mathrm{N}]$$

$$F_2 = 9 \times 10^9 \times \frac{(3 \times 10^{-8})(2 \times 10^{-8})}{(10 \times 10^{-2})^2}$$

$$= 5.4 \times 10^{-4} \; [\mathrm{N}]$$

となる．$F_2 > F_1$ なので，中央の点電荷に働くクーロン力は右向きで，その大きさ $F [\mathrm{N}]$ は，

$$F = F_2 - F_1 = 5.4 \times 10^{-4} - 4.0 \times 10^{-4}$$

$$= \underline{1.4 \times 10^{-4}} \; [\mathrm{N}]$$

解図2

問3

右側の点電荷による電界 $E_1 [\mathrm{V/m}]$ および左側の点電荷による電界 $E_2 [\mathrm{V/m}]$ は，

$$E_1 = 9 \times 10^9 \times \frac{2 \times 10^{-8}}{(10 \times 10^{-2})^2} \; [\mathrm{V/m}]$$

$$E_2 = 9 \times 10^9 \times \frac{-6 \times 10^{-8}}{(d \times 10^{-2})^2} \; [\mathrm{V/m}]$$

なので，これらの和が0となることから，

$$9 \times 10^9 \times \left\{ \frac{2 \times 10^{-8}}{(10 \times 10^{-2})^2} - \frac{6 \times 10^{-8}}{(d \times 10^{-2})^2} \right\} = 0$$

$$\therefore d^2 \times 10^{-4} = \frac{6 \times 10^{-8}}{2 \times 10^{-8}} \times 10^2 \times 10^{-4}$$

$$\therefore d^2 = 300 \quad \therefore d = \sqrt{300} = \underline{17.3} \; [\mathrm{cm}]$$

問4

点Cの電荷が点A，点Bのそれぞれから受けるクーロン力 $F_a [\mathrm{N}]$，$F_b [\mathrm{N}]$ は，

$$F_a = F_b = 9 \times 10^9 \times \frac{(2 \times 10^{-8})^2}{(15 \times 10^{-2})^2} = 1.6 \times 10^{-4} \; [\mathrm{N}]$$

となる．これらを合成したクーロン力 $F [\mathrm{N}]$ は，解図4のように，

$$F = 2 \times \frac{1}{2} F_a = F_a = \underline{1.6 \times 10^{-4}} \; [\mathrm{N}]$$

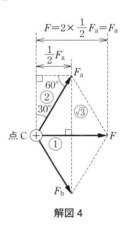

解図4

問5

点Aと点Dの距離は，正方形の対角線に当たるため，辺の長さの $\sqrt{2}$ 倍，つまり $\sqrt{2}\,d \; [\mathrm{cm}]$ である．点Aにある点電荷から点Dにある点電荷が受けるクーロン力 $F_a [\mathrm{N}]$ は，

$$F_a = \frac{QQ'}{4\pi\varepsilon_0(\sqrt{2}\,d)^2} \; [\mathrm{N}]$$

となる．一方，点B，点Cにある点電荷から点Dにある点電荷が受けるクーロン力 $F_b [\mathrm{N}]$，$F_c [\mathrm{N}]$ は，

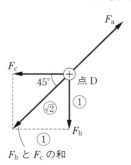

解図5

$$F_\mathrm{b} = F_\mathrm{c} = \frac{Q^2}{4\pi\varepsilon_0 d^2}\,[\mathrm{N}]$$

となる．これらのクーロン力の方向は解図5の通りである．

したがって，$F_\mathrm{b}[\mathrm{N}]$と$F_\mathrm{c}[\mathrm{N}]$の和$F_\mathrm{b+c}[\mathrm{N}]$は，

$$F_\mathrm{b+c} = \sqrt{2}\,F_\mathrm{b} = \frac{\sqrt{2}\,Q^2}{4\pi\varepsilon_0 d^2}\,[\mathrm{N}]$$

となり，これが$F_\mathrm{a}[\mathrm{N}]$と等しいので，

$$\frac{QQ'}{4\pi\varepsilon_0(\sqrt{2}\,d)^2} = \frac{\sqrt{2}\,Q^2}{4\pi\varepsilon_0 d^2}$$

$$Q' = 2\sqrt{2}\,Q\,[\mathrm{C}]$$

問6

解図6に示すように，導体球には静電気力（反発力）$F_\mathrm{e}[\mathrm{N}]$と重力$F_g[\mathrm{N}]$が働き，これらの合力と紐に引っ張られる力である張力$T[\mathrm{N}]$が釣り合うところで導体球は静止する．$F_\mathrm{e}[\mathrm{N}]$および$F_g[\mathrm{N}]$は，

$$F_\mathrm{e} = \frac{Q_1 Q_2}{4\pi\varepsilon_0 d^2}\,[\mathrm{N}], \quad F_g = mg\,[\mathrm{N}]$$

と表されるので，求める$\tan\theta$は，

$$\tan\theta = \frac{F_\mathrm{e}}{F_g} = \frac{\dfrac{Q_1 Q_2}{4\pi\varepsilon_0 d^2}}{mg} = \frac{Q_1 Q_2}{4\pi\varepsilon_0 d^2 mg}$$

$$= 9\times10^9 \times \frac{3\times10^{-6}\times5\times10^{-6}}{(10\times10^{-2})^2\times2\times9.8}$$

$$= 9\times10^9 \times \frac{15\times10^{-12}}{10^{-2}\times2\times9.8} = \frac{9\times15}{2\times9.8}\times10^{-1}$$

$$= \underline{0.689}$$

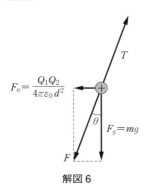

解図6

テーマ2　電位

問7

正電荷$+Q_1[\mathrm{C}]$による点Pの電位$V_1[\mathrm{V}]$および負電荷$-Q_2[\mathrm{C}]$による点Pの電位$V_2[\mathrm{V}]$は，

$$V_1 = \frac{Q_1}{4\pi\varepsilon_0 r_1}\,[\mathrm{V}], \quad V_2 = -\frac{Q_2}{4\pi\varepsilon_0 r_2}\,[\mathrm{V}]$$

となる．電位はスカラー量なので，両電荷による点Pの電位は，それぞれの電荷による電位$V_1[\mathrm{V}]$，$V_2[\mathrm{V}]$を単純に足し合わせればよい．

したがって，

$$V = V_1 + V_2 = \frac{Q_1}{4\pi\varepsilon_0 r_1} - \frac{Q_2}{4\pi\varepsilon_0 r_2}$$

$$= \frac{1}{4\pi\varepsilon_0}\left(\frac{Q_1}{r_1} - \frac{Q_2}{r_2}\right)\,[\mathrm{V}]$$

問8

(1) 点A・B間の距離は$d=2\,[\mathrm{m}]$なので，

$$V_\mathrm{AB} = Ed = 8\times2 = \underline{16}\,[\mathrm{V}]$$

点電荷には$F=qE\,[\mathrm{N}]$の静電気力が働くが，それに逆らって$d\,[\mathrm{m}]$だけ静かに移動するのに要する仕事$W[\mathrm{J}]$は，

$$W = qEd = qV_\mathrm{AB} = 3\times16 = \underline{48}\,[\mathrm{J}]$$

(2) 点A・Bを結ぶ直線は電界$E\,[\mathrm{V/m}]$に垂直なので，点Aと点Bは等電位面上にある．したがって，

$$V_\mathrm{AB} = \underline{0}\,[\mathrm{V}]$$

点電荷には$F=qE\,[\mathrm{N}]$の静電気力が電界と同じ方向に働くが，それと垂直の方向に移動する分には一切仕事を必要としない．したがって，

$$W = \underline{0}\,[\mathrm{J}]$$

(3) 点A・B間を電荷が移動したとき，電界$E\,[\mathrm{V/m}]$と平行な方向の移動距離$d_\mathrm{h}[\mathrm{m}]$は，解図8より，

$$d_\mathrm{h} = d\cos45^\circ = 2\times\frac{1}{\sqrt{2}} = \sqrt{2}\,[\mathrm{m}]$$

となる．したがって，

$$V_\mathrm{AB} = Ed_\mathrm{h} = 5\times\sqrt{2} = \underline{7.07}\,[\mathrm{V}]$$

点電荷には$F=qE\,[\mathrm{N}]$の静電気力が働くが，そ

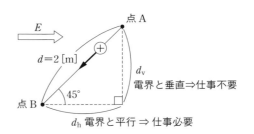

解図8

れに逆らって d_h [m] だけ静かに移動するのに要する仕事 W [J] は,

$$W = qEd_\mathrm{h} = qV_{AB} = 3 \times 7.07 = \underline{21.2} \, [\text{J}]$$

問9

電界中で電荷を移動させるのに必要な仕事は,その途中の経路には無関係に,スタート地点とゴール地点の電位差のみに依存する.したがって,点Aと点Dの水平距離 d_hAD [m](電界に平行な方向)は,

$$d_\mathrm{hAD} = d_{AB} \cos 60° + d_{BC} \cos 30° - d_{CD}$$
$$= 6 \times \frac{1}{2} + 2\sqrt{3} \times \frac{\sqrt{3}}{2} - 2 = 3 + 3 - 2 = 4 \, [\text{m}]$$

となり,点A・D間の電位差 V_{AD} [V] は,

$$V_{AD} = Ed_\mathrm{hAD} = 4E \, [\text{V}]$$

となる.したがって,点電荷を点Aから点Dまで静かに移動させるのに要する仕事 W [J] は,

$$W = qV_{AD} = 2 \times 4E = 8E = 40 \, [\text{J}]$$
$$\therefore E = \underline{5} \, [\text{V/m}]$$

問10

(1) 点電荷 Q [C] から距離 r [m] だけ離れた位置の電位 V [V] は,

$$V = \frac{Q}{4\pi\varepsilon_0 r} = 9 \times 10^9 \times \frac{Q}{r} \, [\text{V}]$$

となる.点Aの電位 V_A [kV] および点Bの電位 V_B [kV] は,

$$V_A = 9 \times 10^9 \times \frac{Q}{d_1 + d_2} = \frac{9 \times 10^9 \times 60 \times 10^{-6}}{2 + 1}$$
$$= \frac{9 \times 60 \times 10^3}{3} = 180 \times 10^3 \, [\text{V}] = 180 \, [\text{kV}]$$

$$V_B = 9 \times 10^9 \times \frac{Q}{d_1} = \frac{9 \times 60 \times 10^3}{2}$$
$$= 270 \times 10^3 \, [\text{V}] = 270 \, [\text{kV}]$$

となるので,点A・B間の電位差 V_{AB} [kV] は,

$$V_{AB} = V_B - V_A = 270 - 180 = \underline{90} \, [\text{kV}]$$

したがって,点電荷 $q = 30$ [μC] を点Aから点Bまで動かすのに必要な仕事 W [J] は,

$$W = qV_{AB} = 30 \times 10^{-6} \times 90 \times 10^3 = 2\,700 \times 10^{-3}$$
$$= \underline{2.7} \, [\text{J}]$$

(2) 点Aの電位 V_A [kV] および点Bの電位 V_B [kV] は,

$$V_A = 9 \times 10^9 \times \frac{Q}{d_1} = -\frac{9 \times 50 \times 10^3}{1}$$
$$= -450 \times 10^3 \, [\text{V}] = -450 \, [\text{kV}]$$

$$V_B = 9 \times 10^9 \times \frac{Q}{d_1 + d_2} = -\frac{9 \times 50 \times 10^3}{2.5}$$
$$= -180 \times 10^3 \, [\text{V}] = -180 \, [\text{kV}]$$

となるので,点A・B間の電位差 V_{AB} [kV] は,

$$V_{AB} = V_B - V_A = -180 - (-450) = \underline{270} \, [\text{kV}]$$

したがって,点電荷 $q = 20$ [μC] を点Aから点Bまで動かすのに必要な仕事 W [J] は,

$$W = qV_{AB} = 20 \times 10^{-6} \times 270 \times 10^3$$
$$= 5\,400 \times 10^{-3} = \underline{5.4} \, [\text{J}]$$

(3) 点Aの電位 V_A [kV] および点Bの電位 V_B [kV] は,

$$V_A = 9 \times 10^9 \times \frac{Q}{r_A} = \frac{9 \times 100 \times 10^3}{4}$$
$$= 225 \times 10^3 \, [\text{V}] = 225 \, [\text{kV}]$$

$$V_B = 9 \times 10^9 \times \frac{Q}{r_B} = \frac{9 \times 100 \times 10^3}{2.5}$$
$$= 360 \times 10^3 \, [\text{V}] = 360 \, [\text{kV}]$$

となるので,点A・B間の電位差 V_{AB} [kV] は,

$$V_{AB} = V_B - V_A = 360 - 225 = \underline{135} \, [\text{kV}]$$

点電荷を移動させるのに要する仕事 W [J] は,その途中の経路には無関係に,スタート地点とゴール地点の電位差のみに依存する.したがって,点電荷 $q = 30$ [μC] を点Aから点Bまで動かすのに必要な仕事 W [J] は,

$$W = qV_{AB} = 30 \times 10^{-6} \times 135 \times 10^3$$
$$= 4\,050 \times 10^{-3} = \underline{4.05} \, [\text{J}]$$

テーマ3　コンデンサ

問11

(1) 公式に各値を代入すれば,

$$C = \varepsilon_r \varepsilon_0 \frac{S}{d} = 4 \times 8.85 \times 10^{-12} \times \frac{300 \times 10^{-4}}{10 \times 10^{-3}}$$
$$= \underline{106} \, [\text{pF}]$$

(2) 公式に各値を代入すれば,

$$Q = CV = 106 \times 10^{-12} \times 300 \times 10^3 = \underline{31.8} \, [\text{μC}]$$

$$U = \frac{1}{2} QV = \frac{1}{2} \times 31.8 \times 10^{-6} \times 300 \times 10^3$$
$$= 4\,770 \times 10^{-3} = \underline{4.77} \, [\text{J}]$$

(3) 一様電界における電圧は電界×距離で求められるため，

$$V' = Ed = 50 \times 10 = \underline{500\,[\text{kV}]}$$

問12

(1) 電荷 $Q\,[\text{mC}]$ は，

$$Q = CV = 100 \times 10^{-6} \times 1\,000 = 100 \times 10^{-3}\,[\text{C}]$$
$$= \underline{100\,[\text{mC}]}$$

静電エネルギー $U\,[\text{J}]$ は，

$$U = \frac{1}{2}QV = \frac{1}{2} \times 100 \times 10^{-3} \times 1\,000 = \underline{50\,[\text{J}]}$$

(2) 平行板コンデンサの静電容量 $C\,[\text{F}]$ は，

$$C = \varepsilon_0 \frac{S}{d}\,[\text{F}]$$

で表されるので，電源接続の有無に関わらず，極板間距離 $d\,[\text{m}]$ を半分にすれば，静電容量 $C'\,[\text{F}]$ は，

$$C' = \varepsilon_0 \frac{S}{\dfrac{d}{2}} = \varepsilon_0 \frac{2S}{d} = 2C\,[\text{F}]$$

より，2倍になる．したがって，

$$C' = 2C = 2 \times 100 = \underline{200\,[\mu\text{F}]}$$

電源から切り離しているため，外部との電荷のやり取りはできなくなる．したがって，

$$Q = C'V'$$
$$\therefore V' = \frac{Q}{C'} = \frac{100 \times 10^{-3}}{200 \times 10^{-6}} = 0.5 \times 10^3 = \underline{500\,[\text{V}]}$$

静電エネルギー $U'\,[\text{J}]$ は，

$$U' = \frac{Q^2}{2C'} = \frac{Q^2}{2 \times 2C} = \frac{1}{2} \cdot \frac{Q^2}{2C} = \frac{1}{2}U = \frac{1}{2} \times 50$$
$$= \underline{25\,[\text{J}]}$$

(3) 静電容量が2倍になり，電圧はそのままなので，

$$Q'' = C'V = 2CV = 2Q = 2 \times 100 = \underline{200\,[\text{mC}]}$$

静電エネルギー $U''\,[\text{J}]$ は，

$$U'' = \frac{1}{2}C'V = \frac{1}{2} \times 2CV = 2 \times \frac{1}{2}CV = 2U$$
$$= 2 \times 50 = \underline{100\,[\text{J}]}$$

問13

(1) 直列接続なので，

$$C = \frac{C_1 C_2}{C_1 + C_2} = \frac{4 \times 6}{4 + 6} = \frac{24}{10} = \underline{2.4\,[\text{F}]}$$

(2) C_2 と C_3 の並列接続の合成抵抗を $C_{23}\,[\text{F}]$ とすると，

$$C_{23} = C_2 + C_3 = 4 + 6 = 10\,[\text{F}]$$

である．したがって，

$$C = \frac{C_1 C_{23}}{C_1 + C_{23}} = \frac{6 \times 10}{6 + 10} = \frac{60}{16} = \underline{3.75\,[\text{F}]}$$

(3) C_1 と C_2 の直列接続の合成抵抗を $C_{12}\,[\text{F}]$，C_3 と C_4 の直列接続の合成抵抗を $C_{34}\,[\text{F}]$ とすると，

$$C_{12} = \frac{C_1 C_2}{C_1 + C_2} = \frac{3 \times 2}{3 + 2} = \frac{6}{5} = 1.2\,[\text{F}]$$

$$C_{34} = \frac{C_3 C_4}{C_3 + C_4} = \frac{4 \times 4}{4 + 4} = \frac{16}{8} = 2\,[\text{F}]$$

である．したがって，

$$C = C_{12} + C_{34} = 1.2 + 2 = \underline{3.2\,[\text{F}]}$$

(4) C_1 と C_3 の並列接続の合成抵抗を $C_{13}\,[\text{F}]$，C_2 と C_4 の並列接続の合成抵抗を $C_{24}\,[\text{F}]$ とすると，

$$C_{13} = C_1 + C_3 = 2 + 4 = 6\,[\text{F}]$$
$$C_{24} = C_2 + C_4 = 7 + 2 = 9\,[\text{F}]$$

である．したがって，

$$C = \frac{C_{13} C_{24}}{C_{13} + C_{24}} = \frac{6 \times 9}{6 + 9} = \frac{54}{15} = \underline{3.6\,[\text{F}]}$$

問14

3つのコンデンサが直列接続されているため，解図14のように，極板間距離 $d = d_1 + d_2 + d_3 = 11$ [mm] の1つのコンデンサであるとみなすことができる．したがって，

$$E_1 = E_2 = E_3 = \frac{V}{d} = \frac{110}{11} = \underline{10\,[\text{kV/mm}]}$$

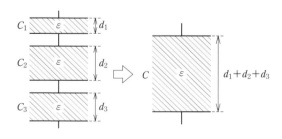

解図14

問15

(1) Sw1 を閉じて十分時間が経過したときにおける，$C_1\,[\text{F}]$ に溜まった電荷 $Q_1\,[\text{C}]$ は，

$$Q_1 = Q_1' + Q_2' = C_1 E = 2 \times 10 = 20\,[\text{C}]$$

となる．Sw1を開いてSw2を閉じると，$C_1[\text{F}]$と$C_2[\text{F}]$は並列接続となるため，同じ電圧が印加される．この電圧を$E'[\text{V}]$と置けば，電荷保存則より，

$$Q_1 = Q_1' + Q_2' = C_1 E' + C_2 E' = (C_1 + C_2)E'$$

$$\therefore E' = \frac{Q_1}{C_1 + C_2} = \frac{20}{2 + 3} = \frac{20}{5} = 4\,[\text{V}]$$

となるので，$C_1[\text{F}]$，$C_2[\text{F}]$に溜まった電荷$Q_1'[\text{C}]$，$Q_2'[\text{C}]$は，

$$Q_1' = C_1 E' = 2 \times 4 = \underline{8\,[\text{C}]}$$

$$Q_2' = C_2 E' = 3 \times 4 = \underline{12\,[\text{C}]}$$

（2）Sw1を閉じて十分時間が経過したときにおける，$C_1[\text{F}]$および$C_2[\text{F}]$に溜まった電荷$Q_1[\text{C}]$，$Q_2[\text{C}]$は，直列接続なので等しくなるため，

$$Q_1 = Q_2 = C_1 \cdot \frac{C_2 E}{C_1 + C_2} = \frac{5 \times 7 \times 24}{5 + 7} = \frac{35 \times 24}{12}$$

$$= 70\,[\text{C}]$$

となる．Sw1を開いてSw2を閉じると，$C_2[\text{F}]$と$C_3[\text{F}]$は並列接続となるため，同じ電圧が印加される．この電圧を$E'[\text{V}]$と置けば，電荷保存則より，

$$Q_2 = Q_2' + Q_3' = C_2 E' + C_3 E' = (C_2 + C_3)E'$$

$$\therefore E' = \frac{Q_2}{C_2 + C_3} = \frac{70}{7 + 3} = \frac{70}{10} = 7\,[\text{V}]$$

となるので，$C_2[\text{F}]$，$C_3[\text{F}]$に溜まった電荷$Q_2'[\text{C}]$，$Q_3'[\text{C}]$は，

$$Q_2' = C_2 E' = 7 \times 7 = \underline{49\,[\text{C}]}$$

$$Q_3' = C_3 E' = 3 \times 7 = \underline{21\,[\text{C}]}$$

$C_1[\text{F}]$に溜まった電荷$Q_1'[\text{C}]$は，Sw切替前後で変わらないため，

$$Q_1' = Q_1 = \underline{70\,[\text{C}]}$$

（3）Sw1を閉じて十分時間が経過したときにおける，$C_1[\text{F}]$に印加される電圧$E_1[\text{V}]$は，分圧則より，

$$E_1 = \frac{C_2 + C_3}{C_1 + C_2 + C_3} E = \frac{3 + 1}{6 + 3 + 1} \times 10 = \frac{4}{10} \times 10$$

$$= 4\,[\text{V}]$$

となるため，$C_2[\text{F}]$および$C_3[\text{F}]$に印加される電圧$E_2[\text{V}]$は，

$$E_2 = E - E_1 = 10 - 4 = 6\,[\text{V}]$$

である．したがって，$C_1[\text{F}]$，$C_2[\text{F}]$，$C_3[\text{F}]$に溜まった電荷$Q_1[\text{C}]$，$Q_2[\text{C}]$，$Q_3[\text{C}]$は，

$$Q_1 = C_1 E_1 = 6 \times 4 = 24\,[\text{C}]$$

$$Q_2 = C_2 E_2 = 3 \times 6 = 18\,[\text{C}]$$

$$Q_3 = C_3 E_2 = 1 \times 6 = 6\,[\text{C}]$$

となる．Sw1を開いてSw2を閉じると，$C_2[\text{F}]$，$C_3[\text{F}]$，$C_4[\text{F}]$は並列接続となるため，同じ電圧が印加される．この電圧を$E'[\text{V}]$と置けば，電荷保存則より，

$$Q_2 + Q_3 = Q_2' + Q_3' + Q_4' = C_2 E' + C_3 E' + C_4 E'$$

$$= (C_2 + C_3 + C_4)E'$$

$$\therefore E' = \frac{Q_2 + Q_3}{C_2 + C_3 + C_4} = \frac{18 + 6}{3 + 1 + 8} = \frac{24}{12} = 2\,[\text{V}]$$

となるので，$C_2[\text{F}]$，$C_3[\text{F}]$，$C_4[\text{F}]$に溜まった電荷$Q_2'[\text{C}]$，$Q_3'[\text{C}]$，$Q_4'[\text{C}]$は，

$$Q_2' = C_2 E' = 3 \times 2 = \underline{6\,[\text{C}]}$$

$$Q_3' = C_3 E' = 1 \times 2 = \underline{2\,[\text{C}]}$$

$$Q_4' = C_4 E' = 8 \times 2 = \underline{16\,[\text{C}]}$$

$C_1[\text{F}]$に溜まった電荷$Q_1'[\text{C}]$は，Sw切替前後で変わらないため，

$$Q_1' = Q_1 = \underline{24\,[\text{C}]}$$

問16

（1）解図16−1のような$C_1[\text{F}]$と$C_2[\text{F}]$の直列接続になるので，

$$C_1 = \varepsilon_0 \frac{a^2}{\frac{d}{2}} = \frac{2\varepsilon_0 a^2}{d}, \quad C_2 = \varepsilon \frac{a^2}{\frac{d}{2}} = \frac{2\varepsilon a^2}{d}$$

$$\therefore C = \frac{C_1 C_2}{C_1 + C_2} = \frac{\dfrac{2\varepsilon_0 a^2}{d} \cdot \dfrac{2\varepsilon a^2}{d}}{\dfrac{2\varepsilon_0 a^2}{d} + \dfrac{2\varepsilon a^2}{d}} = \frac{2\varepsilon_0 a^2 \cdot 2\varepsilon a^2}{2\varepsilon_0 a^2 d + 2\varepsilon a^2 d}$$

$$= \frac{4\varepsilon_0 \varepsilon a^4}{2(\varepsilon_0 + \varepsilon)a^2 d} = \underline{\frac{2\varepsilon_0 \varepsilon a^2}{(\varepsilon_0 + \varepsilon)d}}\,[\text{F}]$$

（2）解図16−2のような$C_1[\text{F}]$と$C_2[\text{F}]$の並列接続になるので，

$$C_1 = \varepsilon_0 \frac{\dfrac{2a^2}{3}}{d} = \frac{2\varepsilon_0 a^2}{3d}, \quad C_2 = \varepsilon \frac{\dfrac{a^2}{3}}{d} = \frac{\varepsilon a^2}{3d}$$

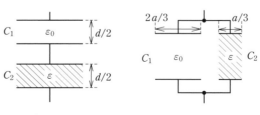

解図 16−1　　　　　解図 16−2

$$\therefore C = C_1 + C_2 = \frac{2\varepsilon_0 a^2}{3d} + \frac{\varepsilon a^2}{3d} = \frac{(2\varepsilon_0 + \varepsilon)a^2}{3d}\ [\text{F}]$$

（3）解図16-3のように，誘電体を下に寄せれば，$C_1[\text{F}]$と$C_2[\text{F}]$の2つのコンデンサの直列接続となるので，

$$C_1 = \varepsilon_0 \frac{a^2}{\frac{3d}{4}} = \frac{4\varepsilon_0 a^2}{3d}, \quad C_2 = \varepsilon \frac{a^2}{\frac{d}{4}} = \frac{4\varepsilon a^2}{d}$$

$$\therefore C = \frac{C_1 C_2}{C_1 + C_2} = \frac{\frac{4\varepsilon_0 a^2}{3d} \cdot \frac{4\varepsilon a^2}{d}}{\frac{4\varepsilon_0 a^2}{3d} + \frac{4\varepsilon a^2}{d}} = \frac{4\varepsilon_0 a^2 \cdot 4\varepsilon a^2}{4\varepsilon_0 a^2 d + 12\varepsilon a^2 d}$$

$$= \frac{16\varepsilon_0 \varepsilon a^4}{4(\varepsilon_0 + 3\varepsilon)a^2 d} = \frac{4\varepsilon_0 \varepsilon a^2}{(\varepsilon_0 + 3\varepsilon)d}\ [\text{F}]$$

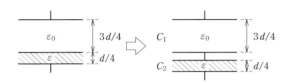

解図 16-3

（4）解図16-4のように，誘電体を右に寄せれば，$C_1[\text{F}]$と$C_2[\text{F}]$の2つのコンデンサの並列接続となるので，

$$C_1 = \varepsilon_0 \frac{\frac{3}{4}a^2}{d} = \varepsilon_0 \frac{3a^2}{4d}, \quad C_2 = \varepsilon \frac{\frac{1}{4}a^2}{d} = \varepsilon \frac{a^2}{4d}$$

$$C = C_1 + C_2 = \varepsilon_0 \frac{3a^2}{4d} + \varepsilon \frac{a^2}{4d} = \frac{(3\varepsilon_0 + \varepsilon)a^2}{4d}\ [\text{F}]$$

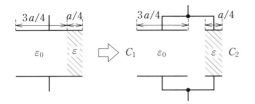

解図 16-4

（5）解図16-5のように，誘電体を左下に寄せれば，$C_1[\text{F}]$，$C_2[\text{F}]$，$C_3[\text{F}]$の3つのコンデンサの直並列接続となる．$C_1[\text{F}]$と$C_2[\text{F}]$の直列接続の静電容量を$C_{12}[\text{F}]$とすると，

$$C_1 = \varepsilon_0 \frac{\frac{2a^2}{3}}{\frac{2d}{3}} = \frac{\varepsilon_0 a^2}{d}, \quad C_2 = \varepsilon \frac{\frac{2a^2}{3}}{\frac{d}{3}} = \frac{2\varepsilon a^2}{d}$$

$$C_3 = \varepsilon_0 \frac{\frac{a^2}{3}}{d} = \frac{\varepsilon_0 a^2}{3d}$$

$$\therefore C_{12} = \frac{C_1 C_2}{C_1 + C_2} = \frac{\frac{\varepsilon_0 a^2}{d} \cdot \frac{2\varepsilon a^2}{d}}{\frac{\varepsilon_0 a^2}{d} + \frac{2\varepsilon a^2}{d}} = \frac{\varepsilon_0 a^2 \cdot 2\varepsilon a^2}{\varepsilon_0 a^2 d + 2\varepsilon a^2 d}$$

$$= \frac{2\varepsilon_0 \varepsilon a^4}{(\varepsilon_0 + 2\varepsilon)a^2 d} = \frac{2\varepsilon_0 \varepsilon a^2}{(\varepsilon_0 + 2\varepsilon)d}$$

となる．したがって，

$$C = C_{12} + C_3 = \frac{2\varepsilon_0 \varepsilon a^2}{(\varepsilon_0 + 2\varepsilon)d} + \frac{\varepsilon_0 a^2}{3d}$$

$$= \frac{6\varepsilon_0 \varepsilon a^2 + \varepsilon_0(\varepsilon_0 + 2\varepsilon)a^2}{3(\varepsilon_0 + 2\varepsilon)d} = \frac{8\varepsilon_0 \varepsilon a^2 + \varepsilon_0{}^2 a^2}{3(\varepsilon_0 + 2\varepsilon)d}$$

$$= \frac{\varepsilon_0(\varepsilon_0 + 8\varepsilon)a^2}{3(\varepsilon_0 + 2\varepsilon)d}\ [\text{F}]$$

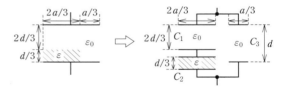

解図 16-5

（6）解図16-6のように，誘電体を左下に寄せれば，$C_1[\text{F}]$，$C_2[\text{F}]$，$C_3[\text{F}]$の3つのコンデンサの直並列接続となる．$C_1[\text{F}]$と$C_2[\text{F}]$の直列接続の静電容量を$C_{12}[\text{F}]$とすると，

$$C_1 = \varepsilon_0 \frac{\frac{a^2}{3}}{\frac{2d}{3}} = \frac{\varepsilon_0 a^2}{2d}, \quad C_2 = \varepsilon \frac{\frac{a^2}{3}}{\frac{d}{3}} = \frac{\varepsilon a^2}{d}$$

$$C_3 = \varepsilon_0 \frac{\frac{2a^2}{3}}{d} = \frac{2\varepsilon_0 a^2}{3d}$$

$$\therefore C_{12} = \frac{C_1 C_2}{C_1 + C_2} = \frac{\frac{\varepsilon_0 a^2}{2d} \cdot \frac{\varepsilon a^2}{d}}{\frac{\varepsilon_0 a^2}{2d} + \frac{\varepsilon a^2}{d}} = \frac{\varepsilon_0 a^2 \cdot \varepsilon a^2}{\varepsilon_0 a^2 d + 2\varepsilon a^2 d}$$

$$= \frac{\varepsilon_0 \varepsilon a^4}{(\varepsilon_0 + 2\varepsilon)a^2 d} = \frac{\varepsilon_0 \varepsilon a^2}{(\varepsilon_0 + 2\varepsilon)d}$$

となる．したがって，

$$C = C_{12} + C_3 = \frac{\varepsilon_0 \varepsilon a^2}{(\varepsilon_0 + 2\varepsilon)d} + \frac{2\varepsilon_0 a^2}{3d}$$

$$= \frac{3\varepsilon_0 \varepsilon a^2 + 2\varepsilon_0(\varepsilon_0 + 2\varepsilon)a^2}{3(\varepsilon_0 + 2\varepsilon)d} = \frac{7\varepsilon_0 \varepsilon a^2 + 2\varepsilon_0{}^2 a^2}{3(\varepsilon_0 + 2\varepsilon)d}$$

$$= \frac{\varepsilon_0(2\varepsilon_0 + 7\varepsilon)a^2}{3(\varepsilon_0 + 2\varepsilon)d} \, [\text{F}]$$

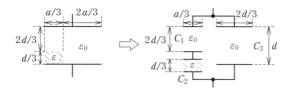

解図 16-6

（7）解図16-7のように，導体板を下に寄せれば，その分だけコンデンサの極板間距離は狭くなる．したがって，

$$C = \varepsilon_0 \frac{a^2}{\dfrac{3d}{4}} = \frac{4\varepsilon_0 a^2}{3d} \, [\text{F}]$$

解図 16-7

（8）解図16-8のように，導体板を右下に寄せれば，$C_1 [\text{F}]$と$C_2 [\text{F}]$の2つのコンデンサの並列接続となるので，

$$C_1 = \varepsilon_0 \frac{\dfrac{a^2}{3}}{d} = \frac{\varepsilon_0 a^2}{3d}, \quad C_2 = \varepsilon_0 \frac{\dfrac{2a^2}{3}}{\dfrac{3d}{4}} = \frac{8\varepsilon_0 a^2}{9d}$$

$$\therefore \ C = C_1 + C_2 = \frac{\varepsilon_0 a^2}{3d} + \frac{8\varepsilon_0 a^2}{9d} = \frac{3\varepsilon_0 a^2 + 8\varepsilon_0 a^2}{9d}$$

$$= \frac{11\varepsilon_0 a^2}{9d} \, [\text{F}]$$

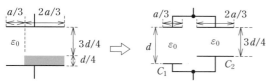

解図 16-8

問 17

電束密度 $D\,[\text{C/m}^2]$ は，

$$D = \frac{Q}{S} \, [\text{C/m}^2]$$

と表される．誘電率 ε の誘電体内における電束密度 $D\,[\text{C/m}^2]$ と電界の強さ $E\,[\text{V/m}]$ との間には $D = \varepsilon E$ が成り立つため，各層における電界の強さ $E_0\,[\text{V/m}]$，$E_1\,[\text{V/m}]$，$E_2\,[\text{V/m}]$ は，

$$E_0 = \frac{D}{\varepsilon_0} = \frac{Q}{\varepsilon_0 S} \, [\text{V/m}]$$

$$E_1 = \frac{D}{\varepsilon_1} = \frac{Q}{\varepsilon_1 S} \, [\text{V/m}]$$

$$E_2 = \frac{D}{\varepsilon_2} = \frac{Q}{\varepsilon_2 S} \, [\text{V/m}]$$

負側の電極が接地されている，つまり電位が0 $[\text{V}]$ となるため，

$$V_2 = E_2 \cdot \frac{d}{4} = \frac{Qd}{4\varepsilon_2 S} \, [\text{V}]$$

$$V_1 = V_2 + E_1 \cdot \frac{d}{4} = \frac{Qd}{4\varepsilon_2 S} + \frac{Qd}{4\varepsilon_1 S}$$

$$= \frac{Qd}{4S}\left(\frac{1}{\varepsilon_1} + \frac{1}{\varepsilon_2}\right) \, [\text{V}]$$

テーマ4　電流・磁界・電磁力

問 18

（1）上の電流が点Oにつくる磁界の強さを $H_1 [\text{A/m}]$，下の電流が点Oにつくる磁界の強さを $H_2 [\text{A/m}]$ とすると，

$$H_1 = H_2 = \frac{I}{2\pi d}$$

となる．したがって，求める磁界の強さ $H\,[\text{A/m}]$ は，

$$H = H_1 + H_2 = \frac{I}{2\pi d} + \frac{I}{2\pi d} = \frac{I}{\pi d} \, [\text{A/m}]$$

（2）上の電流が点Oにつくる磁界の強さを $H_1 [\text{A/m}]$，下の電流が点Oにつくる磁界の強さを $H_2 [\text{A/m}]$ とすると，

$$H_1 = \frac{I}{2\pi d_1}, \quad H_2 = -\frac{I}{2\pi d_2}$$

となる．したがって，求める磁界の強さ $H\,[\text{A/m}]$ は，

$$H = H_1 + H_2 = \frac{I}{2\pi d_1} - \frac{I}{2\pi d_2}$$

$$= \frac{I}{2\pi}\left(\frac{1}{d_1} - \frac{1}{d_2}\right)\,[\mathrm{A/m}]$$

（3）電流は半円を描くので，円形電流がつくる磁界の強さの 1/2 となる．また，直線部分を流れる電流は点Oに磁界を形成しない．したがって，

$$H = \frac{I}{2r} \times \frac{\pi}{2\pi} = \frac{I}{2r} \times \frac{1}{2} = \underline{\frac{I}{4r}}\,[\mathrm{A/m}]$$

（4）外側の電流が点Oにつくる磁界の強さを H_1[A/m]，内側の電流が点Oにつくる磁界の強さを H_2[A/m]とすると，

$$H_1 = \frac{I_1}{2r_1}, \quad H_2 = -\frac{I_2}{2r_2}$$

となる．したがって，求める磁界の強さ H[A/m]は，

$$H = H_1 + H_2 = \frac{I_1}{2r_1} - \frac{I_2}{2r_2} = \underline{\frac{1}{2}\left(\frac{I_1}{r_1} - \frac{I_2}{r_2}\right)}\,[\mathrm{A/m}]$$

（5）電流は円の 1/4 の弧を描くので，円形電流がつくる磁界の強さの 1/4 となる．また，直線部分を流れる電流は点Oに磁界を形成しない．したがって，

$$H = \frac{I}{2r} \times \frac{\frac{\pi}{2}}{2\pi} = \frac{I}{2r} \times \frac{1}{4} = \underline{\frac{I}{8r}}\,[\mathrm{A/m}]$$

（6）電流は円の 1/3 の弧を描くので，円形電流がつくる磁界の強さの 1/3 となる．また，直線部分を流れる電流は点Oに磁界を形成しない．したがって，内側の弧を流れる電流が点Oにつくる磁界の強さを H_1[A/m]，外側の弧を流れる電流が点Oにつくる磁界の強さを H_2[A/m]とすると，

$$H_1 = \frac{I}{2r_1} \times \frac{\frac{2\pi}{3}}{2\pi} = \frac{I}{2r_1} \times \frac{1}{3} = \frac{I}{6r_1}$$

$$H_2 = -\frac{I}{2r_2} \times \frac{\frac{2\pi}{3}}{2\pi} = -\frac{I}{2r_2} \times \frac{1}{3} = -\frac{I}{6r_2}$$

となる．したがって，求める磁界の強さ H[A/m]は，

$$H = H_1 + H_2 = \frac{I}{6r_1} - \frac{I}{6r_2} = \underline{\frac{I}{6}\left(\frac{1}{r_1} - \frac{1}{r_2}\right)}\,[\mathrm{A/m}]$$

（7）直線電流が点Oにつくる磁界の強さを H_1[A/m]，円形電流がつくる磁界の強さを

H_2[A/m]とすると，

$$H_1 = -\frac{I}{2\pi(d+r)}, \quad H_2 = \frac{I}{2r}$$

となる．したがって，求める磁界の強さ H[A/m]は，

$$H = H_1 + H_2 = -\frac{I}{2\pi(d+r)} + \frac{I}{2r}$$

$$= \underline{\frac{I}{2}\left\{\frac{1}{r} - \frac{1}{\pi(d+r)}\right\}}\,[\mathrm{A/m}]$$

問 19

（1）フレミングの左手の法則より，

$$f\,[\mathrm{N/m}] = \frac{F\,[\mathrm{N}]}{l\,[\mathrm{m}]} = \frac{BIl\sin\theta}{l} = BI\sin\theta$$

となるので，各値を代入して，

$$f = 0.5 \times 4 \times \sin 90° = 0.5 \times 4 \times 1 = \underline{2}\,[\mathrm{N/m}]$$

であり，向きは紙面の表から裏に向かう方向($\otimes$)となる．

（2）（1）と同様に考えて，

$$f = 0.5 \times 6 \times \sin 30° = 0.5 \times 6 \times \frac{1}{2} = \underline{1.5}\,[\mathrm{N/m}]$$

であり，向きは紙面の裏から表に向かう方向($\odot$)となる．

（3）断面図は解図 19–1 のようになる．導体Aが導体Bの位置につくる磁束密度 B_A[T]は，

$$B_\mathrm{A} = \frac{\mu_0 I_\mathrm{A}}{2\pi d}\,[\mathrm{T}] \quad (\text{向き：}\otimes)$$

となるため，フレミングの左手の法則より，求める f[N/m]は，

$$f\,[\mathrm{N/m}] = \frac{F\,[\mathrm{N}]}{l\,[\mathrm{m}]} = \frac{B_\mathrm{A} I_\mathrm{B} l \sin\theta}{l} = \frac{\mu_0 I_\mathrm{A} I_\mathrm{B}}{2\pi d}\sin\theta$$

となる．したがって，各値を代入して，

$$f = \frac{4\pi \times 10^{-7} \times 2 \times 3}{2\pi \times 4 \times 10^{-3}} \times 1 = \underline{3 \times 10^{-4}}\,[\mathrm{N/m}]$$

であり，向きは左向きとなる．

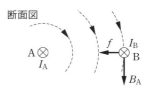

断面図

解図 19–1

(4) 断面図は解図19−2のようになる．（1）と同様に考えれば，

$$f[\text{N/m}] = \frac{F[\text{N}]}{l[\text{m}]} = \frac{B_A I_B l \sin\theta}{l} = \frac{\mu_0 I_A I_B}{2\pi d}\sin\theta$$

となり，各値を代入して，

$$f = \frac{4\pi\times10^{-7}\times5\times4}{2\pi\times2\times10^{-3}}\times1 = \underline{2\times10^{-3}}\,[\text{N/m}]$$

であり，向きは<u>右向き</u>となる．

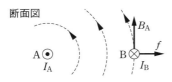

断面図

解図19−2

(5) 断面図は解図19−3のようになる．導体A，導体Cに流れる電流$I_A[\text{A}]$，$I_C[\text{A}]$が導体Bの位置につくる磁束密度をそれぞれ$B_A[\text{T}]$，$B_C[\text{T}]$とすると，

$$B_A = \frac{\mu_0 I_A}{2\pi d_1} = \frac{4\pi\times10^{-7}\times3}{2\pi\times5\times10^{-3}} = 1.2\times10^{-4}\,[\text{T}]$$

$$B_C = \frac{\mu_0 I_C}{2\pi d_2} = \frac{4\pi\times10^{-7}\times2}{2\pi\times2\times10^{-3}} = 2\times10^{-4}\,[\text{T}]$$

となり，$B_A < B_C$ となるため，合成磁束密度$B[\text{T}]$は，断面図において上向きであり，

$$B = B_C - B_A = (2-1.2)\times10^{-4} = 0.8\times10^{-4}\,[\text{T}]$$

となる．したがって，フレミングの左手の法則より，求める$f[\text{N/m}]$は，

$$f[\text{N/m}] = \frac{F[\text{N}]}{l[\text{m}]} = \frac{B I_B l \sin\theta}{l} = B I_B \sin\theta$$
$$= 0.8\times10^{-4}\times5\times1 = \underline{4\times10^{-4}}\,[\text{N/m}]$$

となり，向きは<u>左向き</u>となる．

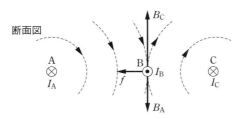

断面図

解図19−3

(1) 解図20−1に示すように，辺1−2には左向きの力$F_{12}[\text{N}]$が働き，辺3−4には右向きの力$F_{34}[\text{N}]$が働く．

また，辺2−3には上向きに力が働き，導体Bから離れるにつれて磁束密度が徐々に小さくなるため，力も徐々に小さくなっていく．辺4−1には，辺2−3と同じ大きさで逆向き（下向き）の力が働くので，結果として辺2−3に働く力と辺4−1に働く力は打ち消し合って0になる．

したがって，導体Aに働く力を考える際には，$F_{12}[\text{N}]$と$F_{34}[\text{N}]$のみ考慮すればよく，

$$F_{12} = N B_{12} I_A a \sin\theta = \frac{\mu_0 a N I_A I_B}{2\pi d}\sin\theta\,[\text{N}]$$

$$F_{34} = N B_{34} I_A a \sin\theta = \frac{\mu_0 a N I_A I_B}{2\pi(d+a)}\sin\theta\,[\text{N}]$$

となる．$F_{12} > F_{34}$は明らかなので，求める力の大きさ$F[\text{N}]$は，

$$F = F_{12} - F_{34} = \frac{\mu_0 a N I_A I_B}{2\pi d}\sin\theta - \frac{\mu_0 a N I_A I_B}{2\pi(d+a)}\sin\theta$$

$$= \frac{\mu_0 a N I_A I_B}{2\pi}\sin\theta\left(\frac{1}{d} - \frac{1}{d+a}\right)$$

$$= \frac{4\pi\times10^{-7}\times1\times10\times6\times6}{2\pi}\left(\frac{1}{2} - \frac{1}{2+1}\right)$$

$$= 720\times10^{-7}\times\frac{1}{6} = 120\times10^{-7} = \underline{1.2\times10^{-5}}\,[\text{N}]$$

であり，向きは<u>左向き</u>となる．

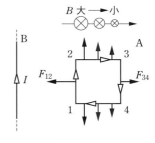

解図20−1

(2) 解図20−2に示すように，磁束密度$B[\text{T}]$は一様なので，辺1−2，2−3，3−4，4−1に働く力$F_{12}[\text{N}]$，$F_{23}[\text{N}]$，$F_{34}[\text{N}]$，$F_{41}[\text{N}]$の間には，

$$F_{12} = F_{23} = F_{34} = F_{41}$$

が成り立ち，向きはそれぞれ左，上，右，下であ

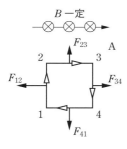

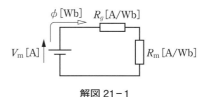

$$R_{\mathrm{m}} = \frac{l}{\mu S}\,[\mathrm{A/Wb}], \qquad R_g = \frac{\delta}{\mu_0 S}\,[\mathrm{A/Wb}]$$

である．したがって，磁気回路のオームの法則より，

$$V_{\mathrm{m}} = (R_{\mathrm{m}} + R_g)\phi$$

$$\therefore\ \phi = \frac{V_{\mathrm{m}}}{R_{\mathrm{m}} + R_g} = \frac{NI}{\dfrac{l}{\mu S} + \dfrac{\delta}{\mu_0 S}} = \frac{\mu\mu_0 SNI}{\mu_0 l + \mu\delta}\,[\mathrm{Wb}]$$

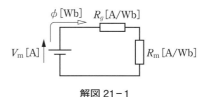

解図21-1

（2）等価回路は解図21-2のようになる．起磁力は（1）と同様に $V_{\mathrm{m}} = NI\,[\mathrm{A}]$ であり，左側の鉄心の磁気抵抗 $R_{\mathrm{m}1}\,[\mathrm{A/Wb}]$，右側の鉄心の磁気抵抗 $R_{\mathrm{m}2}\,[\mathrm{A/Wb}]$，空隙の磁気抵抗 $R_g\,[\mathrm{A/Wb}]$ は，

$$R_{\mathrm{m}1} = \frac{2l}{\mu S}\,[\mathrm{A/Wb}], \qquad R_{\mathrm{m}2} = \frac{l}{\mu S}\,[\mathrm{A/Wb}]$$

$$R_g = \frac{\delta}{\mu_0 S}\,[\mathrm{A/Wb}]$$

である．したがって，磁気回路のオームの法則より，

$$V_{\mathrm{m}} = (R_{\mathrm{m}1} + R_{\mathrm{m}2} + 2R_g)\phi$$

$$\therefore\ \phi = \frac{V_{\mathrm{m}}}{R_{\mathrm{m}1} + R_{\mathrm{m}2} + 2R_g} = \frac{NI}{\dfrac{2l}{\mu S} + \dfrac{l}{\mu S} + \dfrac{2\delta}{\mu_0 S}}$$

$$= \frac{NI}{\dfrac{3l}{\mu S} + \dfrac{2\delta}{\mu_0 S}} = \frac{\mu\mu_0 SNI}{3\mu_0 l + 2\mu\delta}\,[\mathrm{Wb}]$$

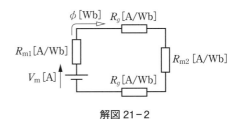

解図21-2

（3）等価回路は解図21-3のようになる．起磁力は（1），（2）と同様に $V_{\mathrm{m}} = NI\,[\mathrm{A}]$ であり，左側の鉄心の磁気抵抗 $R_{\mathrm{m}1}\,[\mathrm{A/Wb}]$，中央の鉄心の磁

解図20-2

る．したがって，これらは打ち消し合うため，

$$F = 0\,[\mathrm{N}]$$

（3）解図20-3に示すように，辺2-3，辺4-1に働く力 $F_{23}\,[\mathrm{N}]$，$F_{41}\,[\mathrm{N}]$ は，

$$F_{23} = F_{41} = NBIa\sin\theta = NBIa\times\sin 0° = 0\,[\mathrm{N}]$$

なので，辺1-2，辺3-4に働く力 $F_{12}\,[\mathrm{N}]$，$F_{34}\,[\mathrm{N}]$ のみ考えればよい．$F_{12}\,[\mathrm{N}]$，$F_{34}\,[\mathrm{N}]$ は，

$$F_{12} = F_{34} = NBIa\sin\theta$$
$$= 10\times 0.5\times 4\times 1.5\times\sin 90° = 30\,[\mathrm{N}]$$

となり，向きは，解図20-3に示すように，$F_{12}\,[\mathrm{N}]$ が紙面の表から裏に向かう方向（⊗），$F_{34}\,[\mathrm{N}]$ が裏から表に向かう方向（⊙）である．したがって，求めるトルク $T\,[\mathrm{N\cdot m}]$ は，

$$T = F_{12}\times\frac{a}{2} + F_{34}\times\frac{a}{2} = 30\times\frac{1.5}{2} + 30\times\frac{1.5}{2}$$

$$= 22.5 + 22.5 = 45\,[\mathrm{N\cdot m}]$$

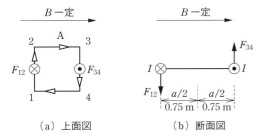

（a）上面図　　　（b）断面図

解図20-3

テーマ5　電磁誘導とインダクタンス

問21

（1）等価回路は解図21-1のようになる．起磁力 $V_{\mathrm{m}}\,[\mathrm{A}]$ は，

$$V_{\mathrm{m}} = NI\,[\mathrm{A}]$$

であり，鉄心の磁気抵抗 $R_{\mathrm{m}}\,[\mathrm{A/Wb}]$，空隙の磁気抵抗 $R_g\,[\mathrm{A/Wb}]$ は，

気抵抗 R_{m2} [A/Wb]，右側の鉄心の磁気抵抗 R_{m3} [A/Wb]は，

$$R_{m1} = \frac{3l}{\mu S} \text{ [A/Wb]}, \quad R_{m2} = \frac{l}{\mu S} \text{ [A/Wb]}$$

$$R_{m3} = \frac{3l}{\mu S} \text{ [A/Wb]}$$

である．したがって，磁気回路のオームの法則より，

$$V_m = \left(R_{m1} + \frac{R_{m2}R_{m3}}{R_{m2}+R_{m3}} \right) \phi_0$$

$$\therefore \phi_0 = \frac{V_m}{R_{m1} + \dfrac{R_{m2}R_{m3}}{R_{m2}+R_{m3}}} = \frac{NI}{\dfrac{3l}{\mu S} + \dfrac{\dfrac{l}{\mu S} \times \dfrac{3l}{\mu S}}{\dfrac{l}{\mu S} + \dfrac{3l}{\mu S}}}$$

$$= \frac{NI}{\dfrac{3l}{\mu S} + \dfrac{3l}{4\mu S}} = \frac{NI}{\dfrac{15l}{4\mu S}} = \frac{4\mu SNI}{15l} \text{ [Wb]}$$

となるため，分流則より，

$$\phi = \frac{R_{m3}}{R_{m2}+R_{m3}} \phi_0 = \frac{\dfrac{3l}{\mu S}}{\dfrac{l}{\mu S} + \dfrac{3l}{\mu S}} \phi_0 = \frac{3}{4} \phi_0$$

$$= \frac{3}{4} \times \frac{4\mu SNI}{15l} = \frac{\mu SNI}{5l} \text{ [Wb]}$$

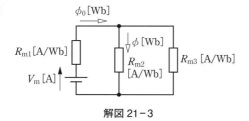

解図 21-3

問22

公式に各値を代入して，

$$e = N\frac{\Delta\phi}{\Delta t} = 10 \times \frac{5}{0.2} = 10 \times 25 = \underline{250} \text{ [V]}$$

問23

(1) 公式に各値を代入して，

$$e = Bvl \sin\theta = 2 \times 5 \times 2 \times \sin 90°$$
$$= 2 \times 5 \times 2 \times 1 = \underline{20} \text{ [V]}$$

フレミングの右手の法則より，向きは紙面の表から裏に向かう方向（⊗）となる．

(2) 公式に各値を代入して，

$$e = Bvl \sin\theta = 1.5 \times 8 \times 2 \times \sin 30°$$

$$= 1.5 \times 8 \times 2 \times \frac{1}{2} = \underline{12} \text{ [V]}$$

フレミングの右手の法則より，向きは紙面の表から裏に向かう方向（⊗）となる．

(3) 磁束密度の向きと平行に移動するため，磁束を一切横切らない．したがって，

$$e = Bvl \sin\theta = 2 \times 4 \times 2 \times \sin 0° = \underline{0} \text{ [V]}$$

(4) 公式に各値を代入して，

$$e = Bvl \sin\theta = 3 \times 6 \times 2 \times \sin 45°$$

$$= 3 \times 6 \times 2 \times \frac{1}{\sqrt{2}} = \underline{25.5} \text{ [V]}$$

フレミングの右手の法則より，向きは紙面の裏から表に向かう方向（⊙）となる．

問24

(1) 公式に各値を代入すると，$t>0$における導体に生じる誘導起電力 E [V]は，

$$E = Bvl \sin\theta = 2 \times 4 \times 2 \times \sin 90°$$
$$= 2 \times 4 \times 2 \times 1 = 16 \text{ [V]}$$

となり，向きは解図24-1の通りとなる．したがって，$e(t)$ を表すグラフは解図24-2の通りとなる．

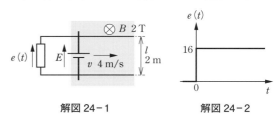

解図 24-1　　　　　　　解図 24-2

(2) 解図24-3のように点A～Dを定める．辺AB および辺DCは磁界を一切横切らないため，誘導起電力は発生せず，辺BC および辺AD のみを考えればよい．辺AD が磁界領域に突入する時間 t_1 [s]は，

$$t_1 = \frac{l}{v} = \frac{4}{2} = 2 \text{ [s]}$$

なので，$0 \le t < 2$ および $t \ge 2$ に場合分けして考える．

まず $0 \le t < 2$ のときは，公式に各値を代入すると，

$$E = Bvl \sin\theta = 1 \times 2 \times 4 \times \sin 90°$$
$$= 1 \times 2 \times 4 \times 1 = 8 \text{ [V]}$$

となり，向きは解図24-4の通りとなるため，

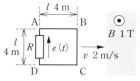

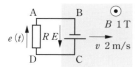

解図 24-3　　　　　　　解図 24-4

$$e(t) = -E = -8\,[\mathrm{V}]$$

となる.

　次に，$t \geqq 2$ のときは，解図24-5に示すように，辺BCだけでなく辺ADにも同じ大きさ・向きの誘導起電力 $E = 8\,[\mathrm{V}]$ が生じるため，

$$e(t) = -E + E = 0\,[\mathrm{V}]$$

となり，$e(t)$ を表すグラフは解図24-6の通りとなる.

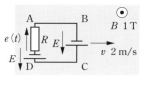

解図 24-5　　　　　　　解図 24-6

　(3) 解図24-7のように点A～Cを定める. 辺CBは磁界を一切横切らないため，誘導起電力は発生せず，辺ABおよび辺ACのみを考えればよい. 辺ACが磁界領域に突入する時間 $t_1\,[\mathrm{s}]$ は，

$$t_1 = \frac{l}{v} = \frac{6}{2} = 3\,[\mathrm{s}]$$

なので，$0 \leqq t < 3$ および $t \geqq 3$ に場合分けして考える.

　まず $0 \leqq t < 3$ のとき，$t\,[\mathrm{s}]$ における線分 C′B の長さ $l'\,[\mathrm{m}]$ は，

$$l' = vt\,[\mathrm{m}]$$

となり，三角形の角度が45°であるため，線分A′C′ の長さも同じく $l' = vt\,[\mathrm{m}]$ となる. したがって，公式に各値を代入すると，

$$E_{\mathrm{AB}}(t) = Bvl\sin\theta = Bvl' = 3 \times 2 \times 2t = 12t\,[\mathrm{V}]$$

となり，向きは解図24-7の通りとなるため，

$$e(t) = E_{\mathrm{AB}}(t) = 12t\,[\mathrm{V}]$$

となる.

　次に，$t \geqq 3$ のとき，辺ABには，

$$E_{\mathrm{AB}}(3) = 12 \times 3 = 36\,[\mathrm{V}]$$

の誘導起電力が発生する. 一方，辺ACには，公

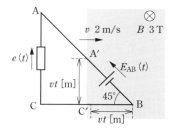

解図 24-7

式より，

$$E_{\mathrm{AC}} = Bvl\sin\theta = 3 \times 2 \times 6 = 36\,[\mathrm{V}]$$

と，辺ABと同じ大きさの誘導起電力が発生するが，向きは逆となる. したがって，解図24-8より，

$$e(t) = E_{\mathrm{AB}}(3) - E_{\mathrm{AC}} = 36 - 36 = 0\,[\mathrm{V}]$$

となるため，$e(t)$ を表すグラフは解図24-9の通りとなる.

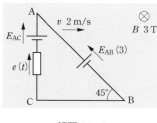

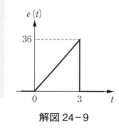

解図 24-8　　　　　　　解図 24-9

問25

　(1) 公式に各値を代入して，

$$\phi = BS = 2 \times 30 \times 10^{-4} = 6 \times 10^{-3}\,[\mathrm{Wb}]$$
$$= \underline{6\,[\mathrm{mWb}]}$$

　(2) 公式に各値を代入して，

$$\varPsi = N\phi = 100 \times 6 \times 10^{-3} = 600 \times 10^{-3}\,[\mathrm{Wb}]$$
$$= \underline{600\,[\mathrm{mWb}]}$$

　(3) 公式に各値を代入して，

$$L = \frac{N\phi}{I} = \frac{\varPsi}{I} = \frac{600 \times 10^{-3}}{3}$$
$$= 200 \times 10^{-3}\,[\mathrm{H}] = \underline{200\,[\mathrm{mH}]}$$

　(4) 公式に各値を代入して，

$$U = \frac{1}{2}LI^2 = \frac{1}{2} \times 200 \times 10^{-3} \times 3^2$$
$$= 900 \times 10^{-3} = \underline{0.9\,[\mathrm{J}]}$$

問26

　(1) 題意より，

$$\phi_{12} = 0.8\phi_1 = 0.8 \times 5 \times 10^{-3} = \underline{4 \times 10^{-3}\,[\mathrm{Wb}]}$$

(2) 公式に各値を代入して，
$$\Psi_{12} = N_2 \phi_{12} = 1\,000 \times 4 \times 10^{-3} = \underline{4}\,[\text{Wb}]$$
(3) 公式に各値を代入して，
$$M = \frac{N_2 \phi_{12}}{I_1} = \frac{\Psi_{12}}{I_1} = \frac{4}{8} = 0.5\,[\text{H}] = \underline{500}\,[\text{mH}]$$
(4) 公式に各値を代入して，
$$e_{21} = M \frac{\Delta I_1}{\Delta t} = 500 \times 10^{-3} \times \frac{30 \times 10^{-3}}{0.01}$$
$$= 0.5 \times 3 = \underline{1.5}\,[\text{V}]$$

問27

(1) 解図27-1より，差動接続であることが分かるため，
$$L = L_1 + L_2 - 2M = 2 + 2 - 2 \times 0.6 = \underline{2.8}\,[\text{H}]$$
(2) 解図27-2より，和動接続であることが分かるため，
$$L = L_1 + L_2 + 2M = 2 + 2 + 2 \times 0.6 = \underline{5.2}\,[\text{H}]$$

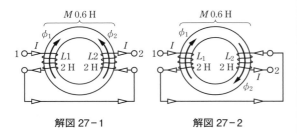

解図27-1   解図27-2

(3) 解図27-3より，和動接続であることが分かるため，
$$L = L_1 + L_2 + 2M = 3 + 4 + 2 \times 0.8 = \underline{8.6}\,[\text{H}]$$
(4) 解図27-4より，差動接続であることが分かるため，
$$L = L_1 + L_2 - 2M = 3 + 4 - 2 \times 0.8 = \underline{5.4}\,[\text{H}]$$

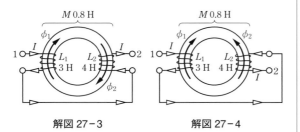

解図27-3   解図27-4

第2章　電気回路
テーマ1　直流回路の基礎
問1

(1) $R = R_1 + R_2 + R_3 = 4 + 7 + 6 = \underline{17}\,[\Omega]$

(2) 抵抗R_2と抵抗R_3が並列に接続されているので，その合成抵抗をR_{23}とすると，
$$R_{23} = \frac{R_2 R_3}{R_2 + R_3} = \frac{4 \times 6}{4 + 6} = \frac{24}{10} = 2.4\,[\Omega]$$
となる．求める合成抵抗$R\,[\Omega]$は抵抗R_1と抵抗R_{23}の直列接続になるので，
$$R = R_1 + R_{23} = 7 + 2.4 = \underline{9.4}\,[\Omega]$$
(3) 抵抗R_1と抵抗R_2の合成抵抗をR_{12}，抵抗R_3と抵抗R_4の合成抵抗をR_{34}とすると，
$$R_{12} = R_1 + R_2 = 4 + 8 = 12\,[\Omega]$$
$$R_{34} = R_3 + R_4 = 6 + 2 = 8\,[\Omega]$$
となる．求める合成抵抗$R\,[\Omega]$は抵抗R_{12}と抵抗R_{34}の並列接続になるので，
$$R = \frac{R_{12} R_{34}}{R_{12} + R_{34}} = \frac{12 \times 8}{12 + 8} = \frac{96}{20} = \underline{4.8}\,[\Omega]$$
(4) 抵抗R_1と抵抗R_3の合成抵抗をR_{13}，抵抗R_2と抵抗R_4の合成抵抗をR_{24}とすると，
$$R_{13} = \frac{R_1 R_3}{R_1 + R_3} = \frac{4 \times 6}{4 + 6} = \frac{24}{10} = 2.4\,[\Omega]$$
$$R_{24} = \frac{R_2 R_4}{R_2 + R_4} = \frac{8 \times 2}{8 + 2} = \frac{16}{10} = 1.6\,[\Omega]$$
となる．求める合成抵抗$R\,[\Omega]$は抵抗R_{13}と抵抗R_{24}の直列接続になるので，
$$R = R_{13} + R_{24} = 2.4 + 1.6 = \underline{4.0}\,[\Omega]$$

問2

Sw開放時は，以下の式が成り立つ．
$$E = (R + R_1)I = (10 + R_1) \times 4 = 100$$
$$\therefore 10 + R_1 = 25$$
$$\therefore R_1 = 25 - 10 = \underline{15}\,[\Omega]$$
Sw投入時の抵抗R_2に流れる電流I_2は，
$$I_2 = \frac{R_1 I}{R_1 + R_2} = \frac{15 \times 8}{15 + R_2} = \frac{120}{15 + R_2}$$
である．したがって，
$$E = RI + R_2 I_2 = 10 \times 8 + \frac{120 R_2}{15 + R_2} = 100$$
$$\therefore \frac{120 R_2}{15 + R_2} = 100 - 80 = 20$$

$$\therefore 120R_2 = 20 \times (15 + R_2) = 300 + 20R_2$$

$$\therefore 100R_2 = 300$$

$$\therefore R_2 = \underline{3\,[\Omega]}$$

問3

(1) 合成抵抗を $R\,[\Omega]$ とすると，

$$R = R_1 + \frac{R_2 R_3}{R_2 + R_3} + R_4 = 3 + \frac{4 \times 6}{4 + 6} + 4$$

$$= 7 + 2.4 = 9.4\,[\Omega]$$

なので，電源から流れる電流 $I_0\,[\mathrm{A}]$ は，

$$I_0 = \frac{E_0}{R} = \frac{47}{9.4} = 5\,[\mathrm{A}]$$

となる．したがって，

$$V = R_1 I_0 = 3 \times 5 = \underline{15\,[\mathrm{V}]}$$

また，分流則より，

$$I = \frac{R_3}{R_2 + R_3} I_0 = \frac{6}{4+6} \times 5 = 0.6 \times 5 = \underline{3\,[\mathrm{A}]}$$

(2) R_2, R_3, R_4 の並列接続の合成抵抗を $R_{234}\,[\Omega]$ とすると，

$$\frac{1}{R_{234}} = \frac{1}{4} + \frac{1}{4} + \frac{1}{6} = \frac{3+3+2}{12} = \frac{2}{3}$$

$$\therefore R_{234} = \frac{3}{2} = 1.5\,[\Omega]$$

となる．したがって，

$$V = R_{234} I_0 = 1.5 \times 8 = \underline{12\,[\mathrm{V}]}$$

また，

$$I = \frac{V}{R_2} = \frac{12}{4} = \underline{3\,[\mathrm{A}]}$$

(3) 合成抵抗を $R\,[\Omega]$ とすると，

$$R = \frac{(R_1 + R_2) \times (R_3 + R_4)}{R_1 + R_2 + R_3 + R_4} = \frac{10 \times 10}{10 + 10} = \frac{100}{20}$$

$$= 5\,[\Omega]$$

なので，電源から流れる電流 $I_0\,[\mathrm{A}]$ は，

$$I_0 = \frac{E_0}{R} = \frac{100}{5} = 20\,[\mathrm{A}]$$

となる．したがって，分流則より，

$$I = \frac{R_3 + R_4}{(R_1 + R_2) + (R_3 + R_4)} I_0 = \frac{10}{20} \times 20 = \underline{10\,[\mathrm{A}]}$$

また，抵抗 R_3, R_4 の方を流れる電流 $I'\,[\mathrm{A}]$ は，

$$I' = I_0 - I = 20 - 10 = 10\,[\mathrm{A}]$$

となる．電池の負側を基準としたときの a 点の電位を V_a，b 点の電位を V_b とすると，

$$V_\mathrm{a} = R_2 I = 6 \times 10 = 60\,[\mathrm{V}]$$

$$V_\mathrm{b} = R_4 I' = 3 \times 10 = 30\,[\mathrm{V}]$$

なので，

$$V = V_\mathrm{a} - V_\mathrm{b} = 60 - 30 = \underline{30\,[\mathrm{V}]}$$

問4

(1) 末端から計算すると，解図4−1のように，5 Ω の抵抗が2つ直列接続されているので 10 Ω となる．次に 10 Ω が2つ並列接続されているので 5 Ω となる．これがずっと繰り返されるので，最終的に 5 Ω の抵抗が2つ直列接続された回路となるため，

$$R = 5 + 5 = \underline{10\,[\Omega]}$$

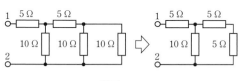

解図 4−1

(2) 一見すると，たすきがけのような複雑な回路だが，解図4−2のように端子1をつまんで右側へパタンとひっくり返すと，単純なブリッジ回路となることが分かる．したがって，

$$R = \frac{6 \times 6}{6 + 6} + \frac{8 \times 8}{8 + 8} = 3 + 4 = \underline{7\,[\Omega]}$$

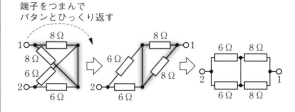

解図 4−2

(3) 端子1から $4I$ の電流が流れ込むと仮定すると，回路の対称性から各分岐点で半分ずつに分流するため，解図4−3のように流れる．中央の点を見ると，左と下から I ずつ流入してきた電流が，上と右に I ずつ流出するので，この点で左上の回路と右下の回路を切り離しても電流分布に変化がないことが分かる．そうすると，解図4−3の左下の図のような等価回路に描き換えられるため，

$$R = \left(1 + \frac{2 \times 2}{2+2} + 1\right) \times \frac{1}{2} = \frac{3}{2} = \underline{1.5\,[\Omega]}$$

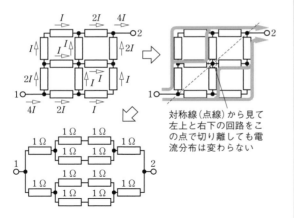

解図 4-3

（4）解図4-4のもやのかかった部分が短絡されているため，ここよりも右側に存在する抵抗を通るのは電流にとっては遠回りになるため，これらの抵抗は無視してよい．したがって，等価的に解図4-4の右の図のようになるため，

$$R = \frac{2 \times 2}{2+2} = \frac{4}{4} = \underline{1\,[\Omega]}$$

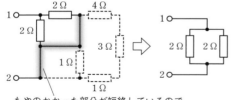

もやのかかった部分が短絡しているので，
ここより右の全ての抵抗には電流が流れない

解図 4-4

テーマ2　単相交流回路の基礎

問5

（1）$e(t)$ は最大値 $E_m = 141\,[\mathrm{V}]$，初期位相 $\theta_e = -\frac{\pi}{3}\,[\mathrm{rad}]$ なので，

$$e(t) = E_m \sin(\omega t + \theta_e) = \underline{141 \sin\left(\omega t - \frac{\pi}{3}\right)[\mathrm{V}]}$$

同様に，$i(t)$ は最大値 $I_m = 104\,[\mathrm{A}]$，初期位相 $\theta_i = -\frac{\pi}{3}$ なので，

$$i(t) = I_m \sin(\omega t + \theta_i) = \underline{104 \sin\left(\omega t - \frac{\pi}{3}\right)[\mathrm{A}]}$$

位相差 $\theta\,[\mathrm{rad}]$ は，

$$\theta = \theta_i - \theta_e = -\frac{\pi}{3} - \left(-\frac{\pi}{3}\right) = \underline{0\,[\mathrm{rad}]}$$

また，電圧および電流の実効値 $E\,[\mathrm{V}]$，$I\,[\mathrm{A}]$ は，

$$E = \frac{141}{\sqrt{2}} = 100\,[\mathrm{V}], \quad I = \frac{104}{\sqrt{2}} = 73.5\,[\mathrm{A}]$$

なので，フェーザ表示 $\dot{E}$，$\dot{I}$ は，

$$\dot{E} = E \angle \theta_e = \underline{100 \angle -\frac{\pi}{3}\,[\mathrm{V}]}$$

$$\dot{I} = I \angle \theta_i = \underline{73.5 \angle -\frac{\pi}{3}\,[\mathrm{A}]}$$

（2）$E_m = 200\,[\mathrm{V}]$，$\theta_e = 0\,[\mathrm{rad}]$，$I_m = 100\,[\mathrm{A}]$，$\theta_i = -\frac{\pi}{4}\,[\mathrm{rad}]$ より，

$$e(t) = E_m \sin(\omega t + \theta_e) = \underline{200 \sin \omega t\,[\mathrm{V}]}$$

$$i(t) = I_m \sin(\omega t + \theta_i) = \underline{100 \sin\left(\omega t - \frac{\pi}{4}\right)[\mathrm{A}]}$$

位相差 $\theta\,[\mathrm{rad}]$ は，

$$\theta = \theta_i - \theta_e = -\frac{\pi}{4} - 0 = \underline{-\frac{\pi}{4}\,[\mathrm{rad}]}$$

また，電圧および電流の実効値 $E\,[\mathrm{V}]$，$I\,[\mathrm{A}]$ は，

$$E = \frac{200}{\sqrt{2}} = 141\,[\mathrm{V}], \quad I = \frac{100}{\sqrt{2}} = 71\,[\mathrm{A}]$$

なので，フェーザ表示 $\dot{E}$，$\dot{I}$ は，

$$\dot{E} = E \angle \theta_e = \underline{141 \angle 0\,[\mathrm{V}]}$$

$$\dot{I} = I \angle \theta_i = \underline{71 \angle -\frac{\pi}{4}\,[\mathrm{A}]}$$

（3）$E_m = 225\,[\mathrm{V}]$，$\theta_e = -\frac{2}{3}\pi\,[\mathrm{rad}]$，$I_m = 149\,[\mathrm{A}]$，$\theta_i = -\frac{\pi}{6}\,[\mathrm{rad}]$ より，

$$e(t) = E_m \sin(\omega t + \theta_e) = \underline{225 \sin\left(\omega t - \frac{2}{3}\pi\right)[\mathrm{V}]}$$

$$i(t) = I_m \sin(\omega t + \theta_i) = \underline{149 \sin\left(\omega t - \frac{\pi}{6}\right)[\mathrm{A}]}$$

位相差 $\theta\,[\mathrm{rad}]$ は，

$$\theta = \theta_i - \theta_e = -\frac{\pi}{6} - \left(-\frac{2}{3}\pi\right) = \frac{-2+8}{12}\pi = \underline{\frac{1}{2}\pi\,[\mathrm{rad}]}$$

また，電圧および電流の実効値 $E\,[\mathrm{V}]$，$I\,[\mathrm{A}]$ は，

$$E = \frac{225}{\sqrt{2}} = 159\,[\mathrm{V}], \quad I = \frac{149}{\sqrt{2}} = 105\,[\mathrm{A}]$$

なので，フェーザ表示 $\dot{E}$，$\dot{I}$ は，

$$\dot{E} = E \angle \theta_e = 159 \angle -\frac{2}{3}\pi \,[\text{V}]$$

$$\dot{I} = I \angle \theta_i = 105 \angle -\frac{\pi}{6}\,[\text{A}]$$

問6

(1) $\dot{Z} = \dot{Z}_1 + \dot{Z}_2 + \dot{Z}_3$

$\qquad = (2+\text{j}2) + (2-\text{j}4) + (4+\text{j}2) = \underline{8\,[\Omega]}$

(2) $\dot{Z}_2$ と $\dot{Z}_3$ の並列接続の合成インピーダンスを $\dot{Z}_{23}\,[\Omega]$ とすると，

$$\dot{Z}_{23} = \frac{\dot{Z}_2 \dot{Z}_3}{\dot{Z}_2 + \dot{Z}_3} = \frac{(2-\text{j}4)(4+\text{j}2)}{(2-\text{j}4)+(4+\text{j}2)}$$

$$= \frac{8 - \text{j}^2 8 + \text{j}(4-16)}{6 - \text{j}2} = \frac{(16-\text{j}12)(6+\text{j}2)}{(6-\text{j}2)(6+\text{j}2)}$$

$$= \frac{96 - \text{j}^2 24 + \text{j}(32-72)}{36 - \text{j}^2 4} = \frac{120 - \text{j}40}{40}$$

$$= 3 - \text{j}\,[\Omega]$$

となる．したがって，合成インピーダンス $\dot{Z}$ $[\Omega]$ は，

$$\dot{Z} = \dot{Z}_1 + \dot{Z}_{23} = (2+\text{j}2) + (3-\text{j}) = \underline{5+\text{j}\,[\Omega]}$$

(3) $\dot{Z}_1$ と $\dot{Z}_2$ の直列接続の合成インピーダンスを $\dot{Z}_{12}\,[\Omega]$ とすると，

$$\dot{Z}_{12} = (2+\text{j}2) + (2-\text{j}4) = 4 - \text{j}2\,[\Omega]$$

となる．したがって，合成インピーダンス $\dot{Z}$ $[\Omega]$ は，

$$\dot{Z} = \frac{\dot{Z}_{12}\dot{Z}_3}{\dot{Z}_{12} + \dot{Z}_3} = \frac{(4-\text{j}2)(4+\text{j}2)}{(4-\text{j}2)+(4+\text{j}2)}$$

$$= \frac{16 - \text{j}^2 4}{8} = \frac{20}{8} = \underline{2.5\,[\Omega]}$$

(4) $\dot{Z}_2$ と $\dot{Z}_3$ の並列接続の合成インピーダンス $\dot{Z}_{23}\,[\Omega]$ は，(2) で計算した通り，$\dot{Z}_{23} = 3 - \text{j}\,[\Omega]$ である．したがって，合成インピーダンス $\dot{Z}\,[\Omega]$ は $\dot{Z}_1\,[\Omega]$ と $\dot{Z}_{23}\,[\Omega]$ の並列接続と考えられるため，

$$\dot{Z} = \frac{\dot{Z}_1 \dot{Z}_{23}}{\dot{Z}_1 + \dot{Z}_{23}} = \frac{(2+\text{j}2)(3-\text{j})}{(2+\text{j}2)+(3-\text{j})}$$

$$= \frac{6 - \text{j}^2 2 + \text{j}(6-2)}{5+\text{j}} = \frac{(8+\text{j}4)(5-\text{j})}{(5+\text{j})(5-\text{j})}$$

$$= \frac{40 - \text{j}^2 4 + \text{j}(20-8)}{25 - \text{j}^2} = \frac{44 + \text{j}12}{26}$$

$$= \underline{1.69 + \text{j}0.462\,[\Omega]}$$

(5) $\dot{Z} = R + \text{j}\omega L = 2 + \text{j}100\pi \times 5 \times 10^{-3}$

$\qquad = \underline{2 + \text{j}1.57\,[\Omega]}$

(6) $\dot{Z} = R + \text{j}\left(\omega L - \dfrac{1}{\omega C}\right)$

$$= 3 + \text{j}\left(100\pi \times 10 \times 10^{-3} - \frac{1}{100\pi \times 500 \times 10^{-6}}\right)$$

$$= 3 + \text{j}(3.142 - 6.366) = \underline{3 - \text{j}3.22\,[\Omega]}$$

(7) まずは合成アドミタンス $\dot{Y}\,[\text{S}]$ を求める．

$$\dot{Y} = \frac{1}{R} + \text{j}\omega C = \frac{1}{5} + \text{j}100\pi \times 400 \times 10^{-6}$$

$$= 0.2 + \text{j}0.1257\,[\text{S}]$$

したがって，合成インピーダンス $\dot{Z}\,[\Omega]$ は，

$$\dot{Z} = \frac{1}{\dot{Y}} = \frac{1}{0.2 + \text{j}0.1257}$$

$$= \frac{0.2 - \text{j}0.1257}{(0.2 + \text{j}0.1257)(0.2 - \text{j}0.1257)}$$

$$= \frac{0.2 - \text{j}0.1257}{0.2^2 - \text{j}^2 0.1257^2} = \frac{0.2 - \text{j}0.1257}{0.0558}$$

$$= \underline{3.58 - \text{j}2.25\,[\Omega]}$$

(8) まずは R と L の並列接続の合成インピーダンス $\dot{Z}_{\text{RL}}\,[\Omega]$ を求める．

$$\dot{Z}_{\text{RL}} = \frac{\text{j}\omega LR}{R + \text{j}\omega L} = \frac{\text{j}100\pi \times 8 \times 10^{-3} \times 4}{4 + \text{j}100\pi \times 8 \times 10^{-3}}$$

$$= \frac{\text{j}10.05}{4 + \text{j}2.513} = \frac{\text{j}10.05(4 - \text{j}2.513)}{(4 + \text{j}2.513)(4 - \text{j}2.513)}$$

$$= \frac{\text{j}10.05(4 - \text{j}2.513)}{4^2 - \text{j}^2 2.513^2} = \frac{\text{j}10.05(4 - \text{j}2.513)}{22.32}$$

$$= 1.132 + \text{j}1.802\,[\Omega]$$

したがって，合成インピーダンス $\dot{Z}\,[\Omega]$ は，

$$\dot{Z} = \dot{Z}_{\text{RL}} - \text{j}\frac{1}{\omega C} = \dot{Z}_{\text{RL}} - \text{j}\frac{1}{100\pi \times 350 \times 10^{-6}}$$

$$= 1.132 + \text{j}1.802 - \text{j}9.095 = \underline{1.13 - \text{j}7.29\,[\Omega]}$$

問7

(1) $R_2\,[\Omega]$ と $\text{j}X_L\,[\Omega]$ の並列接続の合成インピーダンスを $\dot{Z}_{\text{RL}}\,[\Omega]$ とすると，

$$\dot{Z}_{\text{RL}} = \frac{\text{j}R_2 X_L}{R_2 + \text{j}X_L} = \frac{\text{j}4 \times 2}{4 + \text{j}2} = \frac{\text{j}8(4 - \text{j}2)}{(4 + \text{j}2)(4 - \text{j}2)}$$

$$= \frac{\text{j}32 - \text{j}^2 16}{16 - \text{j}^2 4} = \frac{16 + \text{j}32}{20} = 0.8 + \text{j}1.6\,[\Omega]$$

したがって，分圧則より，

$$\dot{V} = \frac{R_1 \dot{E}_0}{R_1 + \dot{Z}_{\text{RL}}} = \frac{4 \times 100}{4 + 0.8 + \text{j}1.6}$$

$$= \frac{400(4.8 - \mathrm{j}1.6)}{(4.8 + \mathrm{j}1.6)(4.8 - \mathrm{j}1.6)} = \frac{400(4.8 - \mathrm{j}1.6)}{4.8^2 - \mathrm{j}^2 1.6^2}$$

$$= \frac{400(4.8 - \mathrm{j}1.6)}{25.6} = \underline{75 - \mathrm{j}25\,[\mathrm{V}]}$$

電源から流れ出す電流 $\dot{I}_0\,[\mathrm{A}]$ は，

$$\dot{I}_0 = \frac{\dot{V}}{R_1} = \frac{75 - \mathrm{j}25}{4}\,[\mathrm{A}]$$

なので，分流則より，

$$\dot{I} = \frac{R_2}{R_2 + \mathrm{j}X_{\mathrm{L}}}\dot{I}_0 = \frac{4}{4 + \mathrm{j}2} \cdot \frac{75 - \mathrm{j}25}{4}$$

$$= \frac{(75 - \mathrm{j}25)(4 - \mathrm{j}2)}{(4 + \mathrm{j}2)(4 - \mathrm{j}2)} = \frac{300 + \mathrm{j}^2 50 - \mathrm{j}(100 + 150)}{20}$$

$$= \frac{250 - \mathrm{j}250}{20} = \underline{12.5 - \mathrm{j}12.5\,[\mathrm{A}]}$$

(2) 分流則より，

$$\dot{I} = \frac{R_1}{R_1 + \mathrm{j}X_{\mathrm{L}}}\dot{I}_0 = \frac{3 \times 5}{3 + \mathrm{j}4} = \frac{15(3 - \mathrm{j}4)}{(3 + \mathrm{j}4)(3 - \mathrm{j}4)}$$

$$= \frac{45 - \mathrm{j}60}{9 - \mathrm{j}^2 16} = \frac{45 - \mathrm{j}60}{25} = \underline{1.8 - \mathrm{j}2.4\,[\mathrm{A}]}$$

$R_2\,[\Omega]$ と $\mathrm{j}X_{\mathrm{C}}\,[\Omega]$ の並列接続の合成インピーダンスを $\dot{Z}_{\mathrm{RC}}\,[\Omega]$ とすると，

$$\dot{Z}_{\mathrm{RC}} = \frac{\mathrm{j}R_2 X_{\mathrm{C}}}{R_2 + \mathrm{j}X_{\mathrm{C}}} = \frac{-\mathrm{j}4 \times 2}{4 - \mathrm{j}2} = \frac{-\mathrm{j}8(4 + \mathrm{j}2)}{(4 - \mathrm{j}2)(4 + \mathrm{j}2)}$$

$$= \frac{-\mathrm{j}32 - \mathrm{j}^2 16}{16 - \mathrm{j}^2 4} = \frac{16 - \mathrm{j}32}{20} = 0.8 - \mathrm{j}1.6\,[\Omega]$$

となるため，求める $\dot{V}\,[\mathrm{V}]$ は，

$$\dot{V} = \dot{Z}_{\mathrm{RC}}\dot{I}_0 = (0.8 - \mathrm{j}1.6)5 = \underline{4 - \mathrm{j}8\,[\mathrm{V}]}$$

(3) オームの法則より，

$$\dot{V} = R_1 \dot{I}_{\mathrm{R}} = 10 \times 10 = \underline{100\,[\mathrm{V}]}$$

したがって，

$$\dot{I} = \frac{\dot{V}}{R_2 + \mathrm{j}X_L} = \frac{100}{16 + \mathrm{j}12} = \frac{25}{4 + \mathrm{j}3} = \frac{25(4 - \mathrm{j}3)}{(4 + \mathrm{j}3)(4 - \mathrm{j}3)}$$

$$= \frac{25(4 - \mathrm{j}3)}{16 - \mathrm{j}^2 9} = \frac{25(4 - \mathrm{j}3)}{25} = \underline{4 - \mathrm{j}3\,[\mathrm{A}]}$$

(4) コンデンサに流れる電流 $\dot{I}_{\mathrm{C}}\,[\mathrm{A}]$ はオームの法則より，

$$\dot{I}_{\mathrm{C}} = \frac{\dot{V}_{\mathrm{C}}}{\mathrm{j}X_{\mathrm{C}}} = \frac{12}{-\mathrm{j}6} = \frac{\mathrm{j}12}{-\mathrm{j}^2 6} = \frac{\mathrm{j}12}{6} = \mathrm{j}2\,[\mathrm{A}]$$

したがって，求める $\dot{V}\,[\mathrm{V}]$ は，

$$\dot{V} = \dot{V}_{\mathrm{C}} + R_2 \dot{I}_{\mathrm{C}} = 12 + 8 \times \mathrm{j}2 = \underline{12 + \mathrm{j}16\,[\mathrm{V}]}$$

したがって，

$$\dot{I} = \frac{\dot{V}}{R_1 + \mathrm{j}X_{\mathrm{L}}} = \frac{12 + \mathrm{j}16}{4 + \mathrm{j}4} = \frac{(12 + \mathrm{j}16)(4 - \mathrm{j}4)}{(4 + \mathrm{j}4)(4 - \mathrm{j}4)}$$

$$= \frac{48 - \mathrm{j}^2 64 + \mathrm{j}(64 - 48)}{16 - \mathrm{j}^2 16} = \frac{112 + \mathrm{j}16}{32}$$

$$= \underline{3.5 + \mathrm{j}0.5\,[\mathrm{A}]}$$

テーマ３ 電力と力率

問8

(1) 合成抵抗 $R\,[\Omega]$ は，

$$R = R_1 + R_2 + R_3 = 2 + 5 + 3 = 10\,[\Omega]$$

より，電源から流れる電流 $I\,[\mathrm{A}]$ は，

$$I = \frac{E}{R} = \frac{100}{10} = 10\,[\mathrm{A}]$$

である．したがって，

$$P_3 = R_3 I^2 = 3 \times 10^2 = \underline{300\,[\mathrm{W}]}$$

(2) 抵抗 $R_3\,[\Omega]$ には電源電圧が印加されるため，

$$P_3 = \frac{E^2}{R_3} = \frac{10^2}{4} = \frac{100}{4} = \underline{25\,[\mathrm{W}]}$$

(3) 抵抗 $R_2\,[\Omega]$ と抵抗 $R_3\,[\Omega]$ の並列接続の合成抵抗 $R_{23}\,[\Omega]$ は，

$$R_{23} = \frac{R_2 R_3}{R_2 + R_3} = \frac{2 \times 3}{2 + 3} = \frac{6}{5} = 1.2\,[\Omega]$$

である．抵抗 $R_3\,[\Omega]$ に印加される電圧 $E_3\,[\mathrm{V}]$ は，分圧則より，

$$E_3 = \frac{R_{23}}{R_1 + R_{23}}E = \frac{1.2}{4 + 1.2} \times 26 = \frac{1.2}{5.2} \times 26 = 6\,[\mathrm{V}]$$

となるので，

$$P_3 = \frac{E_3{}^2}{R_3} = \frac{6^2}{3} = \frac{36}{3} = \underline{12\,[\mathrm{W}]}$$

(4) 抵抗 $R_2\,[\Omega]$ と抵抗 $R_3\,[\Omega]$ の直列接続の合成抵抗 $R_{23}\,[\Omega]$ は，

$$R_{23} = 2 + 3 = 5\,[\Omega]$$

である．抵抗 $R_3\,[\Omega]$ に流れる電流 $I_3\,[\mathrm{A}]$ は，分流則より，

$$I_3 = \frac{R_1}{R_1 + R_{23}}I = \frac{4}{4 + 5} \times 9 = \frac{4}{9} \times 9 = 4\,[\mathrm{A}]$$

となるので，

$$P_3 = R_3 I_3{}^2 = 3 \times 4^2 = 3 \times 16 = \underline{48\,[\mathrm{W}]}$$

問9

(1) 抵抗 R_1 を流れる電流 $I_1\,[\mathrm{A}]$ は，

$$P_1 = R_1 I_1{}^2$$

$$\therefore I_1 = \sqrt{\frac{P_1}{R_1}} = \sqrt{\frac{27}{3}} = \sqrt{9} = 3 \text{ [A]}$$

となる．したがって，

$$E = (R_1 + R)I_1$$

$$\therefore R = \frac{E}{I_1} - R_1 = \frac{15}{3} - 3 = 5 - 3 = \underline{2 \text{ [Ω]}}$$

(2) 抵抗 $R_1 \text{ [Ω]}$ での消費電力 $P_1 \text{ [W]}$ は，

$$P_1 = \frac{E^2}{R_1} = \frac{8^2}{4} = \frac{64}{4} = 16 \text{ [W]}$$

となる．したがって，抵抗 $R \text{ [Ω]}$ で消費される電力 $P \text{ [W]}$ は，

$$P = P_0 - P_1 = 48 - 16 = 32 \text{ [W]}$$

となるため，抵抗 $R \text{ [Ω]}$ は，

$$P = \frac{E^2}{R} \quad \therefore R = \frac{E^2}{P} = \frac{64}{32} = \underline{2 \text{ [Ω]}}$$

(3) 抵抗 $R_1 \text{ [Ω]}$ に印加される電圧 $E_1 \text{ [V]}$ および電流 $I_1 \text{ [A]}$ は，

$$P_1 = \frac{E_1^2}{R_1}$$

$$\therefore E_1 = \sqrt{R_1 P_1} = \sqrt{3 \times 48} = \sqrt{144} = 12 \text{ [V]}$$

$$R_1 I_1 = E_1 \quad \therefore I_1 = \frac{E_1}{R_1} = \frac{12}{3} = 4 \text{ [A]}$$

となるため，抵抗 $R_2 \text{ [Ω]}$ に流れる電流 $I_2 \text{ [A]}$ は，

$$E - E_1 = R_2 I_2$$

$$\therefore I_2 = \frac{E - E_1}{R_2} = \frac{60 - 12}{4} = 12 \text{ [A]}$$

となる．また，抵抗 $R \text{ [Ω]}$ に流れる電流 $I \text{ [A]}$ は，

$$I = I_2 - I_1 = 12 - 4 = 8 \text{ [A]}$$

となる．したがって，

$$E_1 = RI \quad \therefore R = \frac{E_1}{I} = \frac{12}{8} = \underline{1.5 \text{ [Ω]}}$$

(4) 抵抗 $R_2 \text{ [Ω]}$ で消費される電力 $P_2 \text{ [W]}$ は，

$$P_2 = \frac{E^2}{R_2} = \frac{12^2}{6} = \frac{144}{6} = 24 \text{ [W]}$$

なので，抵抗 R と R_1 で消費される電力の和 $P \text{ [W]}$ は，

$$P = P_0 - P_2 = 42 - 24 = 18 \text{ [W]}$$

となる．したがって，

$$P = \frac{E^2}{R + R_1}$$

$$\therefore R = \frac{E^2}{P} - R_1 = \frac{12^2}{18} - 5 = \frac{144}{18} - 5$$

$$= 8 - 5 = \underline{3 \text{ [Ω]}}$$

問10

(1) 電流 $i(t)$ に対する電圧 $e(t)$ の位相差 $\theta \text{ [rad]}$ は，

$$\theta = 0 - \left(-\frac{\pi}{6}\right) = \frac{\pi}{6} \text{ [rad]}$$

なので，力率 $\cos\theta$ は，

$$\cos\theta = \cos\frac{\pi}{6} = \frac{\sqrt{3}}{2} = \underline{0.866 \text{（遅れ）}}$$

また，電圧と電流の最大値を $V_\mathrm{m} \text{ [V]}$ および I_m [A]，実効値を $V \text{ [V]}$ および $I \text{ [A]}$ とすると，

$$S = VI = \frac{V_\mathrm{m}}{\sqrt{2}} \cdot \frac{I_\mathrm{m}}{\sqrt{2}} = \frac{V_\mathrm{m} I_\mathrm{m}}{2} \text{ [V·A]} \tag{1}$$

$$P = S\cos\theta = \frac{V_\mathrm{m} I_\mathrm{m}}{2}\cos\theta \text{ [W]} \tag{2}$$

$$Q = S\sin\theta = \frac{V_\mathrm{m} I_\mathrm{m}}{2}\sin\theta \text{ [var]} \tag{3}$$

となる．したがって，(1)〜(3)式に各値を代入して，

$$S = \frac{V_\mathrm{m} I_\mathrm{m}}{2} = \frac{100 \times 5}{2} = \underline{250 \text{ [V·A]}}$$

$$P = S\cos\theta = 250 \times 0.866 = \underline{217 \text{ [W]}}$$

$$Q = S\sin\theta = 250\sin\frac{\pi}{6} = 250 \times \frac{1}{2}$$

$$= \underline{125 \text{ [var]}}$$

(2) 電流 $i(t)$ に対する電圧 $e(t)$ の位相差 $\theta \text{ [rad]}$ は，

$$\theta = \frac{\pi}{4} - \frac{\pi}{2} = \frac{\pi}{4} - \frac{2\pi}{4} = -\frac{\pi}{4} \text{ [rad]}$$

なので，力率 $\cos\theta$ は，

$$\cos\theta = \cos\left(-\frac{\pi}{4}\right) = \frac{1}{\sqrt{2}} = \underline{0.707 \text{（進み）}}$$

したがって，(1)〜(3)式に各値を代入して，

$$S = \frac{V_\mathrm{m} I_\mathrm{m}}{2} = \frac{80 \times 5}{2} = \underline{200 \text{ [V·A]}}$$

$$P = S\cos\theta = 200 \times 0.707 = \underline{141 \text{ [W]}}$$

$$Q = S\sin\theta = 200\sin\left(-\frac{\pi}{4}\right) = 200 \times \left(-\frac{1}{\sqrt{2}}\right) = \underline{-141 \text{ [var]}}$$

(3) 電流 $i(t)$ に対する電圧 $e(t)$ の位相差 $\theta \text{ [rad]}$ は，

$$\theta = \frac{\pi}{6} - \frac{\pi}{3} = \frac{\pi}{6} - \frac{2\pi}{6} = -\frac{\pi}{6} \text{ [rad]}$$

なので，力率 $\cos\theta$ は，

$$\cos\theta = \cos\left(-\frac{\pi}{6}\right) = \frac{\sqrt{3}}{2} = \underline{0.866（進み）}$$

したがって，（1）～（3）式に各値を代入して，

$$S = \frac{V_{\mathrm{m}}I_{\mathrm{m}}}{2} = \frac{150 \times 6}{2} = \underline{450\,[\mathrm{V\cdot A}]}$$

$$P = S\cos\theta = 450 \times 0.866 = \underline{390\,[\mathrm{W}]}$$

$$Q = S\sin\theta = 450\sin\left(-\frac{\pi}{6}\right) = 450 \times \left(-\frac{1}{2}\right) = \underline{-225\,[\mathrm{var}]}$$

問11

（1）公式より，

$$P = S\cos\theta = 30 \times 0.6 = \underline{18\,[\mathrm{kW}]}$$

$$Q = S\sin\theta = 30 \times \sqrt{1 - 0.6^2} = 30 \times \sqrt{1 - 0.36}$$
$$= 30 \times \sqrt{0.64} = 30 \times 0.8 = \underline{24\,[\mathrm{kvar}]}$$

（2）コンデンサを接続しても有効電力 $P\,[\mathrm{kW}]$ は変わらない．したがって，コンデンサ接続後の無効電力 $Q'\,[\mathrm{kvar}]$ は，

$$Q' = S'\sin\theta' = \frac{P}{\cos\theta'} \cdot \sin\theta' = \frac{18}{0.8} \times \sqrt{1 - 0.8^2}$$
$$= \frac{18}{0.8} \times 0.6 = 13.5\,[\mathrm{kvar}]$$

である．したがって，コンデンサの無効電力 Q_{C} $[\mathrm{kvar}]$ は，解図11より，

$$Q_{\mathrm{C}} = Q - Q' = 24 - 13.5 = 10.5\,[\mathrm{kvar}]$$

となる．コンデンサに流れる電流の大きさ $I_{\mathrm{C}}\,[\mathrm{A}]$ は，

$$I_{\mathrm{C}} = \frac{V}{\dfrac{1}{\omega C}} = \omega CV\,[\mathrm{A}]$$

なので，

$$Q_{\mathrm{C}} = X_{\mathrm{C}}I_{\mathrm{C}}^2 = \frac{1}{\omega C} \cdot (\omega CV)^2 = \omega CV^2$$

$$\therefore C = \frac{Q_{\mathrm{C}}}{\omega V^2} = \frac{10.5 \times 10^3}{2\pi \times 50 \times 200^2} = \frac{10.5 \times 10^3}{100\pi \times 40\,000}$$

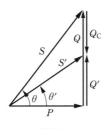

解図11

$$= \frac{10.5}{100\pi \times 40} = \frac{10.5}{4\pi} \times 10^{-3} = 0.8356 \times 10^{-3}\,[\mathrm{F}]$$
$$= 835.6 \times 10^{-6}\,[\mathrm{F}] = \underline{836\,[\mu\mathrm{F}]}$$

テーマ4　複雑な回路の解析手法（1）
問12

（1）分岐点に電流則を適用すると，

$$I_1 + I_2 - I_3 - I = 0$$
$$\therefore I = I_1 + I_2 - I_3 = 5 + 3 - 6 = \underline{2\,[\mathrm{A}]}$$

（2）$\dot{I}_1 - \dot{I}_2 + \dot{I}_3 - \dot{I} = 0$

$$\therefore \dot{I} = \dot{I}_1 - \dot{I}_2 + \dot{I}_3 = 4 - (1 + \mathrm{j}2) + 2 + \mathrm{j}5$$
$$= \underline{5 + \mathrm{j}3\,[\mathrm{A}]}$$

（3）閉回路に電圧則を適用すると，

$$E_1 - R_1I_1 + R_2I_2 - E = 0$$
$$\therefore E = E_1 - R_1I_1 + R_2I_2 = 4 - 2 \times 5 + 3 \times 3$$
$$= 4 - 10 + 9 = \underline{3\,[\mathrm{V}]}$$

（4）$-\dot{E}_1 - \dot{Z}_1\dot{I}_1 + \dot{E}_2 - \dot{E} = 0$

$$\therefore \dot{E} = -\dot{E}_1 - \dot{Z}_1\dot{I}_1 + \dot{E}_2$$

$$= -4 - 2\angle\frac{\pi}{6} \cdot 3\angle\frac{\pi}{3} + 6\sqrt{2}\angle\frac{\pi}{4}$$

$$= -4 - 6\angle\frac{3}{6}\pi + 6\sqrt{2}\angle\frac{\pi}{4}$$

$$= -4 - 6\left(\cos\frac{\pi}{2} + \mathrm{j}\sin\frac{\pi}{2}\right)$$
$$\quad + 6\sqrt{2}\left(\cos\frac{\pi}{4} + \mathrm{j}\sin\frac{\pi}{4}\right)$$

$$= -4 - \mathrm{j}6 + 6 + \mathrm{j}6 = \underline{2\,[\mathrm{V}]}$$

問13

（1）解図13-1のように閉回路を設定し，閉回路①および②にループ電流 I_1 および I_2 が流れると仮定して方程式を立てると，

$$R_1I_1 + R_2(I_1 + I_2) = E_1$$
$$R_3I_2 + R_2(I_1 + I_2) = E_2$$

となる．これに各値を代入すれば，

$$3I_1 + 2I_2 = 11 \qquad (1)$$
$$2I_1 + 5I_2 = 22 \qquad (2)$$

となるため，この連立方程式を解く．（1）式×5－（2）式×2を計算すれば，

$$15I_1 + 10I_2 = 55$$
$$-)\ \ 4I_1 + 10I_2 = 44$$
$$\overline{11I_1 \qquad\quad = 11} \quad \therefore I_1 = 1\,[\mathrm{A}]$$

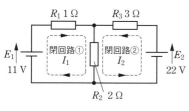

解図 13-1

となり，これを(1)式に代入すれば，

$$3 \times 1 + 2I_2 = 11$$

$$\therefore 2I_2 = 11 - 3 = 8 \quad \therefore I_2 = 4\,[\mathrm{A}]$$

となる．したがって，

$$I = I_1 + I_2 = 1 + 4 = \underline{5\,[\mathrm{A}]}$$

(2) 解図13-2のように閉回路を設定し，閉回路①および②にループ電流I_1およびI_2が流れると仮定して方程式を立て，各値を代入して整理すると，

$$E_1 - R_1 I_1 - R_2(I_1 - I_2) - E_2 = 0$$

$$\therefore E_1 - E_2 = R_1 I_1 + R_2(I_1 - I_2)$$

$$\therefore 4I_1 - 2I_2 = -14 \qquad (1)$$

および，

$$E_2 - R_2(I_2 - I_1) - R_3 I_2 + E_3 = 0$$

$$\therefore E_2 + E_3 = R_2(I_2 - I_1) + R_3 I_2$$

$$\therefore -2I_1 + 8I_2 = 42 \qquad (2)$$

となる．(1)式×4+(2)式を計算すれば，

$$16I_1 - 8I_2 = -56$$
$$+)\ -2I_1 + 8I_2 = \quad 42$$
$$\overline{\quad 14I_1 \qquad\quad = -14 \quad \therefore I_1 = -1\,[\mathrm{A}]}$$

となり，これを(1)式に代入すれば，

$$4 \times (-1) - 2I_2 = -14$$

$$\therefore 2I_2 = 14 - 4 = 10 \quad \therefore I_2 = 5\,[\mathrm{A}]$$

となる．したがって，

$$I = I_2 - I_1 = 5 - (-1) = \underline{6\,[\mathrm{A}]}$$

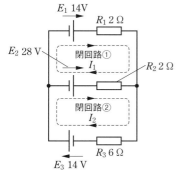

解図 13-2

(3) 解図13-3のように閉回路を設定し，閉回路①，②，③にループ電流I_1，I_2，I_3が流れると仮定して方程式を立て，各値を代入して整理すると，

$$R_3(I_1 - I_2) + R_4(I_1 - I_3) = E$$

$$\therefore (R_3 + R_4)I_1 - R_3 I_2 - R_4 I_3 = E$$

$$\therefore 3I_1 - I_2 - 2I_3 = 13 \qquad (1)$$

および，

$$R_1 I_2 + R_5(I_2 - I_3) + R_3(I_2 - I_1) = 0$$

$$\therefore -R_3 I_1 + (R_1 + R_3 + R_5)I_2 - R_5 I_3 = 0$$

$$\therefore -I_1 + 6I_2 - 3I_3 = 0 \qquad (2)$$

および，

$$R_2 I_3 + R_4(I_3 - I_1) + R_5(I_3 - I_2) = 0$$

$$\therefore -R_4 I_1 - R_5 I_2 + (R_2 + R_4 + R_5)I_3 = 0$$

$$\therefore -2I_1 - 3I_2 + 6I_3 = 0 \qquad (3)$$

となる．(1)式×3+(3)式を計算すると，

$$9I_1 - 3I_2 - 6I_3 = 39$$
$$+)\ -2I_1 - 3I_2 + 6I_3 = \quad 0$$
$$\overline{\quad 7I_1 - 6I_2 \qquad\quad = 39 \qquad (4)}$$

となり，(2)式×2+(3)式を計算すると，

$$-2I_1 + 12I_2 - 6I_3 = 0$$
$$+)\ -2I_1 - 3I_2 + 6I_3 = 0$$
$$\overline{\quad -4I_1 + 9I_2 \qquad\quad = 0 \qquad (5)}$$

となる．したがって，(4)式×3+(5)式×2より，

$$21I_1 - 18I_2 = 117$$
$$+)\ -8I_1 + 18I_2 = \quad 0$$
$$\overline{\quad 13I_1 \qquad\quad = 117 \quad \therefore I_1 = 9\,[\mathrm{A}]}$$

となり，これを(5)式に代入して，

$$-4 \times 9 + 9I_2 = 0$$

$$\therefore 9I_2 = 36 \quad \therefore I_2 = 4\,[\mathrm{A}]$$

となる．したがって，

$$I = I_1 - I_2 = 9 - 4 = \underline{5\,[\mathrm{A}]}$$

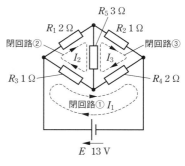

解図 13-3

（4）解図13-4のように閉回路を設定し，閉回路
①および②にループ電流 $\dot{I}_1$ および $\dot{I}_2$ が流れると仮
定して，$\dot{Z}=R+jX=2+j3$ と置いて方程式を立て
ると，

$$\dot{Z}\dot{I}_1+\dot{Z}(\dot{I}_1-\dot{I}_2)=\dot{E} \qquad (1)$$
$$\dot{Z}(\dot{I}_2-\dot{I}_1)+\dot{Z}\dot{I}_2=\dot{E}$$

となり，これら2つの式の辺々を引くと，

$$\dot{Z}\dot{I}_1+\dot{Z}(\dot{I}_1-\dot{I}_2)-\dot{Z}(\dot{I}_2-\dot{I}_1)-\dot{Z}\dot{I}_2=0$$
$$\therefore 3\dot{Z}\dot{I}_1-3\dot{Z}\dot{I}_2=0$$
$$\therefore \dot{I}_1=\dot{I}_2$$

となるため，これを(1)式に代入すれば，

$$\dot{Z}\dot{I}_1=\dot{E}$$
$$\therefore \dot{I}_1=\frac{\dot{E}}{\dot{Z}}=\frac{52}{2+j3}=\frac{52(2-j3)}{4-j^2 9}=4(2-j3)$$
$$=8-j12\,[\text{A}]$$

となる．したがって $\dot{I}\,[\text{A}]$ は，

$$\dot{I}=\dot{I}_1=\underline{8-j12\,[\text{A}]}$$

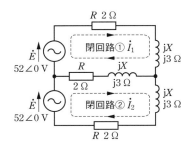

解図 13-4

問 14

（1）解図14-1の(a)の回路と(b)の回路でそれ
ぞれ求めた電流 $I'\,[\text{A}]$，$I''\,[\text{A}]$ を足し合わせれば，
電流 $I\,[\text{A}]$ を求めることができる．(a)の回路に示
した合成抵抗 $R_{45}\,[\Omega]$，$R_{345}\,[\Omega]$，$R_{2345}\,[\Omega]$ は，

$$R_{45}=\frac{R_4 R_5}{R_4+R_5}=\frac{6\times 6}{6+6}=3\,[\Omega]$$
$$R_{345}=R_3+R_{45}=1+3=4\,[\Omega]$$
$$R_{2345}=\frac{R_2 R_{345}}{R_2+R_{345}}=\frac{4\times 4}{4+4}=2\,[\Omega]$$

となるので，電源 $E_1\,[\text{V}]$ から流れる電流 $I_0'\,[\text{A}]$ は，

$$I_0'=\frac{E_1}{R_1+R_{2345}}=\frac{36}{4+2}=6\,[\text{A}]$$

である．したがって，分流則より，

$$I'=\frac{R_2}{R_2+R_{345}}I_0'=\frac{4}{4+4}\times 6=3\,[\text{A}]$$

となる．同様に，(b)の回路に示した合成抵抗 R_{12}
$[\Omega]$，$R_{123}\,[\Omega]$，$R_{1234}\,[\Omega]$ は，

$$R_{12}=\frac{R_1 R_2}{R_1+R_2}=\frac{4\times 4}{4+4}=2\,[\Omega]$$
$$R_{123}=R_{12}+R_3=2+1=3\,[\Omega]$$
$$R_{1234}=\frac{R_{123}R_4}{R_{123}+R_4}=\frac{3\times 6}{3+6}=2\,[\Omega]$$

となるので，電源 $E_2\,[\text{V}]$ から流れる電流 $I_0''\,[\text{A}]$ は，

$$I_0''=\frac{E_2}{R_{1234}+R_5}=\frac{24}{2+6}=3\,[\text{A}]$$

である．したがって，分流則より，

$$I''=-\frac{R_4}{R_{123}+R_4}I_0''=-\frac{6}{3+6}\times 3=-2\,[\text{A}]$$

となる．したがって，

$$I=I'+I''=3-2=\underline{1\,[\text{A}]}$$

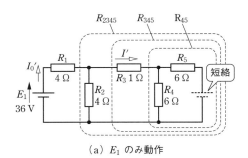

（a）E_1 のみ動作

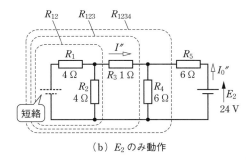

（b）E_2 のみ動作

解図 14-1

（2）解図14-2の(a)と(b)の2つの回路で求めた
電流・電圧を足し合わせれば，元の回路の電流・
電圧を求めることができる．

（a）の回路より，

$$I'=\frac{E_0}{R_3+R_4}=\frac{15}{2+3}=3\,[\text{A}]$$

$$E' = \frac{R_4}{R_3 + R_4} E_0 = \frac{3}{2+3} \times 15 = 9\,[\mathrm{V}]$$

となる．また，(b)の上側の回路において，電圧源が短絡されることによって，もやのかかった部分が同電位となるため，点線の下側を上側に折りたたむと，(b)の下側の回路と等価となる．

電流源から出た電流$I_0\,[\mathrm{A}]$は，抵抗$R_1\,[\Omega]$と$R_2\,[\Omega]$によって一度分流されるが，再び合流した後に再度，抵抗$R_3\,[\Omega]$と$R_4\,[\Omega]$によって分流される．したがって，

$$I'' = \frac{R_4}{R_3 + R_4} I_0 = \frac{3}{2+3} \times 5 = 3\,[\mathrm{A}]$$

となる．また，電圧$E''\,[\mathrm{V}]$は，向きに注意して，

$$E'' = -\frac{R_3 R_4}{R_3 + R_4} I_0 = -\frac{2 \times 3}{2+3} \times 5 = -6\,[\mathrm{V}]$$

となる．したがって，

$$I = I' + I'' = 3 + 3 = \underline{6\,[\mathrm{A}]}$$
$$E = E' + E'' = 9 - 6 = \underline{3\,[\mathrm{V}]}$$

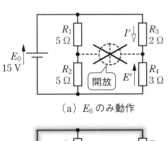

（a）E_0のみ動作

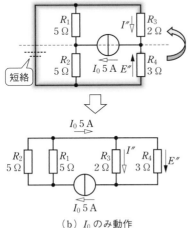

（b）I_0のみ動作

解図14−2

(3) 解図14−3の(a)，(b)，(c)の3つの回路で求めた電流・電圧を足し合わせれば，元の回路の電流・電圧を求めることができる．(a)の回路に

おいて，2つの電圧源を短絡させることによってもやのかかった部分が同電位となるため，抵抗$R_2\,[\Omega]$および$R_3\,[\Omega]$は無視できる．したがって，

$$I' = I_0 = 1\,[\mathrm{A}]$$
$$E' = 0\,[\mathrm{V}]$$

となる．また，(b)の回路において，

$$I'' = \frac{E_1}{R_2} = \frac{6}{3} = 2\,[\mathrm{A}]$$

$$E_1 + E'' = 0$$

$$\therefore E'' = -E_1 = -6\,[\mathrm{V}]$$

となる．さらに，(c)の回路において，

$$I''' = -\frac{E_2}{R_2} = -\frac{3}{3} = -1\,[\mathrm{A}]$$

$$E''' = E_2 = 3\,[\mathrm{V}]$$

となる．したがって，

$$I = I' + I'' + I''' = 1 + 2 - 1 = \underline{2\,[\mathrm{A}]}$$
$$E = E' + E'' + E''' = 0 - 6 + 3 = \underline{-3\,[\mathrm{V}]}$$

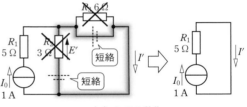

（a）I_0のみ動作

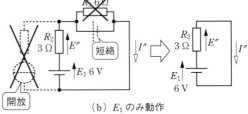

（b）E_1のみ動作

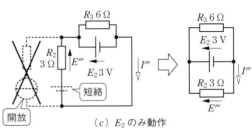

（c）E_2のみ動作

解図14−3

問15

（1）端子a・b間に生じる電圧 E_0[V]は，

$$E_0 = \frac{R_2 E}{R_1 + R_2} = \frac{5 \times 12}{5 + 5} = \frac{60}{10} = 6\,[\text{V}]$$

であり，端子a・bから電源側をみた合成抵抗 R_0[Ω]は，解図15-1のように電圧源を短絡させると，

$$R_0 = \frac{R_1 R_2}{R_1 + R_2} + R_3 = \frac{5 \times 5}{5 + 5} + 5 = \frac{25}{10} + 5$$

$$= 2.5 + 5 = 7.5\,[\Omega]$$

となる．

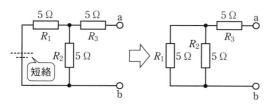

解図 15-1

したがって，テブナンの定理より，等価回路は解図15-2（a）のようになる．また，電流源に変換すると，

$$I_0 = \frac{E_0}{R_0} = \frac{6}{7.5} = 0.8\,[\text{A}]$$

となり，電流源の等価回路は解図15-2（b）のようになる．

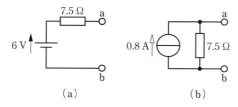

（a）　　　　　　　　（b）

解図 15-2

（2）端子a・b間に生じる電圧 E_0[V]は，解図15-3に示すように，電圧源のみ存在する場合の端子電圧 $E_0{}'$[V]と電流源のみ存在する場合の端子電圧 $E_0{}''$[V]の重ね合わせで求められる．

$$E_0{}' = \frac{R_1 R_2}{R_1 + R_2} I = \frac{5 \times 5}{5 + 5} \times 5 = \frac{25}{10} \times 5 = 12.5\,[\text{V}]$$

$$E_0{}'' = \frac{R_1}{R_1 + R_2} E = \frac{5}{5 + 5} \times 2 = \frac{5}{10} \times 2 = 1\,[\text{V}]$$

$$E_0 = E_0{}' + E_0{}'' = 12.5 + 1 = 13.5\,[\text{V}]$$

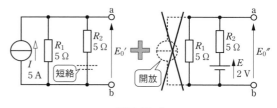

解図 15-3

端子a・bから電源側をみた合成抵抗 R_0[Ω]は，解図15-4のように電圧源を短絡させ電流源を開放させると，

$$R_0 = \frac{R_1 R_2}{R_1 + R_2} = \frac{5 \times 5}{5 + 5} = \frac{25}{10} = 2.5\,[\Omega]$$

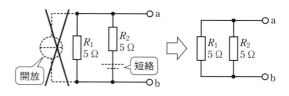

解図 15-4

したがって，テブナンの定理より，等価回路は，解図15-5（a）のようになる．また，電流源に変換すると，

$$I_0 = \frac{E_0}{R_0} = \frac{13.5}{2.5} = 5.4\,[\text{A}]$$

となり，電流源の等価回路は，解図15-5（b）のようになる．

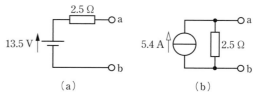

（a）　　　　　　　　（b）

解図 15-5

（3）端子a・b間の電圧 E_0[V]は，解図15-6に示すように，点d・a間の電圧を E_a[V]，点d・b間の電圧を E_b[V]とすると，

$$E_0 = E_a - E_b = \frac{R_2 E}{R_1 + R_2} - \frac{R_4 E}{R_3 + R_4}$$

$$= \frac{6 \times 24}{2 + 6} - \frac{3 \times 24}{3 + 3} = 18 - 12 = 6\,[\text{V}]$$

となる．

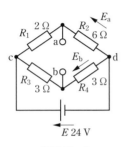

解図 15-6

　端子a・bから電源側をみた合成抵抗$R_0[\Omega]$は，解図15-7の左の図に示すように，電圧源を短絡させるともやのかかった部分が同電位となるため，点cと点dの電位が等しくなる．そこで，点dをつまんで左側に折り返して点cと一致させると，解図15-7の中央の図のようになる．したがって，合成抵抗$R_{12}[\Omega]$および$R_{34}[\Omega]$は，

$$R_{12} = \frac{R_1 R_2}{R_1 + R_2} = \frac{2 \times 6}{2 + 6} = \frac{12}{8} = 1.5 \,[\Omega]$$

$$R_{34} = \frac{R_3 R_4}{R_3 + R_4} = \frac{3 \times 3}{3 + 3} = \frac{9}{6} = 1.5 \,[\Omega]$$

となるため，端子a・bから電源側をみた合成抵抗$R_0[\Omega]$は，

$$R_0 = R_{12} + R_{34} = 1.5 + 1.5 = 3 \,[\Omega]$$

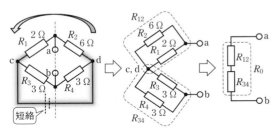

解図 15-7

　したがって，テブナンの定理より，等価回路は，解図15-8(a)のようになる．また，電流源に変換すると，

$$I_0 = \frac{E_0}{R_0} = \frac{6}{3} = 2 \,[\text{A}]$$

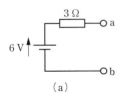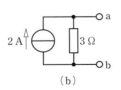

解図 15-8

となり，電流源の等価回路は，解図15-8(b)のようになる．
　(4) 端子a・b間に生じる電圧$\dot{E}_0[\text{V}]$は，

$$\dot{E}_0 = \frac{R_2 + jX}{R_1 + R_2 + jX}\dot{E} = \frac{2 + j4}{1 + 2 + j4} \times 10$$

$$= \frac{2 + j4}{3 + j4} \times 10 = \frac{(2 + j4)(3 - j4)}{(3 + j4)(3 - j4)} \times 10$$

$$= \frac{10}{25}(6 - j^2 16 + j12 - j8) = 8.8 + j1.6 \,[\text{V}]$$

であり，端子a・bから電源側をみた合成インピーダンス$\dot{Z}_0[\Omega]$は，解図15-9のように電圧源を短絡させると，

$$\dot{Z}_0 = \frac{R_1(R_2 + jX)}{R_1 + R_2 + jX} = \frac{1 \times (2 + j4)}{1 + 2 + j4} = \frac{2 + j4}{3 + j4}$$

$$= \frac{(2 + j4)(3 - j4)}{(3 + j4)(3 - j4)} = \frac{6 - j^2 16 + j12 - j8}{25}$$

$$= 0.88 + j0.16 \,[\Omega]$$

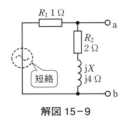

解図 15-9

　したがって，テブナンの定理より，等価回路は，解図15-10(a)のようになる．また，電流源に変換すると，

$$\dot{I}_0 = \frac{\dot{E}_0}{\dot{Z}_0} = \frac{8.8 + j1.6}{0.88 + j0.16} = 10 \,[\text{A}]$$

となり，電流源の等価回路は，解図15-10(b)のようになる．

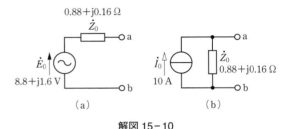

解図 15-10

（1）内部抵抗を持つ3つの電圧源が並列接続されているため，それらを電流源に変換すると，

$$I_1 = \frac{E_1}{R_1} = \frac{4}{2} = 2\,[\text{A}], \quad I_2 = \frac{E_2}{R_2} = \frac{9}{3} = 3\,[\text{A}]$$

$$I_3 = \frac{E_3}{R_3} = \frac{6}{6} = 1\,[\text{A}]$$

より，解図16-1の上側の図のようになる．これらを1つの電流源にまとめると，解図16-1の下側の図のようになり，

$$I_0 = I_1 + I_2 + I_3 = 2 + 3 + 1 = 6\,[\text{A}]$$

$$R_0 = \frac{1}{\dfrac{1}{R_1} + \dfrac{1}{R_2} + \dfrac{1}{R_3}} = \frac{1}{\dfrac{1}{2} + \dfrac{1}{3} + \dfrac{1}{6}} = \frac{12}{6+4+2}$$

$$= 1\,[\Omega]$$

となる．したがって，求める電圧 $E\,[\text{V}]$ は，

$$E = R_0 I_0 = 1 \times 6 = \underline{6\,[\text{V}]}$$

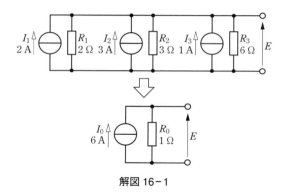

解図 16-1

（2）内部抵抗を持つ2つの電流源が直列接続されているため，それらを電圧源に変換すると，

$$E_1 = R_1 I_1 = 3 \times 4 = 12\,[\text{V}]$$

$$E_2 = R_2 I_2 = 4 \times 6 = 24\,[\text{V}]$$

より，解図16-2の左側の図のようになる．これらを1つの電圧源にまとめると，解図16-2の右側の図のようになり，

$$E_0 = E_1 + E_2 = 12 + 24 = 36\,[\text{V}]$$

$$R_0 = R_1 + R_2 = 3 + 4 = 7\,[\Omega]$$

となる．したがって，求める電流 $I\,[\text{A}]$ は，

$$I = \frac{E_0}{R_0 + R_3} = \frac{36}{7+5} = \underline{3\,[\text{A}]}$$

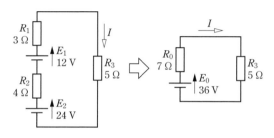

解図 16-2

（3）まずは電圧源をすべて電流源に変換する．解図16-3（a）に示す通り，

$$I_2 = \frac{E_2}{R_2} = \frac{4}{2} = 2\,[\text{A}]$$

$$I_3 = \frac{E_3}{R_3} = \frac{10}{5} = 2\,[\text{A}]$$

となる．この図の点線で囲った部分について，1つの電流源にまとめると，解図16-3（b）の左の図のようになり，

$$I_0' = I_1 + I_2 = 4 + 2 = 6\,[\text{A}]$$

$$R_0' = \frac{R_1 R_2}{R_1 + R_2} = \frac{6 \times 2}{6+2} = \frac{12}{8} = 1.5\,[\Omega]$$

$$I_0'' = I_3 = 2\,[\text{A}]$$

$$R_0'' = \frac{R_3 R_4}{R_3 + R_4} = \frac{5 \times 5}{5+5} = \frac{25}{10} = 2.5\,[\Omega]$$

となる．この2つの電流源を改めて電圧源に変換すると，解図16-3（b）の中央の図のようになり，

$$E_0' = R_0' I_0' = 1.5 \times 6 = 9\,[\text{V}]$$

$$E_0'' = R_0'' I_0'' = 2.5 \times 2 = 5\,[\text{V}]$$

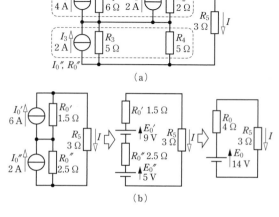

解図 16-3

となる．この2つの電圧源の直列接続を，1つの電圧源にまとめると，解図16-3(b)の右の図のようになり，

$$E_0 = E_0' + E_0'' = 9 + 5 = 14\,[\mathrm{V}]$$

$$R_0 = R_0' + R_0'' = 1.5 + 2.5 = 4\,[\Omega]$$

となる．したがって，

$$I = \frac{E_0}{R_0 + R_5} = \frac{14}{4+3} = \frac{14}{7} = \underline{2\,[\mathrm{A}]}$$

問 17

(1) 抵抗 $R_1\,[\Omega]$，$R_3\,[\Omega]$，$R_5\,[\Omega]$ は Δ 結線となっているため，これを Y 結線に変換すると，

$$R_\mathrm{Y} = \frac{R_1}{3} = \frac{6}{3} = 2\,[\Omega]$$

となるため，解図17-1のように回路を描き換えられる．したがって，

$$R = R_\mathrm{Y} + \frac{(R_\mathrm{Y} + R_2)(R_\mathrm{Y} + R_4)}{R_\mathrm{Y} + R_2 + R_\mathrm{Y} + R_4}$$

$$= 2 + \frac{(2+2)(2+4)}{2+2+2+4} = 2 + \frac{24}{10} = \underline{4.4\,[\Omega]}$$

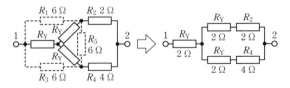

解図 17-1

(2) 抵抗 $R_1\,[\Omega]$，$R_4\,[\Omega]$，$R_7\,[\Omega]$ および $R_3\,[\Omega]$，$R_6\,[\Omega]$，$R_8\,[\Omega]$ は Δ 結線となっているため，これを Y 結線に変換すると，

$$R_\mathrm{Y} = \frac{R_1}{3} = 1\,[\Omega]$$

となるため，解図17-2のように回路を描き換えられる．解図17-2の下の図の点線で囲った部分の合成抵抗 $R'\,[\Omega]$ は，

$$R' = \frac{(2R_\mathrm{Y} + R_2)(2R_\mathrm{Y} + R_5)}{2R_\mathrm{Y} + R_2 + 2R_\mathrm{Y} + R_5}$$

$$= \frac{(2\times1+2)(2\times1+2)}{2\times1+2+2\times1+2} = \frac{16}{8} = 2\,[\Omega]$$

となる．したがって，

$$R = R_\mathrm{Y} + R' + R_\mathrm{Y} = 1 + 2 + 1 = \underline{4\,[\Omega]}$$

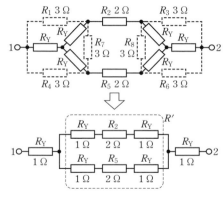

解図 17-2

(3) 抵抗 $R_2\,[\Omega]$，$R_4\,[\Omega]$，$R_5\,[\Omega]$ は Y 結線となっているため，これを Δ 結線に変換すると，

$$R_\Delta = 3R_2 = 3\times4 = 12\,[\Omega]$$

となるため，解図17-3のように回路を描き換えられる．解図17-3の下の図の点線で囲った部分の合成抵抗 $R_1'\,[\Omega]$，$R_3'\,[\Omega]$，$R_6'\,[\Omega]$ は，

$$R_1' = R_3' = \frac{R_1 R_\Delta}{R_1 + R_\Delta} = \frac{4\times12}{4+12} = \frac{48}{16} = 3\,[\Omega]$$

$$R_6' = \frac{1}{\dfrac{1}{R_\Delta} + \dfrac{1}{R_6} + \dfrac{1}{R_7}} = \frac{1}{\dfrac{1}{12} + \dfrac{1}{3} + \dfrac{1}{4}}$$

$$= \frac{12}{1+4+3} = \frac{12}{8} = 1.5\,[\Omega]$$

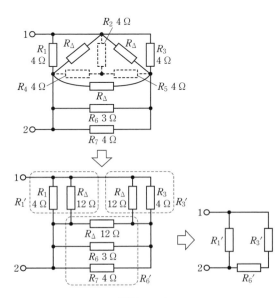

解図 17-3

となる．したがって，

$$R = \frac{R_1'(R_3' + R_6')}{R_1' + R_3' + R_6'} = \frac{3 \times (3 + 1.5)}{3 + 3 + 1.5} = \frac{13.5}{7.5}$$
$$= \underline{1.8\,[\Omega]}$$

テーマ6　三相交流回路

問18

（1）a相一相分の回路を抜き出すと，解図18-1のようになる．したがって，

$$I_a = \frac{E_a}{R} = \frac{100}{5} = \underline{20\,[A]}$$
$$P = 3RI_a^2 = 3 \times 5 \times 20^2 = 6\,000\,[W] = \underline{6\,[kW]}$$

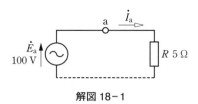

解図18-1

（2）一相分の負荷を$\dot{Z}_\Delta = R + jX = 9 - j12\,[\Omega]$と置いてΔ-Y変換すれば，Y結線の一相分の負荷$\dot{Z}_Y$は，

$$\dot{Z}_Y = \frac{\dot{Z}_\Delta}{3} = 3 - j4\,[\Omega]$$

となるため，a相一相分の回路は，解図18-2のようになる．したがって，

$$I_a = \frac{E_a}{|\dot{Z}_Y|} = \frac{225}{\sqrt{3^2 + 4^2}} = \underline{45\,[A]}$$

$$P = 3 \cdot \frac{R}{3} \cdot I_a^2 = 9 \times 45^2 = 18\,225\,[W] = \underline{18.2\,[kW]}$$

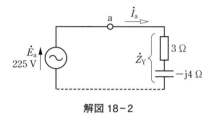

解図18-2

（3）$\dot{Z} = R + jX = 4 + j3\,[\Omega]$に電圧$\dot{V}_{ab}$が印加されるので，

$$I_{ab} = \frac{V_{ab}}{|\dot{Z}|} = \frac{300}{\sqrt{4^2 + 3^2}} = 60\,[A]$$

となる．Δ結線の場合，線電流は相電流の$\sqrt{3}$倍となるため，

$$I_a = \sqrt{3}\,I_{ab} = 60\sqrt{3} = \underline{104\,[A]}$$

消費電力$P\,[kW]$は，

$$P = 3RI_{ab}^2 = 3 \times 4 \times 60^2 = 43\,200\,[W] = \underline{43.2\,[kW]}$$

問19

（1）a相の相電圧$\dot{E}_a$は，

$$\dot{E}_a = \frac{120}{\sqrt{3}} \angle -\frac{\pi}{6}\,[V]$$

となる．また，$\dot{Z} = R + jX = 4\sqrt{3} + j4\,[\Omega]$を極座標表示すると，解図19-1(a)より，

$$\dot{Z} = 8 \angle \frac{\pi}{6}\,[\Omega]$$

となる．したがって，a相一相分の回路を抜き出すと，解図19-1(b)のようになり，

$$I_a = \frac{\dot{E}_a}{\dot{Z}} = \frac{\dfrac{120}{\sqrt{3}} \angle -\dfrac{\pi}{6}}{8 \angle \dfrac{\pi}{6}} = \frac{15}{\sqrt{3}} \angle \left(-\frac{\pi}{6} - \frac{\pi}{6}\right)$$

$$= \underline{8.66 \angle -\frac{\pi}{3}\,[A]}$$

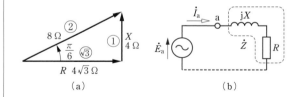

(a)　　　　　　　　　(b)

解図19-1

（2）Δ結線された3つの抵抗をY結線に変換し，a相一相分の回路を抜き出すと，解図19-2のようになる．$\dot{Z}$は，

$$\dot{Z} = \frac{R}{3} + jX = \frac{18}{3} - j8 = 6 - j8\,[\Omega]$$

となるため，

$$I_a = \frac{\dot{E}_a}{\dot{Z}} = \frac{200 \angle 0}{6 - j8} = \frac{200}{(6 - j8)(6 + j8)}(6 + j8)$$

$$= \frac{200}{36 + 64}(6 + j8) = 2(6 + j8) = \underline{12 + j16\,[A]}$$

Δ結線の相電流は，線電流の$\dfrac{1}{\sqrt{3}}$倍の大きさで位相は$\dfrac{\pi}{6}$進むため，

$$\dot{I}_{ab} = \dot{I}_a \cdot \frac{1}{\sqrt{3}} \angle \frac{\pi}{6} = (12 + j16) \cdot \frac{1}{\sqrt{3}} \left(\frac{\sqrt{3}}{2} + j\frac{1}{2} \right)$$

$$= (12 + j16) \left(\frac{1}{2} + j\frac{1}{2\sqrt{3}} \right) = (12 + j16) \left(\frac{1}{2} + j\frac{\sqrt{3}}{6} \right)$$

$$= \frac{(12 + j16)(3 + j\sqrt{3})}{6} = \frac{36 + j^2 16\sqrt{3} + j48 + j12\sqrt{3}}{6}$$

$$= \frac{36 - 16\sqrt{3} + j(48 + 12\sqrt{3})}{6} = \underline{1.38 + j11.4 \,[\text{A}]}$$

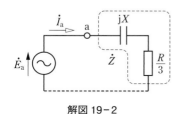

解図 19-2

（3）Δ結線の3つのコンデンサをY結線に変換し，a相一相分の回路を抜き出すと，解図19-3(a)のようになる．$\dot{Z}[\Omega]$は，

$$\dot{Z} = \frac{(R + jX_L)j\dfrac{X_C}{3}}{R + jX_L + j\dfrac{X_C}{3}} = \frac{(5 + j5)(-j5)}{5 + j5 - j5}$$

$$= \frac{(5 + j5)(-j5)}{5} = -j5 - j^2 5 = 5 - j5 \,[\Omega]$$

となるため，これを極座標表示すると，解図19-3(b)より，

$$\dot{Z} = 5\sqrt{2} \angle -\frac{\pi}{4} \,[\Omega]$$

となる．したがって，

$$\dot{I}_a = \frac{\dot{E}_a}{\dot{Z}} = \frac{141 \angle 0}{5\sqrt{2} \angle -\dfrac{\pi}{4}} = \frac{100}{5} \angle \frac{\pi}{4} = \underline{20 \angle \frac{\pi}{4} \,[\text{A}]}$$

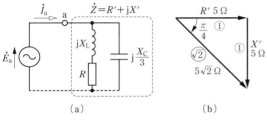

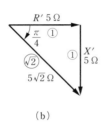

（a）　　　　　　　　（b）

解図 19-3

---

a・b間の線間電圧 $\dot{V}_{ab}[\text{V}]$ は，a相の相電圧 $\dot{E}_a$ に対して，大きさは $\sqrt{3}$ 倍で位相は $\frac{\pi}{6}$ 進むため，

$$\dot{V}_{ab} = 141\sqrt{3} \angle \frac{\pi}{6} \,[\text{V}]$$

となる．また，jX_C も極座標表示すると，

$$jX_C = -j15 = 15 \angle -\frac{\pi}{2} \,[\Omega]$$

となる．したがって，

$$\dot{I}_{ab} = \frac{\dot{V}_{ab}}{jX_C} = \frac{141\sqrt{3} \angle \dfrac{\pi}{6}}{15 \angle -\dfrac{\pi}{2}} = 9.4\sqrt{3} \angle \left(\frac{\pi}{6} + \frac{\pi}{2} \right)$$

$$= 16.3 \angle \left(\frac{\pi}{6} + \frac{3}{6}\pi \right) = 16.3 \angle \frac{4}{6}\pi$$

$$= \underline{16.3 \angle \frac{2}{3}\pi \,[\text{A}]}$$

問 20

断線前は対称三相交流回路なので，Δ結線の3つの抵抗をY結線に変換してa相一相分の回路を抜き出すと，解図20(a)のようになる．したがって，線電流 $\dot{I}_a$ の大きさ $I_a[\text{A}]$ は，

$$I_a = \frac{E}{R + \dfrac{R}{3}} = \frac{E}{\dfrac{3R}{3} + \dfrac{R}{3}} = \frac{E}{\dfrac{4}{3}R} = \frac{3E}{4R} \,[\text{A}]$$

となる．したがって，電流 I の大きさ $I[\text{A}]$ は，

$$I = \frac{I_a}{\sqrt{3}} = \frac{3E}{4\sqrt{3}R} = \frac{\sqrt{3}E}{4R} \,[\text{A}]$$

となる．一方，断線後の回路は解図20(b)のようになり，合成抵抗 $R_0[\Omega]$ は，

$$R_0 = R + \frac{R \cdot 2R}{R + 2R} + R = 2R + \frac{2}{3}R = \frac{8}{3}R \,[\Omega]$$

となるため，電源から流れ出す電流 $I_0[\text{A}]$ は，

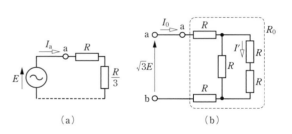

（a）　　　　　　　　（b）

解図 20

$$I_0 = \frac{\sqrt{3}\,E}{R_0} = \frac{\sqrt{3}\,E}{\dfrac{8}{3}R} = \frac{3\sqrt{3}\,E}{8R}\ [\mathrm{A}]$$

となる．したがって，電流 $\dot{I}$ の大きさ I' A] は，分流則より，

$$I' = \frac{R}{R+2R}I_0 = \frac{1}{3}I_0 = \frac{\sqrt{3}\,E}{8R}\ [\mathrm{A}]$$

となる．したがって，求める倍率は，

$$\frac{I'}{I} = \frac{\dfrac{\sqrt{3}\,E}{8R}}{\dfrac{\sqrt{3}\,E}{4R}} = \underline{0.5\,[倍]}$$

問21

(1) a相一相分の回路を抜き出すと，解図21-1のようになる．したがって，線電流 $\dot{I}_\mathrm{a}$ の大きさ I_a [A] は，

$$
\begin{aligned}
I_\mathrm{a} &= \left| \frac{\dot{E}_\mathrm{a}}{R+\mathrm{j}\omega L} \right| = \frac{E}{\sqrt{R^2+(\omega L)^2}} \\
&= \frac{200}{\sqrt{4^2+(2\pi \times 50 \times 9.55 \times 10^{-3})^2}} \\
&= \frac{200}{\sqrt{4^2+3^2}} = \frac{200}{\sqrt{16+9}} = \frac{200}{5} = 40\,[\mathrm{A}]
\end{aligned}
$$

となるため，求める消費電力 P [kW] は，

$$P = 3RI_\mathrm{a}^2 = 3 \times 4 \times 40^2 = 19\,200\,[\mathrm{W}] = \underline{19.2\,[\mathrm{kW}]}$$

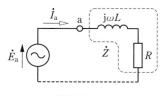

解図21-1

(2) Δ結線の3つのコンデンサをY結線に変換すれば，Swを投入した後の回路は，解図21-2のようになる．したがって，図中の点線で示した部分の合成インピーダンス $\dot{Z}$ [Ω] は，

$$
\begin{aligned}
\dot{Z} &= \mathrm{j}\omega L + \frac{\dfrac{R}{\mathrm{j}3\omega C}}{R+\dfrac{1}{\mathrm{j}3\omega C}} = \mathrm{j}\omega L + \frac{R}{1+\mathrm{j}3\omega CR} \\
&= \mathrm{j}\omega L + \frac{R}{1-\mathrm{j}^2(3\omega CR)^2}(1-\mathrm{j}3\omega CR)
\end{aligned}
$$

$$= \frac{R}{1+(3\omega CR)^2} + \mathrm{j}\left(\omega L - \frac{3\omega CR^2}{1+(3\omega CR)^2}\right)[\Omega]$$

となる．電源からみた力率が1になるということは，上式の虚部が0になることと等しい．したがって，

$$\omega L - \frac{3\omega CR^2}{1+(3\omega CR)^2} = 0$$

$$\therefore\ \omega L = \frac{3\omega CR^2}{1+(3\omega CR)^2}$$

$$\therefore\ \underline{L = \frac{3CR^2}{1+(3\omega CR)^2}}$$

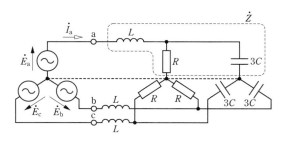

解図21-2

テーマ7　過渡現象

問22

(1) スイッチSwをオンにした瞬間 $(t=0)$ と定常状態に達したとき $(t \to \infty)$ の回路は，解図22-1の通りである．回路図より，

$$i_0 = 0\,[\mathrm{A}], \quad i_\infty = \frac{E}{R} = \frac{8}{2} = 4\,[\mathrm{A}]$$

$$v_0 = 8\,[\mathrm{V}], \quad v_\infty = 0\,[\mathrm{V}]$$

なので，求める電流波形と電圧波形は，解図22-2となる．

また，求める時定数 τ [s] は，定義式より，

$$\tau = \frac{L}{R} = \frac{5}{2} = \underline{2.5\,[\mathrm{s}]}$$

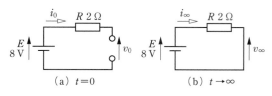

解図22-1

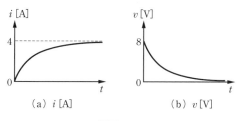

(a) i [A]　　　　(b) v [V]

解図 22-2

（2）$t=0$ と $t\to\infty$ の回路は，解図22-3の通りであり，

$$i_0 = \frac{E}{R} = \frac{5}{5} = 1\,[\mathrm{A}], \quad i_\infty = 0\,[\mathrm{A}]$$

$$v_0 = 0\,[\mathrm{V}], \quad v_\infty = 5\,[\mathrm{V}]$$

なので，求める電流波形と電圧波形は，解図22-4となる．

また，求める時定数 τ [s] は，定義式より，

$$\tau = RC = 5 \times 10 = \underline{50\,[\mathrm{s}]}$$

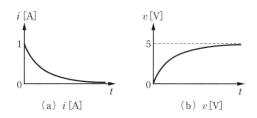

(a) $t=0$　　　　(b) $t\to\infty$

解図 22-3

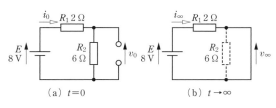

(a) i [A]　　　　(b) v [V]

解図 22-4

（3）$t=0$ と $t\to\infty$ の回路は，解図22-5の通りであり，

$$i_0 = \frac{E}{R_1 + R_2} = \frac{8}{2+6} = 1\,[\mathrm{A}], \; i_\infty = \frac{E}{R_1} = \frac{8}{2} = 4\,[\mathrm{A}]$$

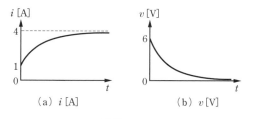

(a) $t=0$　　　　(b) $t\to\infty$

解図 22-5

$$v_0 = \frac{R_2 E}{R_1 + R_2} = \frac{6 \times 8}{2+6} = 6\,[\mathrm{V}], \quad v_\infty = 0\,[\mathrm{V}]$$

なので，求める電流波形と電圧波形は，解図22-6となる．

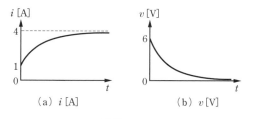

(a) i [A]　　　　(b) v [V]

解図 22-6

また，解図22-7のように，端子1・2から左側の回路をテブナンの定理を用いて変形するとRL直列回路となる．等価電源電圧 E_0 [V] および等価抵抗 R_0 [Ω] は，

$$E_0 = \frac{R_2 E}{R_1 + R_2} = \frac{6 \times 8}{2+6} = 6\,[\mathrm{V}]$$

$$R_0 = \frac{R_1 R_2}{R_1 + R_2} = \frac{2 \times 6}{2+6} = 1.5\,[\Omega]$$

である．したがって，求める時定数 τ [s] は，定義式より，

$$\tau = \frac{L}{R_0} = \frac{3}{1.5} = \underline{2\,[\mathrm{s}]}$$

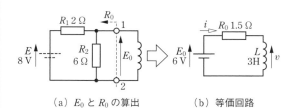

(a) E_0 と R_0 の算出　　　　(b) 等価回路

解図 22-7

（4）$t=0$ と $t\to\infty$ の回路は，解図22-8の通りであり，

$$i_0 = \frac{E}{R_1} + \frac{E}{R_2} = \frac{6}{2} + \frac{6}{6} = 4\,[\mathrm{A}], \; i_\infty = \frac{E}{R_2} = \frac{6}{6} = 1\,[\mathrm{A}]$$

$$v_0 = 0\,[\mathrm{V}], \quad v_\infty = 6\,[\mathrm{V}]$$

なので，求める電流波形と電圧波形は，解図22-9となる．

また，解図22-10のように，端子1・2から左側の回路をテブナンの定理を用いて変形するとRC

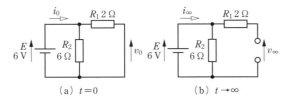

(a) $t=0$ と (b) $t\rightarrow\infty$

解図 22-8

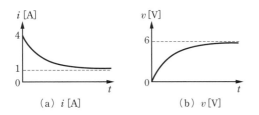

(a) i [A]   (b) v [V]

解図 22-9

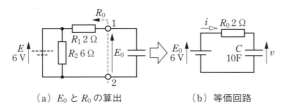

(a) E_0 と R_0 の算出   (b) 等価回路

解図 22-10

直列回路となる．等価電源電圧 E_0 [V] および等価抵抗 R_0 [Ω] は，

$$E_0=6\,[\mathrm{V}]$$
$$R_0=R_1=2\,[\Omega]$$

である．したがって，求める時定数 τ [s] は，

$$\tau=R_0C=2\times10=\underline{20\,[\mathrm{s}]}$$

問23

(1) Sw を 1 側に閉じた瞬間 ($t=0$)，定常状態に達し Sw を 2 側に閉じる直前 ($t=T_-$)，Sw を 2 側に閉じた瞬間 ($t=T$)，および定常状態に達したとき ($t\rightarrow\infty$) の回路は，解図 23-1 の通りである．解図 23-1 の (a) と (b) は，問 22 の解図 22-1 の (a)，(b) とそれぞれ全く同じなので，

$$i_0=0\,[\mathrm{A}],\quad i_{\mathrm{T}_-}=4\,[\mathrm{A}]$$
$$v_0=8\,[\mathrm{V}],\quad v_{\mathrm{T}_-}=0\,[\mathrm{V}]$$

となる．また，解図 23-1 の (c) より，Sw 切り替え直後もコイルに流れる電流は維持されるため，

$$i_{\mathrm{T}}=i_{\mathrm{T}_-}=4\,[\mathrm{A}]$$

であり，もやのかかった閉回路に電圧則を適用して，

$$v_{\mathrm{T}}+v_{\mathrm{R}}=v_{\mathrm{T}}+Ri_{\mathrm{T}_-}=0$$
$$\therefore\ v_{\mathrm{T}}=-Ri_{\mathrm{T}_-}=-2\times4=-8\,[\mathrm{V}]$$

となる．さらに，解図 23-1 の (d) より，この回路には電源が存在しないため，定常状態に達したときはどこにも電流は流れず，どこにも電圧は印加されていない状態となる．つまり，

$$i_\infty=0\,[\mathrm{A}],\quad v_\infty=0\,[\mathrm{V}]$$

となり，電流・電圧波形は，解図 23-2 となる．

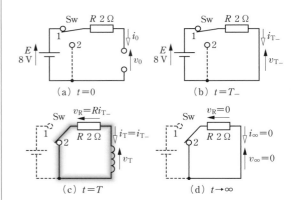

(a) $t=0$ (b) $t=T_-$

(c) $t=T$ (d) $t\rightarrow\infty$

解図 23-1

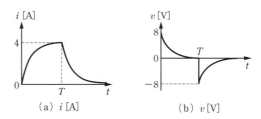

(a) i [A]   (b) v [V]

解図 23-2

(2) $t=0$，$t=T_-$，$t=T$，$t\rightarrow\infty$ の回路は，解図 23-3 の通りである．同図の (a) と (b) は，問 22 の解図 22-3 (a)，(b) とそれぞれ全く同じなので，

$$i_0=1\,[\mathrm{A}],\quad i_{\mathrm{T}_-}=0\,[\mathrm{A}]$$
$$v_0=0\,[\mathrm{V}],\quad v_{\mathrm{T}_-}=5\,[\mathrm{V}]$$

となる．また，解図 23-3 の (c) より，Sw 切り替え直後もコンデンサの電圧は維持されるため，

$$v_{\mathrm{T}}=v_{\mathrm{T}_-}=5\,[\mathrm{V}]$$

となり，さらに，

$$i_{\mathrm{T}}=-i_{\mathrm{R}}=-\frac{v_{\mathrm{T}_-}}{R_2}=-\frac{5}{2}=-2.5\,[\mathrm{A}]$$

となる．この回路には電源が存在しないため，

$$i_\infty=0\,[\mathrm{A}],\quad v_\infty=0\,[\mathrm{V}]$$

となり，電流・電圧波形は，解図 23-4 となる．

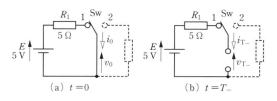

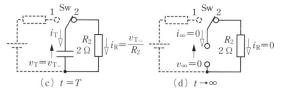

解図 23-3

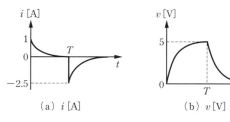

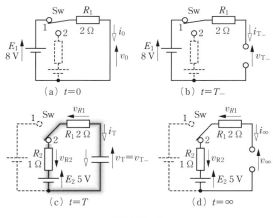

解図 23-4

（3）$t=0$，$t=T_-$，$t=T$，$t\to\infty$ の回路は，解図 23-5 となり，

$$i_0=\frac{E_1}{R_1}=\frac{8}{2}=4\,[\mathrm{A}]，\quad i_{T_-}=0\,[\mathrm{A}]$$

$$v_0=0\,[\mathrm{V}]，\quad v_{T_-}=8\,[\mathrm{V}]$$

となる．また，解図 23-5 の（c）より，Sw 切り替え直後もコンデンサの電圧は維持されるため，

$$v_T=v_{T_-}=8\,[\mathrm{V}]$$

となり，もやのかかった閉回路に電圧則を適用して，

$$v_T+v_{R_1}+v_{R_2}-E_2=v_{T_-}+R_1i_T+R_2i_T-E_2=0$$

$$\therefore (R_1+R_2)\,i_T=E_2-v_{T_-}$$

$$\therefore i_T=\frac{E_2-v_{T_-}}{R_1+R_2}=\frac{5-8}{2+1}=-1\,[\mathrm{A}]$$

となる．さらに，定常状態に達したときは，

$$i_\infty=0\,[\mathrm{A}]，\quad v_\infty=5\,[\mathrm{V}]$$

となり，電流・電圧波形は，解図 23-6 となる．

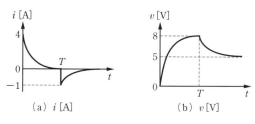

解図 23-6

（4）$t=0$，$t=T_-$，$t=T$，$t\to\infty$ の回路は，解図 23-7 となり，

$$i_0=\frac{E_1}{R_1}=\frac{3}{1}=3\,[\mathrm{A}]，\quad i_{T_-}=0\,[\mathrm{A}]$$

$$v_0=0\,[\mathrm{V}]，\quad v_{T_-}=3\,[\mathrm{V}]$$

となる．また，解図 23-7 の（c）より，スイッチ Sw を切り替えた直後もコンデンサにかかる電圧は維持されるため，

$$v_T=v_{T_-}=3\,[\mathrm{V}]$$

となり，もやのかかった閉回路に電圧則を適用して，

$$v_T+v_R+E_2=v_{T_-}+R_2i_T+E_2=0$$

$$\therefore R_2i_T=-(v_{T_-}+E_2)$$

$$\therefore i_T=-\frac{v_{T_-}+E_2}{R_2}=-\frac{3+2}{5}=-1\,[\mathrm{A}]$$

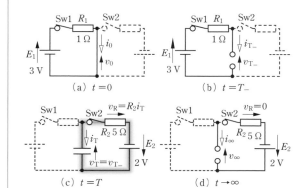

解図 23-7

となる．さらに，定常状態に達したときは，
$$i_\infty = 0\,[\mathrm{A}], \quad v_\infty = -2\,[\mathrm{V}]$$
となり，電流・電圧波形は，解図23-8となる．

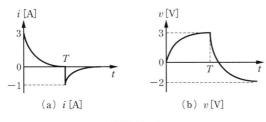

(a) $i\,[\mathrm{A}]$ (b) $v\,[\mathrm{V}]$

解図23-8

問24

(1) スイッチSwを入れて十分に時間が経過したときの回路は，解図24-1のようになる．したがって，求める電流 $i\,[\mathrm{A}]$ は，
$$i = i_{\mathrm{R}} + i_{\mathrm{L}} = \frac{E}{R_1} + \frac{E}{R_2} = \frac{6}{2} + \frac{6}{3} = 3 + 2 = \underline{5\,[\mathrm{A}]}$$

また，$v_{\mathrm{C}} = E = 6\,[\mathrm{V}]$ であるため，コイルとコンデンサの蓄えるエネルギーの総和 $W\,[\mathrm{J}]$ は，
$$W = \frac{1}{2}Li_{\mathrm{L}}^2 + \frac{1}{2}Cv_{\mathrm{C}}^2 = \frac{1}{2} \times 7 \times 2^2 + \frac{1}{2} \times 2 \times 6^2$$
$$= 14 + 36 = \underline{50\,[\mathrm{J}]}$$

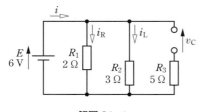

解図24-1

(2) スイッチSwを入れて十分に時間が経過したときの回路は，解図24-2のようになり，抵抗 $R_1\,[\Omega]$ と $R_2\,[\Omega]$ の直列接続に電源電圧 $E\,[\mathrm{V}]$ が印加されている状態である．したがって，求める電流 $i\,[\mathrm{A}]$ は，
$$i = \frac{E}{R_1 + R_2} = \frac{8}{1+3} = \frac{8}{4} = \underline{2\,[\mathrm{A}]}$$

また，$v_{\mathrm{C1}}\,[\mathrm{V}]$ および $v_{\mathrm{C2}}\,[\mathrm{V}]$ は，分圧則より，
$$v_{\mathrm{C1}} = \frac{R_1 E}{R_1 + R_2} = \frac{1 \times 8}{1+3} = \frac{8}{4} = 2\,[\mathrm{V}]$$
$$v_{\mathrm{C2}} = \frac{R_2 E}{R_1 + R_2} = \frac{3 \times 8}{1+3} = \frac{24}{4} = 6\,[\mathrm{V}]$$

となる．したがって，コイルとコンデンサの蓄えるエネルギーの総和 $W\,[\mathrm{J}]$ は，
$$W = \frac{1}{2}L_1 i^2 + \frac{1}{2}L_2 i^2 + \frac{1}{2}C_1 v_{\mathrm{C1}}^2 + \frac{1}{2}C_2 v_{\mathrm{C2}}^2$$
$$= \frac{1}{2}\{(L_1 + L_2)i^2 + C_1 v_{\mathrm{C1}}^2 + C_2 v_{\mathrm{C2}}^2\}$$
$$= \frac{1}{2} \times \{(6+4) \times 2^2 + 5 \times 2^2 + 2 \times 6^2\}$$
$$= \frac{1}{2} \times (40 + 20 + 72) = \frac{1}{2} \times 132 = \underline{66\,[\mathrm{J}]}$$

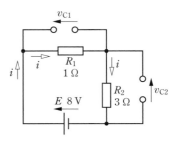

解図24-2

(3) スイッチSwを入れて十分に時間が経過したときの回路は，解図24-3のようになり，抵抗 $R_2\,[\Omega]$ と $R_3\,[\Omega]$ が並列接続（これを $R_{23}\,[\Omega]$ と置く）され，さらにそれと直列に抵抗 $R_1\,[\Omega]$ が接続されていて，そこに電源電圧 $E\,[\mathrm{V}]$ が印加されている状態である．したがって，求める電流 $i\,[\mathrm{A}]$ は，
$$i = \frac{E}{R_1 + \dfrac{R_2 R_3}{R_2 + R_3}} = \frac{10}{2 + \dfrac{6 \times 6}{6+6}} = \frac{10}{2+3} = \underline{2\,[\mathrm{A}]}$$

また，$v_{\mathrm{C1}}\,[\mathrm{V}]$ および $v_{\mathrm{C2}}\,[\mathrm{V}]$ は，分圧則より，
$$v_{\mathrm{C1}} = \frac{R_1 E}{R_1 + R_{23}} = \frac{2 \times 10}{2+3} = \frac{20}{5} = 4\,[\mathrm{V}]$$
$$v_{\mathrm{C2}} = \frac{R_{23} E}{R_1 + R_{23}} = \frac{3 \times 10}{2+3} = \frac{30}{5} = 6\,[\mathrm{V}]$$

となる．さらに，$L_2\,[\mathrm{H}]$，$L_3\,[\mathrm{H}]$ を通って $R_3\,[\Omega]$ を流れる電流を $i_{\mathrm{L}}\,[\mathrm{A}]$ とすると，分流則より，
$$i_{\mathrm{L}} = \frac{R_2 i}{R_2 + R_3} = \frac{6 \times 2}{6+6} = \frac{12}{12} = 1\,[\mathrm{A}]$$

となる．したがって，コイルとコンデンサの蓄えるエネルギーの総和 $W\,[\mathrm{J}]$ は，
$$W = \frac{1}{2}L_1 i^2 + \frac{1}{2}(L_2 + L_3)i_{\mathrm{L}}^2 + \frac{1}{2}C_1 v_{\mathrm{C1}}^2 + \frac{1}{2}C_2 v_{\mathrm{C2}}^2$$

$$= \frac{1}{2}\{L_1 i^2 + (L_2 + L_3)i_L^2 + C_1 v_{C1}^2 + C_2 v_{C2}^2\}$$

$$= \frac{1}{2} \times \{3 \times 2^2 + (4+6) \times 1^2 + 2 \times 4^2 + 1 \times 6^2\}$$

$$= \frac{1}{2} \times (12 + 10 + 32 + 36) = \frac{1}{2} \times 90 = \underline{45\,[\text{J}]}$$

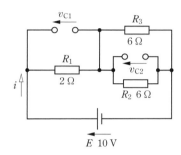

解図24-3

テーマ8　電圧計・電流計・ブリッジ回路

問25

倍率器の抵抗 $R_m\,[\text{k}\Omega]$ は，

$$m = 1 + \frac{R_m}{r_v} \quad \therefore mr_v = r_v + R_m$$

$$\therefore R_m = (m-1)r_v$$

となる．$5\,[\text{V}]$ から $100\,[\text{V}]$ まで電圧の測定範囲を拡大する場合，倍率は $m = 100/5 = 20$ であるため，

$$R_m = (20-1) \times 3 = \underline{57\,[\text{k}\Omega]}$$

問26

電圧計 V_1，V_2 に流せる最大電流をそれぞれ I_1 $[\text{A}]$，$I_2\,[\text{A}]$ とすると，

$$I_1 = \frac{v_1}{r_{v1}} = \frac{100}{10 \times 10^3} = 10 \times 10^{-3}\,[\text{A}] = 10\,[\text{mA}]$$

$$I_2 = \frac{v_2}{r_{v2}} = \frac{200}{25 \times 10^3} = 8 \times 10^{-3}\,[\text{A}] = 8\,[\text{mA}]$$

となるので，電圧計 V_1 と V_2 を直列接続した場合に流すことができる電流の最大値は，$I_2 = 8\,[\text{mA}]$ となる．したがって，

$$V_{12} = (r_{v1} + r_{v2})I_2 = (10 + 25) \times 10^3 \times 8 \times 10^{-3}$$

$$= 35 \times 8 = \underline{280\,[\text{V}]}$$

また，測定可能な最大値を $300\,[\text{V}]$ とするには，電圧計 V_2 にも $I_1 = 10\,[\text{mA}]$ が流せるように，並列に抵抗を挿入する必要がある．解図26に示すように，分流則より，

$$I_2 = \frac{R}{r_{v2} + R}I_1$$

$$\therefore r_{v2}I_2 + RI_2 = RI_1$$

$$\therefore R(I_1 - I_2) = r_{v2}I_2$$

$$\therefore R = \frac{r_{v2}I_2}{I_1 - I_2} = \frac{25 \times 8}{10 - 8} = \frac{200}{2} = \underline{100\,[\text{k}\Omega]}$$

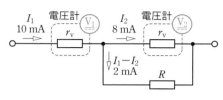

解図26

問27

分流器の抵抗 $R_s\,[\text{m}\Omega]$ は，

$$m = 1 + \frac{r_a}{R_s} \quad \therefore (m-1)R_s = r_a$$

$$\therefore R_s = \frac{r_a}{m-1}$$

となる．$2\,[\text{A}]$ から $10\,[\text{A}]$ まで電流の測定範囲を拡大する場合，倍率は $m = 10/2 = 5$ であるため，

$$R_s = \frac{20}{5-1} = \frac{20}{4} = \underline{5\,[\text{m}\Omega]}$$

問28

解図28(a)に示すように，端子1-3を用いる場合は，電流計に $R_1 + R_2\,[\text{m}\Omega]$ の分流器を接続したのと等価である．このとき $2\,[\text{A}]$ まで測定できるようになるため，$m = 2/1 = 2$ なので，

$$R_1 + R_2 = \frac{r_a}{m-1} = \frac{2}{2-1} = 2$$

$$\therefore R_1 + R_2 = 2 \qquad (1)$$

が成り立つ．また，解図28(b)に示すように，端子1-2を用いる場合は，内部抵抗が $r_a + R_1\,[\text{m}\Omega]$ の電流計に $R_2\,[\text{m}\Omega]$ の分流器を接続したのと等価である．このとき $5\,[\text{A}]$ まで測定できるようになるため，$m = 5/1 = 5$ なので，

$$R_2 = \frac{R_1 + r_a}{m-1} = \frac{R_1 + 2}{5-1} = \frac{R_1 + 2}{4}$$

$$\therefore 4R_2 - R_1 = 2 \qquad (2)$$

となる．したがって，(1)式と(2)式を足せば，

$$5R_2 = 4 \quad \therefore R_2 = \underline{0.8\,[\text{m}\Omega]}$$

これを(1)式に代入すれば,

$$R_1 = 2 - R_2 = 2 - 0.8 = \underline{1.2\,[\mathrm{m}\Omega]}$$

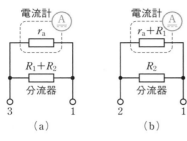

解図 28

問29

(1) ブリッジの平衡条件より,

$$R_1 R = R_2 R_3$$

$$R = \frac{R_2 R_3}{R_1} = \frac{30 \times 40}{20} = \underline{60\,[\Omega]}$$

(2) 抵抗 $R_1\,[\Omega]$ とコンデンサ $C\,[\mu\mathrm{F}]$ の並列接続の合成インピーダンス $\dot{Z}_{\mathrm{RC}}\,[\Omega]$ は,

$$\dot{Z}_{\mathrm{RC}} = \frac{R_1 \cdot \dfrac{1}{\mathrm{j}\omega C}}{R_1 + \dfrac{1}{\mathrm{j}\omega C}} = \frac{R_1}{1 + \mathrm{j}\omega C R_1}\,[\Omega]$$

ブリッジの平衡条件より,

$$\dot{Z}_{\mathrm{RC}} \cdot (R + \mathrm{j}\omega L) = R_2 R_3$$

$$\therefore \frac{R_1}{1 + \mathrm{j}\omega C R_1}(R + \mathrm{j}\omega L) = R_2 R_3$$

$$\therefore R_1 R + \mathrm{j}\omega L R_1 = R_2 R_3 + \mathrm{j}\omega C R_1 R_2 R_3 \qquad (1)$$

となる.(1)式の両辺で実部同士は等しいので,

$$R_1 R = R_2 R_3$$

$$\therefore R = \frac{R_2 R_3}{R_1} = \frac{20 \times 60}{40} = \underline{30\,[\Omega]}$$

同様に,(1)式の両辺で虚部同士は等しいので,

$$\omega L R_1 = \omega C R_1 R_2 R_3$$

$$\therefore L = \frac{\omega C R_1 R_2 R_3}{\omega R_1} = C R_2 R_3 = 50 \times 10^{-6} \times 20 \times 60$$

$$= 60 \times 10^{-3}\,[\mathrm{H}] = \underline{60\,[\mathrm{mH}]}$$

(3) ブリッジの平衡条件より,

$$R_1 R = R_2 r$$

$$\therefore 8R = 4r$$

$$\therefore 2R = r \qquad (2)$$

が成り立つ.また,平衡時は解図29となり,

$$I_0 = I_1 + I_2 = \frac{E_0}{R_1 + r} + \frac{E_0}{R_2 + R} = \frac{100}{8 + r} + \frac{100}{4 + R} = 25$$

が成り立ち,これに(2)式を代入すれば,

$$I_0 = \frac{100}{8 + 2R} + \frac{100}{4 + R} = \frac{50}{4 + R} + \frac{100}{4 + R} = \frac{150}{4 + R} = 25$$

$$\therefore 4 + R = 6$$

$$\therefore R = 6 - 4 = \underline{2\,[\Omega]}$$

したがって,これを(1)式に代入すれば,

$$r = 2R = 2 \times 2 = \underline{4\,[\Omega]}$$

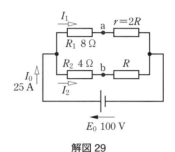

解図 29

第3章　電子理論
テーマ1　電子の運動

問1

正極から下向きに電界が生じるので,電子は電界から,

$$F = eE = \frac{eV}{d}\,[\mathrm{N}]$$

の上向きの力を受ける.運動方程式より,加速度 $a\,[\mathrm{m/s^2}]$ は,

$$F = ma = \frac{eV}{d} \qquad \therefore a = \frac{eV}{md}\,[\mathrm{m/s^2}]$$

と求められるため,求める速度 $v\,[\mathrm{m/s}]$ は,

$$v = v_0 + at = 0 + \frac{eV}{md}t = \underline{\frac{eVt}{md}}\,[\mathrm{m/s}]$$

また,$t\,[\mathrm{s}]$ 後の電子の位置 $x\,[\mathrm{m}]$ は,

$$x = v_0 t + \frac{1}{2}at^2 = 0 + \frac{1}{2} \cdot \frac{eV}{md} \cdot t^2 = \underline{\frac{eVt^2}{2md}}\,[\mathrm{m}]$$

となるため,$x = d$,$t = T$ を代入して整理すれば,

$$d = \frac{eVT^2}{2md} \qquad \therefore T^2 = \frac{2md^2}{eV}$$

$$\therefore T = \underline{\sqrt{\frac{2m}{eV}}\,d\,[\mathrm{s}]}$$

問2

（1）電子が電極間に突入（$x=0$）してから抜け出す（$x=l$）までに要する時間 T_1[s]は，$x=v_0 t$ の式に $x=l$，$t=T_1$ を代入して整理すると，

$$l = v_0 T_1 \qquad \therefore T_1 = \frac{l}{v_0} \ [\text{s}]$$

となる．この T_1[s]の間，ずっと電界から y 方向に静電気力を受けて加速するため，運動方程式よりその加速度 a[m/s²]は，

$$F = ma = eE \qquad \therefore a = \frac{eE}{m} \ [\text{m/s}^2]$$

と求められる．したがって，求める速度 v_y[m/s]は，

$$v_y = a T_1 = \frac{eE}{m} \times \frac{l}{v_0} = \underline{\frac{eEl}{mv_0}} \ [\text{m/s}]$$

（2）極板間の電界は x 成分を持たないため，電子の x 方向の速度 v_x[m/s]は v_0[m/s]のまま変わらない．したがって，極板を抜け出して（$x=l$）からスクリーンに到達（$x=l+L$）するまでに要する時間 T_2[s]は，$x=v_0 t$ の式に $x=L$，$t=T_2$ を代入して整理すると，

$$L = v_0 T_2 \qquad \therefore T_2 = \frac{L}{v_0}$$

となる．また，極板を抜け出してからは外力が一切加わらないため，電子の y 方向の速度も v_y[m/s]で一定である．したがって，

$$Y = v_y T_2 = \frac{eEl}{mv_0} \times \frac{L}{v_0} = \underline{\frac{eElL}{mv_0^2}} \ [\text{m}]$$

問3

円運動における周期とは，電子が1周するのに要する時間を表す．半径 r[m]の円における円周の長さは，$l=2\pi r$[m]となり，速度を v[m/s]とすると，周期 T[s]は，

$$T = \frac{l}{v} = \frac{2\pi r}{v} \ [\text{s}]$$

となる．ここで，本文解説の2.で解説したように，回転半径 r[m]は，

$$r = \frac{mv}{eB} \ [\text{m}]$$

なので，これを周期の式に代入すれば，

$$T = \frac{2\pi r}{v} = \frac{2\pi}{v} \cdot \frac{mv}{eB} = \underline{\frac{2\pi m}{eB}} \ [\text{s}]$$

問4

解図4のように，速度 v[m/s]を磁界と平行な成分 v_x[m/s]と垂直な成分 v_y[m/s]に分離して考えると，

$$v_x = v\cos\theta \ [\text{m/s}], \qquad v_y = v\sin\theta \ [\text{m/s}]$$

となる．磁界に垂直な成分により，電子にはローレンツ力が働いて円運動を行う．このときの回転半径 r[m]は本文解説の2.より，

$$r = \frac{mv}{eB} \ [\text{m}]$$

となるので，この式の v を $v\sin\theta$ と置き換えれば，

$$\underline{r = \frac{mv}{eB}\sin\theta} \ [\text{m}]$$

また，x 方向には $v_x = v\cos\theta$[m/s]の等速で運動するため，円運動の周期を T[s]とすれば，

$$p = v_x T = vT\cos\theta \ [\text{m}]$$

となる．円運動の周期は問3で求めたものを代入すれば，

$$p = v\cos\theta \times \frac{2\pi m}{eB} = \underline{\frac{2\pi mv}{eB}\cos\theta} \ [\text{m}]$$

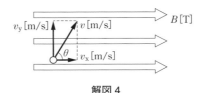

解図4

テーマ2　トランジスタ増幅回路（1）
―動作点の決定

問5

$I_1 \gg I_B$ より $I_1 \doteqdot I_2$ が成り立つので，R_1[kΩ]と R_2[kΩ]の直列接続に V_{CC}[V]を印加するのと等価となる．したがって，分圧則より，

$$V_B = \frac{R_2}{R_1 + R_2} V_{CC} = \frac{3.2}{4.8 + 3.2} \times 12 = \frac{3.2}{8.0} \times 12$$

$$= \underline{4.8} \ [\text{V}]$$

また，エミッタ抵抗 R_E[kΩ]に印加されるエミッタ電圧 V_E[V]は，

$$V_E = V_B - V_{BE} = 4.8 - 0.6 = 4.2 \ [\text{V}]$$

なので，求めるエミッタ電流 I_E[mA]は，

$$I_E = \frac{V_E}{R_E} = \frac{4.2}{0.6 \times 10^3} = 7 \times 10^{-3} \ [\text{A}] = \underline{7} \ [\text{mA}]$$

問6

(1) 直流負荷線の式は，

$$V_{CC} = V_{CE} + (R_C + R_E)I_C$$

であり，$I_C = 0$ のときは，

$$V_{CE} = V_{CC} = 12\,[\text{V}]$$

となり，$V_{CE} = 0$ のときは，

$$V_{CC} = (R_C + R_E)I_C$$

$$\therefore I_C = \frac{V_{CC}}{R_C + R_E} = \frac{12}{0.8 + 0.2} = 12\,[\text{mA}]$$

となる．したがって，$(V_{CE}, I_C) = (0, 12)$ と $(12, 0)$ の2点を通る直線を引けば，解図6のようになる．

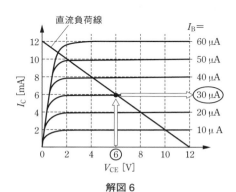

解図6

(2) 題意より，動作点における $V_{CE}\,[\text{V}]$ は，

$$V_{CE} = \frac{V_{CC}}{2} = \frac{12}{2} = 6\,[\text{V}]$$

であり，解図6のように，直流負荷線上で $V_{CE} = 6$ [V] のときのベース電流 $I_B\,[\mu\text{A}]$ を辿ると，

$$I_B = 30\,[\mu\text{A}]$$

問7

題意より，$I_C = h_{FE}I_B$ が成り立つので，$I_B\,[\text{A}]$ は，

$$I_B = \frac{I_C}{h_{FE}} = \frac{2 \times 10^{-3}}{100} = 2 \times 10^{-5}\,[\text{A}]$$

となる．また，バイアス抵抗 $R_1\,[\text{k}\Omega]$ にかかる電圧 $V_1\,[\text{V}]$ は，

$$V_1 = V_{CC} - V_{BE} = 10 - 0.6 = 9.4\,[\text{V}]$$

である．したがって，求める $R_1\,[\text{k}\Omega]$ は，

$$R_1 = \frac{V_1}{I_B} = \frac{9.4}{2 \times 10^{-5}} = 470 \times 10^3\,[\Omega] = \underline{470\,[\text{k}\Omega]}$$

問8

(1) 直流負荷線の式は，

$$V_{CC} = V_{CE} + R_C I_C$$

である．これに $I_C = 0$ を代入すると，

$$V_{CC} = V_{CE}$$

となるため，直流負荷線と横軸との交点における $V_{CE}\,[\text{V}]$ の値が電源電圧 $V_{CC}\,[\text{V}]$ と等しくなる．したがって，解図8より，

$$V_{CC} = V_{CE} = \underline{9\,[\text{V}]}$$

(2) 直流負荷線の式に $V_{CE} = 0$ を代入すると，

$$V_{CC} = R_C I_C \qquad \therefore I_C = \frac{V_{CC}}{R_C}$$

となるため，直流負荷線と縦軸との交点における $I_C\,[\text{mA}]$ の値が $\dfrac{V_{CC}}{R_C}\,[\text{mA}]$ となる．したがって，解図8より，

$$I_C = \frac{V_{CC}}{R_C} = \frac{9}{R_C} = 6 \times 10^{-3}\,[\text{A}]$$

$$\therefore R_C = \frac{9}{6 \times 10^{-3}} = 1.5 \times 10^3\,[\Omega] = \underline{1.5\,[\text{k}\Omega]}$$

(3) 動作点における V_{CE} は $V_{CE} = 4.5\,[\text{V}]$ であるため，解図8より $I_B = 6\,[\mu\text{A}]$ であることが読み取れる．この電流 I_B がバイアス抵抗 $R_1\,[\text{M}\Omega]$ を流れるため，

$$V_{CC} - V_{BE} = R_1 I_B$$

$$\therefore R_1 = \frac{V_{CC} - V_{BE}}{I_B} = \frac{9 - 0.6}{6 \times 10^{-6}} = \frac{8.4}{6 \times 10^{-6}}$$

$$= 1.4 \times 10^6\,[\Omega] = \underline{1.4\,[\text{M}\Omega]}$$

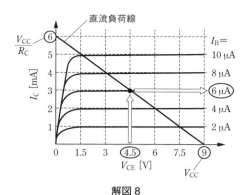

解図8

問9

問図9の増幅回路の直流成分のみ取り出したバイアス回路の図は，解図9のようになる．解図9のもやのかかった閉回路についてキルヒホッフの電圧則の式を立てると，

$$V_{CC} = R_C(I_B + I_C) + R_1 I_B + V_{BE}$$

となる．ここで，題意より $I_\text{C} = h_\text{FE} I_\text{B}$ が成り立つため，これを上式に代入して整理すれば，

$$V_\text{CC} = R_\text{C}(I_\text{B} + h_\text{FE} I_\text{B}) + R_1 I_\text{B} + V_\text{BE}$$
$$= \{R_1 + R_\text{C}(1 + h_\text{FE})\}I_\text{B} + V_\text{BE}$$

$$\therefore I_\text{B} = \frac{V_\text{CC} - V_\text{BE}}{R_1 + R_\text{C}(1 + h_\text{FE})}$$

$$= \frac{12 - 0.7}{130 \times 10^3 + 2 \times 10^3 \times (1 + 160)}$$

$$= \frac{11.3}{452 \times 10^3} = 25 \times 10^{-6}\,[\text{A}] = \underline{25\,[\mu\text{A}]}$$

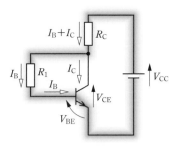

解図9

テーマ3　トランジスタ増幅回路(2)
―小信号等価回路

問10

等価回路より，

$$i_\text{b} = \frac{v_\text{in}}{h_\text{ie}} = \frac{5 \times 10^{-3}}{5 \times 10^3} = 1 \times 10^{-6}\,[\text{A}]$$

であるため，

$$h_\text{fe} i_\text{b} = 100 \times 1 \times 10^{-6} = 1 \times 10^{-4}\,[\text{A}]$$

という電流が抵抗 $R_\text{L}'\,[\text{k}\Omega]$ に流れる．したがって，

$$v_\text{out} = -R_\text{L}' h_\text{fe} i_\text{b} = -4 \times 10^3 \times 1 \times 10^{-4}$$
$$= -0.4\,[\text{V}] = \underline{-400\,[\text{mV}]}$$

また，電圧増幅度は，

$$A_\text{v} = \left|\frac{v_\text{out}}{v_\text{in}}\right| = \left|\frac{-400 \times 10^{-3}}{5 \times 10^{-3}}\right| = \frac{400}{5} = \underline{80}$$

となるため，電圧利得 $G_\text{v}\,[\text{dB}]$ は，

$$G_\text{v} = 20 \log_{10} A_\text{v} = 20 \log_{10} 80$$
$$= 20(\log_{10} 10 + \log_{10} 8) = 20(1 + \log_{10} 2^3)$$
$$= 20(1 + 3\log_{10} 2) = 20(1 + 3 \times 0.301)$$
$$= 20 \times 1.903 = \underline{38.1\,[\text{dB}]}$$

問11

解図11のように，まずはコンデンサや直流電

源を短絡し，R_1 を信号電源と，R_C を R_L と並列に描き直す．その後，トランジスタを等価回路に置き換えれば，小信号等価回路が完成する．

ベース電流 $i_\text{b}\,[\text{A}]$ は，

$$i_\text{b} = \frac{v_\text{in}}{h_\text{ie}}$$

であるため，コレクタ電流 $i_\text{C}\,[\text{A}]$ は，

$$i_\text{C} = h_\text{fe} i_\text{b} = \frac{h_\text{fe}}{h_\text{ie}} v_\text{in}$$

となる．抵抗 R_C と R_L の並列接続の合成抵抗を R_L' $[\text{k}\Omega]$ とすると，このコレクタ電流 i_C は R_L' を流れるため，出力電圧 $v_\text{out}\,[\text{V}]$ は，

$$v_\text{out} = -R_\text{L}' i_\text{C} = -\frac{R_\text{C} R_\text{L}}{R_\text{C} + R_\text{L}} \cdot \frac{h_\text{fe}}{h_\text{ie}} v_\text{in}$$

となる．したがって，求める電圧増幅度 A_v は，

$$A_\text{v} = \left|\frac{v_\text{out}}{v_\text{in}}\right| = \left|\frac{-\dfrac{R_\text{C} R_\text{L}}{R_\text{C} + R_\text{L}} \cdot \dfrac{h_\text{fe}}{h_\text{ie}} v_\text{in}}{v_\text{in}}\right| = \frac{R_\text{C} R_\text{L}}{R_\text{C} + R_\text{L}} \cdot \frac{h_\text{fe}}{h_\text{ie}}$$

$$= \frac{6 \times 9}{6 + 9} \times \frac{90}{3} = 3.6 \times 30 = \underline{108}$$

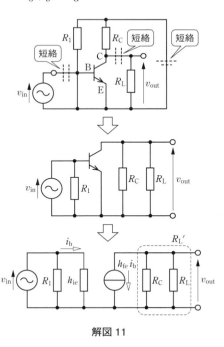

解図11

問12

エミッタ接地増幅回路以外の増幅回路であっても，考え方は同様である．つまり，解図12-1のように，まずはコンデンサや直流電源を短絡し，

R_1 を R_2 および信号電源と並列に描き直す。その後，トランジスタを等価回路に置き換えれば，小信号等価回路が完成する。

エミッタ抵抗 $R_\mathrm{E}[\mathrm{k\Omega}]$ を流れる電流 $i_\mathrm{e}[\mathrm{A}]$ は，

$$i_\mathrm{e} = i_\mathrm{b} + h_\mathrm{fe}\, i_\mathrm{b} = (1 + h_\mathrm{fe})\, i_\mathrm{b}\,[\mathrm{A}]$$

となるので，解図12-2のもやのかかった閉回路についてキルヒホッフの電圧則の式を立てると，

$$\begin{aligned} v_\mathrm{in} &= h_\mathrm{ie}\, i_\mathrm{b} + R_\mathrm{E}\, i_\mathrm{e} = h_\mathrm{ie}\, i_\mathrm{b} + R_\mathrm{E}(1 + h_\mathrm{fe})\, i_\mathrm{b} \\ &= \{h_\mathrm{ie} + R_\mathrm{E}(1 + h_\mathrm{fe})\}\, i_\mathrm{b} \end{aligned}$$

$$\therefore\ i_\mathrm{b} = \frac{v_\mathrm{in}}{h_\mathrm{ie} + R_\mathrm{E}(1 + h_\mathrm{fe})}$$

となる。また，出力電圧 $v_\mathrm{out}[\mathrm{V}]$ は，

$$v_\mathrm{out} = R_\mathrm{E}\, i_\mathrm{e} = R_\mathrm{E}(1 + h_\mathrm{fe})\, i_\mathrm{b}\,[\mathrm{V}]$$

なので，この式に i_b の式を代入すれば，

$$v_\mathrm{out} = R_\mathrm{E}(1 + h_\mathrm{fe})\, i_\mathrm{b} = \frac{R_\mathrm{E}(1 + h_\mathrm{fe})}{h_\mathrm{ie} + R_\mathrm{E}(1 + h_\mathrm{fe})}\, v_\mathrm{in}$$

となる。したがって，求める電圧増幅度 A_v は，

$$\begin{aligned} A_\mathrm{v} &= \left| \frac{v_\mathrm{out}}{v_\mathrm{in}} \right| = \frac{R_\mathrm{E}(1 + h_\mathrm{fe})}{h_\mathrm{ie} + R_\mathrm{E}(1 + h_\mathrm{fe})} \\ &= \frac{7.5 \times (1 + 100)}{2.5 + 7.5 \times (1 + 100)} = \frac{757.5}{760} = \underline{0.997} \end{aligned}$$

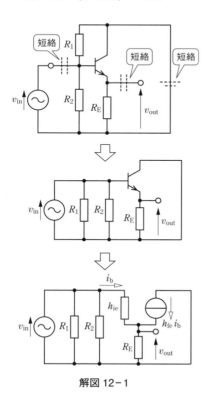

解図 12-1

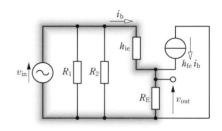

解図 12-2

問 13

(1) 問図13の増幅回路の直流成分のみ取り出したバイアス回路の図は，解図13-1のようになる。

解図13-1のもやのかかった閉回路についてキルヒホッフの電圧則の式を立てると，

$$V_\mathrm{DD} = R_\mathrm{D}\, I_\mathrm{D} + V_\mathrm{DS} + R_\mathrm{S}\, I_\mathrm{D} = (R_\mathrm{D} + R_\mathrm{S})\, I_\mathrm{D} + V_\mathrm{DS}$$

と直流負荷線の式が求まる。$I_\mathrm{D} = 0$ のときは，

$$V_\mathrm{DS} = V_\mathrm{DD} = 24\,[\mathrm{V}]$$

となり，$V_\mathrm{DS} = 0$ のときは，

$$V_\mathrm{DD} = (R_\mathrm{D} + R_\mathrm{S})\, I_\mathrm{D}$$

$$\therefore\ I_\mathrm{D} = \frac{V_\mathrm{DD}}{R_\mathrm{D} + R_\mathrm{S}} = \frac{24}{2 + 1} = 8\,[\mathrm{mA}]$$

となる。したがって，$(V_\mathrm{DS},\, I_\mathrm{D}) = (0,\, 24)$ と $(8,\, 0)$ の2点を通る直線を引けば解図13-2となり，V_DS

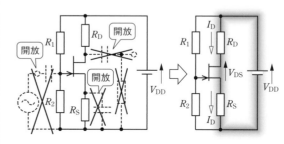

解図 13-1

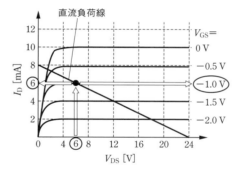

解図 13-2

$=6\,[\mathrm{V}]$ となるときのゲート・ソース間電圧 V_{GS} $[\mathrm{V}]$ およびドレーン電流 $I_{\mathrm{D}}\,[\mathrm{mA}]$ を辿ると,

$$V_{\mathrm{GS}} = -1.0\,[\mathrm{V}]$$
$$I_{\mathrm{D}} = 6\,[\mathrm{mA}]$$

（2）解図13-3のもやのかかった閉回路についてキルヒホッフの電圧則の式を立てると,

$$R_{\mathrm{S}} I_{\mathrm{D}} + V_{\mathrm{GS}} - V_{\mathrm{G}} = 0$$
$$\therefore V_{\mathrm{G}} = R_{\mathrm{S}} I_{\mathrm{D}} + V_{\mathrm{GS}}$$

となるため，（1）で求めた値を代入すれば,

$$\therefore V_{\mathrm{G}} = R_{\mathrm{S}} I_{\mathrm{D}} + V_{\mathrm{GS}} = 1\times 10^3 \times 6 \times 10^{-3} - 1$$
$$= 6 - 1 = 5\,[\mathrm{V}]$$

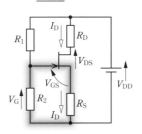

解図 13-3

（3）FETの特性としてG点からFETには電流が流れないと考えられるため，電源から抵抗 $R_1\,[\mathrm{k\Omega}]$ に流れた電流はすべて抵抗 $R_2\,[\mathrm{k\Omega}]$ に流れる．つまり，$R_1\,[\mathrm{k\Omega}]$ と $R_2\,[\mathrm{k\Omega}]$ の直列接続に $V_{\mathrm{DD}}\,[\mathrm{V}]$ を印加するのと等価となるため，分圧則より,

$$V_{\mathrm{G}} = \frac{R_2}{R_1 + R_2} V_{\mathrm{DD}}$$

となる．これに各値を代入して整理すれば,

$$5 = \frac{R_2}{R_1 + R_2} \times 24$$
$$\therefore 5 \times (R_1 + R_2) = 24 R_2$$
$$\therefore R_1 + R_2 = 4.8 R_2$$
$$\therefore R_1 = 3.8 R_2$$
$$\therefore \frac{R_1}{R_2} = 3.8$$

（4）解図13-4のように，まずはコンデンサや直流電源を短絡し，R_1 を R_2 および信号電源と並列に，R_{D} を R_{L} と並列に描き直す．その後，FETを等価回路に置き換えればよい．

ここで，題意より $r_{\mathrm{d}} \gg R_{\mathrm{D}}$，$r_{\mathrm{d}} \gg R_{\mathrm{L}}$ なので，r_{d}，R_{D}，R_{L} の接続において r_{d} は無視してよい．したがって，出力信号電圧 $v_{\mathrm{out}}\,[\mathrm{V}]$ は,

$$v_{\mathrm{out}} = -g_{\mathrm{m}} \frac{R_{\mathrm{D}} R_{\mathrm{L}}}{R_{\mathrm{D}} + R_{\mathrm{L}}} v_{\mathrm{in}}\,[\mathrm{V}]$$

となるため，求める電圧増幅度 A_{v} は,

$$A_{\mathrm{v}} = \left| \frac{v_{\mathrm{out}}}{v_{\mathrm{in}}} \right| = g_{\mathrm{m}} \frac{R_{\mathrm{D}} R_{\mathrm{L}}}{R_{\mathrm{D}} + R_{\mathrm{L}}} = 9 \times \frac{2 \times 10}{2 + 10} = 15$$

電圧利得 $G_{\mathrm{v}}\,[\mathrm{dB}]$ は,

$$G_{\mathrm{v}} = 20 \log_{10} A_{\mathrm{v}} = 20 \log_{10} 15$$
$$= 20(\log_{10} 3 + \log_{10} 5) = 20\left(\log_{10} 3 + \log_{10} \frac{10}{2}\right)$$
$$= 20(\log_{10} 3 + \log_{10} 10 - \log_{10} 2)$$
$$= 20 \times (0.477 + 1 - 0.301) = 23.5\,[\mathrm{dB}]$$

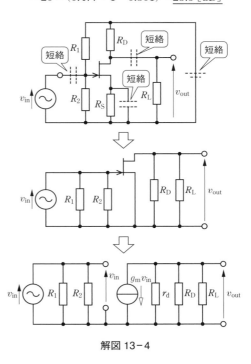

解図 13-4

テーマ4　オペアンプ回路

問14

（1）本文解説の図13と同じ回路なので,

$$V_0 = -\frac{R_2}{R_1} V_1 = -\frac{100}{20} \times 0.5 = -2.5\,[\mathrm{V}]$$

（2）解図14-1に示すように，イマジナリショートにより，反転入力端子の電圧は，非反転入力端子の入力電圧 $V_1 = 0.5\,[\mathrm{V}]$ と等しくなる．したがって，抵抗 R_1 に流れる電流 $I_1\,[\mathrm{mA}]$ は,

$$I_1 = \frac{V_1 - 0}{R_1} = \frac{V_1}{R_1}\,[\mathrm{mA}]$$

となる．オペアンプの入力インピーダンスが無限

大なので，抵抗R_2〔kΩ〕にも電流I_1〔mA〕が流れ，結果的に電流は解図14–1のもやのかかった経路を流れる．したがって，出力電圧V_0〔V〕は，

$$V_0 = V_1 + R_2 I_1 = V_1 + \frac{R_2}{R_1} V_1 = \left(1 + \frac{R_2}{R_1}\right) V_1 \text{〔V〕}$$

となり，これに各値を代入すれば，

$$V_0 = \left(1 + \frac{100}{20}\right) \times 0.5 = 6 \times 0.5 = \underline{3 \text{〔V〕}}$$

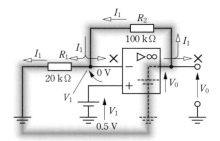

解図 14–1

（3）解図14–2に示すように，イマジナリショートにより，反転入力端子の電圧は，非反転入力端子の入力電圧$V_2 = 2$〔V〕と等しくなる．したがって，抵抗R_1〔kΩ〕に流れる電流I_1〔mA〕は，

$$I_1 = \frac{V_2 - V_1}{R_1} \text{〔mA〕}$$

となる．オペアンプの入力インピーダンスが無限大なので，抵抗R_2〔kΩ〕にも電流I_1〔mA〕が流れ，結果的に電流は解図14–2のもやのかかった経路を流れる．したがって，出力電圧V_0〔V〕は，

$$V_0 = V_2 + R_2 I_1 = V_2 + \frac{R_2}{R_1}(V_2 - V_1)$$

となり，これに各値を代入すれば，

$$V_0 = 2 + \frac{10}{15} \times (2 - 0.5) = 2 + 1 = \underline{3 \text{〔V〕}}$$

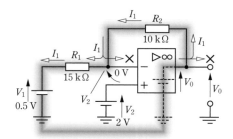

解図 14–2

問 15

2つの反転増幅回路を接続した回路である．1段目の反転増幅回路は，問14(1)と等しいため，

$$V_0' = -\frac{R_2}{R_1} V_1 = -\frac{100}{20} \times 0.5 = -2.5 \text{〔V〕}$$

であることが分かる．2段目の反転増幅回路には，この1段目の出力電圧V_0'〔V〕が入力されるため，

$$V_0 = -\frac{R_4}{R_3} V_0' = -\frac{90}{50} \times (-2.5) = \underline{4.5 \text{〔V〕}}$$

したがって，

$$A_\mathrm{v} = \left|\frac{V_0}{V_1}\right| = \frac{4.5}{0.5} = \underline{9}$$

$$G_\mathrm{v} = 20 \log_{10} A_\mathrm{v} = 20 \log_{10} 9 = 20 \log_{10} 3^2$$
$$= 40 \log_{10} 3 = 40 \times 0.477 = \underline{19.1 \text{〔dB〕}}$$

問 16

解図16のように，抵抗R_1，R_2，R_3にはそれぞれI_1，I_2，I_3の電流が流れ，イマジナリショートによって反転入力端子の電位は0〔V〕となるため，

$$I_1 = \frac{V_1}{R_1}, \quad I_2 = \frac{V_2}{R_2}, \quad I_3 = \frac{V_3}{R_3}$$

となる．これらの電流が点Aで合流して$I_1 + I_2 + I_3$となりオペアンプに向かって流れていくが，オペアンプの入力インピーダンスは無限大なので流入せず，すべて抵抗R_fを流れる．もやのかかった閉回路にキルヒホッフの電圧則を適用すれば，

$$V_0 = -R_\mathrm{f}(I_1 + I_2 + I_3) = -R_\mathrm{f}\left(\frac{V_1}{R_1} + \frac{V_2}{R_2} + \frac{V_3}{R_3}\right)$$

となる．ここで$R_1 = R_2 = R_3 = R_\mathrm{f} = 20$〔kΩ〕より，

$$V_0 = -(V_1 + V_2 + V_3) = -(1 + 2 + 1.5) = \underline{-4.5 \text{〔V〕}}$$

※この回路はすべての抵抗値を等しくすれば各入力電圧の和を反転させた値が出力されるため，加算回路と呼ばれる．

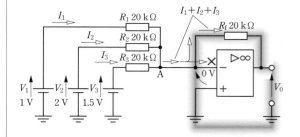

解図 16

電　力

第1章　発　電

テーマ1　水力発電(1)

問1

ベルヌーイの定理より,

$$H = \frac{v^2}{2g} + \frac{p}{\rho g} = \frac{5.3^2}{2 \times 9.8} + \frac{3\,000 \times 10^3}{1\,000 \times 9.8} = \underline{308}\,[\text{m}]$$

問2

ペルトン水車を用いた水力発電においては, ノズルから噴出される水は運動エネルギーのみを持つ. したがって, ベルヌーイの定理を用いれば, ノズルから噴出する水の速度$v\,[\text{m/s}]$は,

$$H = \frac{v^2}{2g} \quad \therefore v^2 = 2gH$$

$$v = \sqrt{2gH} = \sqrt{2 \times 9.8 \times 360} = \underline{84}\,[\text{m/s}]$$

したがって, バケットの周速$v_\text{b}\,[\text{m/s}]$は,

$$v_\text{b} = 0.45 \times v = 0.45 \times 84 = \underline{37.8}\,[\text{m/s}]$$

問3

直径$d\,[\text{m}]$の円の面積$S\,[\text{m}^2]$は,

$$S = \pi\left(\frac{d}{2}\right)^2 = \frac{\pi d^2}{4}\,[\text{m}^2]$$

となる. したがって, 流量$Q\,[\text{m}^3/\text{s}]$は,

$$Q = Sv = \frac{\pi d^2 v}{4}\,[\text{m}^3/\text{s}]$$

となる. 水は密度が一定で圧縮しない性質があるため, どの地点でも流量は一定である. したがって,

$$Q = S_\text{A} v_\text{A} = S_\text{B} v_\text{B}$$

$$\therefore \frac{\pi \times 1.2^2 \times 4.0}{4} = \frac{\pi \times 1.0^2 \times v_\text{B}}{4}$$

$$\therefore v_\text{B} = \frac{1.2^2}{1.0^2} \times 4.0 = \underline{5.76}\,[\text{m/s}]$$

したがって, ベルヌーイの定理より,

$$h_\text{A} + \frac{v_\text{A}^2}{2g} + \frac{p_\text{A}}{\rho g} = h_\text{B} + \frac{v_\text{B}^2}{2g} + \frac{p_\text{B}}{\rho g}$$

$$\therefore \frac{p_\text{B}}{\rho g} = h_\text{A} - h_\text{B} + \frac{p_\text{A}}{\rho g} + \frac{v_\text{A}^2}{2g} - \frac{v_\text{B}^2}{2g}$$

$$\therefore p_\text{B} = \rho g(h_\text{A} - h_\text{B}) + p_\text{A} + \frac{\rho}{2}(v_\text{A}^2 - v_\text{B}^2)$$

$$\therefore p_\text{B} = 10^3 \times 9.8 \times 20 + 25 \times 10^3 + \frac{10^3}{2}(4^2 - 5.76^2)$$

$$= (196 + 25 - 8.589) \times 10^3 = \underline{212}\,[\text{kPa}]$$

問4

それぞれの式に値を代入すれば,

$$P = 9.8QH = 9.8 \times 3.2 \times 120 = \underline{3\,763}\,[\text{kW}]$$

$$P_\text{w} = 9.8QH\eta_\text{w} = 3\,763 \times 0.92 = \underline{3\,462}\,[\text{kW}]$$

$$P_g = 9.8QH\eta_\text{w}\eta_g = 3\,462 \times 0.94 = \underline{3\,254}\,[\text{kW}]$$

問5

発電機出力$P_g\,[\text{kW}]$を求める式を変形すると,

$$P_g = 9.8QH\eta_\text{w}\eta_g \quad \therefore Q = \frac{P_g}{9.8H\eta_\text{w}\eta_g}$$

となる. したがって, 各値を代入して,

$$Q = \frac{3\,000}{9.8 \times 100 \times 0.94 \times 0.95} = \underline{3.43}\,[\text{m}^3/\text{s}]$$

問6

有効落差の式より,

$$H = H_0 - H_l = 150 - 5 = \underline{145}\,[\text{m}]$$

問7

損失落差$H_l\,[\text{m}]$は, 題意より$H_l = 0.04H_0$である. したがって,

$$H_0 = H + 0.04H_0$$

$$\therefore H_0 - 0.04H_0 = 0.96H_0 = H$$

$$H_0 = \frac{H}{0.96} = \frac{150}{0.96} = \underline{156}\,[\text{m}]$$

問8

発電機出力$P_g\,[\text{kW}]$は,

$$P_g = 9.8QH\eta = 9.8 \times 150 \times 100 \times 0.8$$

$$= 117\,600\,[\text{kW}]$$

なので, 求める年間の発電電力量$W\,[\text{kW}\cdot\text{h}]$は,

$$W = 365 \times 24 \times P_g \times 0.6$$

$$= 365 \times 24 \times 117\,600 \times 0.6$$

$$= \underline{6.18 \times 10^8}\,[\text{kW}\cdot\text{h}]$$

問9

損失落差$H_l\,[\text{m}]$は,

$$H_l = 0.04H_0 = 0.04 \times 200 = 8\,[\text{m}]$$

なので, 有効落差$H\,[\text{m}]$は,

$$H = H_0 - H_l = 200 - 8 = 192\,[\text{m}]$$

である. したがって, 題意の条件における総エネルギー$E\,[\text{kJ}]$は,

$$E = 9.8VH\eta_\text{w}\eta_g = 9.8 \times 75\,000 \times 192 \times 0.85 \times 0.95$$

$$= 113.954 \times 10^6 \,[\text{kJ}]$$

となる．したがって，$[\text{kJ}]$ と $[\text{kW}\cdot\text{h}]$ の関係より，

$$W = \frac{E}{3\,600} = \frac{113.954 \times 10^6}{3\,600} = \underline{31\,654}\,[\text{kW}\cdot\text{h}]$$

テーマ2　水力発電(2)

問10

流出水量 $V\,[\text{m}^3]$ は，公式より，

$$V = ACd \times 10^3 = 250 \times 650 \times 0.7 \times 10^3$$
$$= \underline{113\,750\,000}\,[\text{m}^3]$$

したがって，年間平均流量 $Q\,[\text{m}^3/\text{s}]$ は，

$$Q = \frac{V}{365 \times 24 \times 60 \times 60} = \frac{113\,750\,000}{365 \times 24 \times 60 \times 60}$$
$$= \underline{3.61}\,[\text{m}^3/\text{s}]$$

問11

流出水量 $V\,[\text{m}^3]$ は，公式より，

$$V = ACd \times 10^3 = 200 \times 2\,500 \times 0.65 \times 10^3$$
$$= 325 \times 10^6\,[\text{m}^3]$$

となるため，年間平均流量 $Q\,[\text{m}^3/\text{s}]$ は，

$$Q = \frac{V}{365 \times 24 \times 60 \times 60} = \frac{325 \times 10^6}{365 \times 24 \times 60 \times 60}\,[\text{m}^3/\text{s}]$$

である．発電機出力 $P_\text{g}\,[\text{kW}]$ は，

$$P_\text{g} = 9.8QH\eta\,[\text{kW}]$$

となるため，求める年間発電電力量 $W\,[\text{kW}\cdot\text{h}]$ は，

$$W = 365 \times 24 \times P_\text{g} = 365 \times 24 \times 9.8QH\eta$$
$$= 365 \times 24 \times \frac{325 \times 10^6}{365 \times 24 \times 60 \times 60} \times 9.8H\eta$$
$$= \frac{325 \times 10^6}{60 \times 60} \times 9.8 \times 100 \times 0.85$$
$$= \underline{75.2 \times 10^6}\,[\text{kW}\cdot\text{h}]$$

問12

ピーク運転時に調整池から使用する水量 $V_\text{p}\,[\text{m}^3]$ さえ調整池に貯水されていれば，本問のような運用が可能となる．つまり，求める最低限の貯水量 $V\,[\text{m}^3]$ は，

$$V = V_\text{p} = (Q_\text{p} - Q_\text{n}) \times t_\text{p} \times 3\,600$$
$$= (10 - 5) \times (17 - 13) \times 3\,600$$
$$= 5 \times 4 \times 3\,600 = \underline{72\,000}\,[\text{m}^3]$$

オフピーク時に調整池に貯まる水量は，

$$V_\text{p} = (Q_\text{n} - Q_\text{o})(24 - t_\text{p}) \times 3\,600\,[\text{m}^3]$$

なので，求めるオフピーク時の流量 $Q_\text{o}\,[\text{m}^3/\text{s}]$ は，

$$\therefore Q_\text{n} - Q_\text{o} = \frac{V_\text{p}}{(24 - t_\text{p}) \times 3\,600}$$

$$\therefore Q_\text{o} = Q_\text{n} - \frac{V_\text{p}}{(24 - t_\text{p}) \times 3\,600}$$

$$= 5 - \frac{72\,000}{(24 - 4) \times 3\,600} = 5 - 1 = \underline{4}\,[\text{m}^3/\text{s}]$$

問13

発電停止中に河川の水をすべて調整池に貯水するため，発電停止時間を $t_0\,[\text{h}]$ とすると，

$$Q_\text{n}t_0 \times 3\,600 = V$$
$$\therefore 10 \times \{(24 - x) + 8\} \times 3\,600 = 504\,000$$
$$\therefore (24 - x) + 8 = \frac{504\,000}{10 \times 3\,600}$$
$$\therefore x = 24 + 8 - \frac{504\,000}{10 \times 3\,600} = 32 - 14 = \underline{18}\,[\text{時}]$$

最大使用水量 $Q_{\max}\,[\text{m}^3/\text{s}]$ で発電したときの出力が最大出力 $P_{g\max}\,[\text{kW}]$ なので，

$$P_{g\max} = 9.8Q_{\max}H\eta\,[\text{kW}]$$
$$\therefore H\eta = \frac{P_{g\max}}{9.8Q_{\max}}$$

となる．調整池の水 $V\,[\text{m}^3]$ をすべて使ったときの電力量 $W\,[\text{kW}\cdot\text{h}]$ は，

$$W = \frac{9.8VH\eta}{3\,600} = \frac{9.8 \times 504\,000 \times \dfrac{P_{g\max}}{9.8Q_{\max}}}{3\,600}$$
$$= \frac{504\,000 \times 40\,000}{3\,600 \times 17.5} = 320\,000\,[\text{kW}\cdot\text{h}]$$

となり，これが問図の面積に等しいので，

$$P \times (12 - 8) + 16\,000 \times (13 - 12)$$
$$+ 40\,000 \times (x - 13) = W$$
$$\therefore 4P + 1 \times 16\,000 + 5 \times 40\,000 = 320\,000$$
$$\therefore 4P = 320\,000 - 200\,000 - 16\,000 = 104\,000$$
$$\therefore P = \underline{26\,000}\,[\text{kW}]$$

問14

解図14において，点線が実線を上回っている領域の面積の合計が送電電力量 $W_\text{s}\,[\text{MW}\cdot\text{h}]$ である．したがって，

$$W_\text{s} = 4 \times 5 \times \frac{1}{2} + 4 \times 5 \times \frac{1}{2} = \underline{20}\,[\text{MW}\cdot\text{h}]$$

同様に，実線が点線を上回っている領域の面積の合計が受電電力量 $W_\text{r}\,[\text{MW}\cdot\text{h}]$ である．した

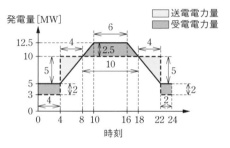

解図14

がって，

$$W_r = 2 \times 4 + (6 + 10) \times 2.5 \times \frac{1}{2} + 2 \times 2$$

$$= 8 + 20 + 4 = \underline{32} \, [\mathrm{MW \cdot h}]$$

問15

損失落差 H_l [m]は，題意より $H_l = 0.04H_0$ である．したがって，

$$H_p = H_0 + H_l = H_0 + 0.04H_0 = 150 + 6$$

$$= \underline{156} \, [\mathrm{m}]$$

また，求める揚水入力 P_m [kW]は，公式より，

$$P_m = \frac{9.8 Q_p H_p}{\eta_p \eta_m} = \frac{9.8 \times 40 \times 156}{0.85 \times 0.95} = \underline{75\,730} \, [\mathrm{kW}]$$

問16

発電運転時の発電機出力 P_g [kW]は，

$$P_g = 9.8 QH \eta_w \eta_g$$

$$= 9.8 \times 40 \times (1 - 0.05) \times 150 \times 0.92 \times 0.94$$

$$= 48\,308 \, [\mathrm{kW}]$$

であり，揚水運転時の揚水入力 P_m [kW]は，

$$P_m = \frac{9.8 QH_p}{\eta_p \eta_m} = \frac{9.8 \times 40 \times (1 + 0.05) \times 150}{0.85 \times 0.95}$$

$$= 76\,458 \, [\mathrm{kW}]$$

である．したがって，揚水発電の総合効率 η は，

$$\eta = \frac{P_g}{P_m} = \frac{48\,308}{76\,458} = \underline{0.632}$$

テーマ3　火力発電(1)

問17

$W_G = 45\,000 \, [\mathrm{MW \cdot h}]$ を発電するのに t [h]要するとすると，公式を変形して，

$$\eta = \frac{3\,600 P_G}{BH} = \frac{3\,600 P_G t}{B_t H} = \frac{3\,600 W_G}{B_t H}$$

$$= \frac{3\,600 \times 45\,000 \times 10^3}{9\,000 \times 10^3 \times 44\,000} = \underline{0.409}$$

問18

公式を変形すると，

$$\eta = \frac{3\,600 P_G}{BH} = \frac{3\,600 P_G}{\dfrac{B_t}{24} H}$$

$$\therefore B_t = \frac{3\,600 P_G}{H \eta} \times 24$$

となる．この式に各値を代入して，

$$B_t = \frac{3\,600 \times 600 \times 10^3 \times 24}{44\,000 \times 10^3 \times 0.4} = \underline{2.95 \times 10^3} \, [\mathrm{t}]$$

問19

1日の電力量 W_G [MW·h]は，

$$W_G = 9 \times 150 + 3 \times 240 + 1 \times 180 + 5 \times 300 + 6 \times 150$$

$$= 4\,650 \, [\mathrm{MW \cdot h}]$$

なので，これを公式に代入して，

$$\eta = \frac{3\,600 P_G}{BH} = \frac{3\,600 W_G}{B_t H}$$

$$= \frac{3\,600 \times 4\,650 \times 10^3}{1\,500 \times 10^3 \times 28\,000} = \underline{0.399}$$

問20

タービン効率 η_t の式に各値を代入して，

$$\eta_t = \frac{3\,600 P_T}{G(h_s - h_e)} = \frac{3\,600 \times 20 \times 10^3}{100 \times 10^3 \times (3\,350 - 2\,510)}$$

$$= \underline{0.857}$$

発電機効率を η_G とすると，解図20が成り立つ．したがって，

$$P_S = 20(1 - L)\eta_G = 18$$

$$\therefore \eta_G = \frac{18}{20(1 - 0.05)} = \underline{0.947}$$

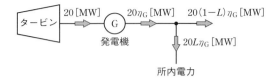

解図20

問21

各効率の間には $\eta = \eta_B \eta_T \eta_G$ が成り立つため各値を代入して，

$$\eta = 0.90 \times 0.40 \times 0.95 = \underline{0.342}$$

問22

$\eta = \eta_B \eta_T \eta_G$ を変形して各値を代入すると，

$$\eta_B = \frac{\eta}{\eta_T \eta_G} = \frac{0.40}{0.45 \times 0.98} = \underline{0.907}$$

問23

発電端電力量 W_G[MW・h]は，公式より，

$$W_S = W_G(1-L)$$

$$\therefore W_G = \frac{W_S}{1-L} = \frac{5\,000}{1-0.05} = \frac{5\,000}{0.95}$$

$$= 5\,263\,[\text{MW・h}]$$

である．$\eta = \eta_B \eta_T \eta_G$，$\eta = \dfrac{3\,600 P_G}{BH} = \dfrac{3\,600 W_G}{B_t H}$ より，

$$\eta_B \eta_T \eta_G = \frac{3\,600 W_G}{B_t H} \quad \therefore \eta_B = \frac{3\,600 W_G}{B_t H \eta_T \eta_G}$$

が成り立つので，これに各値を代入すると，

$$\eta_B = \frac{3\,600 \times 5\,263 \times 10^3}{44\,000 \times 1\,100 \times 10^3 \times 0.47 \times 0.98}$$

$$= \underline{0.850}$$

問24

送電端効率 η' は，公式より，

$$\eta' = (1-L)\eta = (1-0.05) \times 40 = 0.95 \times 40 = \underline{0.38}$$

発電端電力 P_G[MW]は，$\eta = \dfrac{3\,600 P_G}{BH}$ を変形して，

$$P_G = \frac{BH\eta}{3\,600} = \frac{44\,000 \times 100 \times 10^3 \times 0.4}{3\,600}$$

$$= 488.9 \times 10^3 \,[\text{kW}] = 488.9 \,[\text{MW}]$$

である．したがって，送電端電力 P_S[MW]は，

$$P_S = (1-L)P_G = (1-0.05) \times 488.9 = \underline{464\,[\text{MW}]}$$

テーマ4　火力発電（2）

問25

(1) $\dfrac{24}{12} = \underline{2\,[\text{mol}]}$

(2) $\dfrac{4.2 \times 10^{25}}{6.0 \times 10^{23}} = 0.7 \times 10^2 = \underline{70\,[\text{mol}]}$

(3) $\dfrac{10 \times 10^3}{1 \times 2 + 16} = 0.5556 \times 10^3 = \underline{556\,[\text{mol}]}$

(4) $\dfrac{100}{22.4} = 4.464 = \underline{4.46\,[\text{mol}]}$

問26

(1) $2 \times 32 = \underline{64\,[\text{g}]}$　　　$2 \times 22.4 = \underline{44.8\,[l]}$

(2) $15 \times 2 = \underline{30\,[\text{g}]}$　　　$15 \times 22.4 = \underline{336\,[l]}$

(3) $3 \times 18 = \underline{54\,[\text{kg}]}$　　$3 \times 22.4 = \underline{67.2\,[\text{k}l]}$

(4) $13 \times 44 = \underline{572\,[\text{kg}]}$　$13 \times 22.4 = \underline{291\,[\text{k}l]}$

問27

(1) 炭素の分子量は $\dfrac{10 \times 10^3}{12} = 833.3\,[\text{mol}]$ である．炭素1[mol]に対して二酸化炭素1[mol]が生成されるため，

$$833.3 \times 44 = 36\,665\,[\text{g}] \rightarrow \underline{36.7\,[\text{kg}]}$$

$$833.3 \times 22.4 = 18\,666\,[l] \rightarrow \underline{18.7\,[\text{k}l]}$$

(2) 水素1[mol]に対して水1[mol]が生成されるため，

$$12 \times 18 = \underline{216\,[\text{g}]}$$

$$12 \times 22.4 = 268.8\,[l] \rightarrow \underline{269\,[l]}$$

(3) 炭素1[mol]に対して二酸化炭素1[mol]が生成されるため，

$$4 \times 44 = \underline{176\,[\text{kg}]}$$

$$4 \times 22.4 = \underline{89.6\,[\text{k}l]}$$

(4) 水素の分子量は $\dfrac{400}{22.4} = 17.86\,[\text{mol}]$ である．水素1[mol]に対して水1[mol]が生成されるため，

$$17.86 \times 18 = 321.4\,[\text{g}] \rightarrow \underline{321\,[\text{g}]}$$

$$17.86 \times 22.4 = 400.1\,[l] \rightarrow \underline{400\,[l]}$$

問28

(1) 炭素の分子量は $\dfrac{24 \times 10^3}{12} = 2\,[\text{kmol}]$ である．炭素1[mol]を完全燃焼するのに必要な酸素は1[mol]なので，その体積は，

$$2 \times 22.4 = \underline{44.8\,[\text{k}l]}$$

理論空気量は，

$$\frac{44.8}{0.21} = \underline{213\,[\text{k}l]}$$

(2) 水素2[mol]を完全燃焼するのに必要な酸素は1[mol]なので，その体積は，

$$\frac{1}{2} \times 20 \times 22.4 = \underline{224\,[l]}$$

理論空気量は，

$$\frac{224}{0.21} = \underline{1\,067\,[l]}$$

（3）炭素1［mol］を完全燃焼するのに必要な酸素は1［mol］なので，その体積は，

$$150 \times 22.4 = \underline{3\,360}\,[\mathrm{k}l]$$

理論空気量は，

$$\frac{3\,360}{0.21} = \underline{16\,000}\,[\mathrm{k}l]$$

（4）水素の分子量は$\frac{224}{22.4} = 10\,[\mathrm{mol}]$である．水素2［mol］を完全燃焼するのに必要な酸素は1［mol］なので，その体積は，

$$\frac{1}{2} \times 10 \times 22.4 = \underline{112}\,[l]$$

理論空気量は，

$$\frac{112}{0.21} = \underline{533}\,[l]$$

問29

燃料中の炭素および水素の重量m_C［t］，m_{H_2}［t］は，

$$m_C = 0.85 \times 90 = 76.5\,[\mathrm{t}]$$
$$m_{H_2} = 0.15 \times 90 = 13.5\,[\mathrm{t}]$$

なので，炭素および水素の物質量M_C［mol］およびM_{H_2}［mol］は，

$$M_C = \frac{m_C}{12} = \frac{76.5 \times 10^6}{12} = 6.375 \times 10^6\,[\mathrm{mol}]$$

$$M_{H_2} = \frac{m_{H_2}}{2} = \frac{13.5 \times 10^6}{2} = 6.75 \times 10^6\,[\mathrm{mol}]$$

である．炭素1［mol］を完全燃焼するのに必要な酸素は1［mol］，水素2［mol］を完全燃焼するのに必要な酸素は1［mol］なので，必要な酸素の物質量M_{O2}［mol］は，

$$M_{O2} = M_C + \frac{M_{H_2}}{2} = \left(6.375 + \frac{6.75}{2}\right) \times 10^6$$
$$= (6.375 + 3.375) \times 10^6 = 9.75 \times 10^6\,[\mathrm{mol}]$$

である．したがって，必要な酸素の体積V_{O_2}［kl］は，

$$V_{O_2} = M_{O2} \times 22.4 = 9.75 \times 10^6 \times 22.4$$
$$= 218.4 \times 10^6\,[l] = 218.4 \times 10^3\,[\mathrm{k}l]$$

なので，理論空気量A_v［kl］は，

$$A_v = \frac{V_{O_2}}{0.21} = \frac{218.4 \times 10^3}{0.21} = \underline{1\,040 \times 10^3}\,[\mathrm{k}l]$$

問30

燃料消費量B_t［t］は，$\eta = \dfrac{3\,600 P_G}{BH} = \dfrac{3\,600 P_G \times 24}{B_t H}$を変形して，

$$B_t = \frac{3\,600 P_G \times 24}{H \eta} = \frac{3\,600 \times 600 \times 10^3 \times 24}{44\,000 \times 0.4}$$
$$= 2\,945 \times 10^3\,[\mathrm{kg}] = \underline{2\,945}\,[\mathrm{t}]$$

である．したがって，燃料中の炭素の重量m_C［t］は，

$$m_C = 0.85 B_t = 0.85 \times 2\,945 = 2\,503\,[\mathrm{t}]$$

であり，その物質量M_C［mol］は，

$$M_C = \frac{m_C}{12} = \frac{2\,503 \times 10^6}{12} = 208.6 \times 10^6\,[\mathrm{mol}]$$

である．炭素の燃焼に関する化学反応式より，炭素1［mol］に対して二酸化炭素1［mol］が生成されるため，

$$m_{CO_2} = M_C \times 44 = 208.6 \times 10^6 \times 44$$
$$= 9\,178 \times 10^6\,[\mathrm{g}] = \underline{9\,178}\,[\mathrm{t}]$$

問31

公式より，

$$Q_O = \left(J - \frac{3\,600}{\eta_G}\right)P_G = \left(8\,000 - \frac{3\,600}{0.98}\right) \times 60 \times 10^3$$
$$= \underline{2.6 \times 10^8}\,[\mathrm{kJ/h}]$$

問32

公式より，

$$Q_O = C\rho W \Delta T = 4.0 \times 1.1 \times 10^3 \times 30 \times 7$$
$$= \underline{924\,000}\,[\mathrm{kJ/s}]$$

問33

公式より，タービン放熱量Q_O［kJ/h］は，

$$Q_O = \left(J - \frac{3\,600}{\eta_G}\right)P_G$$
$$= \left(8\,000 - \frac{3\,600}{0.98}\right) \times 200 \times 10^3$$
$$= 8.653 \times 10^8\,[\mathrm{kJ/h}]$$

となる．したがって，復水器に関する公式を，

$$Q_O = 3\,600 C\rho W \Delta T \quad \therefore \Delta T = \frac{Q_O}{3\,600 C\rho W}$$

と変形して各値を代入すると，

$$\Delta T = \frac{Q_O}{3\,600 C\rho W} = \frac{8.653 \times 10^8}{3\,600 \times 4.0 \times 1.1 \times 10^3 \times 8}$$
$$= \underline{6.83}\,[\mathrm{K}]$$

テーマ5　その他の発電方式

問34

公式より，

$$\eta = \eta_G + \eta_S(1-\eta_G) = 0.4 + 0.2 \times (1-0.4)$$
$$= 0.4 + 0.12 = \underline{0.52}$$

問35

公式を変形すると，

$$\eta = \eta_G + \eta_S(1-\eta_G) = (1-\eta_S)\eta_G + \eta_S$$

$$\therefore (1-\eta_S)\eta_G = \eta - \eta_S \quad \therefore \eta_G = \frac{\eta - \eta_S}{1-\eta_S}$$

となるので，これに各値を代入して，

$$\eta_G = \frac{0.5 - 0.22}{1 - 0.22} = \frac{0.28}{0.78} = \underline{0.359}$$

問36

ウラン235の質量 m [kg]は，

$$m = 1 \times \frac{3}{100} = 0.03 \, [\text{kg}]$$

なので，求める核分裂エネルギーE [kJ]は，公式より，

$$E = \Delta m c^2 = m \times \frac{0.09}{100} \times c^2$$

$$= 0.03 \times \frac{0.09}{100} \times (3.0 \times 10^8)^2$$

$$= 0.000027 \times 9.0 \times 10^{16} = \underline{2.43 \times 10^9 \, [\text{kJ}]}$$

問37

B_t [kg]の重油から得られるエネルギーは $44\,000$ B_t [kJ]なので，10 [g]$=0.01$ [kg]のウラン235が核分裂すると，

$$44\,000 B_t \times 10^3 = \Delta m c^2 = 0.01 \times \frac{0.09}{100} \times (3.0 \times 10^8)^2$$

$$\therefore B_t = \frac{0.01 \times 0.09 \times (3.0 \times 10^8)^2}{44\,000 \times 10^3 \times 100} = \underline{18.4 \times 10^3 \, [\text{kg}]}$$

問38

揚水に要するエネルギーE [J]は，

$$E = \frac{9.8 V H_p}{\eta_p \eta_m} \times 10^3 = \frac{9.8 \times 100\,000 \times 250 \times 10^3}{0.85 \times 0.90} \, [\text{J}]$$

であり，これが $\Delta m c^2 = \dfrac{0.09}{100} m \times 10^{-3} \times (3.0 \times 10^8)^2$ と等しいため，

$$\frac{0.09}{100} m \times 10^{-3} \times (3.0 \times 10^8)^2$$

$$= \frac{9.8 \times 100\,000 \times 250 \times 10^3}{0.85 \times 0.90}$$

$$\therefore m = \frac{9.8 \times 100\,000 \times 250 \times 10^3 \times 100}{0.85 \times 0.90 \times 0.09 \times 10^{-3} \times 9.0 \times 10^{16}}$$

$$= \underline{3.95 \, [\text{g}]}$$

問39

公式より，

$$P = \frac{1}{2} C_p \rho A v^3 = \frac{1}{2} C_p \rho \pi r^2 v^3$$

$$= \frac{1}{2} \times 0.5 \times 1.2 \times \pi \times 20^2 \times 10^3$$

$$= 377 \times 10^3 \, [\text{W}] = \underline{377 \, [\text{kW}]}$$

問40

公式より，

$$P = \frac{1}{2} C_p \rho A v^3 = \frac{1}{2} C_p \rho \pi r^2 v^3$$

$$\therefore r^2 = \frac{2P}{\pi C_p \rho v^3} \quad \therefore r = \sqrt{\frac{2P}{\pi C_p \rho v^3}}$$

$$\therefore r = \sqrt{\frac{2 \times 4\,000 \times 10^3}{\pi \times 0.5 \times 1.2 \times 15^3}} = \underline{35.5 \, [\text{m}]}$$

第2章　送配電
テーマ1　三相3線式送電線路

問1

負荷電流を求める式に各値を代入すれば，

$$I = \frac{P}{\sqrt{3} \, V_r \cos\theta} = \frac{200 \times 10^3}{\sqrt{3} \times 6\,500 \times 0.8} = 22.206$$

$$\fallingdotseq \underline{22.2 \, [\text{A}]}$$

電圧降下を求める式に各値を代入すれば，

$$\Delta v = \sqrt{3}(rI\cos\theta + xI\sin\theta)$$
$$= \sqrt{3}\,I(r\cos\theta + x\sin\theta)$$
$$= \sqrt{3} \times 22.206 \times (0.5 \times 0.8 + 1.2 \times \sqrt{1 - 0.8^2})$$
$$= \sqrt{3} \times 22.206 \times (0.4 + 0.72) = \underline{43.1 \, [\text{V}]}$$

送電損失を求める式に各値を代入すれば，

$$P_l = 3rI^2 = 3 \times 0.5 \times 22.206^2 = \underline{740 \, [\text{W}]}$$

問2

題意より，負荷変更の前後で送電損失P_l [kW]が変わらないということは，線路に流れる電流I [A]も変わらないことと同義である．したがって，消費電力の公式より，

$$P = \sqrt{3} \, V_r I \cos\theta$$

$$P' = \sqrt{3}\, V_r I \cos\theta'$$

となり，題意より $P = 0.8P'$ が成り立つので，

$$\sqrt{3}\, V_r I \cos\theta = 0.8 \times \sqrt{3}\, V_r I \cos\theta'$$

$$\therefore \cos\theta = 0.8 \cos\theta'$$

$$\therefore \cos\theta' = \frac{\cos\theta}{0.8} = \frac{0.7}{0.8} = \underline{0.875}$$

問3

配電線1線当たりの抵抗を $R\,[\Omega]$，リアクタンスを $X\,[\Omega]$ とすると，

$$R = rl = 0.2 \times 3 = 0.6\,[\Omega]$$

$$X = xl = 0.5 \times 3 = 1.5\,[\Omega]$$

となる．また，負荷の消費電力が最大 $(P_{\max}\,[\mathrm{kW}])$ となるときの負荷電流 $I\,[\mathrm{A}]$ は，

$$I = \frac{P_{\max}}{\sqrt{3}\, V_r \cos\theta}\,[\mathrm{A}]$$

である．したがって，電圧降下の式に各値を代入すれば，

$$\Delta v = \sqrt{3}\,(RI \cos\theta + XI \sin\theta)$$

$$= \sqrt{3}\, I\,(R\cos\theta + X\sin\theta)$$

$$= \sqrt{3}\, \frac{P_{\max}}{\sqrt{3}\, V_r \cos\theta}\,(R\cos\theta + X\sin\theta)$$

$$= \frac{P_{\max}}{V_r \cos\theta}\,(R\cos\theta + X\sin\theta)$$

$$= \frac{P_{\max}}{V_r}\left(R + \frac{X\sin\theta}{\cos\theta}\right)$$

であり，さらに題意より $\Delta v / V_r = 0.03$ となることから，

$$\Delta v = 0.03 V_r = \frac{P_{\max}}{V_r}\left(R + \frac{X\sin\theta}{\cos\theta}\right)$$

$$\therefore P_{\max} = \frac{0.03 V_r^2}{R + \dfrac{X\sin\theta}{\cos\theta}} = \frac{0.03 \times 6\,600^2}{0.6 + \dfrac{1.5 \times 0.6}{0.8}}$$

$$= \frac{1\,306.8 \times 10^3}{0.6 + 1.125} = \frac{1\,306.8 \times 10^3}{1.725}$$

$$= \underline{758\,[\mathrm{kW}]}$$

問4

S点・A点間の抵抗を $r_1\,[\Omega]$，リアクタンスを $x_1\,[\Omega]$，A点・B点間の抵抗を $r_2\,[\Omega]$，リアクタンスを $x_2\,[\Omega]$ とすると，それぞれ，

$$r_1 = rl_1 = 0.3 \times 1 = 0.3\,[\Omega]$$

$$x_1 = xl_1 = 0.5 \times 1 = 0.5\,[\Omega]$$

$$r_2 = rl_2 = 0.3 \times 2 = 0.6\,[\Omega]$$

$$x_2 = xl_2 = 0.5 \times 2 = 1.0\,[\Omega]$$

となる．また，S点・A点間を流れる電流を $I_1\,[\mathrm{A}]$，A点・B点間を流れる電流を $I_2\,[\mathrm{A}]$ とすると，題意より $V_{rA}\,[\mathrm{V}]$ と $V_{rB}\,[\mathrm{V}]$ の間の位相差を無視でき，かつ力率も等しいため，$I_1\,[\mathrm{A}]$ と $I_2\,[\mathrm{A}]$ との間の位相差も0と考えることができる．したがって，

$$I_1 = I_A + I_B = 80 + 50 = 130\,[\mathrm{A}]$$

$$I_2 = I_B = 50\,[\mathrm{A}]$$

となる．以上より，ベクトル図は解図4のようになる．したがって，A点の線間電圧 $V_{rA}\,[\mathrm{V}]$ は，

$$V_{rA} = V_s - \sqrt{3}\,(r_1 I_1 \cos\theta_A + x_1 I_1 \sin\theta_A)$$

$$= V_s - \sqrt{3}\, I_1 (r_1 \cos\theta_A + x_1 \sin\theta_A)$$

$$= 6\,700 - \sqrt{3} \times 130 \times (0.3 \times 0.8 + 0.5 \times 0.6)$$

$$= 6\,578.41 \fallingdotseq \underline{6\,580\,[\mathrm{V}]}$$

同様に，B点の線間電圧 $V_{rB}\,[\mathrm{V}]$ は，

$$V_{rB} = V_{rA} - \sqrt{3}\,(r_2 I_2 \cos\theta_B + x_2 I_2 \sin\theta_B)$$

$$= V_{rA} - \sqrt{3}\, I_2 (r_2 \cos\theta_B + x_2 \sin\theta_B)$$

$$= 6\,578.41 - \sqrt{3} \times 50 \times (0.6 \times 0.8 + 1.0 \times 0.6)$$

$$= 6\,484.88 \fallingdotseq \underline{6\,480\,[\mathrm{V}]}$$

送電損失 $P_l\,[\mathrm{W}]$ は，

$$P_l = 3\,(r_1 I_1^2 + r_2 I_2^2) = 3 \times (0.3 \times 130^2 + 0.6 \times 50^2)$$

$$= 19\,710\,[\mathrm{W}] \fallingdotseq \underline{19.7\,[\mathrm{kW}]}$$

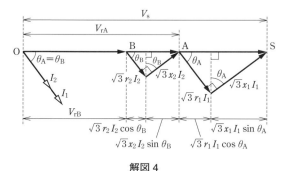

解図4

問5

送電電力を求める式に各値を代入すると，

$$P = \frac{V_s V_r}{x} \sin\delta$$

$$\therefore \sin\delta = \frac{xP}{V_s V_r} = \frac{10 \times 30 \times 10^6}{22 \times 10^3 \times 21.5 \times 10^3}$$

$$= \frac{300}{22 \times 21.5} = \underline{0.634}$$

問6

線路の合成リアクタンスを$x\,[\Omega]$とすると，

$$\mathrm{j}x = \frac{(\mathrm{j}x_{\mathrm{L1}} - \mathrm{j}x_{\mathrm{C}})\mathrm{j}x_{\mathrm{L2}}}{\mathrm{j}x_{\mathrm{L1}} - \mathrm{j}x_{\mathrm{C}} + \mathrm{j}x_{\mathrm{L2}}} = \mathrm{j}\,\frac{x_{\mathrm{L2}}(x_{\mathrm{L1}} - x_{\mathrm{C}})}{x_{\mathrm{L1}} + x_{\mathrm{L2}} - x_{\mathrm{C}}}$$

$$\therefore\ x = \frac{x_{\mathrm{L2}}(x_{\mathrm{L1}} - x_{\mathrm{C}})}{x_{\mathrm{L1}} + x_{\mathrm{L2}} - x_{\mathrm{C}}} = \frac{30 \times (45 - 15)}{45 + 30 - 15} = 15\,[\Omega]$$

である．したがって，送電電力を求める式に各値を代入すると，

$$P = \frac{V_{\mathrm{s}}V_{\mathrm{r}}}{x} \sin \delta = \frac{154 \times 10^3 \times 154 \times 10^3}{15} \sin 30°$$

$$= \frac{154^2}{15} \times \frac{1}{2} \times 10^6 = 790.53 \times 10^6$$

$$= \underline{791\,[\mathrm{MW}]}$$

テーマ2　単相2線式・3線式配電線路

問7

(1) 往復2線当たりの抵抗$R\,[\Omega]$およびリアクタンス$X\,[\Omega]$は，

$$R = 2rl = 2 \times 1 \times 3 = 6\,[\Omega]$$

$$X = 2xl = 2 \times 1.5 \times 3 = 9\,[\Omega]$$

である．また，負荷電流$I\,[\mathrm{A}]$は，

$$P = V_{\mathrm{r}} I \cos \theta$$

$$\therefore\ I = \frac{P}{V_{\mathrm{r}} \cos \theta} = \frac{132 \times 10^3}{6\,600 \times 1} = 20\,[\mathrm{A}]$$

なので，ベクトル図は解図7–1のようになり，

$$V_{\mathrm{s}} = \sqrt{(V_{\mathrm{r}} + RI)^2 + (XI)^2}$$

$$= \sqrt{(6\,600 + 6 \times 20)^2 + (9 \times 20)^2}$$

$$= \sqrt{6\,720^2 + 180^2} = \underline{6\,722\,[\mathrm{V}]}$$

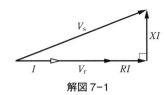

解図7–1

(2) 負荷電流$I\,[\mathrm{A}]$は，

$$I = \frac{P}{V_{\mathrm{r}} \cos \theta} = \frac{132 \times 10^3}{6\,600 \times 0.8} = 25\,[\mathrm{A}]$$

なので，ベクトル図は解図7–2のようになり，

$$V_{\mathrm{s}} = $$
$$\sqrt{(V_{\mathrm{r}} + RI \cos \theta + XI \sin \theta)^2 + (XI \cos \theta - RI \sin \theta)^2}$$

が成り立つ．$\sqrt{\ }$内の第1項は，

$$(6\,600 + 6 \times 25 \times 0.8 + 9 \times 25 \times 0.6)^2$$

$$= (6\,600 + 120 + 135)^2 = 6\,855^2$$

であり，$\sqrt{\ }$内の第2項は，

$$(9 \times 25 \times 0.8 - 6 \times 25 \times 0.6)^2$$

$$= (180 - 90)^2 = 90^2$$

なので，これらを代入すれば，

$$V_{\mathrm{s}} = \sqrt{6\,855^2 + 90^2} = \underline{6\,856\,[\mathrm{V}]}$$

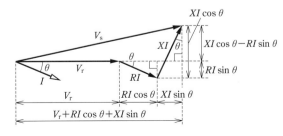

解図7–2

(3) 負荷電流$I\,[\mathrm{A}]$は，

$$I = \frac{P}{V_{\mathrm{r}} \cos \theta} = \frac{120 \times 10^3}{6\,600 \times 0.6} = 30.303\,[\mathrm{A}]$$

なので，ベクトル図は解図7–3のようになり，

$$V_{\mathrm{s}} = $$
$$\sqrt{(V_{\mathrm{r}} + RI \cos \theta - XI \sin \theta)^2 + (XI \cos \theta + RI \sin \theta)^2}$$

が成り立つ．$\sqrt{\ }$内の第1項は，

$$(6\,600 + 6 \times 30.303 \times 0.6 - 9 \times 30.303 \times 0.8)^2$$

$$= (6\,600 + 109.1 - 218.2)^2 = 6490.9^2$$

であり，$\sqrt{\ }$内の第2項は，

$$(9 \times 30.303 \times 0.6 + 6 \times 30.303 \times 0.8)^2$$

$$= (163.6 + 145.5)^2 = 309.1^2$$

なので，これらを代入すれば，

$$V_{\mathrm{s}} = \sqrt{6\,490.9^2 + 309.1^2} = \underline{6\,498\,[\mathrm{V}]}$$

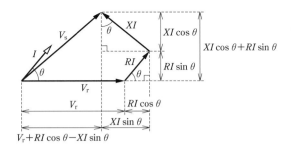

解図7–3

問8

問図8を回路図に直すと解図8のようになり，S点・A点間の1線当たりの抵抗$R_1\,[\Omega]$と流れる電流$I_1\,[\mathrm{A}]$は，

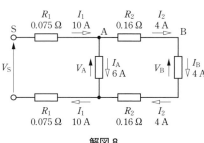

解図8

$$R_1 = r_1 l_1 = 0.5 \times 150 \times 10^{-3} = 0.075 \, [\Omega]$$

$$I_1 = I_A + I_B = 6 + 4 = 10 \, [\text{A}]$$

となる．したがって，負荷 A の両端の電圧 $V_A [\text{V}]$ は，

$$V_A = V_S - 2R_1 I_1 = 100 - 2 \times 0.075 \times 10 = \underline{98.5} \, [\text{V}]$$

同様に，A 点・B 点間の 1 線当たりの抵抗 $R_2 [\Omega]$ と流れる電流 $I_2 [\text{A}]$ は，

$$R_2 = r_2 l_2 = 0.8 \times 200 \times 10^{-3} = 0.16 \, [\Omega]$$

$$I_2 = I_B = 4 \, [\text{A}]$$

となる．したがって，負荷 B の両端の電圧 $V_B [\text{V}]$ は，

$$V_B = V_A - 2R_2 I_2 = 98.5 - 2 \times 0.16 \times 4 = \underline{97.2} \, [\text{V}]$$

問 9

問図 8 の回路図は解図 9 のようになる．したがって，

$$V_B = V_S - 2V_{SA} - 2V_{AB}$$

$$\therefore 2V_{AB} = V_S - V_B - 2V_{SA}$$

$$\therefore V_{AB} = \frac{V_S - V_B - 2V_{SA}}{2} = \frac{4.6 - 2 \times 1.5}{2}$$

$$= \frac{4.6 - 3}{2} = \frac{1.6}{2} = \underline{0.8} \, [\text{V}]$$

また，電流 $I_1 [\text{A}]$ は，

$$V_{SA} = R_1 I_1$$

$$\therefore I_1 = \frac{V_{SA}}{R_1} = \frac{1.5}{0.075} = 20 \, [\text{A}]$$

であり，$I_2 [\text{A}]$ は，

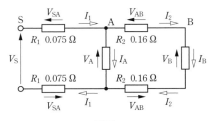

解図9

$$V_{AB} = R_2 I_2$$

$$\therefore I_2 = \frac{V_{AB}}{R_2} = \frac{0.8}{0.16} = 5 \, [\text{A}]$$

である．したがって，

$$I_B = I_2 = \underline{5} \, [\text{A}]$$

$$I_A = I_1 - I_B = 20 - 5 = \underline{15} \, [\text{A}]$$

問 10

問図 10 より，線路電流 $I_1 [\text{A}]$，$I_2 [\text{A}]$ および中性線に流れる電流 $I_0 [\text{A}]$ は，

$$I_1 = I_A = 20 \, [\text{A}], \quad I_2 = I_B = 14 \, [\text{A}]$$

$$I_0 = I_A - I_B = 20 - 14 = 6 \, [\text{A}]$$

である．したがって，負荷の端子電圧 $V_A [\text{V}]$ および $V_B [\text{V}]$ は，

$$V_A = V - rI_1 - rI_0 = 100 - 0.1 \times 20 - 0.1 \times 6$$

$$= 100 - 2 - 0.6 = \underline{97.4} \, [\text{V}]$$

$$V_B = V + rI_0 - rI_2 = 100 + 0.1 \times 6 - 0.1 \times 14$$

$$= 100 + 0.6 - 1.4 = \underline{99.2} \, [\text{V}]$$

送電損失 $P_l [\text{W}]$ は，

$$P_l = rI_0^2 + rI_1^2 + rI_2^2 = r(I_0^2 + I_1^2 + I_2^2)$$

$$= 0.1 \times (6^2 + 20^2 + 14^2) = 3.6 + 40 + 19.6$$

$$= \underline{63.2} \, [\text{W}]$$

問 11

バランサ接続後は，接続前に中性線を流れていた電流 $I_0 [\text{A}]$ がバランサの方に流れるようになる．したがって，

$$I_b = \frac{I_0}{2} = \frac{6}{2} = \underline{3} \, [\text{A}]$$

線路に流れる電流 $I_1' [\text{A}]$，$I_2' [\text{A}]$ は，

$$I_1' = I_A - I_b = 20 - 3 = 17 \, [\text{A}]$$

$$I_2' = I_B + I_b = 14 + 3 = 17 \, [\text{A}]$$

となるため，負荷の端子電圧 $V_A' [\text{V}]$ および $V_B' [\text{V}]$ は，

$$V_A' = V - rI_1' = 100 - 0.1 \times 17 = \underline{98.3} \, [\text{V}]$$

$$V_B' = V - rI_2' = 100 - 0.1 \times 17 = \underline{98.3} \, [\text{V}]$$

バランサ接続後の送電損失 $P_l' [\text{W}]$ は，

$$P_l' = rI_1'^2 + rI_2'^2 = r(I_1'^2 + I_2'^2) = 0.1 \times (17^2 + 17^2)$$

$$= 28.9 + 28.9 = 57.8 \, [\text{W}]$$

したがって，問 10 の $P_l = 63.2 \, [\text{W}]$ を用いれば，

$$\Delta P_l = P_l - P_l' = 63.2 - 57.8 = \underline{5.4} \, [\text{W}]$$

問12

三相負荷のc相に流れる電流 I_{3c} [A] は,

$$P_3 = \sqrt{3}\, V_{cb} I_{3c} \cos\theta_3$$

$$\therefore I_{3c} = \frac{P_3}{\sqrt{3}\, V_{cb} \cos\theta_3} = \frac{86.6 \times 10^3}{\sqrt{3} \times V_{cb} \times 1}$$

$$= \frac{50 \times 10^3}{V_{cb}}\ [\text{A}]$$

となる. $I_{cb} = I_{3c}$ であるため, 専用変圧器の容量 S_{cb} [kV·A] は,

$$S_{cb} = V_{cb} I_{cb} = V_{cb} I_{3c} = V_{cb} \times \frac{50 \times 10^3}{V_{cb}} = \underline{50}\ [\text{kV·A}]$$

単相負荷に流れる電流 I_1 [A] は,

$$P_1 = V_{ab} I_1 \cos\theta_1$$

$$\therefore I_1 = \frac{P_1}{V_{ab} \cos\theta_1} = \frac{17.3 \times 10^3}{V_{ab} \times \dfrac{\sqrt{3}}{2}} = \frac{20 \times 10^3}{V_{ab}}\ [\text{A}]$$

となり, 三相負荷のa相に流れる電流 I_{3a} [A] は,

$$I_{3a} = \frac{50 \times 10^3}{V_{ab}}\ [\text{A}]$$

となる. ここで, ベクトル図を描くと解図12のようになり, 単相電流 $\dot{I_1}$ [A] と三相のうちa相に流れる電流 $\dot{I_{3a}}$ [A] は同相となるため, 単純に足し合わせることが可能である. したがって,

$$I_{ab} = I_{3a} + I_1 = \frac{50 \times 10^3}{V_{ab}} + \frac{20 \times 10^3}{V_{ab}} = \frac{70 \times 10^3}{V_{ab}}\ [\text{A}]$$

となるため, 共用変圧器の容量 S_{ab} [kV·A] は,

$$S_{ab} = V_{ab} I_{ab} = V_{ab} \times \frac{70 \times 10^3}{V_{ab}} = \underline{70}\ [\text{kV·A}]$$

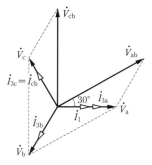

解図12

問13

ベクトル図を描くと解図13のようになり, 単相電流 $\dot{I_1}$ [A] と三相のうちa相に流れる電流 $\dot{I_{3a}}$ [A]

は同相となるため, 単純に足し合わせることが可能である. 単相負荷に流れる電流 I_1 [A] は,

$$P_1 = \frac{V_{ab}}{2} I_1 \cos\theta_1$$

$$\therefore I_1 = \frac{2P_1}{V_{ab} \cos\theta_1} = \frac{2 \times 20 \times 10^3}{V_{ab} \times 1} = \frac{40 \times 10^3}{V_{ab}}\ [\text{A}]$$

となり, 三相負荷のa相に流れる電流 I_{3a} [A] は,

$$P_3 = \sqrt{3}\, V_{ab} I_{3a} \cos\theta_3$$

$$\therefore I_{3a} = \frac{P_3}{\sqrt{3}\, V_{ab} \cos\theta_3} = \frac{P_3}{\sqrt{3}\, V_{ab} \times \dfrac{\sqrt{3}}{2}} = \frac{2P_3}{3V_{ab}}\ [\text{A}]$$

となる. したがって, I_{ab} [A] は,

$$I_{ab} = I_{3a} + I_1 = \frac{2P_3}{3V_{ab}} + \frac{40 \times 10^3}{V_{ab}}\ [\text{A}]$$

となるため, 共用変圧器の容量 S_{ab} [kV·A] は,

$$S_{ab} = V_{ab} I_{ab} = V_{ab}\left(\frac{2P_3}{3V_{ab}} + \frac{40 \times 10^3}{V_{ab}}\right) = 70 \times 10^3$$

$$\therefore \frac{2P_3}{3} + 40 \times 10^3 = 70 \times 10^3$$

$$\therefore \frac{2P_3}{3} = 30 \times 10^3$$

$$\therefore P_3 = 45 \times 10^3\ [\text{W}] = 45\ [\text{kW}]$$

となる. つまり, 共用変圧器としては $P_3 = 45$ [kW] までの三相負荷を接続可能である. 一方, 専用変圧器について考えると, $P_3 = 45$ [kW] の負荷を接続時にc相に流れる電流 I_{3c} [A] は,

$$P_3 = \sqrt{3}\, V_{cb} I_{3c} \cos\theta_3$$

$$\therefore I_{3c} = \frac{P_3}{\sqrt{3}\, V_{cb} \cos\theta_3} = \frac{45 \times 10^3}{\sqrt{3} \times V_{cb} \times \dfrac{\sqrt{3}}{2}}$$

$$= \frac{30 \times 10^3}{V_{cb}}\ [\text{A}]$$

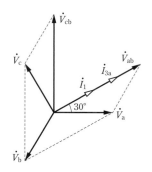

解図13

なので，専用変圧器に要求される容量 S_{cb}'[kV・A] は，

$$S_{cb}' = V_{cb}I_{cb} = V_{cb}I_{3c} = V_{cb} \times \frac{30 \times 10^3}{V_{cb}} = 30\,[\text{kV·A}]$$

であり，$S_{cb}' > S_{cb} = 25\,[\text{kV·A}]$ なので，専用変圧器は過負荷となってしまい，45 kW の三相負荷は接続することができない．したがって，専用変圧器の容量 $S_{cb} = 25\,[\text{kV·A}]$ まで最大限利用するときの三相負荷の消費電力を求めればよい．つまり，

$$P_3 = \sqrt{3}\,V_{cb}I_{3c}\cos\theta_3 = \sqrt{3}\,V_{cb}\frac{S_{cb}}{V_{cb}}\cos\theta_3$$

$$= \sqrt{3}\,S_{cb}\cos\theta_3 = \sqrt{3} \times 25 \times \frac{\sqrt{3}}{2}$$

$$= 37.5\,[\text{kW}]$$

問14

解図 14 のように I_1[A]，I_2[A]，I_4[A]，I_5[A] を定めると，

$$I_2 = I + I_B = I + 10\,[\text{A}]$$
$$I_1 = I_2 + I_A = I_2 + 20 = I + 10 + 20 = I + 30\,[\text{A}]$$
$$I_4 = I - I_C = I - 40\,[\text{A}]$$
$$I_5 = I_4 - I_D = I_4 - 30 = I - 40 - 30 = I - 70\,[\text{A}]$$

となる．したがって，キルヒホッフの電圧則より，

$$R_1 I_1 + R_2 I_2 + R_3 I + R_4 I_4 + R_5 I_5 = 0$$
$$\therefore\ 0.1\,(I+30) + 0.2\,(I+10) + 0.1 I + 0.1\,(I-40)$$
$$\qquad + 0.3\,(I-70) = 0$$
$$\therefore\ (0.1 + 0.2 + 0.1 + 0.1 + 0.3)I + 3 + 2 - 4 - 21 = 0$$
$$\therefore\ 0.8 I = 20$$
$$\therefore\ I = 25\,[\text{A}]$$

したがって，C 点の負荷の端子電圧 V_C[V] は，単相2線式なので抵抗が2倍になることに注意して，

$$V_C = V_S + 2 R_5 I_5 + 2 R_4 I_4$$
$$= 400 + 2 \times 0.3 \times (25-70) - 2 \times 0.1 \times (25-40)$$

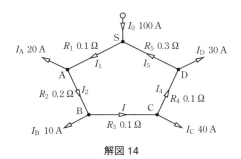

解図14

$$= 400 - 27 - 3 = 400 - 30 = \underline{370\,[\text{V}]}$$

問15

S・A点間，A・C点間，B・C点間，S・B点間の抵抗を R_{SA}[Ω]，R_{AC}[Ω]，R_{BC}[Ω]，R_{SB}[Ω] とすると，

$$R_{SA} = r_{SA} l_{SA} = 0.2 \times 300 \times 10^{-3} = 0.06\,[\Omega]$$
$$R_{AC} = r_{AC} l_{AC} = 0.4 \times 200 \times 10^{-3} = 0.08\,[\Omega]$$
$$R_{BC} = r_{BC} l_{BC} = 0.3 \times 300 \times 10^{-3} = 0.09\,[\Omega]$$
$$R_{SB} = r_{SB} l_{SB} = 0.2 \times 200 \times 10^{-3} = 0.04\,[\Omega]$$

となる．したがって，解図 15 のように I_1[A]，I_2[A]，I_3[A]，I_4[A] を定めると，

$$I_2 = I_1 - I_A = I_1 - 10\,[\text{A}]$$
$$I_4 = I_3 - I_B = I_3 - 30\,[\text{A}]$$

となる．したがって，I_1[A] は，

$$V_S - V_C = \sqrt{3}\,(R_{SA} I_1 + R_{AC} I_2)$$
$$\therefore\ \frac{V_S - V_C}{\sqrt{3}} = R_{SA} I_1 + R_{AC} I_2$$
$$\therefore\ \frac{105 - 100}{\sqrt{3}} = 0.06 I_1 + 0.08\,(I_1 - 10)$$
$$\qquad = 0.14 I_1 - 0.8$$
$$\therefore\ 0.14 I_1 = 2.8868 + 0.8 = 3.6868$$
$$\therefore\ I_1 = 26.334\,[\text{A}]$$

となり，同様に I_3[A] は，

$$V_S - V_C = \sqrt{3}\,(R_{SB} I_3 + R_{BC} I_4)$$
$$\therefore\ \frac{V_S - V_C}{\sqrt{3}} = R_{SB} I_3 + R_{BC} I_4$$
$$\therefore\ \frac{105 - 100}{\sqrt{3}} = 0.04 I_3 + 0.09\,(I_3 - 30)$$
$$\qquad = 0.13 I_3 - 2.7$$
$$\therefore\ 0.13 I_3 = 2.8868 + 2.7 = 5.5868$$
$$\therefore\ I_3 = 42.975\,[\text{A}]$$

となる．これより，I_2[A] および I_4[A] は，

$$I_2 = I_1 - 10 = 26.334 - 10 = 16.334\,[\text{A}]$$

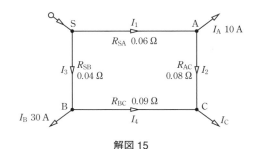

解図15

$$I_4 = I_3 - 30 = 42.975 - 30 = 12.975 \, [\text{A}]$$

と求められる．したがって，

$$I_C = I_2 + I_4 = 16.334 + 12.975 = \underline{29.3 \, [\text{A}]}$$

テーマ4 %Zと故障電流

問16

(1) 公式に各値を代入すれば，

$$\%Z = \frac{S_n Z}{E_n^2} \times 100 = \frac{300 \times 10^3 \times 20}{6\,600^2} \times 100$$

$$= \frac{6\,000 \times 10^3}{6\,600^2} \times 100 = \underline{13.8 \, [\%]}$$

また，

$$Z = \frac{E_n^2}{S_n} \times \frac{\%Z}{100} = \frac{6\,600^2}{300 \times 10^3} \times \frac{5}{100}$$

$$= \frac{6.6^2 \times 10^6 \times 5}{30\,000 \times 10^3} = \underline{7.26 \, [\Omega]}$$

(2) 公式に各値を代入すれば，

$$\%Z = \frac{ZI_n}{E_n} \times 100 = \frac{20 \times 40}{6.6 \times 10^3} \times 100$$

$$= \frac{800}{6\,600} \times 100 = \underline{12.1 \, [\%]}$$

また，

$$Z = \frac{E_n}{I_n} \times \frac{\%Z}{100} = \frac{6.6 \times 10^3}{40} \times \frac{5}{100} = \frac{6\,600}{800}$$

$$= \underline{8.25 \, [\Omega]}$$

(3) 公式に各値を代入すれば，

$$\%Z = \frac{S_n Z}{V_n^2} \times 100 = \frac{10 \times 10^6 \times 20}{(66 \times 10^3)^2} \times 100$$

$$= \frac{200 \times 10^6}{66^2 \times 10^6} \times 100 = \underline{4.59 \, [\%]}$$

また，

$$Z = \frac{V_n^2}{S_n} \times \frac{\%Z}{100} = \frac{(66 \times 10^3)^2}{10 \times 10^6} \times \frac{5}{100}$$

$$= \frac{5 \times 66^2 \times 10^6}{1\,000 \times 10^6} = \underline{21.8 \, [\Omega]}$$

(4) 公式に各値を代入すれば，

$$\%Z = \frac{\sqrt{3}\,ZI_n}{V_n} \times 100 = \frac{\sqrt{3} \times 20 \times 75}{77 \times 10^3} \times 100$$

$$= \frac{1\,500\sqrt{3}}{77 \times 10^3} \times 100 = \underline{3.37 \, [\%]}$$

また，

$$Z = \frac{E_n}{\sqrt{3}\,I_n} \times \frac{\%Z}{100} = \frac{77 \times 10^3}{\sqrt{3} \times 75} \times \frac{5}{100}$$

$$= \frac{5 \times 77 \times 10^3}{7\,500\sqrt{3}} = \underline{29.6 \, [\Omega]}$$

問17

(1) $\%Z' = \dfrac{10 \times 10^6}{2 \times 10^6} \times \%Z = 5 \times 6 = \underline{30 \, [\%]}$

(2) $\%Z' = \dfrac{10 \times 10^6}{100 \times 10^6} \times \%Z = \dfrac{1}{10} \times 8 = \underline{0.8 \, [\%]}$

(3) $\%Z' = \dfrac{10 \times 10^6}{20\,000 \times 10^3} \times \%Z = \dfrac{1}{2} \times 10 = \underline{5 \, [\%]}$

(4) $\%Z' = \dfrac{10 \times 10^6}{1\,000 \times 10^3} \times \%Z = 10 \times 5 = \underline{50 \, [\%]}$

問18

(1) $\%Z_g\,[\%]$および$\%Z_l\,[\%]$を10 MV·A基準に変換したものを$\%Z_g'\,[\%]$，$\%Z_l'\,[\%]$とすると，

$$\%Z_g' = \frac{10 \times 10^6}{100 \times 10^6}\%Z_g = \frac{1}{10} \times 2 = 0.2 \, [\%]$$

$$\%Z_l' = \frac{10 \times 10^6}{100 \times 10^6}\%Z_l = \frac{1}{10} \times 5 = 0.5 \, [\%]$$

となる．したがって，等価な単線図は解図18-1となり，

$$\%Z = \%Z_g' + \%Z_l' + \%Z_t$$

$$= 0.2 + 0.5 + 7.3 = \underline{8 \, [\%]}$$

定格電流$I_n\,[\text{kA}]$は，

$$I_n = \frac{S_n}{\sqrt{3}\,V_n} = \frac{10 \times 10^6}{\sqrt{3} \times 6.6 \times 10^3} \, [\text{A}] = \frac{10}{\sqrt{3} \times 6.6} \, [\text{kA}]$$

より，三相短絡電流$I_s\,[\text{kA}]$は，

$$I_s = \frac{100}{\%Z}I_n = \frac{100}{8} \times \frac{10}{\sqrt{3} \times 6.6} = \underline{10.9\,[\text{kA}]}$$

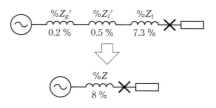

解図 18-1

(2) $\%Z_{g1}\,[\%]$および$\%Z_{g2}\,[\%]$を10 MV·A基準に変換したものを$\%Z_{g1}'\,[\%]$，$\%Z_{g2}'\,[\%]$とすると，

$$\%Z_{g1}' = \frac{10 \times 10^6}{40 \times 10^6}\%Z_{g1} = \frac{1}{4} \times 12 = 3 \, [\%]$$

$$\%Z_{g2}' = \frac{10 \times 10^6}{30 \times 10^6} \%Z_{g2} = \frac{1}{3} \times 6 = 2 \, [\%]$$

となる．したがって，等価な単線図は解図18-2となり，

$$\%Z = \frac{\%Z_{g1}' \, \%Z_{g2}'}{\%Z_{g1}' + \%Z_{g2}'} + \%Z_t = \frac{3 \times 2}{3 + 2} + 4.8$$

$$= \frac{6}{5} + 4.8 = 1.2 + 4.8 = \underline{6 \, [\%]}$$

定格電流 $I_n \, [\text{kA}]$ は，

$$I_n = \frac{S_n}{\sqrt{3} \, V_n} = \frac{10 \times 10^6}{\sqrt{3} \times 66 \times 10^3} \, [\text{A}] = \frac{10}{\sqrt{3} \times 66} \, [\text{kA}]$$

より，三相短絡電流 $I_s \, [\text{kA}]$ は，

$$I_s = \frac{100}{\%Z} I_n = \frac{100}{6} \times \frac{10}{\sqrt{3} \times 66} = \underline{1.46 \, [\text{kA}]}$$

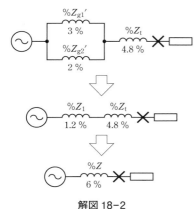

解図 18-2

（3）$\%Z_{g2} \, [\%]$ を $100 \, \text{MV·A}$ 基準に変換したものを $\%Z_{g2}' \, [\%]$ とすると，

$$\%Z_{g2}' = \frac{100 \times 10^6}{40 \times 10^6} \%Z_{g2} = 2.5 \times 10 = 25 \, [\%]$$

となる．したがって，等価な単線図は解図18-3となり，

$$\%Z_1 = \%Z_{g1} + \%Z_t = 20 + 5 = 25 \, [\%]$$

$$\therefore \%Z = \frac{\%Z_1 \, \%Z_{g2}'}{\%Z_1 + \%Z_{g2}'} = \frac{25 \times 25}{25 + 25} = \frac{625}{50}$$

$$= \underline{12.5 \, [\%]}$$

定格電流 $I_n \, [\text{kA}]$ は，

$$I_n = \frac{S_n}{\sqrt{3} \, V_n} = \frac{100 \times 10^6}{\sqrt{3} \times 77 \times 10^3} \, [\text{A}] = \frac{100}{\sqrt{3} \times 77} \, [\text{kA}]$$

より，三相短絡電流 $I_s \, [\text{kA}]$ は，

$$I_s = \frac{100}{\%Z} I_n = \frac{100}{12.5} \times \frac{100}{\sqrt{3} \times 77} = \underline{6 \, [\text{kA}]}$$

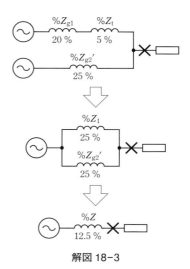

解図 18-3

（4）$\%Z_{g1} \, [\%]$ および $\%Z_{g2} \, [\%]$ を $10\,000 \, \text{kV·A}$ 基準に変換したものを $\%Z_{g1}' \, [\%]$，$\%Z_{g2}' \, [\%]$ とすると，

$$\%Z_{g1}' = \frac{10\,000 \times 10^3}{20\,000 \times 10^3} \%Z_{g1} = \frac{1}{2} \times 30 = 15 \, [\%]$$

$$\%Z_{g2}' = \frac{10\,000 \times 10^3}{5\,000 \times 10^3} \%Z_{g2} = 2 \times 30 = 60 \, [\%]$$

となる．したがって，等価な単線図は解図18-4となり，

$$\%Z_l = \frac{\%Z_{l1} \, \%Z_{l2}}{\%Z_{l1} + \%Z_{l2}} + \%Z_{g1}' = \frac{10 \times 10}{10 + 10} + 15$$

$$= \frac{100}{20} + 15 = 5 + 15 = 20 \, [\%]$$

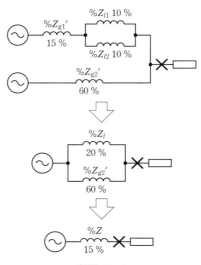

解図 18-4

$$\therefore \%Z = \frac{\%Z_1 \%Z_{\mathrm{g2}}'}{\%Z_1 + \%Z_{\mathrm{g2}}'} = \frac{20 \times 60}{20 + 60} = \frac{1\,200}{80}$$

$$= \underline{15\,[\%]}$$

定格電流 $I_{\mathrm{n}}\,[\mathrm{kA}]$ は,

$$I_{\mathrm{n}} = \frac{S_{\mathrm{n}}}{\sqrt{3}\,V_{\mathrm{n}}} = \frac{10\,000 \times 10^3}{\sqrt{3} \times 154 \times 10^3}\,[\mathrm{A}]$$

$$= \frac{10}{\sqrt{3} \times 154}\,[\mathrm{kA}]$$

より, 三相短絡電流 $I_{\mathrm{s}}\,[\mathrm{kA}]$ は,

$$I_{\mathrm{s}} = \frac{100}{\%Z}\,I_{\mathrm{n}} = \frac{100}{15} \times \frac{10}{\sqrt{3} \times 154} = \underline{0.25\,[\mathrm{kA}]}$$

問19

F1点から電源側をみた百分率インピーダンス $\%Z_1$ は,

$$\%Z_1 = \%Z_{\mathrm{t}} = 1.2 + \mathrm{j}2.2\,[\%]$$

である. したがって, 三相短絡電流の大きさ I_{s1} $[\mathrm{kA}]$ は,

$$I_{\mathrm{s1}} = \left| \frac{100}{\%Z_1} \right| I_{\mathrm{n}} = \frac{100}{\sqrt{1.2^2 + 2.2^2}} \times \frac{200 \times 10^3}{\sqrt{3} \times 210}$$

$$= \frac{20\,000}{210\sqrt{6.28 \times 3}} \times 10^3 = 21\,942\,[\mathrm{A}]$$

$$\fallingdotseq \underline{21.9\,[\mathrm{kA}]}$$

F2点から電源側をみた百分率インピーダンス $\%Z_2$ は,

$$\%Z_2 = \%Z_{\mathrm{t}} + \%Z_l = 1.2 + \mathrm{j}2.2 + 8.2 + \mathrm{j}3.4$$

$$= 9.4 + \mathrm{j}5.6\,[\%]$$

である. したがって, 三相短絡電流の大きさ I_{s2} $[\mathrm{kA}]$ は,

$$I_{\mathrm{s2}} = \left| \frac{100}{\%Z_2} \right| I_{\mathrm{n}} = \frac{100}{\sqrt{9.4^2 + 5.6^2}} \times \frac{200 \times 10^3}{\sqrt{3} \times 210}$$

$$= \frac{20\,000}{210\sqrt{119.72 \times 3}} \times 10^3 = 5\,025\,[\mathrm{A}]$$

$$\fallingdotseq \underline{5.03\,[\mathrm{kA}]}$$

三相短絡容量 $S_{\mathrm{s1}}\,[\mathrm{MV \cdot A}]$ は,

$$S_{\mathrm{s1}} = \sqrt{3}\,VI_{\mathrm{s1}} = \sqrt{3} \times 210 \times 21.942$$

$$= 7\,980.98\,[\mathrm{kV \cdot A}] \fallingdotseq \underline{7.98\,[\mathrm{MV \cdot A}]}$$

同様に三相短絡容量 $S_{\mathrm{s2}}\,[\mathrm{MV \cdot A}]$ は,

$$S_{\mathrm{s2}} = \sqrt{3}\,VI_{\mathrm{s2}} = \sqrt{3} \times 210 \times 5.0253$$

$$= 1\,827.86\,[\mathrm{kV \cdot A}] \fallingdotseq \underline{1.83\,[\mathrm{MV \cdot A}]}$$

問20

$\%Z_l\,[\%]$ を $200\,\mathrm{kV \cdot A}$ 基準に変換したものを $\%Z_l'\,[\%]$ とすると,

$$\%Z_l' = \frac{200 \times 10^3}{10 \times 10^6}\,\%Z_l = 0.02 \times (15 + 35)$$

$$= 0.3 + \mathrm{j}0.7\,[\%]$$

であるため, ×点からみた百分率インピーダンス $\%Z\,[\%]$ は,

$$\%Z = \%Z_l' + \%Z_{\mathrm{t}} = 0.3 + \mathrm{j}0.7 + 1.7 + \mathrm{j}4.3$$

$$= 2 + \mathrm{j}5\,[\%]$$

である. したがって, 三相短絡電流の大きさ I_{s} $[\mathrm{kA}]$ は,

$$I_{\mathrm{s}} = \left| \frac{100}{\%Z} \right| I_{\mathrm{n}} = \frac{100}{\sqrt{2^2 + 5^2}} \times \frac{200 \times 10^3}{\sqrt{3} \times 210}$$

$$= \frac{20\,000 \times 10^3}{210\sqrt{29 \times 3}} = 10\,210.6\,[\mathrm{A}] \fallingdotseq \underline{10.2\,[\mathrm{kA}]}$$

$I_{\mathrm{s}}\,[\mathrm{kA}]$ を変圧器一次側に換算した値を $I_{\mathrm{s}}'\,[\mathrm{A}]$ とすると,

$$I_{\mathrm{s}}' = \frac{V_{\mathrm{2n}}}{V_{\mathrm{1n}}}\,I_{\mathrm{s}} = \frac{210}{6.6 \times 10^3} \times 10.2106 \times 10^3$$

$$= 324.88\,[\mathrm{A}]$$

となるので, OCRに入力される電流 $I_{\mathrm{OCR}}\,[\mathrm{A}]$ は,

$$I_{\mathrm{OCR}} = \frac{5}{75} \times I_{\mathrm{s}}' = \frac{5}{75} \times 324.88 = \underline{21.7\,[\mathrm{A}]}$$

問21

(1) テブナンの定理による等価回路は, 解図 21-1のようになる. したがって,

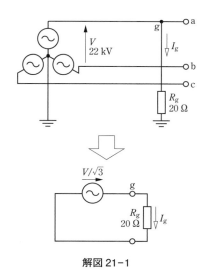

解図 21-1

$$I_g = \frac{V/\sqrt{3}}{R_g} = \frac{22 \times 10^3}{\sqrt{3} \times 20} = \underline{635} \,[\text{A}]$$

(2) テブナンの定理による等価回路は，解図21-2のようになる．したがって，

$$I_g = \frac{V/\sqrt{3}}{R_n + R_g} = \frac{22 \times 10^3}{\sqrt{3} \times (100 + 20)} = \underline{106} \,[\text{A}]$$

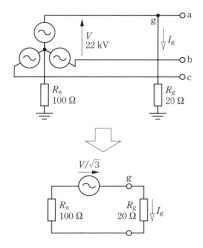

解図21-2

(3) テブナンの定理による等価回路は，解図21-3のようになる．したがって，

$$I_g = \frac{V/\sqrt{3}}{\left| \dfrac{1}{\text{j}3\omega C} + R_g \right|}$$

$$= \frac{22 \times 10^3}{\sqrt{3} \times \sqrt{\left(\dfrac{1}{3 \times 2\pi \times 50 \times 0.5 \times 10^{-6}} \right)^2 + 20^2}}$$

解図21-3

$$= \frac{22 \times 10^3}{\sqrt{3} \times \sqrt{2122.07^2 + 20^2}} = \underline{5.99} \,[\text{A}]$$

問22

公式に各値を代入すれば，

$$L = \frac{1}{3\omega^2 C} = \frac{1}{3 \times (2\pi \times 50)^2 \times 0.5 \times 10^{-6}}$$

$$= \underline{6.75} \,[\text{H}]$$

問23

等価回路は解図23のようになる．したがって，アドミタンス $\dot{Y}_0 [\text{S}]$ は，

$$\dot{Y}_0 = \text{j}3\omega C_1 + \text{j}3\omega C_2 = \text{j}3\omega(C_1 + C_2) \,[\text{S}]$$

となる．したがって，地絡電流 $I_g [\text{A}]$ は，

$$I_g = \frac{V}{\sqrt{3}} |\dot{Y}_0| = \frac{V}{\sqrt{3}} \times 3\omega(C_1 + C_2)$$

$$= \sqrt{3}\,\omega V(C_1 + C_2)$$

$$= \sqrt{3} \times 2\pi \times 50 \times 6.6 \times 10^3 \times (1.6 + 0.04) \times 10^{-6}$$

$$= 5.8898 = \underline{5.89} \,[\text{A}]$$

また，零相変流器が検出する電流 $I_{g2} [\text{mA}]$ は，

$$I_{g2} = \frac{\dfrac{1}{\text{j}3\omega C_1}}{\dfrac{1}{\text{j}3\omega C_1} + \dfrac{1}{\text{j}3\omega C_2}} I_g = \frac{C_2}{C_1 + C_2} I_g$$

$$= \frac{0.04}{1.6 + 0.04} \times 5.8898 = 0.14365 \,[\text{A}]$$

$$= \underline{144} \,[\text{mA}]$$

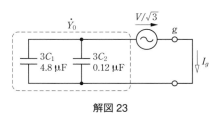

解図23

テーマ5　充電電流と誘電体損

問24

公式に各値を代入すれば，

$$I_C = 2\pi f C \frac{V}{\sqrt{3}} = 2\pi \times 50 \times 0.4 \times 10^{-6} \times \frac{6\,600}{\sqrt{3}}$$

$$= 0.4788 \,[\text{A}] = \underline{479} \,[\text{mA}]$$

問25

3線一括の線路の静電容量 $C [\mu\text{F}]$ は，

$$C = 3cl = 3 \times 0.25 \times 3\,200 \times 10^{-3} = 2.4 \,[\mu\text{F}]$$

である．印加するのは線間電圧ではなく対地電圧であるため $V/\sqrt{3}=E$ となるので，公式に各値を代入すれば，

$$I_C = 2\pi f C \frac{V}{\sqrt{3}} = 2\pi f C E$$

$$= 2\pi \times 50 \times 2.4 \times 10^{-6} \times 10\,000 = \underline{7.54\,[\mathrm{A}]}$$

問26

公式に各値を代入すれば，

$$I_C = 2\pi f C E = 2\pi \times 50 \times C \times 6\,900 = 500 \times 10^{-3}$$

$$\therefore C = \frac{500 \times 10^{-3}}{100\pi \times 6\,900} = 0.2307\,[\mu\mathrm{F}]$$

となる．したがって，1線当たりの静電容量 C_s $[\mu\mathrm{F}]$ は，

$$C_s = \frac{C}{3} = \frac{0.2307}{3} = \underline{0.0769\,[\mu\mathrm{F}]}$$

問27

心線1線当たりの静電容量 $C\,[\mu\mathrm{F}]$ は，

$$C = cl = 0.2 \times 2.5 = 0.5\,[\mu\mathrm{F}]$$

である．したがって，公式に各値を代入すれば，

$$I_C = 2\pi f C \frac{V}{\sqrt{3}} = 2\pi \times 60 \times 0.5 \times 10^{-6} \times \frac{6.6 \times 10^3}{\sqrt{3}}$$

$$= 0.7183\,[\mathrm{A}] = \underline{718\,[\mathrm{mA}]}$$

充電容量 $Q_C\,[\mathrm{kvar}]$ は，

$$Q_C = \sqrt{3}\,V I_C = \sqrt{3} \times 6.6 \times 10^3 \times 0.7183$$

$$= 8\,211\,[\mathrm{var}] = \underline{8.21\,[\mathrm{kvar}]}$$

問28

心線1線当たりの静電容量 $C\,[\mu\mathrm{F}]$ は，

$$C = cl = 0.2 \times 3 = 0.6\,[\mu\mathrm{F}]$$

である．したがって，公式に各値を代入すれば，

$$Q_C = 2\pi f C V^2 = 2\pi \times 60 \times 0.6 \times 10^{-6} \times (22 \times 10^3)^2$$

$$= 109\,478\,[\mathrm{var}] = \underline{109\,[\mathrm{kvar}]}$$

誘電体損 $W_d\,[\mathrm{W}]$ は，

$$W_d = Q_C \tan \delta = 109\,478 \times 0.0005 = \underline{54.7\,[\mathrm{W}]}$$

問29

誘電正接の式の分母と分子に $\sqrt{3}\,V$ を掛けると，

$$\tan \delta = \frac{\sqrt{3}\,V \cdot \dfrac{1}{R} \cdot \dfrac{V}{\sqrt{3}}}{\sqrt{3}\,V \cdot 2\pi f C \cdot \dfrac{V}{\sqrt{3}}} = \frac{\dfrac{V^2}{R}}{2\pi f C V^2} = \frac{W_d}{2\pi f C V^2}$$

$$\therefore C = \frac{W_d}{2\pi f V^2 \tan \delta}$$

となる．したがって，各値を代入して，

$$C = \frac{700}{2\pi \times 50 \times (66 \times 10^3)^2 \times 0.0004}$$

$$= \frac{700 \times 10^{-6}}{2\pi \times 50 \times 66^2 \times 0.0004} = \underline{1.28\,[\mu\mathrm{F}]}$$

問30

心線を3線一括とした場合は解図30-1のようになる．したがって，対地静電容量 $C\,[\mu\mathrm{F}]$ は，

$$C = 3C_e\,[\mu\mathrm{F}]$$

となるため，公式に各値を代入すれば，

$$I_C = 2\pi f C E = 2\pi \times 50 \times 3C_e \times 33 \times 10^3 = 50$$

$$\therefore C_e = \frac{50}{100\pi \times 3 \times 33 \times 10^3} = \frac{50}{9.9\pi} \times 10^{-6}$$

$$= 1.6076 \fallingdotseq \underline{1.61\,[\mu\mathrm{F}]}$$

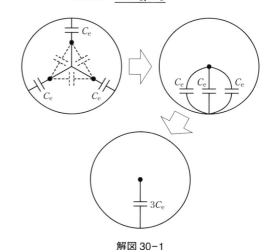

解図 30-1

2線を接地した場合は解図30-2のようになる．したがって，対地静電容量 $C'\,[\mu\mathrm{F}]$ は，

$$C' = 2C_m + C_e\,[\mu\mathrm{F}]$$

となるため，公式に各値を代入すれば，

$$I_C = 2\pi f C' E = 2\pi \times 50 \times C' \times 33 \times 10^3 = 20$$

$$\therefore C' = \frac{20}{100\pi \times 33 \times 10^3} = \frac{20}{3.3\pi} \times 10^{-6}$$

$$= 1.9292\,[\mu\mathrm{F}]$$

となる．したがって，

$$C' = 2C_m + C_e$$

$$C_m = \frac{C' - C_e}{2} = \frac{1.9292 - 1.6076}{2} = \underline{0.161\,[\mu\mathrm{F}]}$$

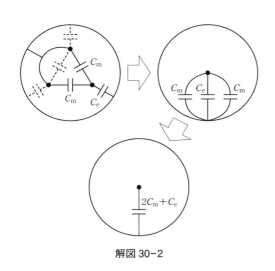

解図30-2

テーマ6　電力用コンデンサによる力率改善

問31

(1) 公式に各値を代入すれば，

$$Q = \frac{P}{\cos\theta} \cdot \sin\theta = \frac{120}{0.8} \times \sqrt{1-0.8^2} = \frac{120}{0.8} \times 0.6$$

$$= \underline{90\,[\text{kvar}]}$$

(2) 皮相電力と無効電力の関係より，

$$Q = S\sin\theta = 200 \times \sqrt{1-0.6^2} = 200 \times 0.8$$

$$= \underline{160\,[\text{kvar}]}$$

(3) 皮相電力，有効電力，無効電力の関係より，

$$Q = \sqrt{S^2 - P^2} = \sqrt{500^2 - 400^2} = \underline{300\,[\text{kvar}]}$$

問32

公式に各値を代入すれば，

$$Q_C = P\left(\frac{\sqrt{1-\cos^2\theta}}{\cos\theta} - \frac{\sqrt{1-\cos^2\theta'}}{\cos\theta'}\right)$$

$$= 250 \times \left(\frac{\sqrt{1-0.6^2}}{0.6} - \frac{\sqrt{1-0.8^2}}{0.8}\right)$$

$$= 250 \times \left(\frac{0.8}{0.6} - \frac{0.6}{0.8}\right) = \underline{146\,[\text{kvar}]}$$

問33

電力用コンデンサ接続前の無効電力 $Q\,[\text{kvar}]$ は，

$$Q = \frac{P}{\cos\theta} \cdot \sin\theta = \frac{300}{0.6} \times \sqrt{1-0.6^2} = \frac{300}{0.6} \times 0.8$$

$$= 400\,[\text{kvar}]$$

である．したがって，力率改善後の無効電力 Q' $[\text{kvar}]$ は，

$$Q' = Q - Q_C = 400 - 250 = \underline{150\,[\text{kvar}]}$$

力率改善後も消費電力 $P\,[\text{kW}]$ は変わらないため，力率 $\cos\theta'$ は，

$$\cos\theta' = \frac{P}{\sqrt{P^2 + Q'^2}} = \frac{300}{\sqrt{300^2 + 150^2}} = \underline{0.894}$$

問34

ベクトル図を描くと解図34-1のようになる．したがって，最初に接続されていた負荷の無効電力 $Q_1\,[\text{kvar}]$ は，

$$Q_1 = \frac{P_1}{\cos\theta_1} \cdot \sin\theta_1 = \frac{300}{0.8} \times \sqrt{1-0.8^2}$$

$$= \frac{300}{0.8} \times 0.6 = 225\,[\text{kvar}]$$

であり，追加で接続した負荷の無効電力 $Q_2\,[\text{kvar}]$ は，

$$Q_2 = \frac{P_2}{\cos\theta_2} \cdot \sin\theta_2 = \frac{150}{0.6} \times \sqrt{1-0.6^2}$$

$$= \frac{150}{0.6} \times 0.8 = 200\,[\text{kvar}]$$

となる．したがって，コンデンサ接続前の皮相電力 $S\,[\text{kV·A}]$ は，

$$S = \sqrt{(P_1+P_2)^2 + (Q_1+Q_2)^2}$$

$$= \sqrt{(300+150)^2 + (225+200)^2}$$

$$= \sqrt{450^2 + 425^2} = 619\,[\text{kV·A}]$$

となり，定格容量 $S_n = 500\,[\text{kV·A}]$ を超過するため，確かに過負荷運転となる．

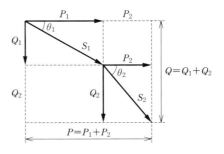

解図34-1

容量 $Q_C\,[\text{kvar}]$ の電力用コンデンサを接続すると，解図34-2のように力率が改善される．改善後の皮相電力 $S'\,[\text{kV·A}]$ が，変圧器の定格容量 $S_n = 500\,[\text{kV·A}]$ を超えないようにコンデンサの容量 $Q_C\,[\text{kvar}]$ を選定すればよいので，有効電力 $P = P_1 + P_2\,[\text{kW}]$ はコンデンサの接続前後で不変であることを用いて，

$$S' = \sqrt{P^2 + Q'^2} = \sqrt{450^2 + (425 - Q_C)^2} = 500$$

$$\therefore 450^2 + (425 - Q_C)^2 = 500^2$$

$$\therefore 425 - Q_C = \sqrt{500^2 - 450^2}$$

$$\therefore Q_C = 425 - \sqrt{500^2 - 450^2} = 425 - 217.94$$

$$= \underline{207\,[\text{kvar}]}$$

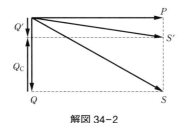

解図 34-2

問35

負荷の無効電力 $Q\,[\text{kvar}]$ は,

$$Q = \frac{P}{\cos\theta} \cdot \sin\theta = \frac{2\,000}{0.8} \times \sqrt{1 - 0.8^2}$$

$$= \frac{2\,000}{0.8} \times 0.6 = 1\,500\,[\text{kvar}]$$

である. 電力用コンデンサも含めた需要家全体の力率を $\cos\theta'$, 需要家全体の無効電力を $Q' = Q - Q_C\,[\text{kvar}]$ と置くと, ベクトル図は解図35のようになるので,

$$\frac{V_s}{\sqrt{3}} = \frac{V_r}{\sqrt{3}} + rI\cos\theta' + xI\sin\theta'$$

$$\therefore V_s - V_r = \sqrt{3}\,(rI\cos\theta' + xI\sin\theta')$$

$$= \frac{r\sqrt{3}\,V_r I\cos\theta'}{V_r} + \frac{x\sqrt{3}\,V_r I\sin\theta'}{V_r}$$

$$= \frac{rP}{V_r} + \frac{xQ'}{V_r}$$

$$\therefore V_r(V_s - V_r) = rP + xQ' = rP + x(Q - Q_C)$$

$$\therefore Q_C = \frac{rP}{x} + Q - \frac{V_r(V_s - V_r)}{x}$$

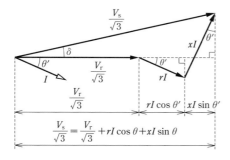

$$\frac{V_s}{\sqrt{3}} = \frac{V_r}{\sqrt{3}} + rI\cos\theta + xI\sin\theta$$

解図 35

が成り立つ. したがって, 各値を代入すれば,

$$Q_C = \frac{0.5 \times 2\,000 \times 10^3}{1} + 1\,500 \times 10^3$$

$$- \frac{6\,400 \times (6\,600 - 6\,400)}{1}$$

$$= (1\,000 + 1\,500 - 1\,280) \times 10^3 = \underline{1\,220\,[\text{kvar}]}$$

問36

電力用コンデンサのリアクタンスを $X_C\,[\Omega]$, 直列リアクトルのリアクタンスを $X_L\,[\Omega]$ とすれば, 題意より,

$$X_L = 0.06 X_C\,[\Omega]$$

となるため, コンデンサの端子電圧 $V_C\,[\text{kV}]$ は,

$$V_C = \frac{X_C}{X_C - X_L}\,V = \frac{X_C}{X_C - 0.06 X_C}\,V = \frac{1}{0.94} \times 6.6$$

$$= \underline{7.02\,[\text{kV}]}$$

テーマ7 電線の電気的・機械的特性

問37

公式に各値を代入すれば,

$$R = \rho\frac{l}{S} = 1.82 \times 10^{-8} \times \frac{1.5 \times 10^3}{30 \times 10^{-6}} = \underline{0.91\,[\Omega]}$$

問38

導電率 $\sigma\,[\text{S}\cdot\text{m}/\text{mm}^2]$ は,

$$\sigma = \frac{1}{\rho} = \frac{1}{\dfrac{1}{55}} = 55\,[\text{S}\cdot\text{m}/\text{mm}^2]$$

である. したがって, 公式より,

$$R = \rho\frac{l}{S} = \frac{l}{\sigma S} \quad \therefore S = \frac{l}{\sigma R}$$

となるため, これに各値を代入すれば,

$$S = \frac{l}{\sigma R} = \frac{2\,200}{55 \times 1} = \underline{40\,[\text{mm}^2]}$$

問39

各相に流れる電流 $I\,[\text{A}]$ は,

$$P = \sqrt{3}\,VI\cos\theta$$

$$\therefore I = \frac{P}{\sqrt{3}\,V\cos\theta} = \frac{12\,000 \times 10^3}{\sqrt{3} \times 66 \times 10^3 \times 0.85}$$

$$= 123.5\,[\text{A}]$$

となる. したがって, 送電線1条当たりの抵抗を $R\,[\Omega]$ とすると, 送電損失は,

$$P_l = 3RI^2 = 3 \cdot \frac{l}{\sigma S} \cdot I^2$$

$$\therefore S = \frac{3lI^2}{\sigma P_l} = \frac{3 \times 15 \times 10^3 \times 123.5^2}{55 \times 120 \times 10^3} = \underline{104}\,[\mathrm{mm^2}]$$

問40

公式に各値を代入すれば,

$$D = \frac{wS^2}{8T} = \frac{20 \times 140^2}{8 \times 25 \times 10^3} = \underline{1.96}\,[\mathrm{m}]$$

同様に, 公式に各値を代入すれば,

$$L = S + \frac{8D^2}{3S} = 140 + \frac{8 \times 1.96^2}{3 \times 140} = 140 + 0.07317$$

$$= 140.07317 \fallingdotseq \underline{140.073}\,[\mathrm{m}]$$

問41

本問において, たるみや水平張力は変化するが, 支持点間の距離 $S\,[\mathrm{m}]$ および電線の単位長さ当たりの荷重 $w\,[\mathrm{N/m}]$ は変わらない. つまり,

$$D = \frac{wS^2}{8T} \quad \therefore \frac{wS^2}{8} = DT = (\text{一定})$$

が成り立つので,

$$DT = D'T'$$

$$\therefore T' = \frac{D}{D'}T = \frac{3}{3.2} \times 40 = \underline{37.5}\,[\mathrm{kN}]$$

問42

本問において, 同種の電線を用いるため単位長さ当たりの荷重 $w\,[\mathrm{N/m}]$ は変わらないので,

$$D = \frac{wS^2}{8T} \quad \therefore \frac{w}{8} = \frac{DT}{S^2} = (\text{一定})$$

が成り立つ. したがって,

$$\frac{DT}{S^2} = \frac{D'T'}{S'^2}$$

$$\therefore T' = \frac{S'^2}{S^2} \cdot \frac{D}{D'} \cdot T = \frac{150^2}{100^2} \times \frac{2}{3} \times 20 = \underline{30}\,[\mathrm{kN}]$$

問43

公式に各値を代入すれば,

$$L' = L(1 + \alpha \Delta T)$$

$$= 200 \times \{1 + 1.7 \times 10^{-5} \times (70 - 20)\}$$

$$= \underline{200.17}\,[\mathrm{m}]$$

問44

温度変化前の電線の実長 $L\,[\mathrm{m}]$ は,

$$L = S + \frac{8D^2}{3S} = 250 + \frac{8 \times 6^2}{3 \times 250} = 250 + 0.384$$

$$= 250.384\,[\mathrm{m}]$$

である. したがって, 公式に各値を代入すれば,

$$L' = L(1 + \alpha \Delta T)$$

$$= 250.384 \times \{1 + 1.5 \times 10^{-5} \times (50 - 30)\}$$

$$= \underline{250.459}\,[\mathrm{m}]$$

実長を求める式を変形すると,

$$L' = S + \frac{8D'^2}{3S}$$

$$\therefore L' - S = \frac{8D'^2}{3S}$$

$$\therefore D'^2 = \frac{3S(L' - S)}{8}$$

$$\therefore D' = \sqrt{\frac{3S(L' - S)}{8}}$$

$$= \sqrt{\frac{3 \times 250 \times (250.459 - 250)}{8}}$$

$$= \underline{6.56}\,[\mathrm{m}]$$

機 械

第1章　電気機器

テーマ2　直流機

問1

重ね巻の場合は $a=p$ なので，公式に各値を代入して，

$$E = \frac{pZ}{60a}\phi n = \frac{Z}{60}\phi n = \frac{300}{60}\times 0.02 \times 1\,200$$

$$= \underline{120\,[\text{V}]}$$

波巻の場合は $a=2$ なので，公式に各値を代入して，

$$E = \frac{pZ}{60a}\phi n = \frac{4\times 300}{60\times 2}\times 0.02 \times 1\,200 = \underline{240\,[\text{V}]}$$

問2

重ね巻の場合は $a=p$ なので，公式に各値を代入して，

$$T = \frac{pZ}{2\pi a}\phi I_a = \frac{Z}{2\pi}\phi I_a = \frac{576}{2\pi}\times 0.01 \times 300$$

$$= \underline{275\,[\text{N}\cdot\text{m}]}$$

したがって，出力 $P\,[\text{W}]$ は，

$$P = T\omega = \frac{2\pi nT}{60} = \frac{2\pi \times 600 \times 275}{60} = 17\,279\,[\text{W}]$$

$$= \underline{17.3\,[\text{kW}]}$$

波巻の場合は $a=2$ なので，公式に各値を代入して，

$$T = \frac{pZ}{2\pi a}\phi I_a = \frac{6\times 576}{2\pi \times 2}\times 0.01 \times 300$$

$$= \underline{825\,[\text{N}\cdot\text{m}]}$$

したがって，出力 $P\,[\text{W}]$ は，

$$P = \frac{2\pi nT}{60} = \frac{2\pi \times 600 \times 825}{60} = 51\,836\,[\text{W}]$$

$$= \underline{51.8\,[\text{kW}]}$$

問3

重ね巻の場合は $a=p$ であり，無負荷運転なので端子電圧 $V\,[\text{V}]$ は誘導起電力 $E\,[\text{V}]$ と等しくなる．したがって，公式に各値を代入すれば，磁束 $\phi\,[\text{Wb}]$ は，

$$E = V = \frac{pZ}{60a}\phi n = \frac{Z}{60}\phi n$$

$$\therefore \phi = \frac{60V}{Zn} = \frac{60\times 120}{300\times 1\,000} = 0.024\,[\text{Wb}]$$

となるため，磁極の平均磁束密度 $B\,[\text{T}]$ は，

$$\phi = BS \quad \therefore B = \frac{\phi}{S} = \frac{0.024}{0.03} = \underline{0.8\,[\text{T}]}$$

問4

波巻の場合は $a=2$ なので，公式に各値を代入して，

$$T = \frac{pZ}{2\pi a}\phi I_a$$

$$\therefore p = \frac{2\pi aT}{Z\phi I_a} = \frac{2\pi \times 2 \times 120}{240\times 0.01\pi \times 50} = \underline{4}$$

問5

他励式の回路図を解図5(a)に，直巻式の回路図を(b)に，分巻式の回路図を(c)にそれぞれ示す．まずは他励式について考えると，$I_a = I = 50\,[\text{A}]$ より，

$$E_0 = V + r_a I_a = V + r_a I = 200 + 0.2\times 50$$

$$= 200 + 10 = \underline{210\,[\text{V}]}$$

次に直巻式について考えると，同様に $I_a = I = 50\,[\text{A}]$ より，

$$E_0 = V + (r_a + r_f)I_a = V + (r_a + r_f)I$$

$$= 200 + (0.2 + 0.8)\times 50 = 200 + 50 = \underline{250\,[\text{V}]}$$

最後に分巻式について考えると，$I_a = I + I_f\,[\text{A}]$ なので，まずは $I_f\,[\text{A}]$ を求めると，

$$I_f = \frac{V}{r_f} = \frac{200}{20} = 10\,[\text{A}]$$

となる．したがって，

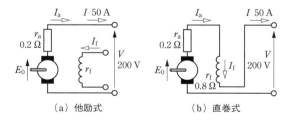

（a）他励式　　　　　（b）直巻式

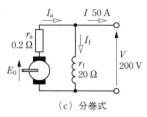

（c）分巻式

解図5

$$E_0 = V + r_a I_a = V + r_a(I + I_f)$$
$$= 200 + 0.2 \times (50 + 10) = 200 + 12 = \underline{212 \, [\text{V}]}$$

問6

他励式の回路図を解図6(a)に，直巻式の回路図を(b)に，分巻式の回路図を(c)にそれぞれ示す．まずは他励式について考えると，$I_a = I = 80 \, [\text{A}]$より，

$$E_0 = V - r_a I_a = V - r_a I = 220 - 0.4 \times 80$$
$$= 220 - 32 = \underline{188 \, [\text{V}]}$$

次に直巻式について考えると，同様に$I_a = I = 80 \, [\text{A}]$より，

$$E_0 = V - (r_a + r_f) I_a = V - (r_a + r_f) I$$
$$= 220 - (0.4 + 0.8) \times 80 = 220 - 96 = \underline{124 \, [\text{V}]}$$

最後に分巻式について考えると，$I_a = I - I_f \, [\text{A}]$なので，まずは$I_f \, [\text{A}]$を求めると，

$$I_f = \frac{V}{r_f} = \frac{220}{44} = 5 \, [\text{A}]$$

となる．したがって，

$$E_0 = V - r_a I_a = V - r_a(I - I_f)$$
$$= 220 - 0.4 \times (80 - 5) = 220 - 30 = \underline{190 \, [\text{V}]}$$

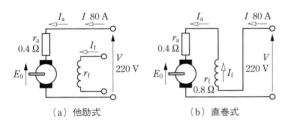

（a）他励式　　　　（b）直巻式

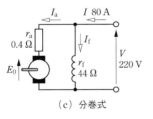

（c）分巻式

解図6

問7

直巻式の場合は，

$$T = k\phi I_a \propto k I_a^2$$

より，トルクは電機子電流の2乗に比例する．したがって，

$$\frac{T'}{T} = \frac{I_a'^2}{I_a^2}$$

$$\therefore \, T' = \frac{I_a'^2}{I_a^2} T = \frac{30^2}{50^2} \times 250 = \underline{90 \, [\text{N·m}]}$$

分巻式の場合は，

$$T = k\phi I_a \propto k I_a$$

より，トルクは電機子電流に比例する．したがって，

$$\frac{T'}{T} = \frac{I_a'}{I_a}$$

$$\therefore \, T' = \frac{I_a'}{I_a} T = \frac{30}{50} \times 250 = \underline{150 \, [\text{N·m}]}$$

問8

直巻式の場合，$\phi \propto I_f = I_a$より，

$$\frac{E_0'}{E_0} = \frac{k\phi' n}{k\phi n} = \frac{\frac{30}{40}\phi}{\phi} = \frac{3}{4}$$

$$\therefore \, E_0' = \frac{3}{4} E = \frac{3}{4} \times 200 = \underline{150 \, [\text{V}]}$$

問9

直巻式の回路図を解図9(a)に，分巻式の回路図を(b)にそれぞれ示す．まずは直巻式について考えると，$I_a = I = 20 \, [\text{A}]$より，

$$E_0 = V - (r_a + r_f) I_a = 100 - (0.2 + 0.8) \times 20$$
$$= 100 - 20 = 80 \, [\text{V}]$$

であるため，

$$P = E_0 I_a = 80 \times 20 = 1\,600 \, [\text{W}]$$

となる．したがって，トルク$T \, [\text{N·m}]$は，

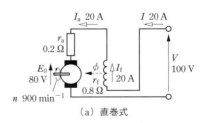

（a）直巻式

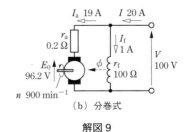

（b）分巻式

解図9

$$T = \frac{P}{\omega} = \frac{P}{2\pi \dfrac{n}{60}} = \frac{1\,600}{2\pi \times \dfrac{900}{60}} = \underline{17.0\,[\text{N}\cdot\text{m}]}$$

次に分巻式について考えると，

$$I_f = \frac{V}{r_f} = \frac{100}{100} = 1\,[\text{A}]$$

であるため，電機子電流 $I_a\,[\text{A}]$ は，

$$I_a = I - I_f = 20 - 1 = 19\,[\text{A}]$$

となる．したがって，誘導起電力 $E_0\,[\text{V}]$ は，

$$E_0 = V - r_a I_a = 100 - 0.2 \times 19$$
$$= 100 - 3.8 = 96.2\,[\text{V}]$$

となるため，

$$P = E_0 I_a = 96.2 \times 19 = 1\,827.8\,[\text{W}]$$

となる．したがって，トルク $T\,[\text{N}\cdot\text{m}]$ は，

$$T = \frac{P}{\omega} = \frac{P}{2\pi \dfrac{n}{60}} = \frac{1\,827.8}{2\pi \times \dfrac{900}{60}} = \underline{19.4\,[\text{N}\cdot\text{m}]}$$

問10

　問題文から回路図を描くと，解図10(a)のようになる．定格電流 $I_n\,[\text{A}]$ は，

$$I_n = \frac{P_n}{V_n} = \frac{6 \times 10^3}{120} = 50\,[\text{A}]$$

である．また，無負荷時の端子電圧 $V_0\,[\text{V}]$ は誘導起電力 $E_0\,[\text{V}]$ と等しい．よって電機子抵抗 $r_a\,[\Omega]$ は，

$$E_0 = V_n + r_a I_n$$
$$\therefore r_a = \frac{E_0 - V_n}{I_n} = \frac{130 - 120}{50} = \frac{10}{50} = 0.2\,[\Omega]$$

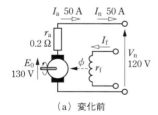

（a）変化前

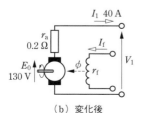

（b）変化後

解図10

と求められる．したがって，負荷変化後の端子電圧 $V_1\,[\text{V}]$ は，解図10(b)より，

$$E_0 = V_1 + r_a I_1$$
$$\therefore V_1 = E_0 - r_a I_1 = 130 - 0.2 \times 40$$
$$= 130 - 8 = \underline{122\,[\text{V}]}$$

問11

　電動機に生じる逆起電力 $E_0\,[\text{V}]$ は，

$$E_0 = V - r_a I_a = 210 - 0.5 \times 20 = 200\,[\text{V}]$$

となる．一方，負荷変化後の逆起電力 $E_0{}'\,[\text{V}]$ は，電機子電流 $I_a\,[\text{A}]$ が変化しないことを用いると，

$$E_0{}' = V' - r_a I_a = 170 - 0.5 \times 20 = 160\,[\text{V}]$$

となる．さらに，励磁電流が変化しないため磁束 ϕ も変化しないことを用いると，

$$\frac{E_0{}'}{E_0} = \frac{k\phi n'}{k\phi n}$$

$$\therefore n' = \frac{E_0{}'}{E_0} n = \frac{160}{200} \times 900 = \underline{720\,[\text{min}^{-1}]}$$

問12

　題意より，始動直後は回転速度が $0\,[\text{min}^{-1}]$ なので，逆起電力も $0\,[\text{V}]$ である．したがって，電機子巻線抵抗 $r_a\,[\Omega]$ は，

$$E_0 = V - (r_a + R_1) I_a = 0$$

$$\therefore r_a + R_1 = \frac{V}{I_a}$$

$$\therefore r_a = \frac{V}{I_a} - R_1 = \frac{400}{160} - 2 = 2.5 - 2 = 0.5\,[\Omega]$$

である．したがって，直列抵抗切替直前の逆起電力 $E_0{}'\,[\text{V}]$ は，

$$E_0{}' = V - (r_a + R_1) I_a{}' = 400 - (0.5 + 2) \times 50$$
$$= 400 - 125 = 275\,[\text{V}]$$

である．その後，直列抵抗を $R_1\,[\Omega]$ から $R_2\,[\Omega]$ に切り替えるが，題意より切替前後で回転速度は変化せず，界磁電流も一定である．つまり，$E_0 = k\phi n$ が一定であるため，逆起電力も変化の前後で変わらない．したがって，

$$E_0{}' = V - (r_a + R_2) I_a{}''$$

$$\therefore I_a{}'' = \frac{V - E_0{}'}{r_a + R_2} = \frac{400 - 275}{0.5 + 0.5} = \frac{125}{1} = \underline{125\,[\text{A}]}$$

問13

　回路図は解図13のようになり，負荷電流 $I\,[\text{A}]$ は，

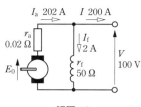

解図13

$$I = \frac{P}{V} = \frac{20 \times 10^3}{100} = 200 \,[\text{A}]$$

であり，界磁電流 $I_\text{f}\,[\text{A}]$ は，

$$I_\text{f} = \frac{V}{r_\text{f}} = \frac{100}{50} = 2 \,[\text{A}]$$

であるため，電機子電流 $I_\text{a}\,[\text{A}]$ は，

$$I_\text{a} = I + I_\text{f} = 200 + 2 = 202 \,[\text{A}]$$

となる．したがって，ジュール損失 $P_\text{a}\,[\text{W}]$ および $P_\text{f}\,[\text{W}]$ は，

$$P_\text{a} = r_\text{a} I_\text{a}^2 = 0.02 \times 202^2 = 816.08 \,[\text{W}]$$

$$P_\text{f} = r_\text{f} I_\text{f}^2 = 50 \times 2^2 = 200 \,[\text{W}]$$

となる．したがって，効率の公式より，

$$\eta = \frac{P_0}{P_0 + P_\text{a} + P_\text{f} + P_\text{s}}$$

$$= \frac{20 \times 10^3}{20 \times 10^3 + 816.08 + 200 + P_\text{s}} = 0.93$$

$$\therefore 21\,016.08 + P_\text{s} = \frac{20\,000}{0.93} = 21\,505.38$$

$$\therefore P_\text{s} = 21\,505.38 - 21\,016.08 = 489.3 \fallingdotseq \underline{489} \,[\text{W}]$$

テーマ3　同期機

問14

公式に各値を代入すれば，

$$E_0 = 4.44 k f N \phi = 4.44 \times 0.9 \times 50 \times 25 \times 0.2$$

$$= 999 \,[\text{V}]$$

問15

同期速度の公式より，周波数 $f\,[\text{Hz}]$ は，

$$n_\text{s} = \frac{120 f}{p} \quad \therefore f = \frac{p n_\text{s}}{120} = \frac{8 \times 750}{120} = 50 \,[\text{Hz}]$$

である．また，題意より，無負荷時の端子電圧 V [V] は，一相当たりの誘導起電力を E_0 [V] とすると，

$$V = \sqrt{3}\,E_0$$

となる．したがって，公式に各値を代入すれば，

$$V = \sqrt{3}\,E_0 = 4.44\sqrt{3}\,k f N \phi$$

$$\therefore N = \frac{V}{4.44\sqrt{3}\,k f \phi} = \frac{10\,000}{4.44\sqrt{3} \times 0.9 \times 50 \times 0.2}$$

$$= 144.5 \fallingdotseq \underline{145}$$

問16

一相分の等価回路は解図16のようになる．したがって，

$$\frac{V}{\sqrt{3}} = \left| \frac{\dot{Z}}{\dot{Z} + j x_\text{s}} \cdot \frac{\dot{E}_0}{\sqrt{3}} \right| = \left| \frac{8 + j2}{8 + j2 + j8} \cdot \frac{\dot{E}_0}{\sqrt{3}} \right|$$

$$= \left| \frac{8 + j2}{8 + j10} \cdot \frac{\dot{E}_0}{\sqrt{3}} \right| = \frac{\sqrt{8^2 + 2^2}}{\sqrt{8^2 + 10^2}} \cdot \frac{1\,000}{\sqrt{3}}$$

$$= \frac{\sqrt{68}}{\sqrt{164}} \cdot \frac{1\,000}{\sqrt{3}}$$

$$\therefore V = 1\,000 \sqrt{\frac{68}{164}} = \underline{644} \,[\text{V}]$$

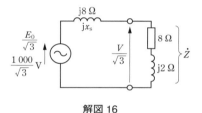

解図16

問17

一相分の等価回路は解図17 (a) のようになり，そのベクトル図は (b) のようになる．したがって，

$$\left(\frac{E_0}{\sqrt{3}} \right)^2 = \left(\frac{V}{\sqrt{3}} \right)^2 + (x_\text{s} I)^2$$

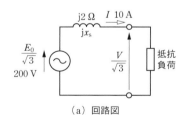

（a）回路図

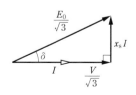

（b）ベクトル図

解図17

$$\frac{V}{\sqrt{3}} = \sqrt{\left(\frac{E_0}{\sqrt{3}}\right)^2 - (x_s I)^2} = \sqrt{\left(\frac{200}{\sqrt{3}}\right)^2 - (2 \times 10)^2}$$

$$= 113.72$$

$$\therefore V = \sqrt{3} \times 113.72 = 196.97 \doteq \underline{197\,[\mathrm{V}]}$$

また，出力 $P_0[\mathrm{W}]$ は，

$$P_0 = \sqrt{3}\,VI\cos\theta = \sqrt{3} \times 196.97 \times 10 \times 1$$

$$= 3\,411.6\,[\mathrm{W}] \doteq \underline{3.41\,[\mathrm{kW}]}$$

【問 18】

　一相分の等価回路は解図18 (a) のようになり，そのベクトル図は (b) のようになる．したがって，

$$\frac{E_0}{\sqrt{3}} = \sqrt{\left(\frac{V}{\sqrt{3}} + x_s I \sin\theta\right)^2 + (x_s I \cos\theta)^2}$$

$$= \sqrt{\left(\frac{346}{\sqrt{3}} + 5 \times 20 \times 0.6\right)^2 + (5 \times 20 \times 0.8)^2}$$

$$= \sqrt{259.76^2 + 80^2} = 271.8$$

$$\therefore E_0 = \sqrt{3} \times 271.8 = 470.8 \doteq \underline{471\,[\mathrm{V}]}$$

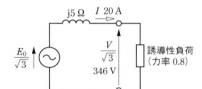

（a）回路図

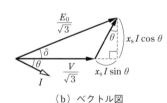

（b）ベクトル図

解図 18

【問 19】

　一相分の等価回路は解図19 (a) のようになり，そのベクトル図は (b) のようになる．したがって，

$$\left(\frac{E_0}{\sqrt{3}}\right)^2 = \left(\frac{V}{\sqrt{3}}\right)^2 + (x_s I)^2$$

$$\frac{E_0}{\sqrt{3}} = \sqrt{\left(\frac{V}{\sqrt{3}}\right)^2 + (x_s I)^2} = \sqrt{\left(\frac{400}{\sqrt{3}}\right)^2 + (2 \times 50)^2}$$

$$= 251.66$$

$$\therefore E_0 = \sqrt{3} \times 251.66 = 435.89 \doteq \underline{436\,[\mathrm{V}]}$$

また，出力 $P_0[\mathrm{kW}]$ は，

$$P_0 = \sqrt{3}\,VI\cos\theta = \sqrt{3} \times 400 \times 50 \times 1$$

$$= 34\,641\,[\mathrm{W}] \doteq \underline{34.6\,[\mathrm{kW}]}$$

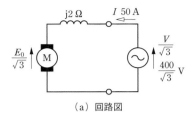

（a）回路図

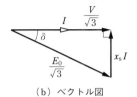

（b）ベクトル図

解図 19

同期速度 $n_s[\mathrm{min}^{-1}]$ は，

$$n_s = \frac{120f}{p} = \frac{120 \times 50}{6} = 1\,000\,[\mathrm{min}^{-1}]$$

より，トルク $T[\mathrm{N \cdot m}]$ は，

$$T = \frac{P_0}{\omega_s} = \frac{P_0}{2\pi\dfrac{n_s}{60}} = \frac{34\,641}{2\pi \times \dfrac{1\,000}{60}} = \underline{331\,[\mathrm{N \cdot m}]}$$

【問 20】

　電源電圧 $V[\mathrm{V}]$ および出力 $P_0[\mathrm{kW}]$ が変わらない，つまり，

$$P_0 = \sqrt{3}\,VI\cos\theta = \sqrt{3}\,VI'\cos\theta'$$

$$\therefore I\cos\theta = I'\cos\theta'$$

となるため，ベクトル図は解図20のようになる．よって，

$$I' = \frac{\cos\theta}{\cos\theta'}I = \frac{1}{0.8} \times 50 = \underline{62.5\,[\mathrm{A}]}$$

また，ベクトル図より，

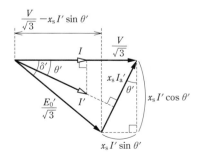

解図 20

244

$$\frac{E_0'}{\sqrt{3}} = \sqrt{\left(\frac{V}{\sqrt{3}} - x_s I' \sin\theta'\right)^2 + (x_s I' \cos\theta')^2}$$

$$= \sqrt{\left(\frac{400}{\sqrt{3}} - 2\times 62.5\times 0.6\right)^2 + (2\times 62.5\times 0.8)^2}$$

$$= \sqrt{155.94^2 + 100^2} = 185.2$$

$$\therefore E_0' = \sqrt{3}\times 185.2 = 320.8 \fallingdotseq \underline{321\,[\text{V}]}$$

問21

公式に各値を代入すれば，

$$P_0 = \frac{VE_0}{x_s}\sin\delta = \frac{6\,600\times 8\,000}{10}\times 0.5$$

$$= \underline{2\,640\,[\text{kW}]}$$

励磁電流調整後の無負荷誘導起電力を$E_0'\,[\text{V}]$とすると，題意より励磁電流に比例するため，

$$E_0' = 1.3E_0$$

となる．題意より出力$P_0\,[\text{kW}]$および端子電圧V $[\text{V}]$が一定なので，

$$P_0 = \frac{VE_0}{x_s}\sin\delta = \frac{VE_0'}{x_s}\sin\delta'$$

$$\therefore \sin\delta' = \frac{E_0}{E_0'}\sin\delta = \frac{E_0}{1.3E_0}\sin\delta = \frac{1}{1.3}\times 0.5$$

$$= \underline{0.385}$$

問22

定義より，

$$S_n = \sqrt{3}\,V_n I_n$$

$$\therefore I_n = \frac{S_n}{\sqrt{3}\,V_n} = \frac{10\,000\times 10^3}{\sqrt{3}\times 6\,600} = \underline{875\,[\text{A}]}$$

公式に各値を代入すれば，

$$K = \frac{I_s}{I_n} \quad \therefore I_s = KI_n = 1.1\times 875 = \underline{963\,[\text{A}]}$$

問23

無負荷飽和曲線および三相短絡曲線を用いた問題である．公式に各値を代入すれば，短絡比Kは，

$$K = \frac{I_{f1}}{I_{f2}} = \frac{70}{56} = \underline{1.25}$$

また，三相短絡電流$I_s\,[\text{A}]$は，

$$I_s = KI_n = 1.25\times 400 = \underline{500\,[\text{A}]}$$

問24

定格電流$I_n\,[\text{A}]$は，

$$I_n = \frac{S_n}{\sqrt{3}\,V_n} = \frac{3\,000\times 10^3}{\sqrt{3}\times 6\,600} = 262.4\,[\text{A}]$$

である．百分率同期インピーダンスの式に各値を

代入して，

$$\frac{\%Z_s}{100} = \frac{Z_s I_n}{\dfrac{V_n}{\sqrt{3}}} = \frac{1}{K}$$

$$\therefore Z_s = \frac{V_n}{\sqrt{3}KI_n} = \frac{6\,600}{\sqrt{3}\times 1.2\times 262.4} = \underline{12.1\,[\Omega]}$$

問25

出力端子の対地電圧$E\,[\text{V}]$，負荷電流$I\,[\text{A}]$を単位法で表すと，$E = 1.0\,[\text{p.u.}]$，$I = 0.5\,[\text{p.u.}]$となる．したがって，回路図およびベクトル図を描くと解図25のようになり，無負荷誘導起電力$E_0\,[\text{p.u.}]$は，

$$E_0 = \sqrt{(E + x_s I\sin\theta)^2 + (x_s I\cos\theta)^2}$$

$$= \sqrt{(1.0 + 0.8\times 0.5\times 0.707)^2 + (0.8\times 0.5\times 0.707)^2}$$

$$= \sqrt{1.2828^2 + 0.2828^2} = 1.3136\,[\text{p.u.}]$$

である．したがって，ベクトル図より，

$$E_0\sin\delta = x_s I\cos\theta$$

$$\therefore \sin\delta = \frac{x_s I\cos\theta}{E_0} = \frac{0.8\times 0.5\times 0.707}{1.3136} = \underline{0.215}$$

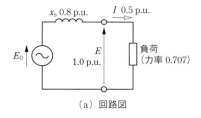

（a）回路図

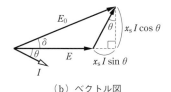

（b）ベクトル図

解図25

問26

有効電力は$P = \sqrt{3}\,VI\cos\theta$で表されるので，

$$\cos\theta_A = \frac{P_A}{\sqrt{3}\,VI_A} = \frac{3\,000\times 10^3}{\sqrt{3}\times 6\,600\times 300} = \underline{0.875}$$

$$\cos\theta_B = \frac{P_B}{\sqrt{3}\,VI_B} = \frac{3\,000\times 10^3}{\sqrt{3}\times 6\,600\times 350} = \underline{0.750}$$

無効電力$Q_A\,[\text{kvar}]$および$Q_B\,[\text{kvar}]$は，それぞれの皮相電力を$S_A\,[\text{kV·A}]$および$S_B\,[\text{kV·A}]$とすれば，

$$Q_{\mathrm{A}} = S_{\mathrm{A}} \sin \theta_{\mathrm{A}} = \frac{P_{\mathrm{A}}}{\cos \theta_{\mathrm{A}}} \cdot \sin \theta_{\mathrm{A}} = P_{\mathrm{A}} \frac{\sqrt{1 - \cos^2 \theta_{\mathrm{A}}}}{\cos \theta_{\mathrm{A}}}$$

$$= 3\,000 \times \frac{\sqrt{1 - 0.875^2}}{0.875} = 1\,659.9$$

$$\fallingdotseq \underline{1\,660\,[\mathrm{kvar}]}$$

$$Q_{\mathrm{B}} = P_{\mathrm{B}} \frac{\sqrt{1 - \cos^2 \theta_{\mathrm{B}}}}{\cos \theta_{\mathrm{B}}} = 3\,000 \times \frac{\sqrt{1 - 0.750^2}}{0.750}$$

$$= 2\,645.8 \fallingdotseq \underline{2\,650\,[\mathrm{kvar}]}$$

問27

題意より，

$$P_{\mathrm{A}}' = \sqrt{3}\,VI_{\mathrm{A}}' \cos \theta_{\mathrm{A}}' = \sqrt{3} \times 6\,600 \times 400 \times 1$$

$$= 4\,572.6\,[\mathrm{kW}] \fallingdotseq \underline{4\,570\,[\mathrm{kW}]}$$

変化の前後で合計の負荷は変わらないため，

$$P_{\mathrm{A}}' + P_{\mathrm{B}}' = P_{\mathrm{A}} + P_{\mathrm{B}}$$

$$\therefore P_{\mathrm{B}}' = P_{\mathrm{A}} + P_{\mathrm{B}} - P_{\mathrm{A}}' = 3\,000 + 3\,000 - 4\,572.6$$

$$= 1\,427.4\,[\mathrm{kW}] \fallingdotseq \underline{1\,430\,[\mathrm{kW}]}$$

また，発電機Aの力率は1なので，無効電力はすべて発電機Bが分担する．したがって，

$$Q_{\mathrm{A}}' = \underline{0\,[\mathrm{kvar}]}$$

$$Q_{\mathrm{B}}' = Q_{\mathrm{A}} + Q_{\mathrm{B}} = 1\,659.9 + 2\,645.8$$

$$= 4\,305.7 \fallingdotseq \underline{4\,310\,[\mathrm{kvar}]}$$

力率 $\cos \theta_{\mathrm{B}}'$ は，

$$\cos \theta_{\mathrm{B}}' = \frac{P_{\mathrm{B}}'}{\sqrt{P_{\mathrm{B}}'^2 + Q_{\mathrm{B}}'^2}} = \frac{1\,427.4}{\sqrt{1\,427.4^2 + 4\,305.7^2}}$$

$$= 0.31467 \fallingdotseq \underline{0.315}$$

また，

$$P_{\mathrm{B}}' = \sqrt{3}\,VI_{\mathrm{B}}' \cos \theta_{\mathrm{B}}'$$

$$\therefore I_{\mathrm{B}}' = \frac{P_{\mathrm{B}}'}{\sqrt{3}\,V \cos \theta_{\mathrm{B}}'} = \frac{1\,427.4 \times 10^3}{\sqrt{3} \times 6\,600 \times 0.31467}$$

$$= 396.8\,[\mathrm{A}] = \underline{397\,[\mathrm{A}]}$$

テーマ4　変圧器(1)

問28

回路は解図28のようになる．巻数比の定義式より，

$$\frac{\dot{E}_2}{\dot{E}_1} = \frac{N_2}{N_1}$$

$$\therefore \dot{E}_2 = \frac{N_2}{N_1} \dot{E}_1 = \frac{20}{400} \times 1\,000 = \underline{50\,[\mathrm{V}]}$$

二次電流の大きさ $I_2\,[\mathrm{A}]$ は，

$$I_2 = |\dot{I}_2| = \left| \frac{\dot{E}_2}{\dot{Z}} \right| = \left| \frac{50}{6 + \mathrm{j}8} \right| = \frac{50}{\sqrt{6^2 + 8^2}}$$

$$= \frac{50}{\sqrt{100}} = \frac{50}{10} = \underline{5\,[\mathrm{A}]}$$

一次電流の大きさ $I_1\,[\mathrm{A}]$ は，

$$\frac{I_1}{I_2} = \frac{N_2}{N_1}$$

$$\therefore I_1 = \frac{N_2}{N_1} I_2 = \frac{20}{400} \times 5 = \underline{0.25\,[\mathrm{A}]}$$

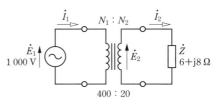

解図28

問29

回路は解図29となり，一次巻線に印加される電圧 $V_1\,[\mathrm{V}]$ は，

$$V_1 = \frac{V}{\sqrt{3}}\,[\mathrm{V}]$$

で，巻数比の定義より，二次巻線に印加される電圧 $V_2\,[\mathrm{V}]$ は，

$$\frac{V_1}{V_2} = \frac{N_1}{N_2} = a$$

$$\therefore V_2 = \frac{V_1}{a} = \frac{V}{\sqrt{3}\,a}\,[\mathrm{V}]$$

となる．したがって，抵抗 $R\,[\Omega]$ に印加される電圧 $V_{\mathrm{R}}\,[\mathrm{V}]$ は，

$$\therefore V_{\mathrm{R}} = \frac{V_2}{\sqrt{3}} = \frac{V}{\sqrt{3}\,a} \cdot \frac{1}{\sqrt{3}} = \frac{V}{3a}\,[\mathrm{V}]$$

となるので，オームの法則より，

$$V_{\mathrm{R}} = \frac{V}{3a} = RI_2$$

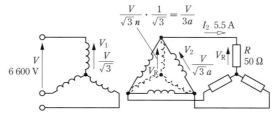

解図29

$$\therefore a = \frac{V}{3RI_2} = \frac{6\,600}{3\times 50\times 5.5} = \underline{8}$$

問30

インピーダンス $\dot{Z}[\Omega]$ の抵抗成分 $r[\Omega]$ は，巻数比を $a=2\,000/100$ として，

$$r = r_1 + a^2 r_2 = 0.2 + \left(\frac{2\,000}{100}\right)^2 \times 0.001$$

$$= 0.2 + 20^2 \times 0.001 = 0.2 + 0.4 = 0.6\,[\Omega]$$

インピーダンス $\dot{Z}[\Omega]$ のリアクタンス成分 $x[\Omega]$ は，

$$x = x_1 + a^2 x_2 = 2 + 20^2 \times 0.015$$

$$= 2 + 6 = 8\,[\Omega]$$

したがって，インピーダンス $\dot{Z}[\Omega]$ は，

$$\dot{Z} = r + jx = \underline{0.6 + j8\,[\Omega]}$$

負荷接続時の回路は解図30となり，負荷に流れる電流 $I_1[A]$ は，

$$P = aV_2 I_1 \cos\theta$$

$$\therefore I_1 = \frac{P}{aV_2 \cos\theta} = \frac{40\times 10^3}{20\times 100\times 0.8} = 25\,[A]$$

なので，一次電圧 $V_1'[V]$ は，

$$V_1' = aV_2 + \Delta v = aV_2 + rI_1 \cos\theta + xI_1 \sin\theta$$

$$= 20\times 100 + 0.6\times 25\times 0.8 + 8\times 25\times 0.6$$

$$= 2\,000 + 12 + 120 = \underline{2\,132\,[V]}$$

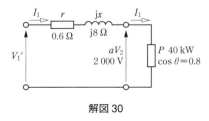

解図30

問31

百分率抵抗降下 $p[\%]$ は，

$$p = \frac{rI_2}{V_2}\times 100 = \frac{0.05\times 50}{200}\times 100 = 1.25\,[\%]$$

であり，百分率インピーダンス降下 $q[\%]$ は，

$$q = \frac{xI_2}{V_2}\times 100 = \frac{0.11\times 50}{200}\times 100 = 2.75\,[\%]$$

である．したがって，電圧変動率の式に各値を代入して，

$$\varepsilon = p\cos\theta + q\sin\theta = 1.25\times 0.8 + 2.75\times 0.6$$

$$= 1 + 1.65 = \underline{2.65\,[\%]}$$

問32

電圧変動率の公式に各値を代入すれば，

$$\varepsilon_1 = p\cos\theta_1 + q\sin\theta_1 = p\cos 30° + q\sin 30°$$

$$\therefore 4 = \frac{\sqrt{3}}{2}p + \frac{1}{2}q \qquad (1)$$

$$\varepsilon_2 = p\cos\theta_2 + q\sin\theta_2 = p\cos(-30°) + q\sin(-30°)$$

$$\therefore -1 = \frac{\sqrt{3}}{2}p - \frac{1}{2}q \qquad (2)$$

となる．したがって，(1)式と(2)式を辺々足し合わせると，

$$4 - 1 = \frac{\sqrt{3}}{2}p + \frac{\sqrt{3}}{2}p$$

$$\therefore \sqrt{3}\,p = 3$$

$$\therefore p = \frac{3}{\sqrt{3}} = \sqrt{3} = \underline{1.73\,[\%]}$$

これを(1)式に代入すれば，

$$4 = \frac{\sqrt{3}}{2}\times\sqrt{3} + \frac{1}{2}q$$

$$\therefore \frac{1}{2}q = 4 - \frac{3}{2} = \frac{5}{2}$$

$$\therefore q = \underline{5\,[\%]}$$

問33

二次電圧を $V_2[V]$，二次電流を $I_2[A]$ とすると，抵抗負荷接続時の電圧変動率の式より，

$$\varepsilon_1 = p\cos\theta_1 + q\sin\theta_1 = p\times 1 + q\times 0 = p = 2$$

$$\therefore p = \frac{rI_2}{V_2}\times 100 = \frac{0.04\times I_2}{V_2}\times 100 = \frac{4I_2}{V_2} = 2$$

$$\therefore \frac{I_2}{V_2} = \frac{2}{4} = 0.5 \qquad (1)$$

である．したがって，リアクトル負荷接続時の電圧変動率より，

$$\varepsilon_2 = p\cos\theta_2 + q\sin\theta_2 = p\times 0 + q\times 1 = q = 6$$

$$\therefore q = \frac{xI_2}{V_2}\times 100 = 6$$

となるため，これに(1)式を代入すれば，

$$x\times \frac{I_2}{V_2}\times 100 = x\times 0.5\times 100 = 50x = 6$$

$$\therefore x = \underline{0.12\,[\Omega]}$$

問34

全負荷なので $\alpha = 1$ となるため，効率の式に各値を代入して，

$$\eta = \frac{\alpha S \cos\theta}{\alpha S \cos\theta + P_i + \alpha^2 P_c}$$

$$= \frac{1 \times 1\,000 \times 0.8}{1 \times 1\,000 \times 0.8 + 20 + 1 \times 40} = \frac{800}{860} = \underline{0.930}$$

最大効率となるのは鉄損P_i〔W〕と銅損$\alpha^2 P_c$〔W〕が等しいときである．したがって，

$$P_i = \alpha^2 P_c$$

$$\therefore \alpha = \sqrt{\frac{P_i}{P_c}} = \sqrt{\frac{20}{40}} = \frac{1}{\sqrt{2}} = 0.7071 \fallingdotseq \underline{0.707}$$

最大効率η_mは，

$$\eta_m = \frac{\alpha S \cos\theta}{\alpha S \cos\theta + P_i + \alpha^2 P_c}$$

$$= \frac{0.7071 \times 1\,000 \times 0.8}{0.7071 \times 1\,000 \times 0.8 + 20 + 20}$$

$$= \frac{565.68}{565.68 + 40} = \underline{0.934}$$

問35

最大効率となるのは鉄損P_i〔W〕と銅損P_c〔W〕が等しいときである．したがって，

$$\eta_m = \frac{P}{P + P_i + P_c} = \frac{P}{P + 2P_i}$$

$$\therefore P + 2P_i = \frac{P}{\eta_m}$$

$$\therefore 2P_i = \left(\frac{1}{\eta_m} - 1\right)P$$

$$\therefore P_i = \left(\frac{1}{\eta_m} - 1\right)\frac{P}{2} = \left(\frac{1}{0.978} - 1\right) \times \frac{40 \times 10^3}{2}$$

$$= 449.9 \fallingdotseq \underline{450}\,\text{〔W〕}$$

最大負荷時を基準とすると負荷は半分になるため，$\alpha = 0.5$として考えればよい．したがって，

$$\eta' = \frac{\alpha P}{\alpha P + P_i + \alpha^2 P_c}$$

$$= \frac{0.5 \times 40 \times 10^3}{0.5 \times 40 \times 10^3 + 450 + 0.5^2 \times 450}$$

$$= \frac{20\,000}{20\,000 + 450 + 112.5} = \underline{0.973}$$

問36

題意より，出力電圧が0.8倍になっても全負荷運転を継続するので，電流は$1/0.8$倍になる．また，題意より鉄損は出力電圧の2乗に比例し，銅損は電流の2乗に比例するので，そのときの鉄損P_i'

〔W〕および銅損P_c'〔W〕は，

$$P_i' = 0.8^2 P_i = 0.64 \times 30 = 19.2\,\text{〔W〕}$$

$$P_c' = \left(\frac{1}{0.8}\right)^2 P_c = \frac{1}{0.64} \times 50 = 78.1\,\text{〔W〕}$$

である．したがって，

$$\eta = \frac{S \cos\theta}{S \cos\theta + P_i' + P_c'}$$

$$= \frac{600 \times 1}{600 \times 1 + 19.2 + 78.1} = \frac{600}{697.3} = \underline{0.860}$$

問37

鉄損電力量W_i〔kW・h〕は，

$$W_i = 24 P_i = 24 \times 15 = 360\,\text{〔kW・h〕}$$

であり，銅損電力量W_c〔kW・h〕は，

$$W_c = 10 P_c + 14 \alpha^2 P_c = 10 \times 50 + 14 \times 0.4^2 \times 50$$

$$= 500 + 112 = 612\,\text{〔kW・h〕}$$

である．したがって損失電力量W_l〔kW・h〕は，

$$W_l = W_i + W_c = 360 + 612 = \underline{972\,\text{〔kW・h〕}}$$

問38

鉄損電力量W_i〔kW・h〕は，

$$W_i = 24 P_i = 24 \times 0.5 = 12\,\text{〔kW・h〕}$$

である．力率$\cos\theta = 1$なので，負荷率αは，

$$P = \alpha S_n \cos\theta = \alpha S_n \quad \therefore \alpha = \frac{P}{S_n}$$

となるため，銅損電力量W_c〔kW・h〕は，

$$W_c = 6\left(\frac{20}{80}\right)^2 P_c + 6\left(\frac{60}{80}\right)^2 P_c$$

$$+ 6\left(\frac{70}{80}\right)^2 P_c + 6\left(\frac{10}{80}\right)^2 P_c$$

$$= 6 P_c \{0.25^2 + 0.75^2 + 0.875^2 + 0.125^2\}$$

$$= 10.125\,\text{〔kW・h〕}$$

である．したがって損失電力量W_l〔kW・h〕は，

$$W_l = W_i + W_c = 12 + 10.125$$

$$= 22.125 \fallingdotseq \underline{22.1}\,\text{〔kW・h〕}$$

消費電力量W〔kW・h〕は，

$$W = 6 \times 20 + 6 \times 60 + 6 \times 70 + 6 \times 10$$

$$= 120 + 360 + 420 + 60 = 960\,\text{〔kW・h〕}$$

なので，全日効率ηは，

$$\eta = \frac{W}{W + W_l} = \frac{960}{960 + 22.125} = \underline{0.977}$$

問39

鉄損電力量W_i〔kW・h〕は，

$$W_i = 24P_i = 24 \times 0.1 = 2.4 \,[\text{kW} \cdot \text{h}]$$

である．定格容量 $S_n\,[\text{kV} \cdot \text{A}]$，負荷電力 $P\,[\text{kW}]$，力率 $\cos\theta$ のときの負荷率 α は，

$$P = \alpha S_n \cos\theta \quad \therefore \alpha = \frac{P/\cos\theta}{S_n}$$

なので，銅損電力量 $W_c\,[\text{kW} \cdot \text{h}]$ は，

$$W_c = 6\left(\frac{40/0.8}{50}\right)^2 P_c + 4\left(\frac{36/0.9}{50}\right)^2 P_c$$

$$+ 6\left(\frac{30/1.0}{50}\right)^2 P_c + 8\left(\frac{0}{50}\right)^2 P_c$$

$$= P_c\left\{6\left(\frac{50}{50}\right)^2 + 4\left(\frac{40}{50}\right)^2 + 6\left(\frac{30}{50}\right)^2\right\}$$

$$= 0.5 \times (6 \times 1^2 + 4 \times 0.8^2 + 6 \times 0.6^2)$$

$$= 0.5 \times (6 + 2.56 + 2.16) = 5.36 \,[\text{kW} \cdot \text{h}]$$

である．したがって損失電力量 $W_l\,[\text{kW} \cdot \text{h}]$ は，

$$W_l = W_i + W_c = 2.4 + 5.36 = \underline{7.76 \,[\text{kW} \cdot \text{h}]}$$

消費電力量 $W\,[\text{kW} \cdot \text{h}]$ は，

$$W = 6 \times 40 + 4 \times 36 + 6 \times 30 = 240 + 144 + 180$$

$$= 564 \,[\text{kW} \cdot \text{h}]$$

なので，全日効率 η は，

$$\eta = \frac{W}{W + W_l} = \frac{564}{564 + 7.76} = \underline{0.986}$$

テーマ5　変圧器（2）

問40

変圧器Aの二次電圧 $E_{2A}\,[\text{V}]$，変圧器Bの二次電圧 $E_{2B}\,[\text{V}]$ は，

$$E_{2A} = \frac{E_1}{a_A} = \frac{6\,600}{33} = 200 \,[\text{V}]$$

$$E_{2B} = \frac{E_1}{a_B} = \frac{6\,600}{33.1} \,[\text{V}]$$

となる．また，両変圧器の二次換算インピーダンスは直列接続となるため，その和を $\dot{Z}\,[\Omega]$ とすると，

$$\dot{Z} = \dot{Z}_A + \dot{Z}_B = (0.02 + \text{j}0.3) + (0.018 + \text{j}0.25)$$

$$= 0.038 + \text{j}0.55 \,[\Omega]$$

である．したがって，求める循環電流の大きさ $I\,[\text{A}]$ は，

$$I = \left|\frac{E_{2A} - E_{2B}}{\dot{Z}}\right| = \frac{200 - \dfrac{6\,600}{33.1}}{\sqrt{0.038^2 + 0.55^2}}$$

$$= \frac{200 \times 33.1 - 6\,600}{33.1\sqrt{0.303944}} = \frac{6\,620 - 6\,600}{18.2484}$$

$$= \underline{1.10 \,[\text{A}]}$$

問41

負荷分担を考える際には分流則が適用できるので，変圧器A，Bが分担する容量をそれぞれ $S_A\,[\text{kV} \cdot \text{A}]$，$S_B\,[\text{kV} \cdot \text{A}]$ とすると，

$$S_A = \frac{Z_B}{Z_A + Z_B}S = \frac{6}{4+6}S = \frac{3}{5}S \,[\text{kV} \cdot \text{A}]$$

$$S_B = \frac{Z_A}{Z_A + Z_B}S = \frac{4}{4+6}S = \frac{2}{5}S \,[\text{kV} \cdot \text{A}]$$

である．変圧器Aを定格容量 $S_{nA} = 30\,[\text{kV} \cdot \text{A}]$ まで分担させると，

$$S_A = \frac{3}{5}S = 30 \,[\text{kV} \cdot \text{A}]$$

$$\therefore S = 30 \times \frac{5}{3} = 50 \,[\text{kV} \cdot \text{A}]$$

であり，そのときの $S_B\,[\text{kV} \cdot \text{A}]$ は，

$$S_B = \frac{2}{5}S = \frac{2}{5} \times 50 = 20 \,[\text{kV} \cdot \text{A}]$$

となり，$S_B < S_{nB} = 40\,[\text{kV} \cdot \text{A}]$ なので，$S = 50\,[\text{kV} \cdot \text{A}]$ で運転可能である．一方，変圧器Bを定格容量 $S_{nB} = 40\,[\text{kV} \cdot \text{A}]$ まで分担させると，

$$S_B = \frac{2}{5}S = 40 \,[\text{kV} \cdot \text{A}]$$

$$\therefore S = 40 \times \frac{5}{2} = 100 \,[\text{kV} \cdot \text{A}]$$

であり，そのときの $S_A\,[\text{kV} \cdot \text{A}]$ は，

$$S_A = \frac{3}{5}S = \frac{3}{5} \times 100 = 60 \,[\text{kV} \cdot \text{A}]$$

となり，$S_A > S_{nA} = 30\,[\text{kV} \cdot \text{A}]$ と過負荷運転になってしまうため，運転不可能である．したがって，

$$S = \underline{50 \,[\text{kV} \cdot \text{A}]}$$

問42

二次電圧 $\dot{V}_2\,[\text{V}]$ および三次電圧 $\dot{V}_3\,[\text{V}]$ は，

$$\frac{\dot{V}_1}{\dot{V}_2} = \frac{N_1}{N_2} = \frac{6\,600}{200} = 33 = a_{12}$$

$$\therefore \dot{V}_2 = \frac{\dot{V}_1}{a_{12}} = \frac{6\,600}{33} = 200 \,[\text{V}]$$

$$\frac{\dot{V}_1}{\dot{V}_3} = \frac{N_1}{N_3} = \frac{6\,600}{100} = 66 = a_{13}$$

$$\therefore \dot{V}_3 = \frac{\dot{V}_1}{a_{13}} = \frac{6\,600}{66} = 100\ [\text{V}]$$

となる．したがって，二次電流の大きさ$I_2\,[\text{A}]$は，

$$S_2 = \sqrt{3}\ V_2 I_2$$

$$\therefore I_2 = \frac{S_2}{\sqrt{3}\ V_2} = \frac{30 \times 10^3}{\sqrt{3} \times 200} = 86.6\ [\text{A}]$$

となり，三次電流の大きさ$I_3\,[\text{A}]$は，

$$S_3 = \sqrt{3}\ V_3 I_3$$

$$\therefore I_3 = \frac{S_3}{\sqrt{3}\ V_3} = \frac{40 \times 10^3}{\sqrt{3} \times 100} = 230.9\ [\text{A}]$$

となる．ここで，二次電流$\dot{I}_2\,[\text{A}]$および三次電流$\dot{I}_3\,[\text{A}]$は，

$$\dot{I}_2 = I_2 \cos \theta_2 - \mathrm{j}I_2 \sin \theta_2 = 0.8 I_2 - \mathrm{j}0.6 I_2\ [\text{A}]$$

$$\dot{I}_3 = I_3 \cos \theta_3 + \mathrm{j}I_3 \sin \theta_3 = 0.6 I_3 + \mathrm{j}0.8 I_3\ [\text{A}]$$

と表されるため，一次電流$\dot{I}_1\,[\text{A}]$は，

$$\dot{I}_1 = \frac{1}{a_{12}}\dot{I}_2 + \frac{1}{a_{13}}\dot{I}_3$$

$$= \frac{1}{33}(0.8 I_2 - \mathrm{j}0.6 I_2) + \frac{1}{66}(0.6 I_3 + \mathrm{j}0.8 I_3)$$

$$= \frac{86.6}{33}(0.8 - \mathrm{j}0.6) + \frac{230.9}{66}(0.6 + \mathrm{j}0.8)$$

$$= 2.624(0.8 - \mathrm{j}0.6) + 3.498(0.6 + \mathrm{j}0.8)$$

$$= 2.0992 - \mathrm{j}1.5744 + 2.0988 + \mathrm{j}2.7984$$

$$= 4.198 + \mathrm{j}1.224 = \underline{4.20 + \mathrm{j}1.22}\ [\text{A}]$$

問43

回路は解図43のようになり，直列巻線に流れる電流$I_2\,[\text{A}]$は，

$$I_2 = \frac{P}{E_2 \cos \theta} = \frac{132 \times 10^3}{6\,600 \times 0.8} = 25\ [\text{A}]$$

である．したがって，自己容量$S_s\,[\text{kV·A}]$は，

$$S_s = (E_2 - E_1)I_2 = (6\,600 - 6\,000) \times 25$$

$$= 15\,000\ [\text{V·A}] = \underline{15\ [\text{kV·A}]}$$

線路容量$S_l\,[\text{kV·A}]$は，

$$S_l = E_2 I_2 = 6\,600 \times 25 = 165\,000\ [\text{V·A}]$$

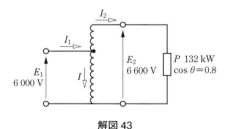

解図43

$$= \underline{165\ [\text{kV·A}]}$$

問44

回路は解図44のようになり，降圧タイプの単巻変圧器の場合，分路巻線に流れる電流の向きが逆になることに注意が必要である．なぜならば，一次側より二次側の電圧の方が低いということは，電流は逆に二次側の方が大きくなるためである．以上を踏まえると，二次電流を$I_2\,[\text{A}]$として，

$$I_1 + I = I_2$$

が成り立つため，

$$\frac{E_1}{E_2} = \frac{I_2}{I_1} = \frac{I_1 + I}{I_1} = \frac{6\,600}{6\,000} = 1.1$$

$$\therefore I_1 + I = 1.1 I_1$$

$$\therefore 1.1 I_1 - I_1 = 0.1 I_1 = I$$

$$\therefore I_1 = 10 I = 10 \times 20 = \underline{200\ [\text{A}]}$$

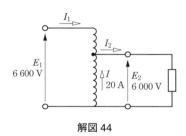

解図44

テーマ6　誘導機

問45

同期速度$n_s\,[\text{min}^{-1}]$は，

$$n_s = \frac{120 f}{p} = \frac{120 \times 50}{6} = 1\,000\ [\text{min}^{-1}]$$

である．したがって，公式に各値を代入すれば，

$$s = \frac{n_s - n}{n_s} = \frac{1\,000 - 970}{1\,000} = \underline{0.03}$$

問46

同期速度$n_s\,[\text{min}^{-1}]$は，

$$n_s = \frac{120 f}{p} = \frac{120 \times 50}{4} = 1\,500\ [\text{min}^{-1}]$$

である．また，すべりの式を変形すれば，

$$s = \frac{n_s - n}{n_s}$$

$$\therefore s n_s = n_s - n$$

$$\therefore n = (1 - s) n_s$$

となる．したがって，この式に各値を代入すれば，

$$n = (1 - 0.02) \times 1\,500$$
$$= 0.98 \times 1\,500 = \underline{1\,470}\,[\text{min}^{-1}]$$

問47

同期速度 $n_s\,[\text{min}^{-1}]$ は，

$$n = (1 - s)n_s$$

$$\therefore n_s = \frac{n}{1 - s} = \frac{285}{1 - 0.05} = 300\,[\text{min}^{-1}]$$

と求められるため，

$$n_s = \frac{120f}{p}$$

$$\therefore f = \frac{p n_s}{120} = \frac{8 \times 300}{120} = \underline{20}\,[\text{Hz}]$$

問48

二次入力 $P_2\,[\text{kW}]$，二次銅損 $P_{c2}\,[\text{kW}]$，出力 P_0 $[\text{kW}]$ の間には，

$$P_2 : P_{c2} : P_0 = 1 : s : (1 - s)$$

の関係が成り立つため，二次入力 $P_2\,[\text{kW}]$ は，

$$P_2 : P_0 = 1 : (1 - s)$$

$$\therefore P_2 = \frac{1}{1 - s} P_0 = \frac{30}{1 - 0.03} = \underline{30.9}\,[\text{kW}]$$

二次銅損 $P_{c2}\,[\text{W}]$ は，

$$P_{c2} : P_0 = s : (1 - s)$$

$$\therefore P_{c2} = \frac{s}{1 - s} P_0 = \frac{0.03}{1 - 0.03} \times 30 = 0.9278\,[\text{kW}]$$

$$= \underline{928}\,[\text{W}]$$

問49

同期速度 $n_s\,[\text{min}^{-1}]$ は，

$$n_s = \frac{120f}{p} = \frac{120 \times 50}{4} = 1\,500\,[\text{min}^{-1}]$$

であるため，すべり s は，

$$s = \frac{n_s - n}{n_s} = \frac{1\,500 - 1\,440}{1\,500} = 0.04$$

となる．したがって，二次入力 $P_2\,[\text{kW}]$ は，

$$P_2 = \frac{1}{1 - s} P_0 = \frac{1}{1 - 0.04} \times 50 = \underline{52.1}\,[\text{kW}]$$

二次銅損 $P_{c2}\,[\text{kW}]$ は，

$$P_{c2} = \frac{s}{1 - s} P_0 = \frac{0.04}{1 - 0.04} \times 50 = \underline{2.08}\,[\text{kW}]$$

題意より，

$$P_{c2} = P_{c1} = P_i = 2.08\,[\text{kW}]$$

なので，効率 η は，

$$\eta = \frac{P_0}{P_0 + P_{c1} + P_{c2} + P_i}$$

$$= \frac{50}{50 + 3 \times 2.08} = \underline{0.889}$$

問50

公式に各値を代入すれば，

$$P_0 = T\omega = T \cdot 2\pi \frac{n}{60}$$

$$\therefore n = \frac{60 P_0}{2\pi T} = \frac{60 \times 10 \times 10^3}{2\pi \times 100} = 954.9$$

$$\fallingdotseq \underline{955}\,[\text{min}^{-1}]$$

同期速度 $n_s\,[\text{min}^{-1}]$ は，

$$n_s = \frac{120f}{p} = \frac{120 \times 50}{6} = 1\,000\,[\text{min}^{-1}]$$

より，すべり s は，

$$s = \frac{n_s - n}{n_s} = \frac{1\,000 - 954.9}{1\,000} = 0.0451$$

となる．したがって，回転子（二次側）の周波数 f_2 $[\text{Hz}]$ は，

$$f_2 = sf = 0.0451 \times 50 = \underline{2.26}\,[\text{Hz}]$$

問51

同期角速度 $\omega_s\,[\text{rad/s}]$ は，

$$\omega_s = \frac{2\pi}{60} \cdot \frac{120f}{p} = \frac{2\pi}{60} \cdot \frac{120 \times 60}{6} = 40\pi\,[\text{rad/s}]$$

となるため，同期ワット $P_2\,[\text{kW}]$ は，

$$P_2 = T\omega_s = 150 \times 40\pi = 18\,849.6\,[\text{W}]$$

$$= \underline{18.8}\,[\text{kW}]$$

問52

同期角速度 $\omega_s\,[\text{rad/s}]$ は，

$$\omega_s = \frac{2\pi}{60} \cdot \frac{120f}{p} = \frac{2\pi}{60} \cdot \frac{120 \times 50}{4} = 50\pi\,[\text{rad/s}]$$

となるため，同期ワット $P_2\,[\text{kW}]$ は，

$$P_2 = T\omega_s = 120 \times 50\pi = 6\,000\pi\,[\text{W}] = 6\pi\,[\text{kW}]$$

である．定義より，同期ワットは二次入力と等しいため，

$$P_2 : P_0 = 1 : (1 - s) = 6\pi : 18$$

$$\therefore \frac{1}{1 - s} = \frac{6\pi}{18} = \frac{\pi}{3}$$

$$\therefore 1 - s = \frac{3}{\pi}$$

$$\therefore s = 1 - \frac{3}{\pi} = 1 - 0.95493 = 0.04507 \doteqdot \underline{0.0451}$$

二次銅損 P_{c2} [W] は，

$$P_2 : P_{c2} = 1 : s$$

$$\therefore P_{c2} = sP_2 = 0.04507 \times 6\,000\pi = \underline{850\,[\text{W}]}$$

問53

トルク T [N・m] は，出力 P_0 [kW]，回転角速度 ω [rad/s]，二次入力 P_2 [kW]，同期角速度 ω_s [rad/s] とすると，

$$T = \frac{P_0}{\omega} = \frac{(1-s)P_2}{(1-s)\omega_s} = \frac{P_2}{\omega_s}$$

となる．ここで，題意より定トルク負荷なのでトルク T [N・m] は一定であり，極数 p や電源の周波数 f [Hz] が変わらなければ同期角速度 $\omega_s\,(=120 f/p)$ [rad/s] も一定なので，電源電圧変化後の二次入力を P_2' [kW] とすると，

$$T = \frac{P_2}{\omega_s} = \frac{P_2'}{\omega_s}\,[\text{N・m}]$$

$$\therefore P_2 = P_2'$$

が成り立つ．したがって，回転子の巻線抵抗を r_2 [Ω] とすれば，

$$P_2 = 3\frac{r_2}{s}I_2^2, \quad P_2' = 3\frac{r_2}{s'}I_2'^2$$

$$\therefore 3\frac{r_2}{s}I_2^2 = 3\frac{r_2}{s'}I_2'^2$$

$$\therefore \frac{I_2^2}{s} = \frac{I_2'^2}{s'}$$

$$\therefore I_2' = I_2\sqrt{\frac{s'}{s}} = 20 \times \sqrt{\frac{0.05}{0.02}} = \underline{31.6\,[\text{A}]}$$

問54

問53と同様にトルク T は一定であるが，電源の周波数 f [Hz] が変わるため，同期角速度 $\omega_s\,(=120f/p)$ [rad/s] も変化する．したがって，変化後の同期角速度を ω_s' [rad/s] とすると，

$$T = \frac{P_2}{\omega_s} = \frac{P_2'}{\omega_s'}$$

が成り立つ．ここで，変化の前後の二次電圧を V_2 [V]，V_2' [V] とすると，漏れリアクタンスは無視できるため，

$$P_2 = \sqrt{3}\,V_2 I_2, \quad P_2' = \sqrt{3}\,V_2' I_2' = 0.85\sqrt{3}\,V_2 I_2'$$

が成り立ち，同期角速度 ω_s' [rad/s] は，

$$\omega_s' = \frac{2\pi}{60}\cdot\frac{120f'}{p} = \frac{2\pi}{60}\cdot\frac{120 \times 0.85f}{p}$$

$$= 0.85\omega_s\,[\text{rad/s}]$$

となる．したがって，

$$T = \frac{\sqrt{3}\,V_2 I_2}{\omega_s} = \frac{0.85\sqrt{3}\,V_2 I_2'}{0.85\omega_s}$$

$$\therefore \frac{\sqrt{3}\,V_2 I_2}{\omega_s} = \frac{\sqrt{3}\,V_2 I_2'}{\omega_s}$$

$$\therefore I_2' = I_2 = \underline{60\,[\text{A}]}$$

問55

比例推移の公式に各値を代入して，

$$\frac{r_2}{s} = \frac{r_2 + R}{s'}$$

$$\therefore r_2 + R = \frac{s'}{s}r_2$$

$$\therefore R = \frac{s'}{s}r_2 - r_2 = \left(\frac{s'}{s} - 1\right)r_2$$

$$= \left(\frac{0.05}{0.02} - 1\right) \times 0.2 = 1.5 \times 0.2 = \underline{0.3\,[\Omega]}$$

問56

同期速度 n_s [min^{-1}] は，

$$n_s = \frac{120f}{p} = \frac{120 \times 50}{4} = 1\,500\,[\text{min}^{-1}]$$

である．また，抵抗挿入前のすべりを s，抵抗挿入後のすべりを s' とすると，

$$s = \frac{n_s - n}{n_s} = \frac{1\,500 - 1\,470}{1\,500} = 0.02$$

$$s' = \frac{n_s - n'}{n_s} = \frac{1\,500 - 1\,380}{1\,500} = 0.08$$

である．したがって，比例推移の公式より，

$$\frac{r_2}{s} = \frac{r_2 + R}{s'}$$

$$\therefore R = \frac{s'}{s}r_2 - r_2 = \left(\frac{s'}{s} - 1\right)r_2 = \left(\frac{0.08}{0.02} - 1\right)r_2$$

$$= 3r_2$$

したがって，$\underline{3倍}$ となる．

第2章　パワエレ・制御

テーマ1　スイッチング素子と整流回路

問1

公式に各値を代入して，

$$V_d = \frac{\sqrt{2}}{\pi} V = \frac{\sqrt{2}}{\pi} \times 200 = \underline{90\,[\text{V}]}$$

問2

電源から電流が流れ出て戻ってくるまでの間にサイリスタを1つ経由するため，電圧降下は $\Delta v = 2\,[\text{V}]$ である．したがって，

$$V_d = \frac{\sqrt{2}}{\pi} V \cos \frac{\pi}{4} - \Delta v = \frac{\sqrt{2}}{\pi} \times 160 \times \frac{1}{\sqrt{2}} - 2$$

$$= \frac{160}{\pi} - 2 = \underline{48.9\,[\text{V}]}$$

問3

出力電圧 $V_d\,[\text{V}]$ は，公式に各値を代入すれば，

$$V_d = \frac{\sqrt{2}}{\pi} V \cdot \frac{1 + \cos \dfrac{\pi}{6}}{2} = \frac{\sqrt{2}}{2\pi} \times 500 \times \left(1 + \frac{\sqrt{3}}{2}\right)$$

$$= \frac{500}{4\pi} \times (2\sqrt{2} + \sqrt{6}) = 210\,[\text{V}]$$

となるので，平均消費電力 $P_0\,[\text{kW}]$ は，

$$P_0 = \frac{V_d^2}{R} = \frac{210^2}{3} = 14\,700\,[\text{W}] = \underline{14.7\,[\text{kW}]}$$

問4

公式に各値を代入すれば，

$$V_d = \frac{\sqrt{2}}{\pi} V \cdot \frac{1 + \cos \alpha}{2}$$

$$\therefore 1 + \cos \alpha = \frac{2\pi V_d}{\sqrt{2}\,V}$$

$$\therefore \cos \alpha = \frac{2\pi V_d}{\sqrt{2}\,V} - 1 = \frac{2\pi \times 50}{\sqrt{2} \times 120} - 1 = \underline{0.851}$$

問5

公式に各値を代入すれば，

$$V_d = \frac{2\sqrt{2}}{\pi} V \quad \therefore V = \frac{\pi V_d}{2\sqrt{2}} = \frac{\pi \times 100}{2\sqrt{2}} = \underline{111\,[\text{V}]}$$

問6

電源から電流が流れ出て戻ってくるまでの間にダイオードを2つ経由するため，電圧降下は $\Delta v = 2v = 2 \times 2 = 4\,[\text{V}]$ である．したがって，

$$V_d = \frac{2\sqrt{2}}{\pi} V - \Delta v = \frac{2\sqrt{2}}{\pi} \times 100 - 4 = \underline{86\,[\text{V}]}$$

問7

出力電圧 $V_d\,[\text{V}]$ は，公式に各値を代入すれば，

$$V_d = \frac{2\sqrt{2}}{\pi} V \cdot \frac{1 + \cos \dfrac{\pi}{3}}{2} = \frac{\sqrt{2}}{\pi} \times 200 \times \left(1 + \frac{1}{2}\right)$$

$$= \frac{\sqrt{2}}{\pi} \times 200 \times \frac{3}{2} = \frac{300\sqrt{2}}{\pi} = 135\,[\text{V}]$$

となるので，平均消費電力 $P_0\,[\text{kW}]$ は，

$$P_0 = \frac{V_d^2}{R} = \frac{135^2}{5} = 3\,645\,[\text{W}] = \underline{3.65\,[\text{kW}]}$$

問8

出力電圧 $V_d\,[\text{V}]$ は，公式に各値を代入すれば，

$$V_d = \frac{2\sqrt{2}}{\pi} V \cdot \frac{1 + \cos \dfrac{\pi}{4}}{2} = \frac{\sqrt{2}}{\pi} \times 100 \times \left(1 + \frac{1}{\sqrt{2}}\right)$$

$$= \frac{\sqrt{2}}{\pi} \times 100 \times \frac{\sqrt{2} + 1}{\sqrt{2}} = \frac{100}{\pi}(1 + \sqrt{2})\,[\text{V}]$$

となるため，抵抗負荷に流れる電流 $I_0\,[\text{A}]$ は，

$$I_0 = \frac{V_d}{R} = \frac{\dfrac{100}{\pi}(1 + \sqrt{2})}{10} = \frac{10}{\pi}(1 + \sqrt{2})\,[\text{A}]$$

となる．一方，十分大きなインダクタンスを持つ平滑リアクトルを接続した場合の出力電圧 $V_d'\,[\text{V}]$ は，公式に各値を代入して，

$$V_d' = \frac{2\sqrt{2}}{\pi} V \cos \frac{\pi}{4} = \frac{2\sqrt{2}}{\pi} \times 100 \times \frac{1}{\sqrt{2}} = \frac{200}{\pi}\,[\text{V}]$$

となるため，抵抗負荷に流れる電流 $I_0'\,[\text{A}]$ は，

$$I_0' = \frac{V_d'}{R} = \frac{\dfrac{200}{\pi}}{10} = \frac{20}{\pi}\,[\text{A}]$$

したがって，求める比率 I_0/I_0' は，

$$\frac{I_0}{I_0'} = \frac{\dfrac{10}{\pi}(1 + \sqrt{2})}{\dfrac{20}{\pi}} = \frac{1}{2}(1 + \sqrt{2}) = \underline{1.21}$$

問9

公式に各値を代入して，

$$V_d = \frac{3\sqrt{2}}{2\pi} V = 0.675 V = 200$$

$$\therefore V = \frac{200}{0.675} = \underline{296} \, [\text{V}]$$

問 10

公式に各値を代入して，

$$V_\mathrm{d} = 0.675 V \cos \alpha$$

$$\therefore \cos \alpha = \frac{V_\mathrm{d}}{0.675 V} = \frac{324}{0.675 \times 600} = \underline{0.8}$$

問 11

公式に各値を代入すれば，

$$V_\mathrm{d} = 2.34 E = 2.34 \times 500 = 1\,170 \, [\text{V}]$$

となる．したがって，

$$P_0 = \frac{V_\mathrm{d}^2}{R} = \frac{1\,170^2}{30} = 45\,630 \, [\text{W}] = \underline{45.6 \, [\text{kW}]}$$

問 12

電源から電流が流れ出て戻ってくるまでの間に
サイリスタを2つ経由するため，電圧降下は Δv
$= 2v = 2 \times 2 = 4 \, [\text{V}]$ である．したがって，

$$V_\mathrm{d} = \frac{3\sqrt{2}}{\pi} V \cos \alpha - \Delta v = 1.35 \times 300 \times \cos \alpha - 4$$

$$= 405 \cos \alpha - 4 = 239$$

$$\therefore \cos \alpha = \frac{239 + 4}{405} = \frac{243}{405} = \underline{0.6}$$

テーマ2　直流チョッパ回路

問 13

スイッチング周期 $T\,[\text{ms}]$ は，

$$T = \frac{1}{f} = \frac{1}{500} = 2 \times 10^{-3} \, [\text{s}] = 2 \, [\text{ms}]$$

である．したがって，公式に各値を代入すると，

$$V_0 = \frac{T_\mathrm{on}}{T} V_\mathrm{d} \quad \therefore T_\mathrm{on} = \frac{V_0 T}{V_\mathrm{d}} = \frac{120 \times 2}{200} = \underline{1.2 \, [\text{ms}]}$$

したがって，$T_\mathrm{off}\,[\text{ms}]$ は，

$$T_\mathrm{off} = T - T_\mathrm{on} = 2 - 1.2 = \underline{0.8 \, [\text{ms}]}$$

問 14

平均出力電圧 $V_0\,[\text{V}]$ は，公式に各値を代入すれ
ば，

$$V_0 = \alpha V_\mathrm{d} = 0.2 \times 250 = 50 \, [\text{V}]$$

となる．したがって，求める平均出力電流 $I_0\,[\text{A}]$
は，

$$I_0 = \frac{V_0}{R} = \frac{50}{10} = \underline{5 \, [\text{A}]}$$

解図14より，平均入力電流 $I_1\,[\text{A}]$ は，

$$I_1 = \frac{T_\mathrm{on}}{T_\mathrm{on} + T_\mathrm{off}} I_0 = \alpha I_0 \, [\text{A}]$$

となることが分かる．したがって，各値を代入す
れば，

$$I_1 = 0.2 \times 5 = \underline{1 \, [\text{A}]}$$

平均入力電力 $P_1\,[\text{W}]$ は，

$$P_1 = V_\mathrm{d} I_1 = 250 \times 1 = \underline{250 \, [\text{W}]}$$

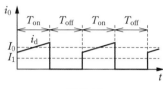

解図 14

問 15

スイッチング周期 $T\,[\text{ms}]$ は，

$$T = \frac{1}{f} = \frac{1}{400} = 2.5 \times 10^{-3} \, [\text{s}] = 2.5 \, [\text{ms}]$$

である．したがって，公式に各値を代入すると，

$$V_0 = \frac{T}{T_\mathrm{off}} V_\mathrm{d}$$

$$\therefore T_\mathrm{off} = \frac{T V_\mathrm{d}}{V_0} = \frac{2.5 \times 100}{125} = \underline{2 \, [\text{ms}]}$$

したがって，$T_\mathrm{on}\,[\text{ms}]$ は，

$$T_\mathrm{on} = T - T_\mathrm{off} = 2.5 - 2 = \underline{0.5 \, [\text{ms}]}$$

問 16

平均出力電圧 $V_0\,[\text{V}]$ は，公式に各値を代入すれ
ば，

$$V_0 = \frac{1}{1 - \alpha} V_\mathrm{d} = \frac{1}{1 - 0.6} \times 120 = \frac{120}{0.4} = 300 \, [\text{V}]$$

より，平均消費電力 $P_0\,[\text{kW}]$ は，

$$P_0 = \frac{V_0^2}{R} = \frac{300^2}{5} = \frac{90\,000}{5} = 18\,000 \, [\text{W}]$$

$$= \underline{18 \, [\text{kW}]}$$

平均出力電流 $I_0\,[\text{A}]$ は，

$$I_0 = \frac{V_0}{R} = \frac{300}{5} = \underline{60 \, [\text{A}]}$$

である．また，解図16より，平均入力電流 $I_1\,[\text{A}]$
は，

$$I_0 = \frac{T_{\mathrm{off}}}{T_{\mathrm{on}} + T_{\mathrm{off}}} I_1 = \left(1 - \frac{T_{\mathrm{on}}}{T_{\mathrm{on}} + T_{\mathrm{off}}}\right) I_1 = (1 - \alpha) I_1$$

$$\therefore I_1 = \frac{1}{1 - \alpha} I_0 \,[\mathrm{A}]$$

となることが分かる．したがって，各値を代入すれば，

$$I_1 = \frac{1}{1 - 0.6} \times 60 = \frac{60}{0.4} = \underline{150}\,[\mathrm{A}]$$

したがって，平均入力電力 $P_1\,[\mathrm{kW}]$ は，

$$P_1 = V_{\mathrm{d}} I_1 = 120 \times 150 = 18\,000\,[\mathrm{W}] = \underline{18\,[\mathrm{kW}]}$$

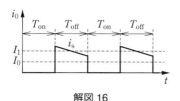

解図 16

テーマ3 自動制御

[問17]

(1) ブロック線図は解図17–1 (a) のように描き換えられ，点線で囲った部分はフィードバック結合の形をしているので，さらに同図 (b) のように変形できる．したがって，

$$W = \frac{Y}{X} = \frac{G}{1 + G}$$

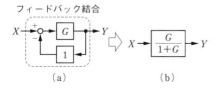

解図 17–1

【別解】

各位置における信号は解図17–2に表す通りなので，$Y = ③$ より，

$$Y = G(X - Y)$$

$$\therefore (1 + G) Y = GX$$

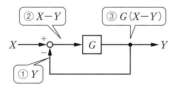

解図 17–2

$$\therefore Y = \frac{G}{1 + G} X$$

$$\therefore W = \frac{Y}{X} = \frac{G}{1 + G}$$

(2) 解図17–3 (a) の点線で囲った部分はフィードバック結合の形をしているので，同図 (b) のように変形でき，さらに点線で囲った部分がフィードバック結合の形なので，

$$W = \frac{Y}{X} = \frac{\dfrac{G}{1 + GH_1}}{1 + \dfrac{G}{1 + GH_1} \cdot H_2} = \frac{G}{1 + GH_1 + GH_2}$$

$$= \frac{G}{1 + G(H_1 + H_2)}$$

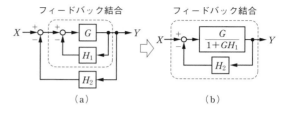

解図 17–3

【別解】

各位置における信号は解図17–4に表す通りなので，$Y = ⑤$ より，

$$Y = G(X - H_2 Y - H_1 Y) = G\{X - (H_1 + H_2) Y\}$$

$$\therefore \{1 + G(H_1 + H_2)\} Y = GX$$

$$\therefore Y = \frac{G}{1 + G(H_1 + H_2)} X$$

$$\therefore W = \frac{Y}{X} = \frac{G}{1 + G(H_1 + H_2)}$$

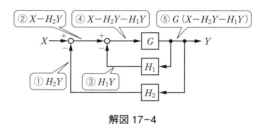

解図 17–4

(3) 中央にある3つの信号を足し引きする点は，解図17–5 (a) のように2つに分割することができる．そうすれば，左側の点線部は並列結合，右側

の点線部はフィードバック結合となることが分かるので，同図 (b) のように変形できる．同図 (b) の点線部は直列結合なので，さらに同図 (c) のように変形でき，点線部がフィードバック結合の形なので，

$$W = \frac{Y}{X} = \frac{\dfrac{G_2(F+G_1)}{1+G_2H}}{1+\dfrac{G_2(F+G_1)}{1+G_2H}\cdot 1}$$

$$= \frac{G_2(F+G_1)}{1+G_2H+G_2(F+G_1)}$$

$$= \frac{G_2(F+G_1)}{1+G_2(F+G_1+H)}$$

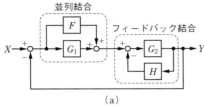

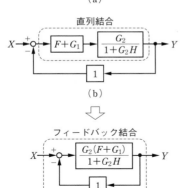

解図 17-5

【別解】

　各位置における信号は解図17-6に表す通りなので，$Y = ⑦$ より，

$$Y = G_2\{(F+G_1)(X-Y)-HY\}$$

$$= G_2\{(F+G_1)X-(F+G_1+H)Y\}$$

$$\therefore \{1+G_2(F+G_1+H)\}Y = G_2(F+G_1)X$$

$$\therefore Y = \frac{G_2(F+G_1)}{1+G_2(F+G_1+H)}X$$

$$\therefore W = \frac{Y}{X} = \underline{\frac{G_2(F+G_1)}{1+G_2(F+G_1+H)}}$$

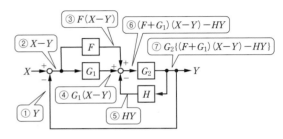

解図 17-6

（4）これまでと同様に，解図17-7(a)，(b)，(c) の順番で変形していけば，

$$W = \frac{Y}{X} = \frac{\dfrac{G_1G_2}{1+G_2H_2}}{1+\dfrac{G_1G_2}{1+G_2H_2}\cdot H_1}$$

$$= \frac{G_1G_2}{1+G_2H_2+G_1G_2H_1}$$

$$= \frac{G_1G_2}{1+G_2(G_1H_1+H_2)}$$

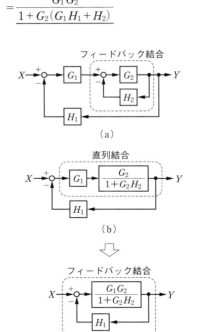

解図 17-7

【別解】

　各位置における信号は解図17-8に表す通りなので，$Y = ⑥$ より，

$$Y = G_2\{G_1(X-H_1Y)-H_2Y\}$$

$$= G_1G_2X-G_2(G_1H_1+H_2)Y$$

$$\therefore \{1 + G_2(G_1 H_1 + H_2)\}Y = G_1 G_2 X$$

$$\therefore Y = \frac{G_1 G_2}{1 + G_2(G_1 H_1 + H_2)}X$$

$$\therefore W = \frac{Y}{X} = \frac{G_1 G_2}{1 + G_2(G_1 H_1 + H_2)}$$

$$\therefore Y = G_1 G_2 X - G_1 Y - G_2 Y$$

$$\therefore (1 + G_1 + G_2)Y = G_1 G_2 X$$

$$\therefore Y = \frac{G_1 G_2}{1 + G_1 + G_2}X$$

$$\therefore W = \frac{Y}{X} = \frac{G_1 G_2}{1 + G_1 + G_2}$$

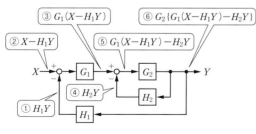

解図 17-8

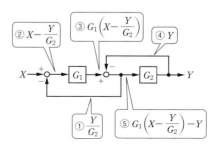

解図 17-10

（5）解図17-9（a）に示すように，G_2の出力はYなので，G_2の入力は解図Y/G_2であると捉えることができる．そうすると，同図（b）のように描き換えることができるため，これまでと同様に，（c），（d）の順にブロック図を変形していけば，

（6）解図17-11（a）に示すように，G_1の入力をZと置くと，G_1の出力は$G_1 Z$となり，G_2の出力は$G_2 Z$となる．$G_1 Z$を入力して出力$G_2 Z$を得るには，G_2/G_1を通せばよい．したがって，同図（b）のように変形できる．そうすると，左側の点線部はフィードバック結合となり，右側の点線部は並列結合となるため，同図（c）のように変形できるので，

$$W = \frac{Y}{X} = \frac{\dfrac{G_1 G_2}{1 + G_2}}{1 + \dfrac{G_1 G_2}{1 + G_2} \cdot \dfrac{1}{G_2}} = \frac{G_1 G_2}{1 + G_1 + G_2}$$

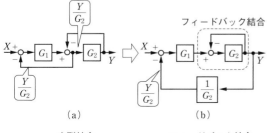

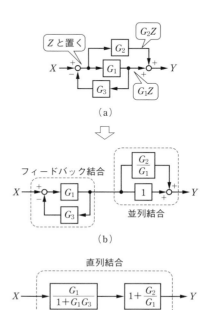

（a）

解図 17-9

【別解】

各位置における信号は解図17-10に表す通りであり，①＝⑤なので，

$$\frac{Y}{G_2} = G_1\left(X - \frac{Y}{G_2}\right) - Y$$

（c）

解図 17-11

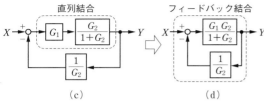

$$W = \frac{Y}{X} = \frac{G_1}{1 + G_1 G_3} \cdot \left(1 + \frac{G_2}{G_1}\right) = \frac{G_1 + G_2}{1 + G_1 G_3}$$

【別解】

G_1 の入力を Z と置くと，各位置における信号は解図 17–12 に表す通りとなり，①＝④なので，

$$Z = X - G_1 G_3 Z$$

$$\therefore (1 + G_1 G_3) Z = X$$

$$\therefore Z = \frac{1}{1 + G_1 G_3} X$$

となる．したがって，⑥より $Y = (G_1 + G_2) Z$ なので，

$$Y = (G_1 + G_2) Z = \frac{G_1 + G_2}{1 + G_1 G_3} X$$

$$\therefore W = \frac{Y}{X} = \frac{G_1 + G_2}{1 + G_1 G_3}$$

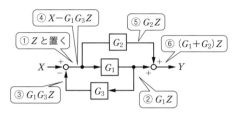

解図 17–12

問 18

(1) キルヒホッフの分圧則より，

$$V_o = \frac{R}{R + j\omega L} V_i = \frac{1}{1 + j\omega \dfrac{L}{R}} V_i$$

$$W = \frac{V_o}{V_i} = \frac{1}{1 + j\omega \dfrac{L}{R}} = \frac{1}{1 + j\omega \dfrac{0.4}{2}} = \frac{1}{1 + j0.2\omega}$$

したがって，ゲイン定数 K および時定数 T は，

$$K = \underline{1} \qquad T = \underline{0.2}$$

(2) キルヒホッフの分圧則より，

$$V_o = \frac{\dfrac{1}{j\omega C}}{R + \dfrac{1}{j\omega C}} V_i = \frac{1}{1 + j\omega CR} V_i$$

$$W = \frac{V_o}{V_i} = \frac{1}{1 + j\omega CR} = \frac{1}{1 + j\omega 0.02 \times 20}$$

$$= \frac{1}{1 + j0.4\omega}$$

したがって，ゲイン定数 K および時定数 T は，

$$K = \underline{1} \qquad T = \underline{0.4}$$

(3) キルヒホッフの分圧則より，

$$V_o = \frac{R_2}{R_1 + R_2 + j\omega L} V_i = \frac{\dfrac{R_2}{R_1 + R_2}}{1 + \dfrac{j\omega L}{R_1 + R_2}} V_i$$

$$W = \frac{V_o}{V_i} = \frac{\dfrac{R_2}{R_1 + R_2}}{1 + j\omega \dfrac{L}{R_1 + R_2}} = \frac{\dfrac{6}{4 + 6}}{1 + j\omega \dfrac{3}{4 + 6}}$$

$$= \frac{0.6}{1 + j\omega 0.3}$$

したがって，ゲイン定数 K および時定数 T は，

$$K = \underline{0.6} \qquad T = \underline{0.3}$$

問 19

(1) 公式より，

$$g = 20 \log |100| = 20 \log 10^2 = 40 \log 10 = \underline{40}$$

したがって，ボード線図は，解図 19–1 のようになる．

解図 19–1

(2) 公式より，

$$g = 20 \log |1 + j2\omega| = \underline{20 \log \sqrt{1 + 2^2 \omega^2}}$$

したがって，$2\omega \ll 1$ の場合は，

$$g \fallingdotseq 20 \log \sqrt{1} = 20 \log 1 = 0$$

であり，$2\omega \gg 1$ の場合は，

$$g \fallingdotseq 20 \log \sqrt{2^2 \omega^2} = 20 \log 2 + 20 \log \omega$$

$$= 20 \log \frac{1}{0.5} + 20 \log \omega$$

$$= 20 \log 1 - 20 \log 0.5 + 20 \log \omega$$

$$= -20 \log 0.5 + 20 \log \omega$$

となる．また，折点角周波数 ω_0 は，

$$2\omega_0 = 1 \qquad \therefore \omega_0 = \frac{1}{2} = 0.5$$

であるため，ボード線図は解図 19–2 のようになる．

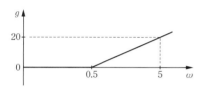

解図 19-2

（3）公式より，

$$g = 20 \log \left| \frac{1}{1+\mathrm{j}0.5\omega} \right| = 20 \log \left| \frac{1}{\sqrt{1+0.5^2\omega^2}} \right|$$

$$= 20 \log 1 - 20 \log \sqrt{1+0.5^2\omega^2}$$

$$= -20 \log \sqrt{1+0.5^2\omega^2}$$

したがって，$0.5\omega \ll 1$ の場合は，

$$g \fallingdotseq -20 \log \sqrt{1} = -20 \log 1 = 0$$

であり，$0.5\omega \gg 1$ の場合は，

$$g \fallingdotseq -20 \log \sqrt{0.5^2\omega^2} = -20 \log 0.5 - 20 \log \omega$$

$$= -20 \log \frac{1}{2} - 20 \log \omega$$

$$= -20 \log 2^{-1} - 20 \log \omega$$

$$= 20 \log 2 - 20 \log \omega$$

となる．また，折点角周波数 ω_0 は，

$$0.5\omega_0 = 1 \quad \therefore \omega_0 = \frac{1}{0.5} = 2$$

であるため，ボード線図は解図19-3のようになる．

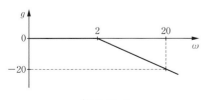

解図 19-3

（4）公式より，

$$g = 20 \log \left| \frac{10}{1+\mathrm{j}0.2\omega} \right| = 20 \log \left| \frac{10}{\sqrt{1+0.2^2\omega^2}} \right|$$

$$= 20 \log 10 - 20 \log \sqrt{1+0.2^2\omega^2}$$

$$= 20 - 20 \log \sqrt{1+0.2^2\omega^2}$$

したがって，$0.2\omega \ll 1$ の場合は，

$$g \fallingdotseq 20 - 20 \log \sqrt{1} = 20 - 20 \log 1 = 20$$

であり，$0.2\omega \gg 1$ の場合は，

$$g \fallingdotseq 20 - 20 \log \sqrt{0.5^2\omega^2}$$

$$= 20 - 20 \log 0.2 - 20 \log \omega$$

$$= 20 - 20 \log \frac{1}{5} - 20 \log \omega$$

$$= 20 - 20 \log 5^{-1} - 20 \log \omega$$

$$= 20 + 20 \log 5 - 20 \log \omega$$

となる．また，折点角周波数 ω_0 は，

$$0.2\omega_0 = 1 \quad \therefore \omega_0 = \frac{1}{0.2} = 5$$

であるため，ボード線図は解図19-4のようになる．

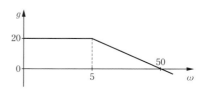

解図 19-4

（5）公式より，

$$g = 20 \log \left| \frac{1+\mathrm{j}10\omega}{1+\mathrm{j}\omega} \right| = 20 \log \left| \frac{\sqrt{1+10^2\omega^2}}{\sqrt{1^2+\omega^2}} \right|$$

$$= 20 \log \sqrt{1+10^2\omega^2} - 20 \log \sqrt{1+\omega^2}$$

これは，

$$g_1 = 20 \log \sqrt{1+10^2\omega^2}, \quad g_2 = -20 \log \sqrt{1+\omega^2}$$

の2つのゲイン特性曲線の足し合わせと考えられる．まずは g_1 について考えると，$10\omega \ll 1$ の場合は，

$$g_1 \fallingdotseq 20 \log \sqrt{1} = 20 \log 1 = 0$$

であり，$10\omega \gg 1$ の場合は，

$$g_1 \fallingdotseq 20 \log \sqrt{10^2\omega^2} = 20 \log 10 + 20 \log \omega$$

$$= 20 \log \frac{1}{0.1} + 20 \log \omega$$

$$= 20 \log 1 - 20 \log 0.1 + 20 \log \omega$$

$$= -20 \log 0.1 + 20 \log \omega$$

となる．また，折点角周波数 ω_1 は，

$$10\omega_1 = 1 \quad \therefore \omega_1 = \frac{1}{10} = 0.1$$

である．次に g_2 について考えると，$\omega \ll 1$ の場合は，

$$g_2 \fallingdotseq -20 \log \sqrt{1} = -20 \log 1 = 0$$

であり，$\omega \gg 1$ の場合は，

$$g_2 \fallingdotseq -20 \log \sqrt{\omega^2} = -20 \log \omega$$

となる．また，折点角周波数 ω_2 は，

$$\omega_2 = 1$$

であるため，ボード線図は解図19−5のようになる．

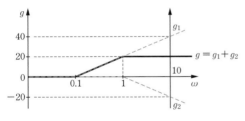

解図 19−5

第3章 電気エネルギーの利用

テーマ1 電動機応用

問1

放出したエネルギーE[J]は，最初に持っていた回転エネルギーE_1[J]と放出後の回転エネルギーE_2[J]の差である．したがって，

$$E_1 = \frac{1}{2}I\omega_1^2 = \frac{1}{2}I\left(2\pi\frac{N_1}{60}\right)^2 = \frac{10\times4\pi^2}{2}\left(\frac{600}{60}\right)^2$$
$$= 2\,000\pi^2\,[\mathrm{J}]$$

$$E_2 = \frac{1}{2}I\omega_2^2 = \frac{1}{2}I\left(2\pi\frac{N_2}{60}\right)^2 = \frac{10\times4\pi^2}{2}\left(\frac{420}{60}\right)^2$$
$$= 980\pi^2\,[\mathrm{J}]$$

$$\therefore E = E_1 - E_2 = 2\,000\pi^2 - 980\pi^2 = 1\,020\pi^2$$
$$= 10\,067\,[\mathrm{J}] = \underline{10.1\,[\mathrm{kJ}]}$$

問2

蓄積したエネルギーE[J]は，変化後の回転エネルギーE_2[J]と最初に持っていた回転エネルギーE_1[J]の差である．したがって，

$$E_1 = \frac{1}{2}I\omega_1^2 = \frac{1}{2}I\left(2\pi\frac{N_1}{60}\right)^2 = \frac{30\times4\pi^2}{2}\left(\frac{900}{60}\right)^2$$
$$= 13\,500\pi^2\,[\mathrm{J}]$$

$$E_2 = \frac{1}{2}I\omega_2^2 = \frac{1}{2}I\left(2\pi\frac{N_2}{60}\right)^2 = \frac{30\times4\pi^2}{2}\left(\frac{1\,200}{60}\right)^2$$
$$= 24\,000\pi^2\,[\mathrm{J}]$$

$$\therefore E = E_2 - E_1 = 24\,000\pi^2 - 13\,500\pi^2$$
$$= 10\,500\pi^2\,[\mathrm{J}]$$

となるため，求める電動機の平均出力P[kW]は，

$$P = \frac{E}{t} = \frac{10\,500\pi^2}{4} = 25\,908\,[\mathrm{W}] = \underline{25.9\,[\mathrm{kW}]}$$

問3

実際に昇降させる質量m[kg]は，

$$m = m_\mathrm{N} + m_\mathrm{C} - m_\mathrm{B} = 1\,400 + 300 - 700$$
$$= 1\,000\,[\mathrm{kg}]$$

なので，公式に各値を代入して，

$$P = \frac{mgvk}{\eta} = \frac{1\,000\times9.8\times2\times1.1}{0.8} = 26\,950\,[\mathrm{W}]$$
$$= \underline{27.0\,[\mathrm{kW}]}$$

問4

実際に昇降させる質量m[kg]は，

$$m = m_\mathrm{N} + m_\mathrm{C} - m_\mathrm{B} = m_\mathrm{N} + m_\mathrm{C} - \frac{m_\mathrm{N}+m_\mathrm{C}}{2}$$

$$= \frac{m_\mathrm{N}+m_\mathrm{C}}{2} = \frac{m_\mathrm{N}+400}{2} = \frac{m_\mathrm{N}}{2} + 200\,[\mathrm{kg}]$$

なので，公式に各値を代入して，

$$P = \frac{mgvk}{\eta} = \frac{\left(\dfrac{m_\mathrm{N}}{2}+200\right)\times9.8\times\dfrac{96}{60}\times1}{0.7}$$

$$= 19.6\times10^3\,[\mathrm{W}]$$

$$\therefore \left(\frac{m_\mathrm{N}}{2}+200\right)\times9.8\times\frac{96}{60} = 19.6\times10^3\times0.7$$

$$\therefore \frac{m_\mathrm{N}}{2}+200 = \frac{19.6\times10^3\times0.7}{9.8\times1.6} = 875$$

$$\therefore \frac{m_\mathrm{N}}{2} = 875 - 200 = 675$$

$$\therefore m_\mathrm{N} = 2\times675 = \underline{1\,350\,[\mathrm{kg}]}$$

テーマ2 照明

問5

点光源は均等光源なので，

$$I = \frac{F_0}{\omega} = \frac{12\,000}{4\pi} = \underline{955\,[\mathrm{cd}]}$$

したがって，水平面照度E_h[lx]および鉛直面照度E_v[lx]は，

$$E_\mathrm{h} = \frac{I}{r^2}\cos\theta = \frac{I}{h^2+d^2}\times\frac{h}{\sqrt{h^2+d^2}}$$

$$= \frac{955}{3^2+4^2}\times\frac{3}{\sqrt{3^2+4^2}} = \frac{955}{25}\times\frac{3}{5} = \underline{22.9\,[\mathrm{lx}]}$$

$$E_\mathrm{v} = \frac{I}{r^2}\sin\theta = \frac{I}{h^2+d^2}\times\frac{d}{\sqrt{h^2+d^2}}$$

$$= \frac{955}{3^2+4^2} \times \frac{4}{\sqrt{3^2+4^2}} = \frac{955}{25} \times \frac{4}{5} = \underline{30.6\,[\text{lx}]}$$

問6

(1) 点Qの法線照度 $E_{nQ}\,[\text{lx}]$ は，公式に各値を代入して，

$$E_{nQ} = \frac{I}{r^2} = \frac{I_0 \cos\theta}{r^2} = \frac{I_0}{h^2+d^2} \times \frac{h}{\sqrt{h^2+d^2}}$$

$$= \frac{I_0}{3^2+2^2} \times \frac{3}{\sqrt{3^2+2^2}} = \frac{I_0}{13} \times \frac{3}{\sqrt{13}} = 30$$

$$\therefore I_0 = \frac{30}{3} \times 13\sqrt{13} = 130 \times \sqrt{13} = \underline{469\,[\text{cd}]}$$

(2) 公式に各値を代入して，

$$E_{hO} = \frac{I_0}{h^2} = \frac{469}{3^2} = \frac{469}{9} = \underline{52\,[\text{lx}]}$$

問7

(1) 光源から点P方向への光度 $I_0\,[\text{cd}]$ は，

$$I_0 = \frac{F_0}{\omega} = \frac{12\,000}{4\pi} = \frac{3\,000}{\pi}\,[\text{cd}]$$

であり，点Pから光源を見たときの投影面積 S $[\text{m}^2]$ は，解図7-1から分かるように，

$$S = \frac{\pi d^2}{4} = \frac{\pi \times (40 \times 10^{-2})^2}{4} = 0.04\pi\,[\text{m}^2]$$

である．したがって，輝度 $L\,[\text{cd/m}^2]$ は，

$$L = \frac{I_0}{S} = \frac{\dfrac{3\,000}{\pi}}{0.04\pi} = \frac{75\,000}{\pi^2} = \underline{7\,600\,[\text{cd/m}^2]}$$

(2) 解図7-2より，点光源から点Pまでの距離 $r\,[\text{m}]$ は，

$$r = \sqrt{\left(\frac{d_1}{2}\right)^2 + \left(\frac{d_2}{2}\right)^2 + h^2}$$

$$= \sqrt{\left(\frac{4}{2}\right)^2 + \left(\frac{6}{2}\right)^2 + 3^2} = \sqrt{2^2+3^2+3^2}$$

$$= \sqrt{4+9+9} = \sqrt{22}\,[\text{m}]$$

となるので，1つの点光源による点Pの水平面照度 $E_{h1}\,[\text{lx}]$ は，

$$E_{h1} = \frac{I_0}{r^2}\cos\theta = \frac{I_0}{r^2} \cdot \frac{h}{r} = \frac{\dfrac{3\,000}{\pi}}{22} \cdot \frac{3}{\sqrt{22}}$$

$$= \frac{3\,000 \times 3}{22\pi\sqrt{22}} = \frac{9\,000}{22\pi\sqrt{22}}\,[\text{lx}]$$

となり，4つの点光源による水平面照度 $E_h\,[\text{lx}]$ は，

$$E_h = 4E_{h1} = \frac{4 \times 9\,000}{22\pi\sqrt{22}} = \underline{111\,[\text{lx}]}$$

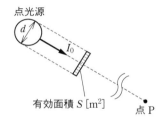

解図7-1

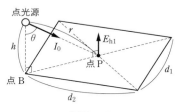

解図7-2

問8

被照面積 $S\,[\text{m}^2]$ は，

$$S = d_1 \times d_2 = 6 \times 8 = 48\,[\text{m}^2]$$

より，公式に各値を代入すれば，

$$E = \frac{FNUM}{S} = \frac{2\,300 \times N \times 0.5 \times 0.7}{48} \geqq 100$$

$$\therefore N \geqq \frac{100 \times 48}{2\,300 \times 0.5 \times 0.7} = 5.96 \quad \therefore N = \underline{6}$$

問9

(1) 円板光源の面積 $A\,[\text{m}^2]$ は，

$$A = \frac{\pi D^2}{4} = \frac{\pi \times (20 \times 10^{-2})^2}{4} = 0.01\pi\,[\text{m}^2]$$

であるため，点Bから見た投影面積 $A_\theta\,[\text{m}^2]$ は，

$$A_\theta = A\cos\theta = 0.01\pi\cos\theta\,[\text{m}^2]$$

となる．したがって，

$$L = \frac{I_0\cos\theta}{0.01\pi\cos\theta} = \frac{1\,000}{0.01\pi} = \underline{31\,831\,[\text{cd/m}^2]}$$

(2) 全光束 $F\,[\text{lm}]$ は，

$$F = \pi I_0 = 1\,000\pi\,[\text{lm}]$$

である．照明1つが照らす床面積 $S\,[\text{m}^2]$ は，

$$S = d \times l = 3 \times 4 = 12\,[\text{m}^2]$$

であると考えられるため，公式に各値を入力すれば，

$$E = \frac{FNUM}{S} = \frac{1\,000\pi \times 1 \times 0.3 \times 0.8}{12} = \underline{62.8\,[\text{lx}]}$$

テーマ3　電気加熱

問10

(1) 公式に各値を代入して，

$$Q = mC\Delta T = 60 \times 4.18 \times 10^3 \times (80 - 20)$$
$$= 60 \times 4.18 \times 10^3 \times 60 = 15\,048 \times 10^3\,[\text{J}]$$
$$= \underline{15\,048}\,[\text{kJ}]$$

(2) 電熱器が1時間当たりに加熱できる熱量 Q_{in} [kJ]は，

$$Q_{in} = \eta P \times 3\,600 = 0.9 \times 4 \times 3\,600 = 12\,960\,[\text{kJ}]$$

である．したがって，

$$t = \frac{Q}{Q_{in}} = \frac{15\,048}{12\,960} = \underline{1.16}\,[\text{h}]$$

問11

(1) 水の質量 m [kg]は，

$$m = \rho V = 1.00 \times 10^3 \times 0.4 = 400\,[\text{kg}]$$

なので，公式に各値を代入して，

$$Q = mC\Delta T = 400 \times 4.18 \times 10^3 \times (350 - 300)$$
$$= 400 \times 4.18 \times 10^3 \times 50 = 83\,600 \times 10^3\,[\text{J}]$$
$$= \underline{83\,600}\,[\text{kJ}]$$

(2) 圧縮機への入力電力量 W [kJ]は，

$$W = Pt \times 3\,600 = 1.2 \times 5 \times 3\,600 = 21\,600\,[\text{kJ}]$$

である．したがって，

$$\text{COP} = \frac{Q}{W} = \frac{83\,600}{21\,600} = \underline{3.87}$$

問12

放熱量 Q [kJ]は，温度上昇を ΔT [K]とすると，

$$Q = V\rho C\Delta T$$
$$= 460 \times 10^{-3} \times 1.0 \times 10^3 \times 4.18 \times 10^3 \times \Delta T$$
$$= 1\,923\Delta T \times 10^3\,[\text{J}] = 1\,923\Delta T\,[\text{kJ}]$$

であり，圧縮機への入力電力量 W [kJ]は，

$$W = Pt \times 3\,600 = 1.4 \times 6 \times 3\,600 = 30\,240\,[\text{kJ}]$$

であるため，ΔT [K]は，

$$\text{COP} = \frac{Q}{W} = \frac{1\,923\Delta T}{30\,240} = 4.0$$

$$\therefore \Delta T = 4.0 \times \frac{30\,240}{1\,923}$$
$$= 62.9\,[\text{K}]$$

となる．したがって，

$$T_2 = T_1 + \Delta T = 300 + 62.9 = \underline{363}\,[\text{K}]$$

問13

円柱形の伝導体の底面積 S [m²]は，

$$S = \frac{\pi d^2}{4} = \frac{\pi (40 \times 10^{-2})^2}{4} = 4\pi \times 10^{-2}\,[\text{m}^2]$$

なので，伝導体の熱抵抗 R_h [K/W]は，

$$R_h = \frac{l}{\lambda S} = \frac{120 \times 10^{-2}}{0.26 \times 4\pi \times 10^{-2}} = \frac{30}{0.26\pi}\,[\text{K/W}]$$

である．したがって，熱回路のオームの法則より，

$$I_h = \frac{\theta}{R_h} = \frac{T_1 - T_2}{R_h} = \frac{500 - 200}{\dfrac{30}{0.26\pi}} = \frac{0.26\pi \times 300}{30}$$

$$= 2.6\pi = \underline{8.17}\,[\text{W}]$$

第4章　情報処理

テーマ1　2進数と基数変換

問1

(1) $2^1 \times 1 + 2^0 \times 0 = 2 \times 1 = \underline{2}$

(2) $2^2 \times 1 + 2^1 \times 0 + 2^0 \times 1 = 4 \times 1 + 2 \times 0 + 1 \times 1 = \underline{5}$

(3) $2^2 \times 1 + 2^1 \times 1 + 2^0 \times 1 = 4 \times 1 + 2 \times 1 + 1 \times 1 = \underline{7}$

(4) $2^3 \times 1 + 2^2 \times 0 + 2^1 \times 0 + 2^0 \times 1$
$$= 8 \times 1 + 4 \times 0 + 2 \times 0 + 1 \times 1 = \underline{9}$$

(5) $2^3 \times 1 + 2^2 \times 1 + 2^1 \times 0 + 2^0 \times 1$
$$= 8 \times 1 + 4 \times 1 + 2 \times 0 + 1 \times 1 = \underline{13}$$

(6) $2^4 \times 1 + 2^3 \times 1 + 2^2 \times 0 + 2^1 \times 1 + 2^0 \times 0$
$$= 16 \times 1 + 8 \times 1 + 4 \times 0 + 2 \times 1 + 1 \times 0 = \underline{26}$$

(7) $2^4 \times 1 + 2^3 \times 1 + 2^2 \times 1 + 2^1 \times 1 + 2^0 \times 1$
$$= 16 \times 1 + 8 \times 1 + 4 \times 1 + 2 \times 1 + 1 \times 1 = \underline{31}$$

(8) $8^1 \times 2 + 8^1 \times 2 + 8^0 \times 6$
$$= 64 \times 2 + 8 \times 2 + 1 \times 6 = 128 + 16 + 6 = \underline{150}$$

(9) $8^1 \times 4 + 8^1 \times 3 + 8^0 \times 7$
$$= 64 \times 4 + 8 \times 3 + 1 \times 7 = 256 + 24 + 7 = \underline{287}$$

(10) $16^1 \times 2 + 16^0 \times 3 = 16 \times 2 + 1 \times 3 = 32 + 3 = \underline{35}$

(11) 16進数のAは10進数では10なので，
$$16^1 \times 10 + 16^0 \times 5 = 16 \times 10 + 1 \times 5 = 160 + 5$$
$$= \underline{165}$$

(12) 16進数のDは10進数では13なので，
$$16^2 \times 2 + 16^1 \times 13 + 16^0 \times 8$$
$$= 256 \times 2 + 16 \times 13 + 1 \times 8$$
$$= 512 + 208 + 8 = \underline{728}$$

問2

(1) 解図2-1より，$5 = \underline{(101)_2}$

(2) 解図2-2より，$7 = \underline{(111)_2}$

(3) 解図2-3より，$9 = \underline{(1001)_2}$

(4) 解図2–4 より，$14 = \underline{(1110)_2}$

(5) 解図2–5 より，$27 = \underline{(11011)_2}$

(6) 解図2–6 より，$68 = \underline{(104)_8}$

(7) 解図2–7 より，$101 = \underline{(145)_8}$

(8) 解図2–8 より，$138 = \underline{(212)_8}$

(9) 解図2–9 より，$242 = \underline{(362)_8}$

(10) 解図2–10 より，$485 = \underline{(745)_8}$

(11) 解図2–11 より，$134 = \underline{(86)_{16}}$

(12) 解図2–12 より，$198 = \underline{(C6)_{16}}$

(13) 解図2–13 より，$223 = \underline{(DF)_{16}}$

(14) 解図2–14 より，$421 = \underline{(1A5)_{16}}$

```
2) 5
2) 2 …1
2) 1 …0   (101)_2
   0 …1
```
```
2) 7
2) 3 …1
2) 1 …1   (111)_2
   0 …1
```
```
2) 9
2) 4 …1
2) 2 …0
2) 1 …0   (1001)_2
   0 …1
```

解図2–1　　　　解図2–2　　　　解図2–3

```
2) 14
2) 7 …0
2) 3 …1
2) 1 …1   (1110)_2
   0 …1
```
```
2) 27
2) 13 …1
2) 6 …1
2) 3 …0
2) 1 …1   (11011)_2
   0 …1
```
```
8) 68
8) 8 …4
8) 1 …0   (104)_8
   0 …1
```

解図2–4　　　　解図2–5　　　　解図2–6

```
8) 101
8) 12 …5
8) 1 …4   (145)_8
   0 …1
```
```
8) 138
8) 17 …2
8) 2 …1   (212)_8
   0 …2
```
```
8) 242
8) 30 …2
8) 3 …6   (362)_8
   0 …3
```

解図2–7　　　　解図2–8　　　　解図2–9

```
8) 485
8) 60 …5
8) 7 …4   (745)_8
   0 …7
```
```
16) 134
16) 8 …6   (86)_16
    0 …8
```

解図2–10　　　　　　解図2–11

```
16) 198
16) 12 …6
    0 …12→C   (C6)_16
```
```
16) 223
16) 13 …15→F
    0 …13→D   (DF)_16
```

解図2–12　　　　　　解図2–13

```
16) 421
16) 26 …5
16) 1 …10→A   (1A5)_16
    0 …1
```

解図2–14

問3

(1) $(110\ 101)_2$ と 3 桁ごとに区切れば，

$(110)_2 = 6$，$(101)_2 = 5$　∴ $(110101)_2 = \underline{(65)_8}$

(2) $(101\ 010)_2$ と 3 桁ごとに区切れば，

$(101)_2 = 5$，$(010)_2 = 2$　∴ $(101010)_2 = \underline{(52)_8}$

(3) $(100\ 001)_2$ と 3 桁ごとに区切れば，

$(100)_2 = 4$，$(001)_2 = 1$　∴ $(100001)_2 = \underline{(41)_8}$

(4) $(1001\ 0110)_2$ と 4 桁ごとに区切れば，

$(1001)_2 = 9$，$(0110)_2 = 6$

∴ $(10010110)_2 = \underline{(96)_{16}}$

(5) $(1110\ 0111)_2$ と 4 桁ごとに区切れば，

$(1110)_2 = 14 \rightarrow E$，$(0111)_2 = 7$

∴ $(11100111)_2 = \underline{(E7)_{16}}$

(6) $(1101\ 1011)_2$ と 4 桁ごとに区切れば，

$(1101)_2 = 13 \rightarrow D$，$(1011)_2 = 11 \rightarrow B$

∴ $(11011011)_2 = \underline{(DB)_{16}}$

(7) $(3514)_8 = (011\ 101\ 001\ 100)_2$ なので，4 桁ごとに区切れば，$(3514)_8 = (0111\ 0100\ 1100)_2$ となる．したがって，

$(0111)_2 = 7$，$(0100)_2 = 4$，$(1100)_2 = 12 \rightarrow C$

∴ $(3514)_8 = \underline{(74C)_{16}}$

(8) $(7621)_8 = (111\ 110\ 010\ 001)_2$ なので，4 桁ごとに区切れば，$(7621)_8 = (1111\ 1001\ 0001)_2$ となる．したがって，

$(1111)_2 = 15 \rightarrow F$，$(1001)_2 = 9$，$(0001)_2 = 1$

∴ $(7621)_8 = \underline{(F91)_{16}}$

(9) $(3E7)_{16} = (0011\ 1110\ 0111)_2$ なので，3 桁ごとに区切れば，$(3E7)_{16} = (001\ 111\ 100\ 111)_2$ となる．したがって，

$(001)_2 = 1$，$(111)_2 = 7$，$(100)_2 = 4$

∴ $(3E7)_{16} = \underline{(1747)_8}$

(10) $(AF1)_{16} = (1010\ 1111\ 0001)_2$ なので，3 桁ごとに区切れば，$(AF1)_{16} = (101\ 011\ 110\ 001)_2$ となる．したがって，

$(101)_2 = 5$，$(011)_2 = 3$，$(110)_2 = 6$，$(001)_2 = 1$

∴ $(AF1)_{16} = \underline{(5361)_8}$

問4

(1) $A + B = 15$，$A - B = 7$ より，両式を足せば，

$2A = 22$　∴ $A = 11 = \underline{(1011)_2}$

これを $A + B = 15$ に代入すれば，

$B = 15 - A = 15 - 11 = 4 = \underline{(100)_2}$

(2) $A + B = 24$，$A - B = 4$ より，両式を足せば，

$2A = 28$　∴ $A = 14 = \underline{(1110)_2}$

これを $A + B = 24$ に代入すれば，

$B = 24 - A = 24 - 14 = 10 = \underline{(1010)_2}$

(3) $2A+B=33$, $A+2B=30$ より，前の式を2倍して後の式を引けば，

$$4A+2B-(A+2B)=66-30$$
$$\therefore 3A=36 \quad \therefore A=12=\underline{(1100)_2}$$

これを $2A+B=33$ に代入すれば，

$$B=33-2A=33-2\times12=33-24=9$$
$$=\underline{(1001)_2}$$

(4) $A+B=365$, $A-B=135$ より，両式を足せば，

$$2A=500 \quad \therefore A=250=\underline{(372)_8}$$

これを $A+B=365$ に代入すれば，

$$B=365-A=365-250=115=\underline{(163)_8}$$

(5) $2A+B=424$, $A-B=35$ より，両式を足せば，

$$3A=424+35=459 \quad \therefore A=153=\underline{(231)_8}$$

これを $2A+B=424$ に代入すれば，

$$B=424-2A=424-2\times153=424-306$$
$$=118=\underline{(166)_8}$$

(6) $A+B=312$, $A-B=38$ より，両式を足せば，

$$2A=350 \quad \therefore A=175=\underline{(AF)_{16}}$$

これを $A+B=312$ に代入すれば，

$$B=312-A=312-175=137=\underline{(89)_{16}}$$

問5

(1) 基数変換の公式より，

$$(r^2+r+0)+(r^2+0+0)=(r^3+0+r+0)$$
$$\therefore 2r^2+r=r^3+r$$
$$\therefore r^3-2r^2=r^2(r-2)=0 \quad \therefore r=0,2$$

r は正の整数となるので，

$$r=\underline{2}$$

(2) 基数変換の公式より，

$$(7r+1)+(5r+1)=(r^2+4r+2)$$
$$\therefore 12r+2=r^2+4r+2$$
$$\therefore r^2-8r=r(r-8)=0 \quad \therefore r=0,8$$

r は正の整数となるので，

$$r=\underline{8}$$

(3) 基数変換の公式より，

$$(r^2+2r+2)-(r+4)=(r^2+0+4)$$
$$\therefore r^2+r-2=r^2+4 \quad \therefore r=\underline{6}$$

テーマ2 論理式と真理値表

問6

(1) 分配法則 $A\cdot(B+C)=A\cdot B+A\cdot C$ より，

$$(A+B)\cdot(A+C)$$

$$=A\cdot(A+C)+B\cdot(A+C)$$
$$=A\cdot A+A\cdot C+B\cdot A+B\cdot C$$

となり，同一法則 $A\cdot A=A$ より，

$$A\cdot A+A\cdot C+B\cdot A+B\cdot C$$
$$=A+A\cdot C+B\cdot A+B\cdot C$$
$$=A\cdot(1+B+C)+B\cdot C=A\cdot1+B\cdot C$$
$$=\underline{A+B\cdot C}$$

【別解】

ベン図を用いれば，解図6-1のようになる．

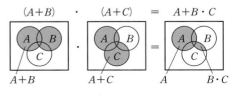

解図6-1

(2) 分配法則 $A\cdot(B+C)=A\cdot B+A\cdot C$ より，

$$A+A\cdot B=A\cdot(1+B)=A\cdot1=\underline{A}$$

【別解】

ベン図を用いれば，解図6-2のようになる．

解図6-2

(3) 分配法則 $A\cdot(B+C)=A\cdot B+A\cdot C$ より，

$$A\cdot(A+B)=A\cdot A+A\cdot B$$

となり，同一法則 $A\cdot A=A$ より，

$$A\cdot(A+B)=A\cdot1+A\cdot B=A\cdot(1+B)$$
$$=A\cdot1=\underline{A}$$

【別解】

ベン図を用いれば，解図6-3のようになる．

解図6-3

(4) ベン図を用いれば, 解図6–4のようになる.

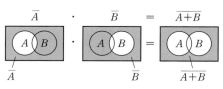

解図6–4

(5) ベン図を用いれば, 解図6–5のようになる.

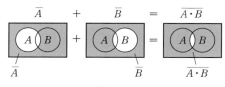

解図6–5

(1) $Z = A \cdot \overline{B} + A \cdot B + \overline{A} \cdot \overline{B}$

$\qquad = A \cdot \overline{B} + A \cdot \overline{B} + A \cdot B + \overline{A} \cdot \overline{B}$

$\qquad = A \cdot (B + \overline{B}) + (A + \overline{A}) \cdot \overline{B} = \underline{A + \overline{B}}$

(2) $Z = \overline{A + B} + \overline{A} \cdot B$

$\qquad = \overline{A} \cdot \overline{B} + \overline{A} \cdot B = \overline{A} \cdot (B + \overline{B}) = \underline{\overline{A}}$

(3) $Z = (A + B) \cdot (A + C)$

$\qquad = A \cdot A + A \cdot C + B \cdot A + B \cdot C$

$\qquad = A + A \cdot C + B \cdot \ \cdot C$

$\qquad = A \cdot (1 + B + C) + B \cdot C = \underline{A + B \cdot C}$

(4) $Z = A \cdot B \cdot \overline{C} + A \cdot B \cdot C + \overline{A} \cdot B \cdot C + \overline{A} \cdot \overline{B} \cdot C$

$\qquad = A \cdot B \cdot (C + \overline{C}) + \overline{A} \cdot (B + \overline{B}) \cdot C$

$\qquad = \underline{A \cdot B + \overline{A} \cdot C}$

(5) $Z = A \cdot B \cdot (A + C)$

$\qquad = A \cdot B \cdot A + A \cdot B \cdot C = A \cdot B + A \cdot B \cdot C$

$\qquad = A \cdot B \cdot (1 + C) = \underline{A \cdot B}$

(6) $Z = (A + B) \cdot (A + C) + C \cdot (A + \overline{B})$

$\qquad = A \cdot A + A \cdot C + A \cdot B + B \cdot C + A \cdot C + \overline{B} \cdot C$

$\qquad = A \cdot (A + B + C) + (A + B + \overline{B}) \cdot C$

$\qquad = A + (A + 1) \cdot C = A + C \cdot 1 = \underline{A + C}$

(7) $Z = (A + B) \cdot (\overline{A \cdot B} + C) + A \cdot \overline{C} + B$

$\qquad = (A + B) \cdot (\overline{A} + \overline{B} + C) + A \cdot \overline{C} + B$

$\qquad = A \cdot \overline{A} + A \cdot \overline{B} + A \cdot C + B \cdot \overline{A} + B \cdot \overline{B}$

$\qquad \quad + B \cdot C + A \cdot \overline{C} + B$

$\qquad = A \cdot \overline{B} + A \cdot C + B \cdot \overline{A} + B \cdot C + A \cdot \overline{C} + B$

$\qquad = A \cdot (\overline{B} + C + \overline{C}) + B \cdot (\overline{A} + C + 1)$

$\qquad = A \cdot (\overline{B} + 1) + B = \underline{A + B}$

(1)~(8) それぞれ解表8–1~8–8の通りとなる.

解表8–1

A	B	$A+B$	Z
0	0	0	1
0	1	1	0
1	0	1	0
1	1	1	0

解表8–2

A	B	$\overline{A}$	$\overline{B}$	Z
0	0	1	1	1
0	1	1	0	1
1	0	0	1	1
1	1	0	0	0

解表8–3

A	B	$\overline{A}$	$\overline{B}$	$A \cdot B$	$\overline{A} \cdot \overline{B}$	Z
0	0	1	1	0	1	1
0	1	1	0	0	0	0
1	0	0	1	0	0	0
1	1	0	0	1	0	1

解表8–4

A	B	$\overline{A}$	$\overline{B}$	$A \cdot \overline{B}$	$\overline{A} \cdot B$	Z
0	0	1	1	0	0	0
0	1	1	0	0	1	1
1	0	0	1	1	0	1
1	1	0	0	0	0	0

解表8–5

A	B	C	$B \cdot C$	Z
0	0	0	0	0
0	0	1	0	0
0	1	0	0	0
0	1	1	1	1
1	0	0	0	1
1	0	1	0	1
1	1	0	0	1
1	1	1	1	1

解表8–6

A	B	C	$\overline{A}$	$A \cdot B$	$\overline{A} \cdot C$	Z
0	0	0	1	0	0	0
0	0	1	1	0	1	1
0	1	0	1	0	0	0
0	1	1	1	0	1	1
1	0	0	0	0	0	0
1	0	1	0	0	0	0
1	1	0	0	1	0	1
1	1	1	0	1	0	1

解表 8-7

A	B	C	$\overline{A}$	$A\cdot B\cdot C$	$\overline{A}\cdot B$	Z
0	0	0	1	0	0	0
0	0	1	1	0	0	0
0	1	0	1	0	1	1
0	1	1	1	0	1	1
1	0	0	0	0	0	0
1	0	1	0	0	0	0
1	1	0	0	0	0	0
1	1	1	0	1	0	1

解表 8-8

A	B	C	$\overline{B}$	$\overline{B}+C$	Z
0	0	0	1	1	0
0	0	1	1	1	0
0	1	0	0	0	0
0	1	1	0	1	0
1	0	0	1	1	1
1	0	1	1	1	1
1	1	0	0	0	0
1	1	1	0	1	1

問9

(1) $Z=\overline{A}\cdot\overline{B}\cdot\overline{C}+\overline{A}\cdot\overline{B}\cdot C=\overline{A}\cdot\overline{B}\cdot(C+\overline{C})$
$\qquad =\underline{\overline{A}\cdot\overline{B}}$

(2) $Z=\overline{A}\cdot\overline{B}\cdot\overline{C}+\overline{A}\cdot B\cdot\overline{C}+A\cdot\overline{B}\cdot\overline{C}$

同一の法則 $A+A=A$ より，
$\qquad Z=\overline{A}\cdot\overline{B}\cdot\overline{C}+\overline{A}\cdot B\cdot\overline{C}+\overline{A}\cdot\overline{B}\cdot\overline{C}+A\cdot\overline{B}\cdot\overline{C}$
$\qquad =\overline{A}\cdot(B+\overline{B})\cdot\overline{C}+(A+\overline{A})\cdot\overline{B}\cdot\overline{C}$
$\qquad =\underline{\overline{A}\cdot\overline{C}+\overline{B}\cdot\overline{C}}$

(3) $Z=\overline{A}\cdot\overline{B}\cdot\overline{C}+\overline{A}\cdot B\cdot\overline{C}+A\cdot\overline{B}\cdot\overline{C}+A\cdot\overline{B}\cdot C$
$\qquad =\overline{A}\cdot(B+\overline{B})\cdot\overline{C}+A\cdot\overline{B}\cdot(C+\overline{C})$
$\qquad =\underline{\overline{A}\cdot\overline{C}+A\cdot\overline{B}}$

(4) $Z=\overline{A}\cdot\overline{B}\cdot C+\overline{A}\cdot B\cdot C+A\cdot\overline{B}\cdot C$
$\qquad\quad +A\cdot B\cdot\overline{C}+A\cdot B\cdot C$
$\qquad =\overline{A}\cdot C\cdot(B+\overline{B})+A\cdot\overline{B}\cdot C+A\cdot B\cdot\overline{C}+A\cdot B\cdot C$

同一の法則 $A+A=A$ より，
$\qquad Z=\overline{A}\cdot C+A\cdot\overline{B}\cdot C+A\cdot B\cdot\overline{C}+A\cdot B\cdot C$
$\qquad\quad +A\cdot B\cdot C$
$\qquad =\overline{A}\cdot C+A\cdot(B+\overline{B})\cdot C+A\cdot B\cdot(C+\overline{C})$
$\qquad =\overline{A}\cdot C+A\cdot C+A\cdot B=(A+\overline{A})\cdot C+A\cdot B$
$\qquad =\underline{C+A\cdot B}$

テーマ3　論理回路とカルノー図

問10

(1) 解図10-1の通り．

【AND】
$\quad 1110$
$\underline{\times\ 1011}$
$\quad 1010$

【OR】
$\quad 1110$
$\underline{+\ 1011}$
$\quad 1111$

【Ex-OR】
$\quad 1110$
$\underline{\oplus\ 1011}$
$\quad 0101$

解図 10-1

(2) 解図10-2の通り．

【AND】
$\quad 1001$
$\underline{\times\ 0101}$
$\quad 0001$

【OR】
$\quad 1001$
$\underline{+\ 0101}$
$\quad 1101$

【Ex-OR】
$\quad 1001$
$\underline{\oplus\ 0101}$
$\quad 1100$

解図 10-2

(3) 解図10-3の通り．

【AND】
$\quad 101001$
$\underline{\times\ 010011}$
$\quad 000001$

【OR】
$\quad 101001$
$\underline{+\ 010011}$
$\quad 111011$

【Ex-OR】
$\quad 101001$
$\underline{\oplus\ 010011}$
$\quad 111010$

解図 10-3

(4) 解図10-4の通り．

【AND】
$\quad 01101101$
$\underline{\times\ 10100110}$
$\quad 00100100$

【OR】
$\quad 01101101$
$\underline{+\ 10100110}$
$\quad 11101111$

【Ex-OR】
$\quad 01101101$
$\underline{\oplus\ 10100110}$
$\quad 11001011$

解図 10-4

問11

(1) 解図11-1のように C, D, E を定めると，
$\quad C=\overline{A\cdot B}$, $D=\overline{A\cdot C}$, $E=\overline{B\cdot C}$
$\quad Z=\overline{D\cdot E}$

となるため，真理値表は解表11-1の通りとなる．また，Z が1となるときの A と B だけを抜き出せば，

$\quad Z=\overline{A}\cdot B+A\cdot\overline{B}$

解表 11-1

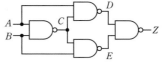

解図 11-1

A	B	C	D	E	Z
0	0	1	1	1	0
0	1	1	1	0	1
1	0	1	0	1	1
1	1	0	1	1	0

（2）解図11–2のようにDを定めると，

$$D = B + C, \quad Z = A \cdot B \cdot D$$

となるため，真理値表は解表11–2の通りとなる．また，Zが1となるときのA，B，Cだけを抜き出せば，

$$Z = A \cdot B \cdot \overline{C} + A \cdot B \cdot C = A \cdot B \cdot (C + \overline{C}) = \underline{A \cdot B}$$

解表 11–2

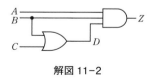

解図 11–2

A	B	C	D	Z
0	0	0	0	0
0	0	1	1	0
0	1	0	1	0
0	1	1	1	0
1	0	0	0	0
1	0	1	1	0
1	1	0	1	1
1	1	1	1	1

（3）解図11–3のようにD，Eを定めると，

$$D = \overline{A} \cdot B \cdot C, \quad E = \overline{B} \cdot \overline{C}, \quad Z = D + E$$

となるため，真理値表は解表11–3の通りとなる．また，Zが1となるときのA，B，Cだけを抜き出せば，

$$Z = \overline{A} \cdot \overline{B} \cdot \overline{C} + \overline{A} \cdot B \cdot C + A \cdot \overline{B} \cdot \overline{C}$$
$$= (A + \overline{A}) \cdot \overline{B} \cdot \overline{C} + \overline{A} \cdot B \cdot C = \underline{\overline{B} \cdot \overline{C} + \overline{A} \cdot B \cdot C}$$

解表 11–3

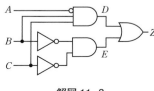

解図 11–3

A	B	C	D	E	Z
0	0	0	0	1	1
0	0	1	0	0	0
0	1	0	0	0	0
0	1	1	1	0	1
1	0	0	0	1	1
1	0	1	0	0	0
1	1	0	0	0	0
1	1	1	0	0	0

（4）解図11–4のようにD，Eを定めると，

$$D = A \cdot C, \quad E = B \cdot \overline{C}, \quad Z = D + E$$

となるため，真理値表は解表11–4の通りとなる．また，Zが1となるときのAとBだけを抜き出せば，

$$Z = \overline{A} \cdot B \cdot \overline{C} + A \cdot \overline{B} \cdot C + A \cdot B \cdot \overline{C} + A \cdot B \cdot C$$
$$= (A + \overline{A}) \cdot B \cdot \overline{C} + (B + \overline{B}) \cdot A \cdot C = \underline{B \cdot \overline{C} + A \cdot C}$$

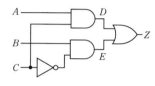

解図 11–4

解表 11–4

A	B	C	$\overline{C}$	D	E	Z
0	0	0	1	0	0	0
0	0	1	0	0	0	0
0	1	0	1	0	1	1
0	1	1	0	0	0	0
1	0	0	1	0	0	0
1	0	1	0	1	0	1
1	1	0	1	0	1	1
1	1	1	0	1	0	1

（5）解図11–5のようにD，E，F，Gを定めると，

$$D = A \cdot B, \quad E = B \cdot C, \quad F = A \cdot C$$
$$G = D + E, \quad Z = F + G$$

となるため，真理値表は解表11–5の通りとなる．また，Zが1となるときのAとBだけを抜き出せば，

$$Z = \overline{A} \cdot B \cdot C + A \cdot \overline{B} \cdot C + A \cdot B \cdot \overline{C} + A \cdot B \cdot C$$
$$= \overline{A} \cdot B \cdot C + A \cdot B \cdot C + A \cdot \overline{B} \cdot C + A \cdot B \cdot C +$$
$$A \cdot B \cdot \overline{C} + A \cdot B \cdot C$$
$$= (A + \overline{A}) \cdot B \cdot C + A \cdot (B + \overline{B}) \cdot C + A \cdot B \cdot (C + \overline{C})$$
$$= \underline{B \cdot C + A \cdot C + A \cdot B}$$

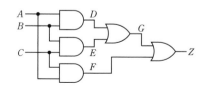

解図 11–5

解表 11–5

A	B	C	D	E	F	G	Z
0	0	0	0	0	0	0	0
0	0	1	0	0	0	0	0
0	1	0	0	0	0	0	0
0	1	1	0	1	0	1	1
1	0	0	0	0	0	0	0
1	0	1	0	0	1	0	1
1	1	0	1	0	0	1	1
1	1	1	1	1	1	1	1

(6) 解図11-6のように D, E, F を定めると，
$$D=A\cdot B,\ E=A\cdot\overline{B}+\overline{A}\cdot B,\ F=E\cdot C$$
$$Z=D+F$$

となるため，真理値表は解表11-6の通りとなる．
入力 A, B, C と出力 Z の関係は解表11-5と同じ
なので，論理式は，

$$Z=\overline{B}\cdot C+A\cdot C+A\cdot B$$

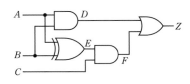

解図 11-6

解表 11-6

A	B	C	D	E	F	Z
0	0	0	0	0	0	0
0	0	1	0	0	0	0
0	1	0	0	1	0	0
0	1	1	0	1	1	1
1	0	0	0	1	0	0
1	0	1	0	1	1	1
1	1	0	1	0	0	1
1	1	1	1	0	0	1

【問 12】

(1) 問9(1)で求めた論理式は $Z=\overline{A}\cdot\overline{B}$ であるた
め，求める論理回路は，解図12-1の通りである．

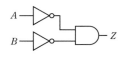

解図 12-1

(2) 問9(2)で求めた論理式は $Z=\overline{A}\cdot\overline{C}+\overline{B}\cdot\overline{C}$ で
あるため，求める論理回路は，解図12-2の通り
である．

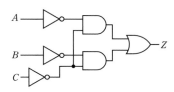

解図 12-2

(3) 問9(3)で求めた論理式は $Z=\overline{A}\cdot\overline{C}+A\cdot\overline{B}$ で
あるため，求める論理回路は，解図12-3の通り
である．

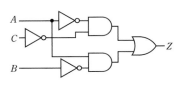

解図 12-3

(4) 問9(4)で求めた論理式は $Z=C+A\cdot B$ であ
るため，求める論理回路は，解図12-4の通りで
ある．

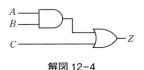

解図 12-4

【問 13】

(1) カルノー図は，解図13-1のようになる．Ⓐ
の共通入力は $A=0$ と $B=1$，Ⓑの共通入力は $B=1$ と $C=0$ なので，

$$Z=\overline{A}\cdot B+B\cdot\overline{C}$$

$A\ B$ \ C	0	1
0 0		Ⓐ
0 1	1	1
1 1	1	
1 0	Ⓑ	

解図 13-1

(2) カルノー図は，解図13-2のようになる．Ⓐ
の共通入力は $A=0$ と $B=0$，Ⓑの共通入力は $B=1$ と $C=1$，Ⓒの共通入力は $A=1$ と $B=1$ なので，

$$Z=\overline{A}\cdot\overline{B}+B\cdot C+A\cdot B$$

$A\ B$ \ C	0	1	
0 0	1	1	Ⓐ
0 1		1	Ⓑ
1 1	1	1	
1 0	Ⓒ		

解図 13-2

（3）カルノー図は，解図13–3のようになる．Ⓐの共通入力は$A=1$，Ⓑの共通入力は$B=0$と$C=0$なので，

$$Z = \underline{A + \bar{B}\cdot\bar{C}}$$

$A\,B$ ╲ C	0	1
0　0	1 Ⓑ	
0　1	Ⓐ	
1　1	1	1
1　0	1	1

解図13–3

（4）カルノー図は，解図13–4のようになる．Ⓐの共通入力は$A=1$と$D=1$，Ⓑの共通入力は$A=1$と$B=0$なので，

$$Z = \underline{A\cdot D + A\cdot\bar{B}}$$

$A\,B$ ╲ $\dfrac{C}{D}$	0　0	0　1	1　1	1　0
0　0				
0　1		Ⓐ		
1　1		1	1	Ⓑ
1　0	1	1	1	1

解図13–4

（5）カルノー図は，解図13–5のようになる．Ⓐの共通入力は$B=1$と$D=1$，Ⓑの共通入力は$A=1$と$D=1$，Ⓒの共通入力は$A=0$と$B=0$と$C=1$と$D=0$なので，

$$Z = \underline{B\cdot D + A\cdot D + \bar{A}\cdot\bar{B}\cdot C\cdot\bar{D}}$$

$A\,B$ ╲ $\dfrac{C}{D}$	0　0	0　1	1　1	1　0
0　0		Ⓐ		1
0　1		1	1	Ⓒ
1　1		1	1	
1　0		Ⓑ 1	1	

解図13–5

（6）カルノー図は，解図13–6のようになる．Ⓐの共通入力は$A=0$と$B=1$と$C=0$，Ⓑの共通入力は$B=1$と$D=1$，Ⓒの共通入力は$A=1$と$C=1$と$D=1$なので，

$$Z = \underline{\bar{A}\cdot B\cdot\bar{C} + B\cdot D + A\cdot C\cdot D}$$

$A\,B$ ╲ $\dfrac{C}{D}$	0　0	0　1	1　1	1　0
0　0				Ⓑ
0　1	1	1	1	
1　1	Ⓐ		1	1
1　0			1 Ⓒ	

解図13–6

テーマ4　フローチャート

問14

（1）nはループの繰り返し回数を記録しており，Aは初期値が2で，ループを繰り返すごとに3ずつ加算した値を記録している．つまり，このフローチャートは，$A=2+3n$という数式を計算するものである．したがって，nとAの変化は解表14–1のようになり，ループを抜ける条件である$A>18$となるとき，

$$n=\underline{6},\ A=\underline{20}$$

解表14–1

回数	1	2	3	4	5	6	7
n	0	1	2	3	4	5	6
A	2	5	8	11	14	17	20

（2）nはループの繰り返し回数を記録しており，Aは初期値が50で，ループを繰り返すごとに$2n$ずつ減算した値を記録している．つまり，このフローチャートは$A=50-2\times(1+2+\cdots)$という数式を計算するものである．したがって，nとAの変化は解表14–2となり，ループを抜ける条件である$A<0$となるとき，

$$n=\underline{7},\ A=\underline{-6}$$

解表14–2

回数	1	2	3	4	5	6	7	8
n	0	1	2	3	4	5	6	7
A	50	48	44	38	30	20	8	-6

（3）nはループの繰り返し回数を記録しており，Aは初期値が5で，ループを繰り返すごとに3^nずつ加算した値を記録している．つまり，このフローチャートは，$A=5+3+3^2+3^3+\cdots$という数

式を計算するものである．したがって，n と A の変化は解表14–3となり，ループを抜ける条件である $A>120$ となるとき，

$$n = \underline{4}, \quad A = \underline{125}$$

解表 14–3

回数	1	2	3	4	5
n	0	1	2	3	4
A	5	8	17	44	125

問15

（1）フローチャートを上から順に追っていけばよい．解図15–1の①のポイントでは，変数 m に $a[1]=4$ を代入する．

次に②のポイントでは，変数 i に1を加えるので，$i=2$ となり，$m=a[1]=4$ と $a[2]$ の大きさを比較する．$m<a[2]$ が成り立つ場合は，変数 m に新たに $a[2]$ の値を代入し，$m<a[2]$ が成り立たない場合は，変数 m はそのまま（$a[1]=4$ が代入されたまま）となる．題意より $a[2]=8$ なので，$m<a[2]$ は成り立つため，変数 m には $a[2]=8$ が新たに代入される．

そして，③のポイントでは，i が5に達するまでの間，②の処理を繰り返す．つまり今度は，$i=3$ となるため，$m=a[2]=8$ と $a[3]$ の大きさを比較し，$a[3]$ の方が大きければ m の値を更新す

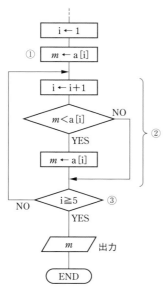

解図 15–1

る．そして，i が5に達したらループを抜け出して m の値を出力する．

以上より，このフローチャートは，$a[1]$ から $a[5]$ まで順番に大きさを比較して，m に代入されている値よりも大きな値が出てきたら m の値を更新していく処理を行うので，最終的に変数 m には $a[1]$〜$a[5]$ の中で最も大きな値が代入される，つまり $a[1]$〜$a[5]$ の中の最大値を求める処理である．

したがって，最終的に出力される m の値は，$a[1]$〜$a[5]$ の中で最も大きな値，つまり $m=a[2]=\underline{8}$ である．

（2）解図15–2において，まず①のポイントで $i=1$，$j=2$ が代入される．

続いて，メインの処理が行われる箇所である②のポイントで，$a[i]$ と $a[j]$ の大きさを比較する．$a[i]<a[j]$ が成り立つ場合は，いったん m に $a[i]$ の値を代入し，$a[i]$ に $a[j]$ の値を代入したあと，$a[j]$ に m の値を代入するという処理をするが，これはつまり，$a[i]$ と $a[j]$ の値を入れ替える処理である．一方，$a[i]<a[j]$ が成り立たない場合は，$a[i]$ と $a[j]$ の入れ替え処理は行わず，③に移る．

③のポイントでは，j に1を加え，j が5を超えなければ，②の処理を繰り返す．ここで，i の値は変わらないため，要するに $a[1]$ と $a[2]$，$a[3]$，$a[4]$，$a[5]$ を順に比較していき，最も大きな値が最終的に $a[1]$ に代入されることになる．

そして，③において j が5を超えたら④の処理に移る．④のポイントでは，i に1を加えて，i が4を超えるまで再び②の処理を繰り返す．つまり，$a[2]$ と $a[3]$，$a[4]$，$a[5]$ を順番に比較していって，最終的に $a[2]$〜$a[5]$ の中で最も大きな値が $a[2]$ に代入される．

これを $i=3$，$i=4$ についても行うので，最終的に，$a[1]>a[2]>a[3]>a[4]>a[5]$ となるように，数字の並び替えが行われる．つまり，このフローチャートで行う処理は，$a[1]$〜$a[5]$ の値を大きい順に並び替える処理である．

したがって，最終的に出力されるのは，$a[1]=\underline{8}$，$a[2]=\underline{6}$，$a[3]=\underline{4}$，$a[4]=\underline{3}$，$a[5]=\underline{2}$ である．

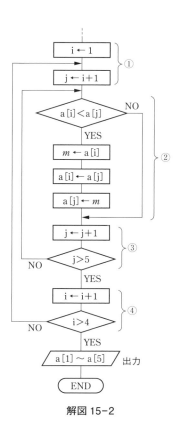

解図 15-2

$$P_a = \frac{1\,300 + 200 + 600 + 800 + 1\,500 + 1\,800}{24}$$

$$= 258.3\,[\mathrm{kW}]$$

となる．したがって，日負荷率は，

$$（日負荷率）= \frac{P_a}{P_m} \times 100 = \frac{258.3}{600} \times 100$$

$$= \underline{43.1}\,[\%]$$

解表 3

消費電力	時　間		消費電力量
100 kW	13 h	0時～7時（7 h） 18時～24時（6 h）	1 300 kW・h
200 kW	1 h	12時～13時	200 kW・h
300 kW	2 h	7時～9時	600 kW・h
400 kW	2 h	16時～18時	800 kW・h
500 kW	3 h	9時～12時	1 500 kW・h
600 kW	3 h	13時～16時	1 800 kW・h

問4

（1）工場Aの最大需要電力は，日負荷曲線より $P_{mA} = 800\,[\mathrm{kW}]$ である．したがって，

$$（需要率）= \frac{P_{mA}}{P_A} \times 100 = \frac{800}{900} \times 100 = \underline{88.9}\,[\%]$$

同様に，工場Bの最大需要電力は $P_{mB} = 500\,[\mathrm{kW}]$ であるため，

$$（需要率）= \frac{P_{mB}}{P_B} \times 100 = \frac{500}{550} \times 100 = \underline{90.9}\,[\%]$$

工場Cの最大需要電力は $P_{mC} = 200\,[\mathrm{kW}]$ であるため，

$$（需要率）= \frac{P_{mC}}{P_C} \times 100 = \frac{200}{240} \times 100 = \underline{83.3}\,[\%]$$

また，工場A，B，Cの消費電力量[kW・h]は，それぞれ解表4–1，4–2，4–3となる．工場Aの平均需要電力 $P_{aA}\,[\mathrm{kW}]$ は，

$$P_{aA} = \frac{3\,000 + 1\,800 + 4\,900 + 3\,200}{24} = 537.5\,[\mathrm{kW}]$$

である．したがって，

$$（日負荷率）= \frac{P_{aA}}{P_{mA}} \times 100 = \frac{537.5}{800} \times 100$$

$$= \underline{67.2}\,[\%]$$

法　規

電気施設管理

テーマ1　需要率・負荷率・不等率

問1

公式に各値を代入すれば，需要率は，

$$（需要率）= \frac{P_m}{P_0} \times 100 = \frac{1\,050}{1\,200} \times 100 = \underline{87.5}\,[\%]$$

問2

この需要家の負荷設備容量 $P_0\,[\mathrm{kW}]$ は，

$$P_0 = P_1 + P_2 + P_3 + P_4$$

$$= 150 + 100 + 250 + 300 = 800\,[\mathrm{kW}]$$

となるので，需要率は，

$$（需要率）= \frac{P_m}{P_0} \times 100 = \frac{680}{800} \times 100 = \underline{85}\,[\%]$$

問3

消費電力量は消費電力×時間なので，この需要家の消費電力量[kW・h]は解表3のようになる．この需要家の平均需要電力 $P_a\,[\mathrm{kW}]$ は，総消費電力量を24時間で割ればよいので，

解表 4-1

消費電力	時　間		消費電力量
300 kW	10 h	0時～6時 (6 h) 20時～24時 (4 h)	3 000 kW·h
600 kW	3 h	6時～8時 (2 h) 12時～13時 (1 h)	1 800 kW·h
700 kW	7 h	13時～20時	4 900 kW·h
800 kW	4 h	8時～12時	3 200 kW·h

同様に，工場Bの平均需要電力 P_{aB} [kW] は，

$$P_{aB} = \frac{2\,800 + 300 + 2\,800 + 1\,000}{24} = 287.5\,[\mathrm{kW}]$$

である．したがって，

$$(日負荷率) = \frac{P_{aB}}{P_{mB}} \times 100 = \frac{287.5}{500} \times 100$$

$$= \underline{57.5\,[\%]}$$

解表 4-2

消費電力	時　間		消費電力量
200 kW	14 h	0時～8時 (8 h) 18時～24時 (6 h)	2 800 kW·h
300 kW	1 h	12時～13時	300 kW·h
400 kW	7 h	8時～12時 (4 h) 15時～18時 (3 h)	2 800 kW·h
500 kW	2 h	13時～15時	1 000 kW·h

工場Cの平均需要電力 P_{aC} [kW] は，

$$P_{aC} = \frac{2\,000 + 800}{24} = 116.67\,[\mathrm{kW}]$$

である．したがって，

$$(日負荷率) = \frac{P_{aC}}{P_{mC}} \times 100 = \frac{116.67}{200} \times 100$$

$$= \underline{58.3\,[\%]}$$

解表 4-3

消費電力	時　間		消費電力量
100 kW	20 h	0時～13時 (13 h) 17時～24時 (7 h)	2 000 kW·h
200 kW	4 h	13時～17時	800 kW·h

(2) 各工場の日負荷曲線を足し合わせると，解図4のようになり，消費電力量 [kW·h] は解表4-4のようになる．最大需要電力は $P_m = 1\,400$ [kW] であり，平均需要電力 P_a [kW] は，

$$P_a = \frac{6\,000 + 1\,800 + 3\,000 + 1\,200 + 7\,800 + 2\,800}{24}$$

$$= 941.67\,[\mathrm{kW}]$$

である．したがって，

$$(総合負荷率) = \frac{P_a}{P_m} \times 100 = \frac{941.67}{1\,400} \times 100$$

$$= \underline{67.3\,[\%]}$$

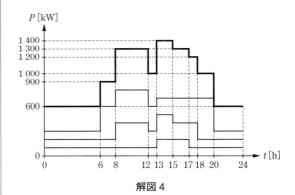

解図 4

解表 4-4

消費電力	時　間		消費電力量
600 kW	10 h	0時～6時 (6 h) 20時～24時 (4 h)	6 000 kW·h
900 kW	2 h	6時～8時	1 800 kW·h
1 000 kW	3 h	12時～13時 (1 h) 18時～20時 (2 h)	3 000 kW·h
1 200 kW	1 h	17時～18時	1 200 kW·h
1 300 kW	6 h	8時～12時 (4 h) 15時～17時 (2 h)	7 800 kW·h
1 400 kW	2 h	13時～15時	2 800 kW·h

(3) 工場A，B，Cの最大需要電力の和は，

$$P_{mA} + P_{mB} + P_{mC} = 800 + 500 + 200 = 1\,500\,[\mathrm{kW}]$$

であり，合成最大需要電力は，解図4より $P_m = 1\,400$ [kW] である．したがって，不等率は，

$$(不等率) = \frac{P_{mA} + P_{mB} + P_{mC}}{P_m} = \frac{1\,500}{1\,400} = \underline{1.07}$$

(4) 最大負荷となるのは13時～15時の間であり，そのときの工場A，B，Cの有効電力をそれぞれ P_A [kW]，P_B [kW]，P_C [kW] とし，無効電力をそれぞれ Q_A [kvar]，Q_B [kvar]，Q_C [kvar] とすると，工場Aについては，

$$P_A = 700\,[\mathrm{kW}]$$

$$Q_A = P_A \tan \theta_A = P_A \frac{\sqrt{1 - \cos^2 \theta_A}}{\cos \theta_A} = 0 \, [\text{kvar}]$$

となり，同様に工場Bについては，

$$P_B = 500 \, [\text{kW}]$$

$$Q_B = 500 \times \frac{\sqrt{1 - 0.8^2}}{0.8} = 500 \times \frac{0.6}{0.8} = 375 \, [\text{kvar}]$$

となり，工場Cについては，

$$P_C = 200 \, [\text{kW}]$$

$$Q_C = 200 \times \frac{\sqrt{1 - 0.6^2}}{0.6} = 200 \times \frac{0.8}{0.6} = 266.67 \, [\text{kvar}]$$

となる．したがって，総合力率 $\cos \theta_0$ は，

$$\cos \theta_0 = \frac{P_A + P_B + P_C}{\sqrt{(P_A + P_B + P_C)^2 + (Q_A + Q_B + Q_C)^2}}$$

$$= \frac{700 + 500 + 200}{\sqrt{(700 + 500 + 200)^2 + (0 + 375 + 266.67)^2}}$$

$$= \frac{1\,400}{\sqrt{1\,400^2 + 641.67^2}} = \underline{0.909}$$

[問5]

(1) 最大需要電力は需要率を用いて計算する．需要率を $\eta_d \, [\%]$，設備容量を $S \, [\text{kV·A}]$，力率を $\cos \theta$ とすると，

$$\eta_d = \frac{P_m}{S \cos \theta} \times 100 \quad \therefore P_m = S \cos \theta \times \frac{\eta_d}{100}$$

と求められるため，

$$P_{mA} = 600 \times 0.90 \times \frac{40}{100} = \underline{216 \, [\text{kW}]}$$

$$P_{mB} = 300 \times 0.80 \times \frac{60}{100} = \underline{144 \, [\text{kW}]}$$

$$P_{mC} = 700 \times 0.85 \times \frac{60}{100} = \underline{357 \, [\text{kW}]}$$

(2) 平均需要電力は負荷率を用いて計算する．負荷率を $\eta_l \, [\%]$，最大需要電力を $P_m \, [\text{kW}]$ とすると，

$$\eta_l = \frac{P_a}{P_m} \times 100 \quad \therefore P_a = P_m \times \frac{\eta_l}{100}$$

と求められるため，

$$P_{aA} = 216 \times \frac{50}{100} = \underline{108 \, [\text{kW}]}$$

$$P_{aB} = 144 \times \frac{40}{100} = \underline{57.6 \, [\text{kW}]}$$

$$P_{aC} = 357 \times \frac{60}{100} = 214.2 \fallingdotseq \underline{214 \, [\text{kW}]}$$

(3) 合成最大需要電力は，不等率の式より，

$$(\text{不等率}) = \frac{P_{mA} + P_{mB} + P_{mC}}{P_0} = 1.14$$

$$\therefore P_0 = \frac{P_{mA} + P_{mB} + P_{mC}}{1.14} = \frac{216 + 144 + 357}{1.14}$$

$$= \frac{717}{1.14} = \underline{629 \, [\text{kW}]}$$

(4) 合成平均需要電力 $P_a \, [\text{kW}]$ は，

$$P_a = P_{aA} + P_{aB} + P_{aC} = 108 + 57.6 + 214.2$$

$$= 379.8 \, [\text{kW}]$$

となるため，総合負荷率は，

$$(\text{総合負荷率}) = \frac{P_a}{P_0} \times 100 = \frac{379.8}{629} \times 100$$

$$= \underline{60.4 \, [\%]}$$

テーマ2 接地工事と対地電圧

[問6]

1.5秒で自動遮断可能な電路の場合，以下の公式に代入すれば，

$$R_B = \frac{300}{I_s} = \frac{300}{3} = \underline{100 \, [\Omega]}$$

[問7]

一線地絡電流 $I_s \, [\text{A}]$ は，以下の2つの式で表すことができる．

$$I_s = \frac{V}{R_B + R_D} = \frac{100}{30 + R_D}, \quad I_s = \frac{V_D}{R_D} = \frac{40}{R_D}$$

したがって，これらを連立させれば，

$$\frac{100}{30 + R_D} = \frac{40}{R_D}$$

$$\therefore 100 R_D = 40(30 + R_D)$$

$$\therefore 2.5 R_D = 30 + R_D$$

$$\therefore 1.5 R_D = 30$$

$$\therefore R_D = \underline{20 \, [\Omega]}$$

[問8]

公式に各値を代入すると，

$$R_B = \frac{150}{I_s} = \frac{150}{6} = \underline{25 \, [\Omega]}$$

また，$V_D = 30 \, [\text{V}]$ となる場合について，公式に各値を代入すれば，

$$\frac{V}{R_{\mathrm{B}}+R_{\mathrm{D}}}=\frac{V_{\mathrm{D}}}{R_{\mathrm{D}}}$$

$$\frac{200}{25+R_{\mathrm{D}}}=\frac{30}{R_{\mathrm{D}}}$$

$$\therefore\ 200R_{\mathrm{D}}=30(25+R_{\mathrm{D}})=750+30R_{\mathrm{D}}$$

$$\therefore\ 170R_{\mathrm{D}}=750$$

$$\therefore\ R_{\mathrm{D}}=\underline{4.41}\ [\Omega]$$

問9

公式に各値を代入すれば，

$$\begin{aligned}
I_{\mathrm{m}}&=\frac{V_{\mathrm{m}}}{R_{\mathrm{m}}}=\frac{R_{\mathrm{D}}V}{R_{\mathrm{B}}R_{\mathrm{m}}+R_{\mathrm{m}}R_{\mathrm{D}}+R_{\mathrm{D}}R_{\mathrm{B}}}\\
&=\frac{50\times100}{40\times5\,000+5\,000\times50+50\times40}\\
&=\frac{5\,000}{200\,000+250\,000+2\,000}=\frac{5\,000}{452\,000}\\
&=11.062\times10^{-3}\,[\mathrm{A}]=\underline{11.1\,[\mathrm{mA}]}
\end{aligned}$$

問10

問題文を回路に表すと解図10のようになる．

$$V_{\mathrm{m}}=R_{\mathrm{m}}I_{\mathrm{m}}=8\,000\times2\times10^{-3}=16\ [\mathrm{V}]$$

より，$V_{\mathrm{B}}\,[\mathrm{V}]$は，

$$V_{\mathrm{B}}=V-V_{\mathrm{m}}=200-16=184\ [\mathrm{V}]$$

となる．したがって，$I_{\mathrm{s}}\,[\mathrm{A}]$は，

$$V_{\mathrm{B}}=R_{\mathrm{B}}I_{\mathrm{s}}$$

$$\therefore\ I_{\mathrm{s}}=\frac{V_{\mathrm{B}}}{R_{\mathrm{B}}}=\frac{184}{50}=3.68\ [\mathrm{A}]$$

となるため，分流則を用いれば，

$$I_{\mathrm{m}}=\frac{R_{\mathrm{D}}}{R_{\mathrm{D}}+R_{\mathrm{m}}}I_{\mathrm{s}}$$

$$\therefore\ I_{\mathrm{m}}(R_{\mathrm{D}}+R_{\mathrm{m}})=R_{\mathrm{D}}I_{\mathrm{s}}$$

$$\therefore\ R_{\mathrm{D}}(I_{\mathrm{s}}-I_{\mathrm{m}})=R_{\mathrm{m}}I_{\mathrm{m}}=V_{\mathrm{m}}$$

$$\therefore\ R_{\mathrm{D}}=\frac{V_{\mathrm{m}}}{I_{\mathrm{s}}-I_{\mathrm{m}}}=\frac{16}{3.68-2\times10^{-3}}=\frac{16}{3.678}$$

$$=\underline{4.35\ [\Omega]}$$

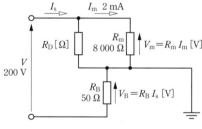

解図10

テーマ3　絶縁耐力試験

問11

(1) 1 000 [V]以下なので，最大使用電圧 $E_{\mathrm{m}}\,[\mathrm{V}]$ は，

$$E_{\mathrm{m}}=1.15E=1.15\times400=460\ [\mathrm{V}]$$

である．したがって，試験電圧 $V_{\mathrm{t}}\,[\mathrm{V}]$ は，

$$V_{\mathrm{t}}=1.5E_{\mathrm{m}}=1.5\times460=\underline{690}\ [\mathrm{V}]$$

(2) 1 000 [V]超なので，最大使用電圧 $E_{\mathrm{m}}\,[\mathrm{V}]$ は，

$$E_{\mathrm{m}}=\frac{1.15}{1.1}E=\frac{1.15}{1.1}\times6\,600=6\,900\ [\mathrm{V}]$$

である．したがって，試験電圧 $V_{\mathrm{t}}\,[\mathrm{V}]$ は，

$$V_{\mathrm{t}}=1.5E_{\mathrm{m}}=1.5\times6\,900=\underline{10\,350}\ [\mathrm{V}]$$

(3) 1 000 [V]超なので，最大使用電圧 $E_{\mathrm{m}}\,[\mathrm{V}]$ は，

$$E_{\mathrm{m}}=\frac{1.15}{1.1}E=\frac{1.15}{1.1}\times11\,000=11\,500\ [\mathrm{V}]$$

である．$E_{\mathrm{m}}\leqq15\,000\,[\mathrm{V}]$かつ中性点接地式電路という条件を満たすため，試験電圧 $V_{\mathrm{t}}\,[\mathrm{V}]$ は，

$$V_{\mathrm{t}}=0.92E_{\mathrm{m}}=0.92\times11\,500=\underline{10\,580}\ [\mathrm{V}]$$

(4) 1 000 [V]超なので，最大使用電圧 $E_{\mathrm{m}}\,[\mathrm{V}]$ は，

$$E_{\mathrm{m}}=\frac{1.15}{1.1}E=\frac{1.15}{1.1}\times22\,000=23\,000\ [\mathrm{V}]$$

である．したがって，試験電圧 $V_{\mathrm{t}}\,[\mathrm{V}]$ は，

$$V_{\mathrm{t}}=1.25E_{\mathrm{m}}=1.25\times23\,000=\underline{28\,750}\ [\mathrm{V}]$$

(5) (2)の結果より，交流の場合の試験電圧は $V_{\mathrm{t}}=10\,350\,[\mathrm{V}]$なので，直流の場合の試験電圧 $2V_{\mathrm{t}}$ [V]は，

$$2V_{\mathrm{t}}=2\times10\,350=\underline{20\,700}\ [\mathrm{V}]$$

(6) 1 000 [V]超なので，最大使用電圧 $E_{\mathrm{m}}\,[\mathrm{V}]$ は，

$$E_{\mathrm{m}}=\frac{1.15}{1.1}E=\frac{1.15}{1.1}\times33\,000=34\,500\ [\mathrm{V}]$$

である．したがって，交流の場合の試験電圧 $V_{\mathrm{t}}\,[\mathrm{V}]$ は，

$$V_{\mathrm{t}}=1.25E_{\mathrm{m}}=1.25\times34\,500=43\,125\ [\mathrm{V}]$$

となるため，直流の場合の試験電圧 $2V_{\mathrm{t}}\,[\mathrm{V}]$ は，

$$2V_{\mathrm{t}}=2\times43\,125=\underline{86\,250}\ [\mathrm{V}]$$

問12

(1) 試験電圧 $V_{\mathrm{t}}\,[\mathrm{V}]$ は，

$$V_{\mathrm{t}}=1.5E_{\mathrm{m}}=1.5\times\frac{1.15}{1.1}E=1.5\times\frac{1.15}{1.1}\times6\,600$$

$$=\underline{10\,350}\ [\mathrm{V}]$$

(2) 三相一括の対地静電容量 $C_{0}\,[\mu\mathrm{F}]$ は，

$$C_0 = 3C_1 = 3 \times 0.15 = 0.45\,[\mu\mathrm{F}]$$

である．したがって，公式に各値を代入すれば，

$$I_C = 2\pi f C_0 V_t = 2\pi \times 50 \times 0.45 \times 10^{-6} \times 10\,350$$
$$= 1.463\,[\mathrm{A}] = \underline{1.46\,[\mathrm{A}]}$$

（3）試験機器に必要な容量 $S\,[\mathrm{kV \cdot A}]$ は，

$$S = V_t I_C = 10\,350 \times 1.463 = 15\,142\,[\mathrm{V \cdot A}]$$
$$= 15.142\,[\mathrm{kV \cdot A}] = \underline{16\,[\mathrm{kV \cdot A}]}$$

問13

（1）試験電圧は，問12の結果より，$V_t = 10\,350$ $[\mathrm{V}]$である．また，高圧ケーブルの対地静電容量 $C_0\,[\mu\mathrm{F}]$ は，

$$C_0 = C_1 l = 0.4 \times 600 \times 10^{-3} = 0.24\,[\mu\mathrm{F}]$$

である．したがって，公式に各値を代入すれば，

$$I_C = 2\pi f C_0 V_t = 2\pi \times 50 \times 0.24 \times 10^{-6} \times 10\,350$$
$$= 0.7804\,[\mathrm{A}] = \underline{780\,[\mathrm{mA}]}$$

（2）$S = 5\,[\mathrm{kV \cdot A}]$ の試験機を用いる場合，流せる電流の限度 $I_m\,[\mathrm{mA}]$ は，

$$I_m = \frac{S}{V_t} = \frac{5\,000}{10\,350} = 0.4831\,[\mathrm{A}] = 483.1\,[\mathrm{mA}]$$

である．したがって，補償リアクトルが最低限分担すべき電流値 $I_L\,[\mathrm{mA}]$ は，

$$I_m = I_C - I_L$$
$$\therefore\, I_L = I_C - I_m = 780.4 - 483.1 = 297.3\,[\mathrm{mA}]$$
$$= \underline{297\,[\mathrm{mA}]}$$

（3）必要な補償リアクトルの台数は，

$$\frac{I_L}{150} = \frac{297.3}{150} = 1.982 \fallingdotseq \underline{2\,[台]}$$

問14

（1）試験電圧は，問12の結果より $V_t = 10\,350\,[\mathrm{V}]$ である．変圧器の巻数比は $1 : 115$ なので，

$$E_1 = \frac{1}{115} \times 10\,350 = \underline{90\,[\mathrm{V}]}$$

（2）CVTケーブルの対地静電容量 $C_0\,[\mu\mathrm{F}]$ は，

$$C_0 = 3C_1 l = 3 \times 0.2 \times 300 \times 10^{-3} = 0.18\,[\mu\mathrm{F}]$$

である．したがって，公式に各値を代入すれば，

$$I_C = 2\pi f C_0 V_t = 2\pi \times 50 \times 0.18 \times 10^{-6} \times 10\,350$$
$$= 0.5853\,[\mathrm{A}] = \underline{585\,[\mathrm{mA}]}$$

（3）高圧補償リアクトルのインダクタンスを L $[\mathrm{H}]$，周波数を $f\,[\mathrm{Hz}]$，印加する電圧を $V_L\,[\mathrm{V}]$，流れる電流を $I_L\,[\mathrm{A}]$ とすると，

$$V_L = 2\pi f L I_L$$

が成り立ち，印加する電圧と流れる電流は比例する．したがって，$12.5\,[\mathrm{kV}]$印加時に $300\,[\mathrm{mA}]$ 流れるので，試験電圧 $V_t = 10\,350\,[\mathrm{V}]$ が印加されたときに流れる電流 $I_L\,[\mathrm{A}]$ は，

$$I_L = \frac{10\,350}{12.5 \times 10^3} \times 300 = 248.4\,[\mathrm{mA}] = \underline{248\,[\mathrm{mA}]}$$

（4）公式に各値を代入して，

$$S = V_t(I_C - I_L) = 10\,350 \times (585.3 - 248.4) \times 10^{-3}$$
$$= 10\,350 \times 336.9 \times 10^{-3} = 3.487\,[\mathrm{kV \cdot A}]$$
$$= \underline{4\,[\mathrm{kV \cdot A}]}$$

テーマ4　電線の風圧荷重と支線

問15

（1）硬銅より線の外径 $D\,[\mathrm{mm}]$ は，

$$D = 3 \times 3.2 = 9.6\,[\mathrm{mm}]$$

である．高温季の水平風圧荷重 $P_1\,[\mathrm{N/m}]$ は甲種風圧荷重 $P_k\,[\mathrm{N/m}]$ となるため，

$$P_1 = P_k = 980 \times 9.6 \times 10^{-3} = \underline{9.41\,[\mathrm{N/m}]}$$

乙種風圧荷重 $P_o\,[\mathrm{N/m}]$ は，

$$P_o = 490 \times (9.6 + 2 \times 6) \times 10^{-3} = 10.6\,[\mathrm{N/m}]$$

であり，$P_o > P_k$ より，低温季の水平風圧荷重 P_2 $[\mathrm{N/m}]$ は，

$$P_2 = P_o = \underline{10.6\,[\mathrm{N/m}]}$$

（2）高温季の水平風圧荷重 $P_1\,[\mathrm{N/m}]$ は，甲種風圧荷重 $P_k\,[\mathrm{N/m}]$ となるため，

$$P_1 = P_k = \underline{9.41\,[\mathrm{N/m}]}$$

低温季の水平風圧荷重 $P_2\,[\mathrm{N/m}]$ は，乙種風圧荷重 $P_o\,[\mathrm{N/m}]$ となるため，

$$P_2 = P_o = \underline{10.6\,[\mathrm{N/m}]}$$

（3）高温季の水平風圧荷重 $P_1\,[\mathrm{N/m}]$ は，甲種風圧荷重 $P_k\,[\mathrm{N/m}]$ となるため，

$$P_1 = P_k = \underline{9.41\,[\mathrm{N/m}]}$$

低温季の水平風圧荷重 $P_2\,[\mathrm{N/m}]$ は，丙種風圧荷重 $P_h\,[\mathrm{N/m}]$ となるため，

$$P_2 = P_h = 490 \times 9.6 \times 10^{-3} = \underline{4.70\,[\mathrm{N/m}]}$$

問16

甲種風圧荷重 $P_k\,[\mathrm{N/m}]$ および乙種風圧荷重 P_o $[\mathrm{N/m}]$ は，

$$P_k = 980 \times 16 \times 10^{-3} = 15.7\,[\mathrm{N/m}]$$
$$P_o = 490 \times (16 + 2 \times 6) \times 10^{-3} = 13.7\,[\mathrm{N/m}]$$

である．したがって，高温季は $P_1 = P_k$ より，

$$P_1 = P_k = 980 \times 16 \times 10^{-3} = \underline{15.7 \, [\text{N/m}]}$$

また，$P_k > P_o$ より，低温季は $P_2 = P_k$ なので，

$$P_2 = P_k = \underline{15.7 \, [\text{N/m}]}$$

求める仕上がり外径を $D_m [\text{mm}]$ とすると，

$$P_k = 980 \times D_m \times 10^{-3}$$

$$P_o = 490 \times (D_m + 12) \times 10^{-3}$$

となる．したがって，$P_k = P_o$ より，

$$980 \times D_m \times 10^{-3} = 490 \times (D_m + 2 \times 6) \times 10^{-3}$$

$$\therefore D_m = \frac{490}{980}(D_m + 12)$$

$$\therefore D_m - \frac{1}{2}D_m = \frac{1}{2} \times 12$$

$$\therefore \frac{1}{2}D_m = \frac{1}{2} \times 12$$

$$\therefore D_m = \underline{12 \, [\text{mm}]}$$

問 17

公式に各値を代入すれば，支線の水平張力 $T_h [\text{kN}]$ は，

$$T_h = \frac{h_1}{h}T_1 = \frac{10}{8} \times 5 = 6.25 \, [\text{kN}]$$

となる．したがって，

$$T = \frac{\sqrt{h^2 + d^2}}{d}T_h = \frac{\sqrt{8^2 + 10^2}}{10} \times 6.25 = \underline{8 \, [\text{kN}]}$$

問 18

解図 18 のようになるため，モーメントの釣り合いの式は，

$$T_1' h_1 + T_2 h_2 = T_h h$$

となる．したがって，式を整理して各値を代入すれば，

$$T_1' = \frac{T_h h - T_2 h_2}{h_1} = \frac{6.25 \times 8 - 2 \times 6}{10}$$

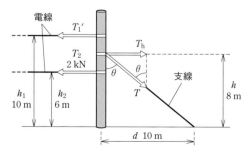

解図 18

$$= \frac{50 - 12}{10} = \frac{38}{10} = \underline{3.8 \, [\text{kN}]}$$

問 19

解図 19 のように，支線により支持物が引っ張られる力 $T_2 [\text{kN}]$ は，支線柱が引っ張られる力と大きさが等しく向きが逆となる．つまり，支持物に対するモーメントの釣り合いの式は，

$$T_1 h_1 = T_2 h_1 \sin \theta_2$$

$$\therefore T_1 = T_2 \sin \theta_2 \qquad (1)$$

となり，支線柱に対するモーメントの釣り合いの式は，

$$T_2 h_2 \sin \theta_2 = T_h h_2$$

$$\therefore T_2 \sin \theta_2 = T_h \qquad (2)$$

が成り立つ．したがって，(1)式および(2)式から，

$$T_1 = T_2 \sin \theta_2 = T_h$$

$$\therefore T_h = T_1 = 20 \, [\text{kN}]$$

となるため，追支線の張力 $T [\text{kN}]$ は，公式より，

$$T = \frac{\sqrt{h_2^2 + d^2}}{d}T_h = \frac{\sqrt{8^2 + 8^2}}{8} \times 20 = 28.2843$$

$$\fallingdotseq \underline{28.3 \, [\text{kN}]}$$

素線 1 本当たりの引張強さ $t [\text{kN}]$ は，

$$t = \pi \times \left(\frac{2.6}{2}\right)^2 \times 1.23 = 6.5304 \, [\text{kN}]$$

である．したがって，公式に各値を代入して，

$$n = \frac{TF}{t} = \frac{28.2843 \times 1.5}{6.5304} = 6.497$$

となるが，条数は整数なので，小数点第 1 位で繰り上げれば，

$$n = \underline{7}$$

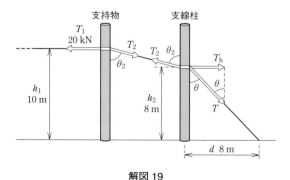

解図 19

問 20

解図20-1より，電線Aと電線Bの張力を合成すると，

$$T_{1h} = T_1 \cos 30° \times 2 = 13 \times \frac{\sqrt{3}}{2} \times 2 = 13\sqrt{3}\,[\text{kN}]$$

である．また，解図20-2のように，支線の取り付け高さ$h\,[\text{m}]$は，柱と支線固定点との距離が$d = 5\,[\text{m}]$であり，支線と柱のなす角度が30°なので，

$$h \tan 30° = d$$

$$\therefore h = \frac{d}{\tan 30°} = \frac{5}{\dfrac{1}{\sqrt{3}}} = 5\sqrt{3}\,[\text{m}]$$

となる．したがって，モーメントの釣り合いの式より，

$$T_{1h}\,h_1 = T_h\,h$$

$$\therefore 13\sqrt{3} \times 10 = T_h \times 5\sqrt{3}$$

$$\therefore T_h = \frac{130\sqrt{3}}{5\sqrt{3}} = \frac{130}{5} = 26\,[\text{kN}]$$

となるため，支線の張力$T\,[\text{kN}]$は，

$$T = \frac{T_h}{\sin \theta} = \frac{26}{\sin 30°} = \frac{26}{\dfrac{1}{2}} = 2 \times 26 = \underline{52\,[\text{kN}]}$$

減少係数kを考慮すると，支線の条数を求める式は，

$$TF = nkt$$

のように表すことができる．また，問19と同じ素線を使用するため，$t = 6.5304\,[\text{kN}]$を用いれば，

$$n = \frac{TF}{kt} = \frac{52 \times 1.5}{0.9 \times 6.5304} = 13.27$$

となるが，条数は整数なので，小数点第1位で繰り上げれば，

$$n = \underline{14}$$

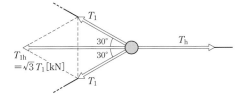

解図 20-1

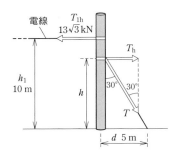

解図 20-2

電験列車　お乗り換えのご案内

　計算ドリルはいかがだったでしょうか．簡単な問題から一筋縄では解けない問題まで数多く収録したので，この1冊をマスターすれば計算問題の基礎はバッチリでしょう．自分でも気づかないうちに，足元がしっかりと固まったはずです．

　皆さまが電験三種の受験を決意したとき，最初に見た過去問を改めて見返してみてください．当時は呪文のように見えた意味不明な問題文が理解でき，自力で解けるようになっているのではないでしょうか．もしかするとまだ解けない問題もあるかもしれませんが，解説を読めば内容が分かるのではないでしょうか．それは，皆さまの基礎力がしっかりと養成された証です．

　この本という「切符」で一緒に旅ができるのは，残念ながらここまでです．ここから先は新たな列車に乗り換えて，過去問を解いて実践力を磨いたり，電力科目や法規科目の暗記問題の対策をしたりという新たな旅路を進んでいかなければなりません．高く険しい道です．

　試験勉強は孤独な戦いだと感じるかもしれませんが，今は電験受験生にとって非常に恵まれた環境にあると思います．例えばTwitterでは，電験受験生が日々勉強の記録を残したり，おすすめの参考書やYouTubeチャンネル（なんと，今は無料で電験講義を受講可能な時代です）を紹介したり，解法について議論したりしています．また，カフェジカもオープンし，電験受験生をサポートするイベントが数多く企画され，そこでかけがえのない仲間を見つけることもできます．ここから先は，ぜひそのような同志を見つけ，互いに切磋琢磨しながら進んでみてはいかがでしょうか．

　旅は道連れ，世は情け．皆さまのここから先の旅もどうかご無事でありますように．目的地への到着を，心よりお祈りいたします．

著者　岡部　浩之

電験三種 まずはここから! 基礎力養成 計算ドリル

2021 年 10 月 15 日　　　第 1 版第 1 刷発行
2023 年 2 月 12 日　　　第 1 版第 3 刷発行

著　　者　　岡 部 浩 之
発 行 者　　村 上 和 夫
発 行 所　　株式会社 オーム社
　　　　　　郵便番号　101-8460
　　　　　　東京都千代田区神田錦町 3-1
　　　　　　電話　03(3233)0641(代表)
　　　　　　URL　https://www.ohmsha.co.jp/

© 岡部浩之 2021

組版　新生社　　印刷・製本　三美印刷
ISBN978-4-274-22766-0　Printed in Japan

本書の感想募集　https://www.ohmsha.co.jp/kansou/
本書をお読みになった感想を上記サイトまでお寄せください．
お寄せいただいた方には，抽選でプレゼントを差し上げます．